지리정보시스템 입문 _{제 5 판}

지리정보시스템 입문 ^{제5판}

Keith C. Clarke 엮음

구자용, 김대영, 박선엽, 박수홍, 안재성, 오충원, 이양원, 정재준, 최진무, 황철수 옮김

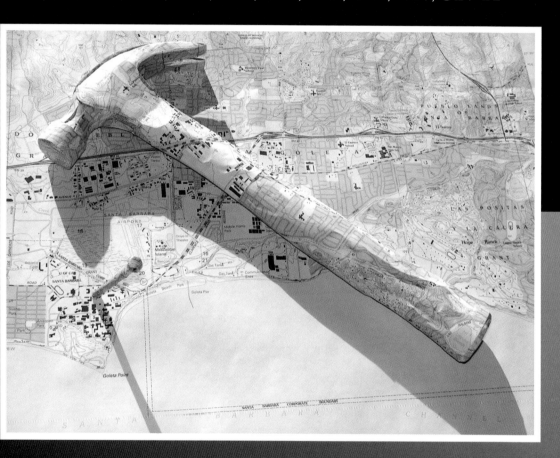

∑ 시그마프레스

지리정보시스템 입문

발행일 | 2011년 2월 25일 1쇄 발행

저자 | Keith C. Clarke
역자 | 구자용, 김대영, 박선엽, 박수홍, 안재성,
　　　 오충원, 이양원, 정재준, 최진무, 황철수
발행인 | 강학경
발행처 | (주)시그마프레스
편집 | 홍선희
교정·교열 | 문수진

등록번호 | 제10-2642호
주소 | 서울특별시 마포구 성산동 210-13 한성빌딩 5층
전자우편 | sigma@spress.co.kr
홈페이지 | http://www.sigmapress.co.kr
전화 | (02)323-4845~7(영업부), (02)323-0658~9(편집부)
팩스 | (02)323-4197

ISBN | 978-89-5832-924-4

Getting Started with Geographic Information Systems, 5th edition

＊책값은 책 뒤표지에 있습니다.

우리나라에 GIS가 도입되기 시작한 1980년대 말부터 대학원에서 지리정보학을 전공하기
시작한 역자들은 대학의 교육 현장이나 연구 수행 과정에서 많은 종류의 지리정보학 전
공 서적을 접하게 되었다. 비교적 초창기에 발간된 P. A. Burrough(1986)의 *Principles of
Geographical Information Systems for Land Resources Assessment*로부터 시작해서 최근
에 발간되어 많은 학생들이 읽고 있는 P. Longley 등(2005)의 *Geographic Information
Systems and Science*에 이르기까지 다양한 종류의 지리정보학 교과서가 출간되었다. 이
저서들은 국내외적으로 지리정보학을 공부하는 많은 교수와 학생이 읽고 있으며, 몇몇은
국내에 번역서 혹은 편역서로 출판되어 널리 읽히고 있다. 역자들이 대학의 교육현장에서
지리정보학을 가르칠 때 한 가지 아쉬웠던 점은 이 저서들이 국내외적으로 권위가 있고
훌륭한 교과서임에도 불구하고 책의 내용과 수준이 학부에서 지리정보학을 막 공부하기
시작한 학생들에게는 조금 어렵다는 것이었다. 물론 대학에서 지리정보학을 전공하는 학
생들에게 지리정보학의 다양한 내용을 깊이 있게 소개하여 전문가적인 소양을 갖추게 하
는 것이 바람직하겠지만, 지리정보학을 처음 접하는 학생들의 흥미를 유도할 수 있도록
쉽게 읽을 수 있는 교과서가 필요하다고 느꼈다.

　이러한 역자들의 고민을 해결해 준 것이 바로 Clarke가 집필한 『지리정보시스템 입문
(Getting Started with Geographic Information Systems)』이었다. 제목에 나타나 있듯이,

이 책은 지리정보학을 처음 배우는 학생을 위한 입문서의 성격을 가지고 있다. 따라서 대학에서 지리정보학을 배우기 시작하는 학생들에게 내용이나 수준이 맞추어져 있으며 분량 역시 한 학기에 소화할 수 있도록 구성되어 있다. 저자인 Keith C. Clarke는 미국 캘리포니아대학교 샌타바버라캠퍼스(UCSB)의 지리학과 교수로 재직하고 있는 세계적으로 저명한 학자이다. 그는 대학에서 지리정보학을 가르치면서 학생들이 보다 쉽게 지리정보학을 접할 수 있도록 이 책을 저술하였다. 역자들 중 몇몇은 이미 이 책을 대학에서 지리정보학 개론 강의의 교재로 사용하고 있다. 이 책은 1997년에 처음 출간된 이래 2~3년마다 개정되어 2011년 현재 5차 개정판에 이르고 있다. 그만큼 교재의 내용이 최신의 학술적 성과와 기술적 동향을 반영하고 있음은 물론, 전 세계적으로 가장 널리 채택되고 있는 입문서라고 해도 틀림이 없다.

　번역을 진행하면서 여러 가지 사안을 검토하게 되었다. 첫째, 역자들이 많은 관계로 용어나 문구, 표현 방법 등에서의 통일이 필요하게 되었다. 부산대학교 박선엽 교수와 상명대학교 최진무 교수가 편집위원으로 활동하며 역자들마다 다르게 표현된 부분을 바로잡아 주었다. 두 분의 노고에도 불구하고 일부 용어나 표현이 어색한 부분은 향후 지속적으로 수정할 것이다. 둘째, 번역 과정에서 원문으로 의미 전달이 잘 안 되는 부분은 역자들이 나름대로 해석하여 표현하였다. 번역을 하는 과정에서 원문에 충실할 것인가 아니면 의미를 잘 전달할 것인가는 언제나 역자들이 느끼는 딜레마이자 한계이다. 역자들은 고민 끝에 원문에 충실하기보다는 의미를 잘 전달하자는 쪽으로 의견을 모았다. 원래 이 책을 번역하기 시작한 동기가 지리정보학에 입문하는 초보자를 위한 안내서를 만드는 것이었기 때문에 책을 읽는 독자가 보다 쉽게 이해할 수 있도록 표현하는 것을 우선으로 하였다.

　이 책이 출판되기까지 많은 지원과 격려를 아끼지 않은 (주)시그마프레스의 강학경 사장님께 진심으로 감사드린다. 아울러 이 책을 처음 기획할 수 있게 해 준 영업부의 조한욱 과장님께 감사의 마음을 전한다. 이 책의 편집 과정에서 여러 도움을 주신 편집부의 박민정 과장님과 문수진 대리께도 감사의 마음을 전한다. 마지막으로 3년 전 처음 번역을 제안하고 팀을 구성한 구자용 교수, 원고를 수집하고 일정을 조정한 안재성 교수, 그리고 원고 검토와 교정 등 여러 궂은일은 도맡은 편집위원회의 박선엽 교수와 최진무 교수에게 특히 고마움을 표한다.

2011년 2월
역자 일동

저자 서문

하루는 슈퍼마켓에서 줄을 서 있다가 사람들이 나누는 다음과 같은 대화를 듣게 되었다.

"그럼 이번 가을에 대학에 가면 뭘 공부할 작정이니?"
"환경공부를 할까 해. 그리고 GIS라는 걸 전공할까 하는데, 그게 뭔지 아니?"
"그럼, 잘 알지. 잘 생각했어."

난 조용히 혼자 미소를 머금고 말았다. 왜냐하면 내가 이 책의 첫판을 집필한 지 14년 만에 GIS는 지리학의 요구에 의해 출발한 모호한 기술적 도구에서 우리 일상생활의 중심에 서게 될 정도로 성장하게 되었기 때문이다. 내가 1996년에 캘리포니아로 이사 올 당시에는 Google Maps™나 Google Earth™ 등이 없었고, GPS도 바로 한 해 전에 상용화되기 시작했으며, 대부분의 GIS 소프트웨어 프로그램 역시 많은 오류를 갖고 있었을 뿐 아니라 비싸기도 했다. 그동안 많은 변화가 있었는데, 그중 GIS 분야는 괄목한 발전을 이루었다.
매년 새 학기가 되면 또 한 세대의 학생들이 GIS를 배우기 위해 교실로 몰려든다. 이 책을 쓰게 된 것은 1996년에 수업을 들었던 학생 그룹을 위한 것이었는데, 당시만 해도 대다수의 교과서가 고급 GIS를 다룬 것이었고, 통상 이들 책은 수준이 상당히 높은 독자들에게 초점이 맞추어져 있어서 초급 학생들의 필요를 충족시키지는 못하였다. 나는 재능을 가지고 과학을 통해 세상의 왜곡된 부분을 바로잡고자 새로이 GIS를 배우려는 학생들에게 이 책이 아직 생명력을 지니고 있다는 점을 기쁘게 생각한다. 이 책을 통해 즐거운 학습이 되고, 나아가 여러분이 세상에 기여할 수 있는 사람이 되도록 스스로 독려하기 바란다.

이번 제5판은 지형 분석에 대한 장을 새로 추가하였다. 이 분야는 LiDAR와 같은 최신 장비와 Aster GDEM과 SRTM 등의 데이터를 바탕으로 전 지구 수준의 지형 분석이 가능해짐에 따라 그 중요성이 매우 크다. 극소수의 학생들만이 지형 데이터를 변환하는 도구에 익숙하며 GIS는 오랫동안 2차원의 세계에 머물러 있었던 것이 사실이다. 각 장의 끝에 있는 학습 가이드는 학생 편의를 더 도울 수 있도록 개정하였다. 제4판에 대한 평가를 신중히 검토한 후, 나는 각 장을 소개하던 만화내용을 지리학적 주제를 담은 도안으로 대체하였다. 이는 필자의 자그마한 예술적 기여에 불과하지만, 예술 영역 역시 지도학의 일부임을 확신하고 있다. 인용 문구에 대해서는, 영국 사람들이 미국식 사고방식에 적응할 수 있을까 염려도 되지만, 영국적인 유머감각을 충분히 살릴 수 있을 것이라 생각한다. 적어도 필자만큼은 그림과 인용 문구를 함께 넣으면서 재미를 느꼈다.

제1장은 GIS와 그 역사에 대해 간략히 소개하고, 책의 편제와 추가정보 및 도움말을 어디서 얻을 수 있는지 그 자료원들에 대해 설명한다. 나는 이를 학습에 대한 자구노력방식(self-help approach)이라 부르는데, 이는 World Wide Web을 통해 매우 용이하게 접근할 수 있다. 제2장은 지도학의 기초, 즉 측지학, 지도 투영, 축척과 좌표체계에 대해 소개한다. 이러한 기초 지식이 없다면 GIS는 결국 미궁의 영역으로 남게 될 것이기 때문에 나는 이 내용을 책의 전반부에 배치하였다. 제3장은 GIS 데이터 구조를 소개하는데, 이에 대한 우선적인 이해는 학생들이 자기 스스로 자료를 찾고자 할 때 필수적으로 요구된다. 제4장은 데이터의 획득과 입력에 대해 설명하는데, 인터넷 서버를 통해 즉시 사용 가능한 많은 데이터 형태와 사용자 필요에 따라 지도 데이터를 GIS 데이터 형태로 변환하는 방법 모두에 대해 설명한다. 제5장에서는 GIS 데이터 관리에 대해 다루며, 데이터베이스 관리의 소개와 관련된 몇 가지 이슈가 포함된다. 제6장은 공간 분석을 소개하되, 일반에 공개된 한두 가지 자료원을 설명하기 위해 통계나 구체적인 수학적 계산보다는 공간 분석의 논리 구조에 따라 본문 내용을 재구성하였다. 제7장은 새로운 장으로서, 지형을 표현하는 GIS 기본 데이터에 대한 것이다. 지형과 관련된 특정 이슈, 표현 방식, 분석법에 대한 설명을

동반한다. 제8장은 주제를 다시 지도학으로 옮겨 지도학적 표현에 쓰이는 몇몇 방법과 더욱 효과적이고 심미적인 지도를 어떻게 제작할 것인가에 대해 논의한다. 제9장은 GIS 기능에 주목하여 다양한 소프트웨어 프로그램과 서버 기반의 GIS 도구들에 대해 살펴본다. 제10장에서는 네 가지 GIS 사례연구를 통해 GIS가 실제로 현실에서 어떻게 활용되고 있는지에 대해 각 연구가 가르치는 바를 살펴보고자 한다. 마지막으로 제11장은 다소 에세이와 같은 형식으로 서술하였는데, 최근과 향후 GIS의 경향, 그리고 그로부터 파생될 수 있는 논의점에 대해 살펴본다. 각 장의 끝에는 GIS 분야에서 일하고 있으면서 해당 장의 내용을 보충할 수 있는 경험을 가진 연구자와의 인터뷰 내용을 담았다. 인터뷰에 응해 주신 열 명의 연구자들께 지면을 빌려 감사를 드리고, 녹음 내용을 글로 정리해 준 Bill Norrington에게도 감사드린다.

　이 책의 출간을 위해 수고한 사람들의 숫자를 생각하면, 모든 분들에게 감사의 말을 전하기 위해서는 이 책에 또 하나의 장이 필요할 지경이다. 나는 최대한 많은 수의 이름을 이 책의 출간에 대한 기여자로 포함시키고자 노력하였다. 만약에 이 글을 읽고 있는 여러분이 내가 빠뜨린 분들 중 한 사람이라면, 누락된 사람이 바로 자신임을 모를 리 없을 것이다. 지면을 통해 깊은 감사를 드린다. 내가 학습 가이드로 제시해 온 이 책에 대한 많은 서평들 중 하나는 이 책이 일반적인 교과서라기보다 학생과의 소통의 산물이라는 것이다. 초판을 집필하게 된 동력이기도 했던 이러한 이 책의 특성은 이제 14년을 거쳐 오고 있으며, 수많은 수정을 통한 내용의 개선은 내세울 만한 성과라 하겠다. 앞으로도 이러한 소통의 과정을 지속해 가고자 한다.

Keith C. Clarke

차례

제 **1** 장

GIS란 무엇인가?

GIS는 공간적 데이터의 지역적 분석과 통합을 위한 망원경이자 현미경, 컴퓨터이자 복사기이다.
Ron Abler

1.1 시작하기

지구상의 모든 사물, 모든 사람, 모든 사건은 어떤 장소에 존재하거나 발생한다. 만일 어떤 현상이 특정 위치에 고정될 수 있다면 거의 모든 정보를 지도에 표시할 수 있다. 그리고 지도를 이용하여 이들 정보를 조직, 탐색, 분석할 수 있다. 현재 지리적으로 인지된, 즉 위치가 파악된 많은 양의 원격탐사 및 측량정보가 이미 지도화되어 있으며, 대부분은 사용자가 쉽게 이용할 수 있다. 또한 정보를 정리할 수 있도록 하고, 우리에게 의미와 구조를 이해할 수 있는 능력을 주고, 이해와 지식을 얻도록 해 주는 기술이자 적절한 방법으로 지리정보

시스템(geographic information systems, GIS), 지리정보과학이 있다. GIS를 사용함으로써 얻게 되는 힘은 선거를 이기게 하고, 배고픈 사람들에게 먹을 것을 주고, 전쟁을 수행할 수 있도록 하며, 환경을 보호하고, 생물체를 구하고, 세상을 지속가능하게 만든다. 이 책에서 여러분은 이러한 기술과 방법들이 어떻게 작동되고, 이것들로 무엇을 할 수 있으며, GIS가 왜 세상을 바꾸는지를 알게 될 것이다. 이 책의 목표는 GIS라는 렌즈를 통해 정교한 지리학적 분석으로 세상을 이해하고 개선하는 것이다. 물론 이 과정에서 우리가 세상의 현실적 문제를 직접적으로 해결할 수 없을지 모른다. 그러나 모든 해결책은 어딘가에서 시작되어야만 한다.

여러분이 GIS를 시작하면서 지식수준을 향상시키는 데 오랜 시간이 걸리기도 하고, 비용도 많이 들며, 때로는 상당한 고통을 수반할 수 있다. 다행히 최근 10년간 GIS 소프트웨어는 여러 가지 오래된 문제를 해결할 수 있을 정도로 비약적으로 개선되었다. GIS에 관한 여러분의 첫 번째 책으로서 이 책은 수준 높은 책들이 제공하는 내용보다는 전반적인 내용을 안내함으로써 이 분야의 기초를 마련할 수 있도록 할 것이다. 이 책의 목표는 다른 책들이 사용하는 추상적인 개념 설명에 치중하거나, 시간에 민감한 내용에 전념하는 것이 아니라, 기본 개념과 삶에 유의미한 것들을 제공하는 것이다. 책의 내용을 최신의 상태로 유지함으로써 여러분의 첫 번째 GIS 경험이 모두 시의적절하고, 즐겁고 유용할 수 있도록 저자와 편집자들은 최선을 다했다.

먼저 GIS 정의와 이 분야의 개발 개요, GIS에 대해 좀 더 가르칠 수 있는 유용한 몇 가지 정보 출처를 제공함으로써 시작할 것이다. GIS는 새로운 '킬러 앱(killer app : 시장을 완전히 재편하는 제품이나 서비스, 새로운 기술 보급에 결정적 계기가 되는 애플리케이션 — 역주)'이 아니라 스프레드시트, 워드프로세서, 또는 데이터베이스 관리자 같은 꼭 필요한 혁신적이고 필수적인 컴퓨터 애플리케이션임을 처음부터 명확히 하고자 한다. 물론 Google Earth와 MapQuest처럼 분리 독립한(spin-off) 몇몇 GIS들이 그런 길에 앞장서고는 있다. GIS는 부분적으로는 킬러 앱이다. 하지만 사용자가 얻을 수 있는 능력의 향상은 컴퓨터 소프트웨어 단독으로 이루어지지 않는다. 대신, GIS는 지리학과 지도학 분야의 집합적 지식을 기반으로 형성되었으며, 측지학, 데이터베이스 이론, 수학이 그 위에 더해졌다. 앞에 언급된 Ron Abler의 정의가 말해 주듯이 GIS는 단지 하나가 아닌, 많은 동시대의 기술적 혁명으로 이루어진다. 이 책은 이들 기술 분야의 엄선된 최소한의 이론과 콘텐츠를 소개하고 — 여러분이 시작해서 얻을 수 있는 최소한도 — 그런 다음 앞으로 기술

혁명이 어디로 진행될 것인지를 알려 주는 길잡이가 되어 줄 것이다. 만일 여러분이 좀 더 진행해 나가고 싶다면 그에 대한 충분한 길도 열려 있다.

GIS를 사용하기 위해서 여러분은 지리정보과학자들처럼 사고해야 한다. 1990년대에 생겨난 지리정보과학은 다양한 분야의 기술과 이론이 합쳐져 출현한 새로운 분야이다. 그리고 상당한 기간의 발전 과정을 겪은 후에 지금 성숙되고 있는 것이다. 모든 새로운 분야들처럼 지리정보과학은 정신적인 적응을 요구한다. 이 책의 목적은 이러한 적응 과정으로 여러분을 서서히 안내하는 것이다. 여러분은 이 책을 읽음으로써 도해적으로 생각하고, 정보를 지도화하고, 지도와 그림으로 분석적 해결을 하는 데 익숙하게 될 기회를 갖게 될 것이다. 이 책은 공간이라는 새로운 사고를 지금 막 시작하려는 사람과 지금까지 사용한 적이 없었던 사고를 새로이 일깨우려는 사람에게 문제 해결의 한 가지 새로운 방법으로서 실질적인 힘을 갖게 할 것이다.

1.1.1 공간정보의 정의

우리는 정보화 사회에 살고 있다. 우리는 휴대전화나 동영상, 페이스북(Facebook), 온라인 뉴스 서비스 없는 삶을 상상할 수 없다. 그러나 우리에게 전달되는 이들 정보의 대부분은 단지 몇 가지 요소―문자, 숫자, 이미지, 동영상, 애니메이션―만 포함하고 있다. 그중 가장 풍부하고 쉽게 도달하는 정보가 문자이다. 그리고 우리가 웹페이지에 대한 소스 파일을 보면 우리가 보는 것은 전부 문자와 일련의 정렬된 특별한 코드들이다. 디지털 정보 흐름에도 상당히 많은 아날로그 정보가 있다. 표, 목록, 인덱스, 카탈로그, 상호참조 등의 정보는 정렬이 되지 않으면 인식될 수 없다. 예를 들어 전화번호부에서 무작위로 뽑은 사람들 목록은 당신이 찾고자 하는 사람을 발견할 때까지 한 줄씩 이름을 읽어야 하기 때문에 의미가 없다. 정렬의 가장 단순한 형태는 배열이다. 사물은 알파벳으로, 시기별로 정리할 수 있다. 정렬을 하는 또 다른 방법은 인덱스를 사용하는 것이다. 각각의 정보나 '레코드(record)'는 숫자나 인덱스를 가질 수 있다. 인덱스를 통해 정보를 탐색할 수 있다. 예를 들어 이 책의 후반부에 있는 주요 용어는 인덱스로 가나다 순서로 배열되어 있다. 그리고 정보는 각 개념이 어디에서 사용되었는지 페이지 숫자를 적어 줌으로써 검색될 수 있다(그림 1.1).

자료를 조직화하는 한 가지 매우 유용한 방식은 2차원적인, 지리적 위치에 의한 것이다. 이것은 실제 세계에서 지리적 범위를 따라서 '연속적으로 그린(traces)' 것 같은 1차원

그림 1.1 일상생활에서 정보 조직의 형태 — 책, 카탈로그, 리스트.

이 아닌 2차원으로 정렬된 점의 리스트를 만듦으로써 할 수 있다. 데이터가 위치에 의해 리스트가 되면, 지리적이지 않은 여러 가지 형태의 데이터를 정렬하기 위해 지도에 위치시킬 수 있다. GIS는 공간적 데이터 모두를 함께 묶기 위한 연속적인 정렬, 리스트, 인덱스이자 카탈로그이다. 지구상 모든 지점에 대해서 위치정보를 부여할 수 있기 때문에 지리적, 공간적 데이터를 이해하고, 모든 종류의 정보를 시각적으로 조직화하는 방법이 중요하다. 지리학은 매우 강력한 조직화 도구이다. 예를 들어 1963년 8월 28일 워싱턴 D.C. 링컨기념관에서 했던 마틴 루터 킹의 '나는 꿈을 가지고 있다' 연설에 대한 방대한 양의 정보, 사진, 동영상, 글, 토론을 상상해 보자. 이 데이터 모두는 연설이 행해졌던 그림 1.2에 보이는 기념 계단의 위치정보, 위치값인 위도 38°53′21.5″, 경도 77°02′59.4″(WGS84)

그림 1.2 공간적으로 위치한 비문 위도 38°53′21.5″ 경도 77°02′59.4″(WGS84).

에 포함될 수 있다.

1.2 GIS의 몇 가지 정의

좋은 과학은 명확한 정의로 시작한다. 그러나 GIS의 경우에는 필요에 따라, 혹은 GIS가 재발견됨에 따라 다양한 정의가 만들어져 왔다. Google을 이용하여 인터넷 검색을 하면 'geographic information system'이라는 용어에 대한 검색정보의 양이 1,640,000페이지에 달한다. GIS가 여러 가지 다양한 방식으로 정의될 수 있다는 점은 놀랄 일이 아니다. 예를 들면 Wikipedia는 GIS를 '지리적으로 관련된 정보를 통합, 저장, 편집, 분석, 공유, 표현할 수 있는 정보체계'로 정의하고 있다. 여러분에게 적합한 정의는 여러분이 답하고자 하는 질문이 무엇이냐에 달려 있다. 모든 GIS와 관련된 질문의 공통점은 GIS가 데이터의 한 가지 형태, 즉 공간적 데이터와 연관이 있고, 그것은 지리적 지도와 연결되어 있기 때문에 독특하다는 것이다.

공간적이라는 것은 우리가 생활하는 주위의 공간과 관련 있음을 의미한다. GIS의 정의는 GIS의 세 부분의 간단한 서술로 시작할 수 있다 — (1) 데이터베이스, (2) 공간적 또는 지도정보, (3) 이 두 가지를 연결하는 방식. 필수적인 요소는 컴퓨터, 몇 가지 소프트웨어, 시스템을 사용하는 사람이다. GIS가 자연 보호를 위한 장소 선택이나 특정 주택으로의 응급차 유도, 시민들이 공공 서비스를 발견하기 위해 사용하는 안내지도의 유지보수 같은 문제 해결과 수행과정에서 사용되는 기본적인 문제나 과업에 필요하다. 물론 시스템과 문제에 대한 이해와 경험이 필요하다. 여러분이 빠르게 배워 가면서 이 두 가지를 이해하는 것이 가장 힘들지 모른다.

1.2.1 GIS는 도구상자다

GIS는 공간적 데이디를 분식하기 위한 일련의 도구로 볼 수 있다. 도구상자는 도구들을 저장하고 사용되는 곳으로 가져갈 수 있는 휴대용 상자이다. 물론 GIS 도구(tools)는 컴퓨터 툴이다. 그리고 GIS는 공간적 데이터를 처리하는 데 필요한 요소들을 포함하고 있는 소프트웨어 패키지로 생각할 수도 있다. 공구상자가 해머, 스크루드라이버, 렌치 등을 담고 있는 것처럼 GIS 또한 일반적인 지도와 데이터베이스 운영을 할 수 있도록 하는 기본

그림 1.3 GIS와 도구상자의 유사성. GIS는 공간적 과업을 위하여 각각의 다양한 전문적 기능인 도구들을 모아 놓은 것으로 생각된다.

적인 기능을 포함하고 있다(그림 1.3). 예를 들어 톱으로 지리적 지역을 자를 수 있으며, 글루건으로 이들을 함께 합칠 수도 있다.

20년 전에 Peter Burrough는 GIS를 "특정한 일련의 목적을 위해 실제 세계로부터 공간적 데이터를 저장, 원하는 형태로 재생, 변형, 디스플레이할 수 있는 강력한 도구들"로 정의하였다(Burrough, 1986, p. 6). 이 정의에서 키워드는 '강력한'이다. Burrough의 정의는 GIS가 지리적 분석을 위한 도구임을 의미한다. 이것은 GIS가 특별한 문제를 해결할 수 있게 디자인된 일련의 도구라는 것을 강조하는 것으로 GIS의 도구상자 정의라고 불리기도 한다. 오늘날 대부분의 GIS 소프트웨어는 수백 또는 수천 가지의 일반적이고 특별한 목적의 도구들을 포함하고 있다. 몇 가지 GIS 연구는 GIS 소프트웨어가 공유하는 툴은 최소한 약 20종류가 있음을 밝히고 있다(Albrecht, 1998).

만일 GIS가 도구상자라면 다음과 같은 논리적인 질문이 가능하다. 어떤 형태의 도구들이 상자에 포함되는가? 몇몇 저자들은 GIS의 기능적 정의를 제안함으로써 무엇을 하느냐의 측면에서 GIS를 정의하려고 한다. 기능들은 범주로 나뉘고 각 범주는 데이터가 정보 소스로서 지도와 GIS 사용자 및 의사결정자에게 전달됨으로써 연속적으로 정리되는 하위 과업들로 이루어진다는 것에 대부분 동의한다. 예를 들어 또 다른 GIS 정의는 GIS를 "공간 데이터의 수집, 저장, 검색, 분석, 디스플레이를 위한 자동화된 시스템"(Clarke, 1995,

p. 13)으로 소개한다. 이것은 과정(process) 정의라고 불린다. 데이터 수집과 밀접한 과업으로 시작해서 정보를 분석하고 설명하는 과업으로 끝이 나기 때문이다. 이 책의 구성은 이러한 기능들의 순서에 따라 구성되어 있고, 책의 내용이 진행되면서 각각 세부적으로 논의될 것이다.

1.2.2 GIS는 정보체계이다

샌타바버라의 지리학자 Jack Estes와 Jeffrey Star는 GIS를 다음과 같이 정의하였다 — "정보체계는 공간적 또는 지리적 좌표에 의해 참조된 데이터와의 작업을 설계한다. 즉 GIS는 공간적으로 참조된 데이터를 위한 특정 능력을 가진 데이터베이스 시스템이자 데이터와의 작업을 위한 일련의 운영체제이다"(Star and Estes, 1990, p. 2).

이러한 정의는 GIS가 질문과 질의(query)에 대해 대답을 제시하는 시스템임을 강조하는 것이다. 이것은 정보체계 종류의 정의이다. 이것은 GIS가 데이터를 수집하고 분류, 정리하고, 특정한 질문에 정확하게 대답하기 위해 여러 정보를 선택, 재구성하는 것을 의미한다. 지리적 좌표에 대한 참조는 중요하다. 좌표는 말 그대로 지도와 데이터를 어떻게 연결하느냐와 관련되기 때문이다. 이들 주제는 제2장에서 세부적으로 논의될 것이다. 정보체계는 원자료를 좀 더 가치 있는 순수한 정보로 변환하여 유용하게 이용할 수 있는 방식으로 정보를 재조직하기 위해 디자인된 것이다.

지리적 데이터와 비슷한 정보체계의 간단한 예는 지도 도서관이다(그림 1.4). 지도는 캐

그림 1.4 정보 시스템으로서 GIS. 지도 도서관과 비슷하다. 지도 사서는 여러분의 요구에 부합하는 특정 지도를 검색하고 찾을 수 있다.

비닛 안의 서랍에 보관되어 있다. 특정한 지도를 찾기 위해서는 인덱스가 있어야 한다. 검색 시스템은 지도 인덱스나 인덱스를 우리에게 제공하는 카탈로그가 될 수 있다. 필요한 지도를 찾게 되면 문제 해결을 위해 그것을 사용할 수 있다. 이를 위해 지도를 확대하거나 복사하고, 주석을 달거나 함께 여러 장의 지도를 볼 필요가 있다.

GIS의 또 다른 정보체계 정의는 상당한 시간의 검증을 거친다는 것이다. 이 정의는 많이 숙고할 가치가 있다. 1979년에 Ken Dueker는 GIS를 다음과 같이 정의했다. "GIS는 공간적으로 분포한 사상(features), 활동(activities), 사건(events)을 관측하기 위해 점, 선, 면으로 정의하여 데이터베이스를 구성하는 정보체계의 특별한 경우이다. GIS는 이러한 점, 선, 면에 대한 데이터를 즉각적인 질의와 분석을 위하여 데이터를 검색하고 조작한다" (Dueker, 1979, p. 106). 정제된 와인처럼 이러한 정의는 실제로 상당한 기간 동안 개선되어 왔다.

'정보체계의 특별한 경우'라는 것은 GIS가 정보체계기술에 대한 유산을 가지고 있음을 의미한다. GIS는 데이터베이스 관리를 발명한 것은 아니다. 그리고 최초 스프레드시트 프로그램에서부터 관계형 데이터베이스 관리를 거쳐 요즘의 객체지향형 데이터베이스 관리에 이르기까지 컴퓨터 과학에는 40년간의 전통이 이 분야에서 이어져 오고 있다. 정보체계는 도서관학(지도 도서관학을 포함하여), 경영학, 인터넷에서 광범위하게 사용되고 있다. 사실 오늘날 우리가 모든 GIS의 핵심인 다재다능하고 강력한 도구들을 수시로 만나게 되는 것은 인터넷을 통해서이다.

Dueker의 GIS 정의에서는 데이터베이스가 측정에 대한 과학적 접근 방법을 의미하는 일련의 관측들로 구성된다. 과학자들은 측정을 하고 데이터를 분석하는 데 도움이 되는 몇 가지 시스템으로 측정한 것을 기록한다. 관측은 공간적으로 분포되는 것들이다. 즉 여러 시기에 걸쳐 공간적으로 이루어지고 또 같은 시기에 다양한 위치에서 이루어지는 것이다. 예를 들면 미국 국립해양대기청(NOAA)은 전국에 걸쳐 수많은 기후 관측소로부터 기후 데이터를 수집하고, 이들 정보를 기온, 강수, 습도 등으로 통합하여 우리가 지도로 날씨 채널이나 웹사이트에서 볼 수 있는 기후도를 제공한다.

관측 대상은 지리사상, 활동, 사건들이다. '사상'은 지도학적인 의미로 지도상에 위치한 것이다. 표고점, 중계탑의 위치, 공공관측소 같은(그림 1.5) 점사상은 단지 한 위치를 가진다. 선사상은 구슬 목걸이, 하천처럼 선을 따라 일렬로 늘어선 몇 개의 위치를 가진다. 면사상은 호수의 해안선처럼 폐곡선 형태의 하나 이상의 선으로 구성된다. 전통적으로 지리

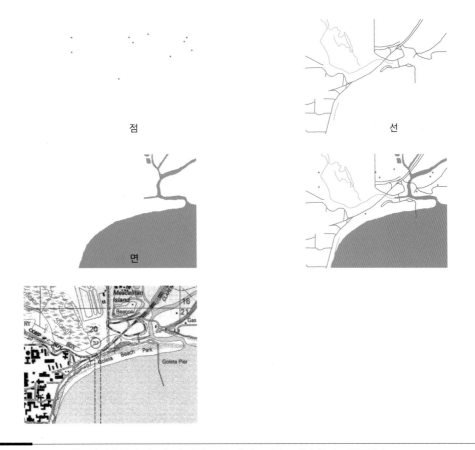

그림 1.5 USGS 지형도에서 추출된 점, 선, 면 사상. 모든 지도는 이들 도형과 문자로 구성된다.

정보의 소스는 지도에 있다. 그리고 지도에 있는 정보는 색, 선, 패턴, 음영 같은 다양한 그래픽 심벌들로 구성된다.

'활동'은 사회과학과 연결되어 있는 것을 의미한다. 인간 활동은 지리적 패턴과 분포를 만들어 내며, 이러한 활동은 또한 점, 선, 면과 연결된다.

예를 들어 미국에서는 18세가 되면 선거권이 주어진다. 투표권을 얻기 위해서는 등록을 해야만 한다. 법은 매 10년마다 똑같은 수의 사람이 대표하도록 선거구를 재구획하고 있다. 계속적인 재구획의 결과 의회선거 구역은 동일한 대표성에도 불구하고 공간적으로 매우 불규칙하게 되었다(그림 1.6). 대부분의 경우 재구획 작업은 GIS를 사용해 오고 있다. 선거일 저녁에 우리가 저녁 뉴스에 나오는 득표 결과를 보는 것처럼 투표행위 결과를

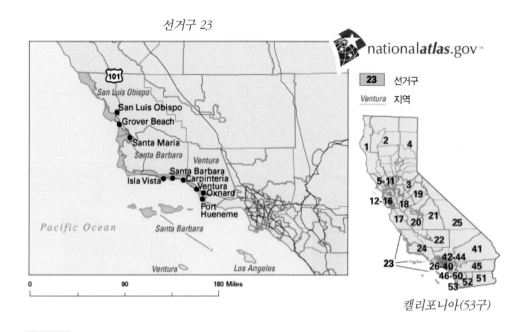

캘리포니아의 23 선거구. 선거라는 '사건'과 관련하여 지역보다는 인구 크기와 같은 면 또는 지역.

모든 사람들은 확실하게 볼 수 있다. 모든 경우에 각 유권자의 투표는 득표가 계산되고 면 형태로 표현될 수 있는 의회나 다른 선거 구역에 기록된다.

인간 생활의 많은 사회과학 요소들은 경계선을 따라 지면에 구획된 지역이 가시적일 수도, 비가시적일 수도 있는 면과 관련되어 있다. 국가, 주, 시, 군, 보건 구역, 동, 학군, 경찰담당 구역 등은 모두 대표적인 예이다. 또한 비가시적인 구역들로는 생태 지역, 기후 형태, 재난과 질병 지역, 생태계와 하천유역이 있다. 각 미국 주별 오일 관정 수의 예처럼 점과 선 도형도 지역에 따라 계산될 수 있다.

인간 활동은 인구지도, 센서스 지도, 질병 발생 분포도, 기반시설 입지도 등을 만들어 낸다. 이러한 것들은 사람들이 매일 어떠한 생활을 하느냐와 관계가 있다. GIS의 '사건'은 지리적 데이터가 공간뿐만 아니라 시간과도 연관이 있음을 의미한다. 시간은 우리에게 4차원을 부여하고, 사건은 시간에 따라 발생하며, 사상은 상당한 기간에 존재하기 때문에 데이터의 한 부분이 된다. 그림 1.5에서 볼 수 있듯이 해안선이 침식되어 멀어졌다. 그래서 100년 전에 만들어진 지도에는 같은 위치가 나타나지 않는다. GIS 사용의 중요성은 공간에 대한 인간 활동의 분포뿐만 아니라 공간 속에서의 변화도 추적하는 것이다.

Dueker의 GIS 정의에서 사건은 지도상에 점, 선, 면으로 표현되는 것을 가정한다. 점 사건의 예는 교통사고의 위치이다. 선 활동은 전선을 따라 전달되는 전기의 흐름이 될 수 있다. 면 사건은 뉴욕의 센트럴 파크 저수지의 꽁꽁 언 얼음이 될 수 있다. 각 정보 요소는 실재하기 때문에 GIS 사용자에게 유용하고, 요소는 지도상에 한 사상으로서 지도학적인 실체를 가진다.

정보체계가 무엇을 할 수 있는지(문제 해결, 질의, 해답 찾기, 가능한 해결책 찾기)를 정확하게 하기 위해 GIS에 통해 지도화된 정보를 사용한다. 그래서 데이터를 수동이 아닌 디지털로 처리한다. 디지털 지리사상을 사용하여 사건이나 활동에 대한 데이터를 표현한다. 즉 지도 데이터베이스에서 점, 선, 면은 데이터를 관리하는 데 사용된다. Dueker의 GIS 정의의 또 다른 중요한 부분은 질의가 특정한 목적을 가져야 한다는 것이다. 우리는 GIS를 언제 정확하게 만들어야 하는지, 그것을 사용하기 위해 필요한 것이 무엇인지 미리 알 필요는 없다. 이것은 GIS가 본래 문제 해결 도구라는 것을 의미한다. GIS의 가치는 특정 지역에 대해 일반적인 지리학적 방법을 적용하는 능력으로부터 생겨난다. GIS는 방법을 제공한다. 반면, 사용자로서 여러분은 지역을 선정해야 한다.

결국 Dueker의 정의는 분석을 할 수 있다는 것이다. 대개 GIS에서 데이터를 수집하는 목적은 분석자가 지리적 현상에 대해 예측하고 설명하는 데 필요한 것을 추출할 수 있도록 하기 위한 것이다. GIS 기술의 초점은 시스템의 궁극적 목적이 문제를 해결하는 것이라는 사실이다. 지리정보과학은 기술을 넘어서 분석, 모델링, 예측을 포함하는 것이다. 정보체계의 정의는 문제 해결자로서 GIS의 역할로 되돌리는 것이다. 여기서 질문을 제시하고 싶다 ― GIS는 단순히 또 하나의 과학적 방법론인가, 아니면 새로운 과학적 접근 방법인가?

1.2.3 GIS는 과학에 대한 하나의 접근 방법이다

도구로서 또는 정보체계로서 GIS 기술은 공간 데이터 분석에 대한 전체적인 접근 방식을 변화시켰다. GIS는 이미 한 가시가 아닌, 데이터가 관리되는 방식에 있어서 몇 가지 혁명적인 변화에 비유된다. 측량, 원격탐사, 항공사진, GPS, 이동통신, 모바일 컴퓨터 등 관련된 기술과의 GIS의 융합은 이러한 기술의 눈부신 성장을 기반으로 하고 있다. 이것은 이미 많은 변화를 가져온 혁명이며, 지금도 거의 매일 우리의 삶의 방식을 변화시키고 있다. 과학으로서 GIS의 출현이라는 한 가지 결과는 고고학에서 동물학까지 다양한 분야에서

GIS 방법이 사용되고 있다는 것이다. 또한 GIS는 지도화를 위한 대부분 인터넷 기반 도구 수렴의 선봉에 있으며, 사용이 쉽고 매우 실용적이다. 셋째로, 이러한 변화는 과학에 대한 새로운 접근 방법으로서 다양한 분야에서 사용하기에 적합하도록 지리학을 구성하는 지식을 선택할 수 있도록 하였다.

Goodchild는 이것을 '지리정보과학'(Goodchild, 1992)이라고 하였다. 미국에서는 지리정보과학(geographic information science)이라는 용어를 선호한다. 이러한 명칭 변경은 저널, 전문가 협회와 회의에 중요한 영향을 미쳤다(그림 1.7).

Goodchild는 지리정보과학을 "성공적인 수행을 유도하고 잠재적 가능성의 이해를 분명히 드러내는 GIS 기술의 사용을 포함하는 포괄적인 개념"으로 정의한다. 그는 또한 GIS에 대한 연구와 GIS를 이용한 연구와 관련이 있음을 강조한다. 지리정보과학(GISc 또는 GISci)은 지리정보의 발달, 사용, 응용의 배경이 되는 학문적 이론이다. 그리고 GIS 하드웨어, 소프트웨어, 지리공간 데이터와 관련이 있다. 지리정보과학은 GIS의 사용과 관련 기술에 의해 발생한 기본적인 이슈에 역점을 두고 있다(Wilson and Fotheringham, 2007; Kemp, 2007). 과학을 뒷받침하는 것은 지리적 데이터의 독특함, 단지 지리적으로만 답할 수 있는 세계에 대한 일련의 질문들, GIS 모임에 대한 시민의 관심, 책과 잡지의 공급이다. 반면 Goodchild는 관심의 수준은 혁신에 달려 있다고 지적했다. 이러한 혁신은 다학문(multidisciplinary) 과학이 유지되는 것이 어렵다는 점과 지리학의 핵심으로서 사회과학 전통이 과학기술적 접근 방법에 어느 정도 반감을 가지고 있다는 점에 기인한다.

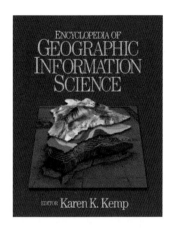 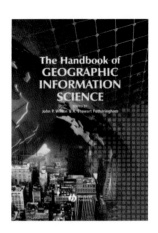 

그림 1.7 시스템이 아닌 지리정보과학으로서 GIS.

GIS 과학의 지식체계는 지리적 데이터, 사용을 위한 규칙, 분석에 의해 데이터를 추출할 수 있는 수단들, 그리고 새로운 지도와 새로운 지리적 지식을 형성하기 위한 결과들의 조합에 기반한다. 또한 이러한 과정에서 나타나는 다양성과 불확실성의 중요한 소스는 축척과 해상도, 분류와 추출, 방법의 사용, 이러한 방법의 검증을 포함하는 지리정보과학에 의해 연구된다.

이 책은 Goodchild에 의해 형성된 연구 영역으로부터 도출된 이러한 요소들을 정확하게 지리학 영역에서 뽑아내고자 하는 노력이다. 따라서 이 책은 Goodchild의 접근 방법을 채택하고 있다. 제2장과 제7장에서는 지도학의 원리를, 제3장부터 제5장은 분석적 지도학의 기여를, 그리고 제6장에서는 공간적 분석을 논의하고 있다. 여기에 일반적 지리학, 데이터베이스 운용, 응용 GIS의 내용이 섞여 있다. 이러한 지식기반은 지리정보과학의 영역을 새롭고 강하게 하는 데 기여한다.

1.2.4 GIS는 수십억 달러 규모의 사업이다

GIS 산업을 모니터링하는 그룹에서는 공간 데이터를 다루는 사적, 공적, 교육 부문 등 여러 부문에서 운용되는 하드웨어, 소프트웨어, 서비스의 전체 가치가 1년에 수십억 달러에 달할 것으로 추산하고 있다. 더욱이 1990년대 후반에서 현재에 이르기까지 해마다 두 자릿수의 성장률을 보이고 있다. 국가적, 국제적 회의에 참석하는 사람들은 한결같이 GIS에 불어닥친 빠른 성장의 압도감, 복잡함, 변화의 거대한 물결을 느낀다(Pick, 2005; 2008).

이러한 상황에 대한 대부분의 원인은 대략 1982년에 시작된 기술 발달로 인한 막대한 비용 절감 때문이다. 이 시기에 컴퓨터는 흰색 코트를 입은 사람들에 의해 관리되는 유리창 뒤로부터 데스크톱으로 이동하였다. 엔지니어링 장비의 한 가지 도구로서 워크스테이션의 성공에 의한 비용 절감은 GIS에서 일반적으로 '설치된 기반(installed base)'으로 불리는 것에 대한 빠른 증가를 가져왔다. 지금 미국과 그 밖의 많은 국가들의 중요한 학문적 기구에서 GIS를 교육하고 있다. 대부분의 지방, 주, 연방 정부는 사업가, 계획가, 건축가, 지질학자, 고고학자 등이 사용하는 것처럼 GIS를 사용한다. 시스템의 복잡성이 증가함에 따라 단순히 수적인 이러한 성장은 GIS의 사업 부문의 성장을 유도하는 것이다.

그러나 한편에서는 GIS의 붐에 대한 다른 분석도 있다. 첫째, GIS 산업은 대부분 미국 통계국과 지질조사국(USGS) 데이터인 값싼 또는 무료인 거대한 양의 연방 정부 데이터에 기반을 둔다. 둘째, 이 분야의 성공적인 옹호론자 집단이 형성되었고, 지원을 위한 기반시설, 사용자 집단, 네트워크 회의 집단 등의 빠른 발달이 있었다. 셋째, 그래픽 사용자 인터페이스(GUI)의 추가, 화면과 자동 설치의 도움 같은 매우 유용한 기술의 추가도 중요한 역할을 하였다. 넷째, GIS는 성공적으로 여러 기술을 통합하였으며, 그 결과 승수효과의 이득을 얻었다.

GIS가 산업에 미치는 영향에 대한 한 가지 예는 비지니스 인구학(Business Geodemographic) 부문을 검토함으로써 알 수 있다. GIS의 전문 기능을 이용하여 카운티별로 근린 지역의 소규모 지역을 대상으로 센서스 자료로부터 인구학적 특성과 구매력 데이터를 이용하여 특징적으로 표현하였다. 이것은 매우 전문적인 시장을 대상으로 특화된 마케팅이나 프로모션을 가능하도록 해 준다. 예를 들어 유아용품 회사들은 아이가 있는 젊은 부부가 많은 지역을 찾고, 크루즈 여행 마케팅을 위해서는 은퇴했으나 자주 여행을 하는 활동적인 노령인구가 많은 지역을 찾을 것이다. ESRI's Community Tapestry(그림 1.8)와 영국 Experian's Mosaic가 그 예이다. 이러한 접근 방법은 또한 선거운동에 효과적으로 사용된다.

GIS의 성장은 상당한 깊이와 폭을 가진 마케팅 현상이며 앞으로 오랫동안 이러한 현상

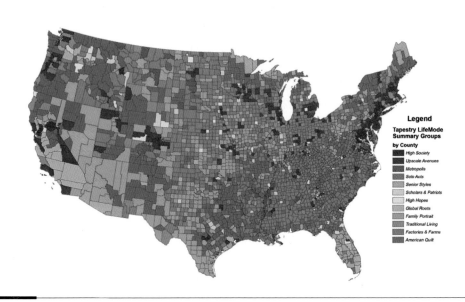

그림 1.8 지리인구통계. ArcGIS Business Analyst Segmentation Module을 이용하여 ESRI's Community Tapestry가 제작한 카운티별 미국 48개 주 '라이프스타일'.

은 지속될 것이다. 분명히 GIS는 전에는 상상하기 힘들 정도로 우리의 일상생활과 계속해서 통합될 것이다. 맵서버와 Google Earth 같은 툴을 가진 인터넷과 위치기반 서비스를 사용하는 모바일 시스템은 일반 대중에게 GIS 상품으로 주어지게 되었다. 우리가 금전등록기에서 우리의 잔돈을 계산하는 마이크로프로세서에 대해 아무런 생각이 없는 것처럼, 또는 배송자의 휴대용 컴퓨터에 서명함으로써 우리가 받는 FedEx 소포의 배송을 조정하는 데 GIS가 있는 것처럼 GIS 운영은 GIS가 있는지 인식하지 못할 정도로 대중에게 투명하게 비춰질 것이다.

1.2.5 GIS는 사회에 중요한 역할을 한다

GIS를 연구하는 많은 사람은 GIS를 협소하게 정의한다. GIS가 사람이 살아가고 일하는 방식을 변화시키는 데 중요한 역할을 한 것을 무시하고 단순히 기술, 소프트웨어, 하나의 과학으로만 정의하는 것이다. GIS는 우리가 하고 있는 매일 매일의 사업 방식을 변화시켰을 뿐만 아니라 인간 조직 내에서 우리가 운영하는 방식도 변화시켰다. Nick Chrisman(1999)은 GIS를 "사람들에 의해 지리적 현상을 측정하고, 표현하고, 이러한 표현을 사회적 구조와 상호작용할 수 있는 다른 형태로 변화시키는 조직화된 활동"이라고 정의하였다. 이러한 정의는 GIS가 전반적으로 제도와 조직을 포함하여 어떻게 사회와 부합하는지, 그리고 지역 모임이나 웹사이트의 커뮤니티 그룹(그림 1.9) 같은 대중적인 기구에

사회·문화적 맥락
제도적 맥락
변환
연산

표현
측정

그림 1.9 GIS가 사람, 조직, 목표의 넓은 영역과 어떻게 부합되는가에 대한 Chrisman의 다이어그램.

서 의사결정 과정에 GIS가 어떻게 사용될 수 있는지를 검증하였던 GIS 연구의 영역으로부터 생겨났다. 이러한 영역을 대중 참여 GIS(Public Participation GIS, PPGIS)라고 한다(Corbett and Keller, 2006).

GIS가 계획부서나 주 계획국 같은 많은 조직체 내에서 사업을 수행하는 방식의 일부분이 되었다는 것을 의심하는 사람은 거의 없다. 그 결과 업무 분담, 업무 내용, 책임감, 그리고 조직체의 권력관계까지 변화시켰다. 예를 들어 GIS가 작업 환경에 처음 도입될 때 집단 내에서 GIS를 옹호하는 누군가가 있는 것이 중요하다. GIS의 연구에서 많은 사람들은 GIS를 기술적으로 또는 응용 분야로 보기보다는 GIS의 영향을 설명하고 분석하는 것에 초점을 맞추고 있다. 그러나 이 분야는 학문의 역사를 만들고 있으며(Foresman, 1997), 관련 모임과 회의의 인기가 증가하고 있다. *Ground Truth*(Pickles, 1995)를 포함하여 몇몇 서적들은 이러한 접근 방법에 대한 관심을 불러일으켰다. 이 책은 GIS 연구에 좀더 인문적이고 사회과학적인 차원을 도입하였다.

Nick Chrisman의 GIS 정의는 GIS 기능의 사회적 과정의 모든 것을 포함한다. 예를 들어 GIS는 토지 소유관계로서 토지 소유에 대한 데이터를 수집하는 데 사용될지 모른다. 그러나 데이터의 사용과 목적, 그리고 전달은 데이터가 사용되는 커뮤니티의 철학과 전통에 따라 다양하다. 예를 들어 성장 지향적인 커뮤니티에서 GIS가 건축 허가의 신속 처리와 토지 판매 증대를 위한 메커니즘으로 이해될지 모른다. 다소 보전 지향적인 커뮤니티에서는 GIS가 환경문제, 지역계획 지원, 공해 조절 강화를 위한 수단으로 인식되거나 사용될 수 있다. 물론 같은 GIS 소프트웨어, 하드웨어, 데이터가 두 가지 상황 모두에 사용될 수 있으나 업무 처리자, 업무 영역, 행정 조정 관리에 따라 매우 다양하게 적용될 수 있다. GIS에 대해 많은 것을 결정하는 것은 기술적 능력보다는 관련된 인적 요소 자체이다.

Chrisman의 정의가 인식되는 또 다른 측면은 측정에 대한 기본적인 중요성이다. 추상적인 관점에서 GIS는 여러 가지 다양한 수준의 정확성과 신뢰성을 가지고 토지에 대한 측량을 지원한다. 대부분의 경우 GIS는 '최선의 이용 가능한 데이터'에 기반을 두지만, 실제적으로는 항상 대부분의 데이터가 불완전하고, 오래되었거나, 누락되어 있다. GIS 사용자에게 이러한 문제는 관련된 소프트웨어, 하드웨어, 프로세스만큼이나 GIS의 능력과 효율적 사용에서 중요한 요소로 나타난다. 나중에 언급하겠지만, GIS도 지금까지 인정되어 온 일련의 오류들을 내포하고 있다. 이 정의는 GIS를 제한하는 오류와 지원 시스템뿐만 아니라 연관된 사람들 사이에서 생겨난 데이터에 대한 이러한 비판적 견해를 강조하는 것이다.

1.3 GIS의 간략한 역사

새로운 지리정보과학의 많은 기본 원리들은 상당한 기간에 걸쳐 생겨났다. 일반도는 수세기 전으로 거슬러 올라가며 대개 지형, 토지의 지세, 도로와 하천 같은 교통에 초점이 맞추어져 있었다. 주제도는 불과 지난 세기에 와서야 사용되기 시작했다. 주제도는 지질, 토지 이용, 토양, 정치 단위처럼 특정한 주제나 테마에 대한 정보를 담고 있다. 두 가지 형태의 지도가 GIS에 사용되고 있으나 지도학을 GIS로 유도한 것은 바로 주제도이다. 지도에 대한 몇 가지 테마는 상호 연관되어 있다. 예를 들어 식생도는 토양도와 밀접하게 연관되어 있다.

한 지도에서 다른 지도로 데이터를 옮기기 위해 데이터를 추출함으로써 주제도를 처음으로 이용하기 시작한 것은 계획 분야이다. 초창기 예로, 독일 뒤셀도르프의 지리적 지역이 1912년에 이 같은 방식으로 여러 기간에 걸쳐 지도화되었다. 이어서 매사추세츠의 빌러리카 지역의 4장의 지도가 같은 해에 교통순환과 토지 이용 계획 분야에서 사용되었다 (Steinitz et al., 1976). 1922년까지 이러한 개념은 일련의 지도가 영국 동커스터(Doncaster)에서 준비될 정도로 정리되었다. 이 지도는 일반적인 토지 이용을 보여 주고 등고선이나 교통 접근성의 등치선이 포함되어 있었다. 비슷하게, 1929년 'Survey of New York and Its Environs'는 서로의 지도를 중첩하는 것이 인구와 지가의 경우에 통합적 분석 부분임을 명백히 보여 주었다.

1950년에 영국에서 출간된 Town and Country Planning Textbook은 Jacqueline Tyrwhitt에 의해 쓰인 'Surveys for Planning'이라는 기념비적인 장이 포함되어 있다 (Steinitz et al., 1976). 고도, 지질, 수문/토양 배수, 토지가 포함되어 있는 다양한 데이터 주제들을 함께 가져와서 '토지 특성' 지도라는 한 장의 지도로 결합하였다(그림 1.10).

저자는 어떻게 지도가 같은 축척으로 그려질 수 있는지, 어떻게 몇 가지의 지도 구성 요소들이 복제될 수 있는지를 설명하였다. 이러한 지도 구성 요소들을 가이드로 사용함으로써 지도들이 정확하게 겹쳐질 수 있음을 실명하였나. 이 방법은 처음에는 수동이었으나 후에 컴퓨터에 의한 방법의 토대를 제공하게 된다. 많은 사람들이 아메리카 대륙을 발견했으나 콜럼버스만이 기억되는 이유는 그가 아메리카 대륙에 대해 처음으로 기록했기 때문이다(그리고 우연하게도 그가 지도를 그린 것처럼!).

물론 이전에 선구자가 있었겠지만, 지금은 흔한 것이 된 지도 중첩 기법은 1950년에

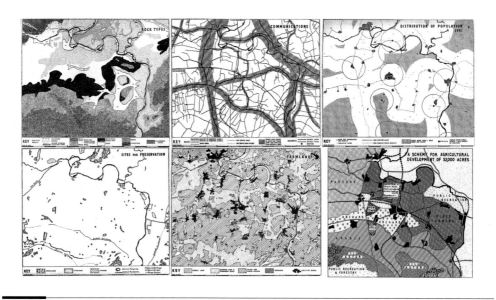

그림 1.10 'Surveys for Planning.' Tyrwhitt가 통합된 계획을 위해 지도 중첩 기법을 도입했다.

Tyrwhitt에 의해 발견되었다. 그러나 1950년까지 지도가 토지 분석과 표현에 있어 투명지 중첩을 사용하여 지속적으로 그려졌다는 것은 명백하다. 20년 후인 1969년에 Ian McHarg는 그의 책 *Design with Nature*에서 뉴욕의 스태튼섬에서 여러 가지 입지 선정 요소를 결합하여 리치먼드 공원도로(Parkway)에 대한 적당한 입지를 찾는 데 검정 투명 중첩을 사용하여 표현하였다(그림 1.11).

1962년 초에 매사추세츠 기술연구소(Massachusetts Institute of Technology)의 두 계획가가 서로의 중요도에 따라 중첩에 차별성을 주는 가중치를 포함한 지도 중첩 개념을 발전시켰다. 이 계획에는 26개 지도가 포함되었으며, 이들은 고속도로의 질적 상태를 나타냈다. 지도들은 절차적인 흐름 구조 속에 순서에 따라 정렬되었으며, 사진학적인 지도의 재정렬을 통한 다양한 조합이 만들어졌다.

1960년대에는 미국 지질조사국의 지형도와 토지피복도, 미국 농무부의 토양보전 서비스(지금의 자연자원보전 서비스)의 토양도 같은 많은 새로운 형태의 주제도들이 표준화된 축척으로 이용할 수 있게 되었다. 적당한 지도를 선택해서 레이어를 찾아내고 또는 사진학의 기술로 지도에서 사상의 형태들을 분리해 낸 다음 기계적으로 레이어들을 합치는 작업들이 꽤 간단하게 이루어졌다. GIS는 중첩을 만들 수 있는 수단을 제공하고, 복잡한

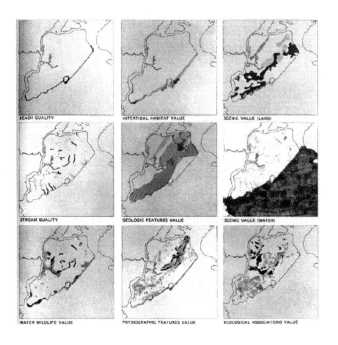

그림 1.11 *Design with Nature*에서 상세하게 다룬 스태튼섬의 리치먼드 공원도로 특성을 나타내기 위해 사용한 McHarg의 복합 중첩 기법.

분석을 위해 개별적으로 전개되는 주제별 GIS 레이어 모델을 제공한다. '레이어 케이크 (layer cake)' 다이어그램은 빠르게 GIS가 무엇이고 무엇을 할 수 있는지를 설명하는 좋은 수단이 되었다(그림 1.12).

컴퓨터가 발달하면서 GIS의 무대가 마련되었다. 1959년에 대학원생이던 Waldo Tobler 는 지도학에 컴퓨터를 적용하기 위한 간단한 모델을 개관하는 논문을 *Geographical Review*에 발표하였다(Tobler, 1959). MIMO(map in-map out) 시스템으로 언급되는 그의 모델은 세 가지 요소—지도 입력, 지도 처리, 지도 산출 단계—를 가지고 있다. 이러한 세 단계는 현재 모든 GIS 패키지의 부분인 지오코딩과 데이터 수집, 데이터 운영과 분석, 데이터 표현 모듈의 기원이 되었다.

몇 년 지나지 않아 많은 사람이 기본적인 프린터와 플로터를 사용하여 지도를 그리기 위해 FORTRAN 같은 프로그래밍 언어를 사용하여 컴퓨터 프로그램을 만들었다. 컴퓨팅 에 대한 새로운 수요는 1960년 센서스를 계획한 New Haven 그룹에 의한 최초의 디지타 이저 개발과 많은 새로운 장치의 개발을 유도하였다. 지도화의 새로운 기술의 출현과 더

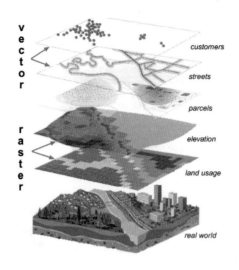

그림 1.12 지리적 테마를 결합시키기 위한 수단으로서 GIS의 레이어 케이크 모델.
출처 : NOAA.

불어 애니메이션과 자동화된 음영처리(hill-shading) 같은 새로운 지도화 방법에 대한 최초의 실험이 진행되었다. 그러나 이러한 초기 시스템 중 어느 것도 GIS로 설명될 수는 없었다. 초반기 컴퓨터 매핑의 발달은 개별적인 컴퓨터 프로그램에 대한 의존 경향을 점점 감소시키고 공통된 포맷, 구조, 파일을 가진 컴퓨터 프로그램과 연계되어 있는 소프트웨어 패키지에 대한 의존을 증대시키는 결과를 가져왔다. 1960년대에 모듈화된 컴퓨터 프로그램 언어가 등장하면서 통합된 소프트웨어의 프로그래밍 과정이 좀 더 쉬워졌다. 초기 컴퓨터 매핑 패키지 중에는 SURFACE II, IMGRID, CALFORM, CAM, MOSS, SYMAP이 있었다.

이러한 프로그램의 대부분은 데이터의 분석과 조작, 그리고 단계구분도(choropleth)와 등치선(등고선) 지도의 제작을 위한 일련의 모듈이 있었다. 이러한 패키지를 이용하여 데이터들을 중첩하는 것이 가능하게 되어 과거 투명지로 행해졌던 어려운 작업이 수월해지게 되었다. 매핑 소프트웨어와 밀접히 연관된 것은 최초의 체계적인 지도 데이터베이스의 발달이었다. 처음 제작된 미국 중앙정보국(CIA)의 해안선, 하천, 국경선의 세계지도인 World Data Bank는 현재까지 여전히 사용되고 있다. 이 지도는 다양한 축척으로 지도를 투영할 수 있는 CAM 소프트웨어를 이용하였다(그림 1.13).

많은 전형적인 시스템 이후 디지털 매핑과 데이터 처리의 실험으로 DIME(dual inde-

그림 1.13 CIA의 World Data Bank의 해안선과 국경선 부분.

pendent map encoding) 코딩 시스템이 미국 통계국에 의해 고안되었다. 지리기반파일(GBFs)로 불린 DIEM과 그 결과파일들은 지리정보 표현의 역사에 획기적인 발전을 이룩하였다. GBF/DIEM은 센서스에 의해 수집된 모든 데이터에 해당하는 속성정보와 센서스 계획에 사용된 컴퓨터 지도들을 매핑을 위해서뿐만 아니라 지리적 패턴과 분포를 탐색하기 위해 통합할 수 있도록 하였다. 초기 기념비적인 시스템은 1964년 캐나다 지리정보시스템(CGIS), 1969년 미네소타 토지관리 시스템(MLMIS), 1967년 뉴욕의 토지 이용 및 자원목록시스템(LUNR)이었다. MLMIS와 LUNR은 둘 다 하버드대학교에서 SYMAP을 대체한 GRID 시스템의 파생물이었다.

1960년대 중·후반에 하버드대학교의 컴퓨터 그래픽과 공간분석 연구소 연구원과 학생들이 중요한 이론적 공헌을 하였으며, 몇 가지 새로운 시스템을 개발하고 발전시켰다(Chrisman, 2006). 그중 가장 많은 영향을 미친 것은 GIS 프로그램인 Odyssey이다. 호머의 소설에서 이름을 따온 이 프로그램은 1975년 출간된 이후 공통적으로 사용하게 된 아크/노드(Arc/Node) 혹은 벡터 데이터 구조라고 불린 일련의 데이터 구조를 선도적으로 개척하였다(Peucker and Chrisman, 1975). 디지타이징된 선을 정렬하고 조합하여 위상학적인 면으로 연결하는 컴퓨터 루틴을 Whirlpool이라고 한다. Odyssey는 매우 영향력 있는 아크/노드 기반 GIS였으며 이후 개발된 소프트웨어에 많은 영향을 미쳤다. 제4장에서 이 구조를 상세하게 설명하게 될 것이다. 그러나 다른 점은 데이터 구조가 일련의 노드를 사용하여 면 정보를 수집한다는 것이다. 시작점과 끝점, 두 점 사이의 아크로 이루어져 있다. 구조는 도형 간 인접성과 근접성에 대한 정보를 포함하기 때문에 아크는 면을 구축하기 위해 조합된다. Arc/Info를 포함하여 많은 GIS 패키지는 지리적 도형의 이러한 단순한 모델에 기반을 두었다.

1974년에 국제지리학연합(International Geographical Union, IGU)은 매핑과학에 대한 소프트웨어를 조사하고, GIS 소프트웨어에 대한 'Complete Geographical Information Systems'라는 전체 목록집을 출간하였다. 초기에 여러 가지 다양한 개념으로 GIS를 설명한 것에 반해, 이 보고서는 GIS 개념을 새로운 응용과 연구 분야를 위한 포괄적인 이름으로 수렴하기 시작했다. 연구 결과에 대한 보고에서 Kurt Brassel은 "매핑 시스템은 그래픽이 아닌 몇 가지 2차적인 기능을 수행하기도 하지만 주로 디스플레이를 목적으로 계획되고 있다고 이해한다. 지리정보시스템은 매핑 기능이 활동의 중요한 한 부분으로 대표될 수 있지만 좀 더 넓은 범주의 응용을 위해 계획되고 있다"(Brassel, 1977, p. 71)라고 지적하였다. GIS와 컴퓨터 매핑은 이러한 의미를 가지고 내용에서 건설적인 중복을 계속하고 있다.

1980년대에 대형 컴퓨터와 FORTRAN의 계속된 발전과 함께 GIS의 발달은 지속되었다. 1982년에 IBM이 몇 년 전에 나온 APPLE II 마이크로컴퓨터에 뒤이어 PC를 도입하였다. 이러한 단순한 진보의 영향은 엄청나게 컸다. 몇 년 지나지 않아 Arc/Info 같은 대규모 GIS 패키지 중 몇 가지는 마이크로컴퓨터로의 변화를 유도하였다. IDRISI 같은 소프트웨어는 최초의 PC 세대로 특징지어지는 저비용·고효율을 지향하는 출발점이 되었다. 다른 패키지들은 대신 미니컴퓨터와 네트워킹 경향으로부터 발전된 새로운 워크스테이션 플랫폼으로 이동하였다. GRASS 같은 다른 패키지의 개발은 이러한 변화에 기반을 두었다.

1980년대와 1990년대 초는 기술로서 GIS가 한층 성숙되었다. 새로운 언어와 플랫폼으로의 이동에 실패한 많은 오래된 패키지들은 사라지고 좀 더 강력한 장비를 활용할 수 있는 새로운 시스템으로 대체되었다. 놀랄 만한 저장비용의 하락, 여러 가지 측면에서 증대된 컴퓨터 능력, 그래픽 사용자 인터페이스(GUI)의 첫 등장, X-윈도우, 마이크로소프트 윈도우즈, 애플의 매킨토시는 소프트웨어 사용을 획기적으로 편리하게 만들었다. 1980년대 동안에 과학자들을 연결하고자 시작한 Arpanet과 NSFNet 같은 초기 네트워크의 집합체로 생겨난 인터넷은 컴퓨팅의 중요한 새로운 요소가 되었다.

1980년대는 또한 GIS 하부 구조가 구축되기 시작한 시점이다 : 서적, 잡지, 회의 등 GIS를 이해하는 데 매우 중요한 다른 소스들이 그것이다. 이 시기 동안에 국가과학재단(National Science Foundation)은 미국 국립지리정보분석센터(NCGIA)를 창설하여 대학 커리큘럼을 고안하고, GIS에 대한 학문적 연구를 위한 광범위한 연구 의제를 발전시켰다.

1990년대에 GIS 세계에 놀랄 만한 성장이 있었다. 몇 가지 새로운 요인이 출현하였다. 먼저 GIS는 매핑과학의 초창기 영역을 넘어서 지질학, 고고학, 질병학, 범죄학 같은 새로운 영역의 발전까지도 포함하며 확대되었다. 또한 데스크톱 GIS의 출현 이후 GIS의 비용이 상당히 하락하였다. PC의 시장 침투 증가와 모바일 랩톱, 휴대용 디지털 보조장치들은 GIS를 새로운 작업 환경으로 유도하였다. 객체지향 접근법은 GIS 소프트웨어에 적용될 수 있는 소프트웨어 공학에 놀랄 만한 개선을 도모했으며, 많은 컴퓨터 플랫폼에 걸친 프로그램의 휴대성을 가능하게 하였다. 또한 GIS는 GPS와 완전히 통합되어 시스템의 데이터 수집능력이 크게 향상되었다. 고해상도 이미지는 GIS 데이터로서 일반적으로 이용되었다. 한편 인터넷과 전자상거래(e-commerce)의 등장은 GIS를 웹 GIS 형태로 World Wide Web에 자리 잡게 하였다.

21세기 첫 10년 동안 GIS에 영향을 미친 가장 중요한 요소는 인터넷이다. GIS 소프트웨어는 GIS 지도를 인터넷에 쉽게 올릴 수 있는 기능을 포함하여 웹서버에 연결되도록 발전했으며, Google Earth, Googlemaps, MapQuest, NASA의 World-wind 같은 툴에 연결된 애플리케이션 인터페이스인 수많은 지오브라우저들 간의 상호작용을 지원하였다. 인터넷은 또한 몇 가지 GIS 패키지를 포함하여 오픈소스 소프트웨어와 공유된 툴들을 증가시켰다. 이들은 종종 GIS 기능을 수행하기 위해 함께 첨부되어 지도 매쉬업(mash-up : 웹서비스 업체들이 각종 콘텐츠와 서비스를 융합하여 새로운 서비스를 만들어 내는 것. 예를 들면 구글지도에 부동산 정보의 결합 — 역주)이라고 불렸다. 동시에 지리정보의 거대한 축적은 인터넷에서 그 활로를 찾게 되었다. 이것은 지도와 영상들이 다양하게 축적되면서, 몇몇 지역에서는 매우 상세한 정도로 널리 이용할 수 있게 되었음을 의미한다. 또한 GIS는 PDA, 태블릿 PC, 팜탑컴퓨터(Palmtop computer) 같은 이동장치의 새로운 출현으로 영향을 받게 되었다. 많은 전화기가 GPS와 인터넷 탐색능력으로부터 위치를 파악하는 데 도움을 받으면서 휴대전화가 GIS 플랫폼이 되었다. 공간적 위치 탐색에 합쳐진 그러한 모바일 기술은 위치기반 서비스(location-based services)로 알려지게 되었다.

현재에 이르리, GIS의 연대기는 지도학의 근원까지 거슬러 올라가고, 주제도와 지도 중첩의 연원은 19세기까지 거슬러 올라가지만, 오늘날 GIS라고 알려진 것은 1960년대 상호 연관된 상황들과 인간 생활과의 상호작용에 그 뿌리를 두고 있으며, GIS 기술의 괄목할 만한 성장은 마이크로컴퓨터, 워크스테이션, 인터넷 발전에 기인하고 있다. 따라서 GIS의 역사는 사실상 다분히 짧은 역사임과 동시에 지금도 작성되고 있다.

1.4 GIS 정보의 소스

GIS와 관련된 이용 가능한 정보의 양은 엄청나다. 검색의 출발점으로 좋은 곳은 도서관이나 인터넷과 연결하거나 World Wide Web 검색 도구를 사용하는 집이다. 도서관을 방문하는 것이 좀 더 효과적이다. 몇몇 도서관은 네트워크 검색 시스템에 연결된 시설이 갖추어져 있으며, 지리정보에 대해 교육을 받은 전문적인 직원도 배치되어 있다.

　지리정보과학의 정의에서처럼 GIS에 대한 정보 소스는 GIS를 이용한 연구에서부터 GIS에 대한 연구까지 광범위하다. 우리는 초보자로서 직접 고차원적인 연구자료를 검색하는 것보다는 기본적인 자료를 찾는 데 한정하자. 이것은 나중에 다루게 될 것이다. 주제를 연구하는 좋은 방법은 새로운 아이디어가 도입되었던 시기에 나온 출간물을 찾는 것이다. 오래된 논문, 보고서, 책에서 저자들은 언어와 개념에 친숙하지 않은 청중을 위해 글을 써야만 한다. 이것은 GIS 분야에서 몇몇 고전적인 논문들에 해당한다. 이 문헌은 오늘날에도 GIS 이해를 위한 첫걸음과 GIS를 시작하는 데 좋은 자료를 제공한다.

1.4.1 인터넷과 World Wide Web

GIS에 대한 정보의 상당한 양은 World Wide Web을 이용하는 인터넷에서 찾을 수 있다. 뉴스그룹 FAQ에서부터 상업적인 GIS 소프트웨어 판매 웹사이트까지, GRASS 같은 GIS 소프트웨어 내려받기까지 이용할 수 있다. 예를 들어 'Geographic Information System'을 구글에서 검색하면 2009년 초에 1,640,000개가 검색되었다.

　검색하는 좋은 방법은 인터넷 익스플로러나 Mozilla Firefox 같은 적절한 웹브라우저를 연 다음 자신이 관심 있는 곳을 따라 가는 것이다. 이 장의 끝에 있는 참고문헌 목록에는 GIS 정보가 있는 곳의 리스트가 있는데, 이 외에도 매일 아주 많은 리스트가 추가된다. 네트워크 뉴스그룹 GIS-L(comp.infosystems.gis)는 GIS에 대한 기술적 정보의 오래된 소스이다. 사용자가 리스트에 질문을 올리면 사람들이 답을 한다. 대답들은 저장이 되고 공통된 관심사가 나타나면 FAQ 목록으로 편집된다. 때때로 World Wide Web을 통해 여러 사이트에 반영되고 올려진다. GIS-L은 http://www.hdm.com/urisa3.htm에 URISA 전문 조직에 의해 운영되고 있다. GIS-L에 연이은 토론은 GIS 응용 소프트웨어와 환경에 대해 개관할 수 있는 좋은 방법이다. 또한 수많은 GIS와 지도학 관련 웹, 블로그들이 있다. 여기에는 관심 있는 분야에 대한 단편적인 지식과 때로는 GIS 돌발 뉴스가 있기도 한다. 몇 가지 온라인 서비스는 GIS 이슈가 저장되어 연결만 하면 매일 GIS 관련 정보를 전송하기도 한다.

한 가지 매우 유용한 GIS 온라인 자원은 네트워크로 접근이 가능한 미국 지질조사국의 지리정보시스템 브로슈어이다(그림 1.14). http://erg.usgs.gov/isb/pubs/gis_poster로 접근할 수 있다. 이 웹문서는 원래 무료의 wall 사이즈 포스터이고 여러 종류의 GIS 샘플, 사례, 정의들이 담겨 있다. 최근 인터넷 정보 소스와 더불어 자주, 거의 매일, GIS에 대한 정보를 업데이트하는 새로운 서비스들이 있다. 대표적인 것으로 GIS Monitor(www.gismonitor.com), Spatial News(www.spatialnews.com), 뉴스와 정보 저널들의 집합체인 Geoplace(www.geoplace.com) 등이 있다. 이들 중 몇몇은 이메일로 웹사이트의 내용에 대한 업데이트 부분을 매일 전송해 주고 있다.

웹에서 이용 가능한 GIS 자료에 대한 좀 더 많은 정보는 제3장에 포함되어 있다. 요즘은 공간 데이터 하부 구조(Spatial Data Infrastructure)의 한 부분을 형성하는 다양한 데이터 정보센터를 이용할 수 있다. 온라인 '도서관 카탈로그'에서 무료 또는 저렴하게 GIS 포맷 데이터를 이용할 수 있다. 개별 도시, 카운티, 주들은 자신들의 온라인 GIS를 보유하

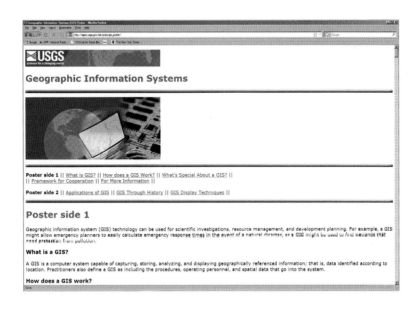

그림 1.14 USGS 포스터/GIS에 대한 기본 정보에 공헌하는 웹사이트.
출처 : http://erg.usgs.gov/isb/pubs/.

고 있다. 대부분 검색 기능을 지니고 있으며, 그중 일부에서 자료를 다운로드할 수 있다. 서지 기능 외에 World Wide Web은 정보 소스, 소프트웨어 소스, 데이터 소스로서 기능을 하고, 사용자의 결과를 공개하는 장소로서 기능을 한다. 제11장에서 World Wide Web과 인터넷의 미래 역할을 GIS 관점에서 논의할 것이다.

1.4.2 책, 저널, 잡지

오늘날 많은 저널과 잡지가 GIS에 대한 기사와 논문들을 싣고 있다. 이들의 예로는 *International Journal of Geographical Information Science, Geographical Systems, Transactions in GIS, Geospatial Solutions, Geoinformatics, Georeport* 등이 있으며, *International Journal of GIS*는 가장 많이 인용된 논문들을 묶어 책으로 출간하고 있다 (Fisher, 2006).

GIS에 대한 학문적 업적을 출간하는 저널 중에는 *Annals of the Association of American Geographers; Cartographica; Cartography and GIS; Computer, Computers; Environment, and Urban Systems; Computers and Geosciences; IEEE Transactions on Computer Graphics and Applications; URISA Journal*(Urban and Regional Information Systems Association), *Photogrammetric Engineering and Remote Sensing* 등이 있다. GIS를 이용한 논문을 게재하지 않는 과학 또는 사회과학 저널이 거의 없을 정도로 GIS는 한 가지 방법론으로서 눈에 띄게 성장하였다.

책과 논문을 찾기 위한 도구로서 두 가지 웹기반 프로젝트인 GIS Master Bibliography (http://liinwww.ira.uka.de/bibliography/Database/GIS/index.html)와 Spatial Odyssey (http://wwwsgi.ursus.maine.edu/biblio/)가 있다. 또한 핸드북(Wilson and Fotheringham, 2007), 세계 GIS 백과사전(Kemp, 2007), GIS 사전(http://www.geo.ed.ac.uk/agidict/), 삽화로 된 사전(Sommer and Wade, 2006)도 있다.

1.4.3 전문가 협회

중요한 GIS 저널들은 전문가 협회와 연관이 있다. 그리고 많은 협회들이 회원들에게 책을 배포하며 학생들에게 할인을 해 준다. 기술과 관련된 전문가 협회는 American Congress of Surveying and Mapping(ACSM), American Society for Photogrammetry and Remote

Sensing(ASPRS), Association of American Geographers(AAG), Geospatial Information and Technology Association, Urban and Regional Information Systems Association (URISA) 등이 있다.

ACSM은 지도학과 지리정보시스템을 포함하여 GIS에 관심을 가지고 있다. 출간되는 저널은 *Cartography and Geographic Information Systems*와 *Surveying and Land Information Systems*가 있다. ASPRS는 상당히 넓은 지도 제작 분야를 포괄하고 있다. *Photogrammetric Engineering and Remote Sensing*은 월간지이며, 과거 몇 년 동안 매우 강력한 GIS 테마를 다루었다. 저널 자체는 전통적인 지도 제작, 원격탐사, GIS 논문을 게재하고 있다. AAG는 조직 내에 대규모 전문가들로 구성된 GIS 전문가 집단이 있다. 협회는 지역 및 연간 전국 회의를 규칙적으로 개최하며, 구인정보를 가진 뉴스레터를 제공한다.

URISA는 기본적으로 계획, 정부, 하부 구조, 시설물에 대한 전문가를 대상으로 한 대규모 조직체이다. 이 조직은 매년 전국 회의를 개최하고, 구인정보를 포함하여 많은 기관 활동 정보가 제공된다. 또 다른 전문가 조직으로 Geospatial Information and Technology Association이 있다. 이 기관은 매년 전국 회의를 개최하고, 학회 발표집, 뉴스레터를 출간한다. 그리고 GIS 기업에서 일하고자 하는 대학생들을 위해 장학생과 인턴십 정보를 제공한다.

1.4.4 학회, 회의

산업이 성장하면서 연구와 응용에 관한 내용이 출간되는 중요한 저널이 아직 없던 초기에 다양한 GIS 전문가 회의가 '문헌상'에 나타나 있다. 그 결과 GIS 기술과 이론에 대한 중요한 논문 몇 편이 학회 발표문에 논문으로 나타났다. 불행히도 이들 논문은 대개 찾기 어렵다.

GIS에 대한 최초의 회의는 아마 '지형 데이터 구조에 대한 하버드 학회'로 추측된다. 뒤이어 AutoCarto(자동 지도화에 대한 국제 심포지엄)가 논문의 출간을 위한 중요한 회의로 개최되었다. 이들 시리즈는 모든 과거 발표문을 담은 CD 형태로 나왔다. 2008년에 가장 최근 회의가 열렸다. 1980년대 GIS/LIS 회의는 GIS 활동을 선도하는 중심이었으나, 중요한 과업이 완성되면서 1998년에 끝났다. 그러나 발표문은 가치 있는 GIS 자원으로 남아 있다.

다른 중요한 회의는 GIS 응용에 좀 더 초점이 맞추어져 있는 URISA 회의, 연구와 응용 모두를 지향한 ACSM/ASPRS 기술 모임, 많은 지방자치단체와 산업의 GIS 사용자들이 참여한 GITA 회의가 있다. 미국을 비롯하여 국제적으로 격년으로 개최되는 공간 데이터 처리 회의는 GIS 연구 및 개발 관련 사람들의 집중적인 관심을 받고 있다. SIGSPATIAL이라 불리는 Association for Computing Machinery는 'Advances in Geographic Information Systems'에 대한 국제회의를 매년 개최하고 있다. 격년으로 개최하는 GIScience 회의는 GIS 연구를 위한 또 다른 중요한 모임이다. 최근에 뉴욕, 텍사스, 미네소타, 뉴멕시코, 캘리포니아, 노스캐롤라이나를 포함하여 몇몇 주들은 매년 모임을 열고 있다. 그 외 다양한 GIS 업체들이 자신들의 사용자 집단 회의를 개최한다. 이들 중 몇몇은 규모 면에서 전문가 회의에 근접한다. 이들 중 가장 규모가 큰 것은 샌디에이고에서 해마다 개최되는 ESRI 사용자 컨퍼런스로 12,000명 이상이 참여한다(그림 1.15).

　미국 이외 지역에도 GIS 관련 전문가 조직이 많이 있다. 영국은 Association for Geographic Information이 있으며, 캐나다는 Canadian Institute of Geomatics가 있고, 남아시아는 Centre for Spatial Database Management and Solutions를 주도하고, 유럽은 EUROGI(European Umbrella Organisation for Geographic Information)가 있다. 다른 국제전문가협회로는 아일랜드의 IRLOGI, 아이슬란드의 LISA, GIS의 파키스탄 협회가 있다. 중국은 GIS와 관련된 전문적인 몇 개 기구와 International Association of Chinese Professionals 같은 집단이 있다. International Cartographic Association, International Society of Photogrammetry and Remote Sensing 등은 대표적인 국제기구이다.

1.4.5 교육 조직과 대학

많은 대학에서 GIS 수업을 진행하고 있다. 몇몇 학교는 일련의 코스 과정과 학사 학위 과정, 그리고 자격증 과정을 제공한다. 몇몇 기업에서는 강사 자격증을 주고 있으며, 국가 자격증은 GISP(GIS professional) 자격증을 주는 GIS 자격기구에 의해 주관되고 있다(www.gisci.org 참조). 몇몇 대학과 공개강좌는 단기 코스를 제공하고, 중요 GIS 기업 대부분은 전국 및 지역 회의에서의 몇 시간짜리 프로그램에서부터 며칠 또는 몇 주짜리 프로그램까지 단기 교육 프로그램을 제공하고 있다. 중요한 것으로 URISA는 GIS 윤리강령을 운영하고 있다. GIS의 모든 학생은 간단하지만 유용한 이 강령을 지도 받도록 하고 있다.

　대학에서 GIS 수업은 많은 학과에서 제공되고 있다. 대부분은 지리학과에서 진행되고 있으며, 그 외 지질학, 환경과학, 산림학, 도시공학, 컴퓨터정보과학 등에서 가르치고 있다.

그림 1.15 2008년 샌디에이고에서 개최된 ESRI 사용자 컨퍼런스의 전시회 모습.

정확히 GIS 수업에서 다루어야 할 것들이 무엇인지를 GIS&T Body of Knowledge에 상세하게 제시하고 있다. 이것은 미국 지리학회와 GIS 대학협회에 의해 정리된 것으로 GIS 참여자에게 무엇이 중요한지를 알려 주는 체계적인 목록이다. 프린트된 버전은 www.aag.org/bok에서 이용할 수 있으며, 여기에는 10개의 지식 영역, 73개 단원, 329개 주제, 그리고 1,600개 이상의 교육내용이 포함되어 있다(DiBiase et al., 2006). 많은 프로그램이 이 책과 유사한 방식으로 구조화된 단일 강좌를 제공하고 있다. 일부에서는 NCGIA의 국가 GIS 교과과정을 사용한다. 이 센터는 국가과학재단(National Science Foundation)의 기금으로 운영되는 기관으로서 지리정보과학의 발전을 목적으로 GIS 연구와 교육을 담당하고 있다. 이 연구센터는 3개 대학의 연합으로 http://www.ncgia.ucsb.edu를 관리하고 있다. 또한 여러 다양한 영역에서 GIS의 다양한 분야에서 종합적인 연구 주제를 제공하고 있다. 출판물, 연구 보고서, 회의의 후원, 센터 방문객 안내 등이 NCGIA의 주요 활동이다. NCGIA의 한 가지 특별한 프로젝트는 사회과학의 공간 통합 센터(Center for Spatially Intergrated Social Science)를 만드는 것이었다. 이 센터의 웹사이트는 www.csiss.org로 GIS 실습서, 고전 등 풍부한 자료를 가지고 있다.

　NCGIA의 기본적인 목적은 기존의 연구를 수행하는 것이지만, 또 한편으로는 미국에서 좀 더 넓은 지리정보과학 커뮤니티 형성을 조정하는 것이다. 1994년에 전체 33개 대학,

연구소, 미국 지리학회가 지리정보과학대학협회(University Consortium for Geographic Information Science, UCGIS)를 발족시키기 위해 만났다(그림 1.16). UCGIS는 개선된 이론, 연구 방법, 기술, 데이터를 통해 지리학적 과정과 공간적 관계의 이해를 개선시키는데 이바지하고자 하는 대학과 여러 연구소들의 비영리 조직이다. 2008년 7월 현재 협회에는 84개의 회원이 있다. 수차례의 회의를 통해 수집된 내용은 GIS 정보 소스로서 매우 유용하다는 점이 증명되었다. UCGIS의 업데이트된 목록은 GIS에 대한 연구 방향의 지침서 역할을 한다.

여러분과 가까이에 있는 대학에서 GIS 코스에 대한 정보를 제공해 주거나 좀 더 많은 것을 찾을 수 있도록 도움을 줄 것이다. 대학 도서관은 많은 GIS 출판물, 학회 발표문을 보유하고 있는데, 이것들이 GIS 학습의 좋은 출발점이 될 것이다. 아마 이 책을 읽은 후에 여러분은 대학에서 제공하는 과목을 듣고 싶어 할지도 모르고, 이 책을 학습 교재의 일부로 사용할지도 모른다. 만일 대학 강의를 듣게 된다면, 학습에는 결코 끝이 없으며, 여러분의 GIS 학습량이 늘어갈수록 GIS 사용자로서의 효율성, GIS 연구자로서의 능력, 그리고 GIS 전문가로서의 취업 가능성이 향상된다는 점을 유념하기 바란다.

몇몇 웹사이트는 GIS 고용에 대한 유용한 정보를 제공하고 있다. 대표적인 것으로 AGI Guide to Geoscience Careers and Employers(guide.agiweb.org/employer/index.html),

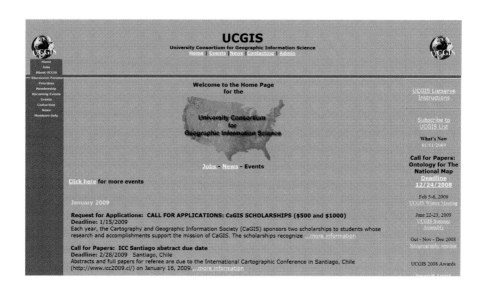

그림 1.16 UCGIS의 웹사이트(www.ucsgis.org).

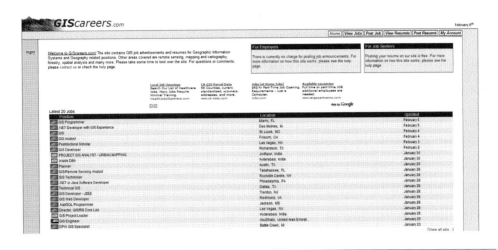

그림 1.17 www.giscareers.com에서 이용할 수 있는 GIS 직업 목록.

Earth Science World-Gateway to the Geosciences(www.earthscienceworld.org/careers/links), 미국지리학회에 등록된 고용정보(www.aag.org/Careers/What_can_you_do.html), ESRI의 GIS 고용정보(careers.esri.com), Profiles of Cool Geography(AAG)(www.aag.org/Careers/Geogwork/Intro.html), Occupational Outlook Quarterly에 올라 있는 Geography Jobs(http://www.bls.gov/opub/ooq/2005/spring/art01.htm)가 있다. 몇몇 연봉 조사기관과 노동부에는 높은 성장산업 프로파일이 있다(http://www.doleta.gov/Brg/Indprof/geospatial_profile.cfm). giscareers.com과 geosearch.com(그림 1.17)처럼 여러 수준의 GIS 전문가의 고용과 관련된 정보를 제공하는 사이트도 있다.

학습 가이드

이 장의 핵심 내용

○ GIS는 동시다발적인 기술적 혁명이다. ○ 지리정보과학은 지리학, 지도학, 측시학, 네이터베이스 이론, 컴퓨터 과학, 수학의 방법과 이론을 통합한다. ○ 일반적으로 정보는 문자, 리스트, 표, 인덱스, 목록, 상호 참조일 수 있다. ○ 지리정보는 위치에 의해 배열된다. 따라서 모든 것은 어딘가에 존재하거나 발생하기 때문에 거의 모든 정보 형태를 조직화할 수 있다. ○ GIS는 지리적으로 관련된 정보를 통합, 저장, 편집, 분석, 공유, 디스플레이할 수 있는 정보체계이다. GIS는 이들 간에 데

이터베이스, 지도, 연계를 가진다. ○ GIS는 공간적 데이터를 분석하기 위한 일련의 도구이다. ○ GIS는 연속적으로 적용할 수 있는 분리된 기능들을 가진다. ○ GIS는 질문이나 검색에 해답을 줄 수 있는 정보체계이다. ○ GIS는 세계를 점, 선, 면이라 불리는 사상(feature)으로 구분한다. ○ 시간은 또 다른 차원을 제공한다. 사건은 시간에 따라 발생하고 사상은 여러 시간에 걸쳐 존재한다. ○ GIS의 목적은 지리적 현상에 대해 분석가들이 예측하고 설명하는 것에 도움을 주는 것이다. ○ GIS 과학은 또한 GIS 사용에 따른 기본적인 이슈들을 다룬다. ○ GIS는 1년에 수십억 달러 규모의 시장을 형성한다. 이러한 시장 상황은 상당 기간 지속될 것이다. ○ GIS는 작업장, 조직, 제도를 포함하여 사회를 변화시키는 데 중요한 역할을 한다. ○ PPGIS는 GIS가 공공적인 의사결정 과정에 어떻게 이용되는지 연구하고, 모든 GIS 데이터가 완전하지는 않다는 것을 이해한다. ○ GIS의 역사적 뿌리는 주제도, 지도학과 계획에 두고 있다. ○ 정보 레이어들은 처음에는 기계적으로 다음은 디지털 형태로 합쳐졌다. ○ 컴퓨터 매핑의 Tobler 모델은 지도 입력, 지도 분석, 지도 산출 단계로 구성된다. ○ 시간이 지남에 따라 독립된 형태의 소프트웨어 패키지가 현대적 GIS로 되면서 통합되었다. ○ 초기의 예로는 SURFACE II, IMGRID, CALFORM, SYMAP, Odyssey가 있다. ○ 초기 데이터 셋은 GBF/DIME와 World Data Bank였다. ○ 하버드대학교에서 지원했던 Odyssey는 매우 영향력이 있었으며, 아크/노드 구조를 사용하였다. ○ 1980년대에 GIS는 그래픽 사용자 인터페이스(GUI)로 발전하였으며, 과학의 하부 구조인 책, 저널, 회의 등이 발전하였다. ○ 1990년대에 GIS는 데이터 공급자와 소프트웨어 인터페이스 양쪽이 인터넷과 결합되었다. ○ 2000년대에는 모바일 GIS, GIS 기능을 가진 지오브라우저가 등장하였으며, GPS와 완전히 통합되었다. ○ GIS에 대해 찾고자 하는 것이 있으면 웹을 이용하고, 책, 저널, 잡지를 활용하거나 전문가 모임에 참여하라. ○ 많은 대학이 현재 GIS를 제공한다. ○ 여러분은 GIS 전문가로서 자격증을 취득할 수 있고 UCGIS의 GIS&T Body of Knowledge에서 GIS 지식을 배울 수 있다.

학습 문제와 활동

시작하기

1. 웹페이지의 실제 내용을 조사하기 위해 웹 브라우저를 사용하라. 예를 들어 Mozilla Fire fox에서 View 메뉴의 Page Source를 선택하라. HTML에 포함되어 있는 정보의 여러 가지 형태 목록을 만들어라. 그리고 데이터에 대한 중요한 결과를 적어라.

2. 잡지나 신문을 찾아서 모든 표, 그림, 지도, 글씨를 잘라라. 형태별로 정리하고 나서 각각 어느 정도 공간을 차지하는지를 측정하라. 각각의 형태가 단위당 얼마나 많은 정보

를 전달하는가?

GIS의 정의

3. 이 장에서 다루고 있는 다양한 GIS 정의를 살펴보라. 왜 그들은 다른가? 각각의 정의는 어떤 전통이나 영역에서 유래하는가?

4. 여러분의 GIS 문서를 사용하여 소프트웨어의 각 기능과 도구상자에 있는 실제 도구와 비교하는 표를 만들라[예 : 톱과 글루건은 자르기(Clip)와 결합(Merge)에 비교된다].

5. 경관을 찍은 사진을 구하라. 이미지에 있는 사상들(features)이 점, 선, 면 중 어디에 해당하는지 목록을 만들라. 예외가 있는가?

GIS의 역사

6. 웹에서 GIS 연대표 중 하나를 사용하여 GIS 역사에서 성공적으로 한 부분을 차지했던 획기적인 이정표에 해당하는 것을 적어도 여섯 가지 선택하라.

7. GIS 역사에서 하버드대학교의 컴퓨터 그래픽과 공간분석 연구소의 역할은 무엇인가?

8. Ian McHarg의 'Design with nature'의 원리를 GIS 방법에 어떻게 적용할 수 있는가?

GIS 정보의 소스

9. 중요한 GIS 정보 소스의 목록을 만들고 여러분의 지역 공공 도서관에서 할 수 있는 한 많은 것을 찾아보라. 만일 도서관에서 데이터 서비스와 인터넷을 제공한다면 이것을 이용하여 GIS 정보 소스(GIS 메타데이터 혹은 데이터에 대한 데이터)에 대한 가능한 한 많은 정보를 찾아보라.

10. 가까운 미래에 여러분 지역에서 개최되는 지역 혹은 국가 GIS 회의나 모임에는 무엇이 있는가?

11. GIS 온라인 서비스에 의해 제공되는 매일 다양하게 전송되는 이메일 중 하나에 가입하라. 한 달 후에 여러분이 받은 정보 중에서 가장 유용하고 관심 있는 내용을 선택하여 친구나 학우들과 함께 공유해 보라.

12. 여러분 지역의 대학이나 교육기관에서 제공하는 GIS 강좌에는 무엇이 있는가?

13. UCGIS GIS&T Body of Knowledge를 가 보라. BoK에서 여러분이 배우기에 가장 좋은 것은 어떤 것이며, 가장 중요하게 고려되어야 할 것은 무엇인가?

참고문헌

Abler, R.F. (1988) "Awards, rewards and excellence: keeping geography alive and well," *Professional Geographer*, vol. 40, pp. 135-40.

Albrecht J. (1998) Universal Analytical GIS Operations–A task-oriented systematisation of data-structure-independent GIS functionality. In Craglia M and H. Onsrud (eds.) *Geographic Information Research: transatlantic perspectives.* pp. 577-591. London: Taylor & Francis.

Brassel, K. E. (1977) "A survey of cartographic display software," *International Yearbook of Cartography*, vol. 17, pp. 60-76.

Burrough, P. A. (1986) *Principles of Geographical Information Systems for Land Resources Assessment.* Oxford: Clarendon Press.

Clarke, K. C. (1995) *Analytical and Computer Cartography.* 2nd ed. Upper Saddle River, NJ: Prentice Hall.

Chrisman, N.R. (1999) "What does GIS mean?" *Transactions in GIS* vol. 3, no. 2, pp. 175-186.

Chrisman, N. R. (2006) *Mapping The Unknown: How Computer Mapping Became GIS at Harvard.* ESRI Press, Redlands, CA.

Corbett, J. and Keller, P. (2006) An analytical framework to examine empowerment associated with participatory geographic information systems (PGIS). *Cartographica*, vol 40, no. 4, pp. 91-102.

DiBiase, D., DeMers, M., Johnson, A., Kemp, K., Luck, A., Plewe, B., et al. (eds.) (2006) *Geographic Information Science and Technology Body of Knowledge* (1st ed.). Washington, DC: Association of American Geographers.

Dueker, K. J. (1979) "Land resource information systems: a review of fifteen years' experience," *Geo-Processing*, vol. 1, no. 2, pp. 105-128.

Foresman, T. W. (ed.) (1997) *The History of Geographic Information Systems: Perspectives from the Pioneers.* Upper Saddle River, NJ: Prentice Hall.

Fisher, P. (ed.) (2006) *Classics from IJGIS. Twenty Years of the International Journal of Geographical Information Systems and Science.* Taylor and Francis, CRC. Boca Raton, FL.

Goodchild, M. F. (1992), "Geographical information science," *International Journal of Geographical Information Systems*, vol. 6, no. 1, pp. 31-45.

Kemp, K. K. (ed.) (2007) *Encyclopedia of Geographic Information Science.* Thousand Oaks, CA: Sage Publications.

McHarg, I. L. (1969) *Design with Nature.* New York: Wiley.

Peucker, T. K. and Chrisman, N. (1975) "Cartographic data structures," *American Cartographer*, vol. 2, no. 1, pp. 55-69.

Pickles, J. (1995) *Ground Truth: The Social Implications of Geographic Information Systems.* New York: Guilford Press.

Pick, J. B., (ed.) (2005) *Geographic Information Systems in Business.* Hershey, PA: Idea Group Publishing.

Pick, J. B. (2008). *Geo-Business: GIS in the Digital Organization.* New York, NY: John Wiley and Sons.

Sommer, S. and Wade, T. (2006) *A to Z GISs: An Illustrated Dictionary of Geographic Information Systems.* ESRI Press.

Star, J. and Estes J. E. (1990) *Geographic Information Systems: An Introduction.* Upper Saddle River, NJ: Prentice Hall.

Steinitz, C., Parker, P. and Jordan, L. (1976) "Hand-drawn overlays: their history and prospective uses," *Landscape Architecture*, vol. 66, no. 5, pp. 444-455.

Tobler, W. R. (1959) "Automation and cartography," *Geographical Review*, vol. 49, pp. 526-534.

Wilson, J. P. and Fotheringham, A. S. (2007) *The Handbook of Geographic Information Science*. Malden, MA: Blackwell Publishing.

최근 문헌

Alibrandi, M. (2003) *GIS in the classroom: using geographic information systems in social studies and environmental science*. Portsmouth, NH: Heinemann.

Belussi, A. (2007) *Spatial data on the Web: modeling and management*. Berlin: Springer.

Bossler, J. D., Jensen, J. R., McMaster, R. B., & Rizos, C. (2002) *Manual of geospatial science and technology*. London: Taylor & Francis.

Breman, J. (2002) *Marine geography: GIS for the oceans and seas*. Redlands, Calif: ESRI Press.

Campagna, M. (2006) *GIS for sustainable development*. Boca Raton: CRC Press.

Chang, K.-T. (2002) *Introduction to geographic information systems*. Boston: McGraw-Hill.

Clarke, K. C., Parks, B. O. and Crane, M. P. (eds.) (2002) *Geographic Information Systems and Environmental Modeling*, Prentice Hall, Upper Saddle River, NJ.

Cromley, E. K. and McLafferty, S. L. (2002) *GIS and Public Health*. New York, NY: Guilford.

Czerniak, R. J., & Genrich, R. L. (2002) *Collecting, processing, and integrating GPS data into GIS*. Washington, D.C.: National Academy Press.

Davis, D. E. (2000) *GIS for everyone: exploring your neighborhood and your world with a geographic information system*. Redlands, Calif: ESRI Press.

DeMers, M. N. (2005) *Fundamentals of geographic information systems*. New York: John Wiley & Sons.

Falconer, A., Foresman, J., & Shrestha, B. R. (2002) *A system for survival: GIS and sustainable development*. Redlands, CA: ESRI Press.

Flynn, J. J., and Pitts, T. (2000) *Inside ArcInfo*. Albany, NY: OnWord Press.

Foresman, T. W. (1998) *The history of geographic information systems: perspectives from the pioneers*. Prentice Hall series in geographic information science. Upper Saddle River, NJ: Prentice Hall PTR.

Fox, T. J. (2003) *Geographic information system tools for conservation planning user's manual*. Reston, Va: U.S. Dept. of the Interior, U.S. Geological Survey.

Goldsmith, V. (2000) *Analyzing crime patterns: frontiers of practice*. Thousand Oaks, Calif: Sage Publications.

Goodchild, M. F., & Janelle, D. G. (2004) *Spatially integrated social science. Spatial information systems*. Oxford [England]: Oxford University Press.

Hilton, B. N. (2007) *Emerging spatial information systems and applications*. Hershey, PA: Idea Group Pub.

Hutchinson, S., & Daniel, L. (2000) *Inside ArcView GIS*. Albany, N.Y.: OnWord Press.

Huxhold, W. E., Fowler, E. M., & Parr, B. (2004) *ArcGIS and the digital city: a hands-on approach for local government*. Redlands, Calif: ESRI Press.

Kanevski, M., & Maignan, M. (2004) *Analysis and modelling of spatial environmental data*. Lausanne, Switzerland: EPFL Press.

Kennedy, M. (2002) *The global positioning system and GIS: An introduction*. London: Taylor & Francis.

Knowles, A. K. (ed.) (2002) *Past Time, Past Place: GIS for History*. Redlands, CA: ESRI Press.

Lang, L. (2000) GIS for health organizations. Redlands, Calif: ESRI Press.

Leuven, R. S. E. W., Poudevigne, I., & Teeuw, R. M. (2002) *Application of geographic information systems and remote sensing in river studies.* Leiden: Backhuys.

Lo, C. P. and Yeung, A. K. W. (2002) *Concepts and Techniques in Geographic Information Systems,* Upper Saddle River, NJ: Prentice Hall.

Longley, P. (2005) *Geographical information systems: principles, techniques, management, and applications.* New York: Wiley.

Longley, P. A., Goodchild, M. F., Maguire, D. J., and Rhind, D. W. (2005) *Geographic Information Systems and Science.* New York, NY: J. Wiley. 2ed.

Lyon, J. G., & McCarthy, J. (1995) *Wetland and environmental applications of GIS.* Mapping sciences series. Boca Raton: CRC Press.

National Academies Press (U.S.) (2006) *Learning to think spatially.* Washington, D.C.: National Academies Press.

National Risk Management Research Laboratory (U.S.) (2000) *Environmental planning for communities: a guide to the environmental visioning process utilizing a geographic information system (GIS)* Cincinnati, OH: Technology Transfer and Support Division, Office of Research and Development, U.S. Environmental Protection Agency.

Neteler, M., & Mitasova, H. (2002) *Open source GIS: A GRASS GIS approach.* Boston: Kluwer Academic.

Okabe, A. (2006) *GIS-based studies in the humanities and social sciences.* Boca Raton, FL: CRC/ Taylor & Francis.

Ormsby, T. (2001) *Getting to know ArcGIS desktop: basics of ArcView, ArcEditor, and ArcInfo.* Redlands, Calif: ESRI Press.

Ott, T., & Swiaczny, F. (2001) *Time-integrative geographic information systems: management and analysis of spatio-temporal data.* Berlin: Springer.

Pinder, G. F. (2002) *Groundwater modeling using geographical information systems.* New York: Wiley.

Price, M. H. (2006) *Mastering ArcGIS.* Dubuque, IA: McGraw-Hill.

Ralston, B. A. (2002) *Developing GIS solutions with MapObjects and Visual Basic.* Albany, N.Y.: OnWord Press.

Shamsi, U. M. (2002) *GIS tools for water, wastewater, and stormwater systems.* Reston, Va: ASCE Press.

Sinha, A. K. (2006) *Geoinformatics: data to knowledge.* Boulder, Colo: Geological Society of America.

Spencer, J. (2003) *Global Positioning System: a field guide for the social sciences.* Malden, MA: Blackwell Pub.

Steede-Terry, K. (2000) *Integrating GIS and the Global Positioning System.* Redlands, Calif: ESRI Press.

Stewart, M. E. (2005) *Exploring environmental science with GIS: an introduction to environmental mapping and analysis.* New York, N.Y.: McGraw Hill Higher Education.

Thill, J.-C. (2000) *Geographic information systems in transportation research.* Amsterdam [Netherlands]: Pergamon.

Thurston, J., Moore, J. P., & Poiker, T. K. (2003) *Integrated geospatial technologies: a guide to GPS, GIS, and data logging.* Hoboken, N.J.: John Wiley & Sons.

Tomlinson, R. F. (2003) *Thinking about GIS: geographic information system planning for managers.* Redlands, Calif: ESRI Press.

Van Sickle, J. (2004) *Basic GIS coordinates*. Boca Raton, Fla: CRC Press.

Walsh, S. J., & Crews-Meyer, K. A. (2002) *Linking people, place, and policy: a GIScience approach*. Boston: Kluwer Academic.

Williams, J. (2001) *GIS processing of geocoded satellite data*. Springer-Praxis books in geophysical sciences. London: Springer.

전문가 조직

AAG: The Association of American Geographers, 1710 Sixteenth St. NW, Washington, DC 20009-3198. Also publishes AAG Newsletter. E-Mail: gaia@aag.org. Web: www.aag.org

ACSM: American Congress on Surveying and Mapping, 5410 Grosvenor Lane, Suite 100, Bethesda, MD. 20814-2122. Web: http://www.acsm.net

ASPRS: American Society for Photogrammetry and Remote Sensing. 5410 Grosvenor Lane, Suite 210, Bethesda, MD 20814-2162. E-mail: asprs@asprs.org. Web: www.asprs.org

GITA: Geospatial Information and Technology Associations. 14456 East Evans Avenue, Aurora, CO 80014, E-Mail info@gita.org. Web: www.gita.org

NACIS: North American Cartographic Information Society, AGS Collection, P.O. Box 399, Milwaukee, WI 53201. E-mail: nacis@nacis.org. Web: http://www.nacis.org.

URISA: Urban and Regional Information Systems Association. 1460 Renaissance Drive, Suite 305. Park Ridge, IL 60068. E-mail: urisa@macc.wisc.edu. Web: www.urisa.org

주요 용어 정의

검색 엔진(search engine) 인터넷과 웹에서 사용자의 질문에 부합하는 문서를 검색하고자 디자인된 소프트웨어 툴(예 : Yahoo, Alta Vista).

공간적 데이터(spatial data) 지리적 공간에서 입지와 연계되어 있는 데이터. 대개 지도상에 도형형태로 나타남.

공간적 분포(spatial distribution) 지리적 공간에서 조사된 도형이나 측정치의 입지.

과학적 집근법(scientific approach) 자연 및 인간 세계에 대해 합리적으로 관찰하는 방법.

관측(observation) 객관적 측정을 기록하는 과정.

그래픽 사용자 인터페이스(graphical user interface, GUI) 사용자가 컴퓨터와 상호작용하도록 하는 일련의 시각적, 기계적 툴(윈도우, 아이콘, 메뉴, 툴바 등).

기능적 정의(functional definition) 그것이 무엇이냐보다는 그것으로 무엇을 할 수 있느냐와 관련된 시스템의 정의.

노드(node) 처음에는 지도 데이터 구조에서 중요한 점을 의미했으나, 나중에는 선의 끝점처럼 위상학적으로 중요한 점만을 의미하게 됨.

단계구분도(choropleth map) (1) 계급으로 데이터를 집단화하고, (2) 지도에 각 계급을 단계적으로 표현함으로써 지역을 집단으로 하여 숫자 데이터[단순한 개수(count)가 아닌]를 보여 주는 지도.

데이터 구조(data structure) 지도 도형이나 속성이 디지털화하여 부호화되는 논리적, 물리적 수단.

데이터베이스(database) 데이터베이스 운용 시스템에 사용될 수 있는 데이터의 집합체. GIS는 지도와 속성 데이터베이스 양쪽을 보유함.

데이터베이스 관리자(database manager) 사용자가 데이터베이스의 구조와 조직을 한정하고, 데이터베이스에 레코드를 입력, 유지하고, 정렬을 수행하고, 데이터 재조직화, 검색, 보고서나 그래프 같은 유용한 산출물을 생성하도록 해 주는 컴퓨터 프로그램 혹은 프로그램들의 집합체.

디지타이징 태블릿(digitizing tablet) 반자동 디지타이징으로 지오코딩하도록 고안된 장치. 디지타이징 태블릿은 제도 테이블 모양과 흡사하나 태블릿 위에서 커서로 지도를 따라 그릴 수 있도록 반응함. 위치를 선택하면 숫자로 변환하여 컴퓨터에 전달함.

레코드(record) 데이터베이스에서 모든 속성에 대한 일련의 값. 데이터 테이블에서 row(줄)에 해당함.

메뉴(menu) 사용자가 미리 설정된 목록에서 선택하도록 한 사용자 인터페이스의 한 요소.

면 사상(area feature) 폐쇄된 지역이나 원을 따라 그려진 연속된 위치나 선으로 지도에 기록된 지리적 사상(예 : 호수 해안선).

미국 지질조사국(U.S. Geological Survey, USGS) 내무부의 한 부분으로 미국의 디지털 지도 데이터의 주요 제공자.

미국 통계국(U.S. Census Bureau) 미국의 10년 주기 센서스, 특히 인구 센서스를 지원하는 지도를 제공하는 상무부의 한 기관.

발표문(proceedings) 회의에서 발표하도록 예정된 논문들의 초록집. 대개 회의 참석자에게 배포되며 나중에 소프트 커버 책이나 CD-ROM으로 배포됨.

벡터(vector) 지리적 도형을 나타내기 위해 기본적인 구축 단위로서 점, 그리고 연결된 선을 사용하는 지도 데이터 구조.

분석(analysis) 측정자료가 시각적으로 패턴과 예측을 위해 정렬, 검증, 평가되는 과학에서의 단계.

사용자 집단(user group) 경험, 정보, 뉴스를 공유하거나 그들 스스로 도움을 주고받는 시스템 사용자의 공식적 또는 비공식적 집단.

선 사상(line feature) 선 형태로 그려진 연속된 입지로 지도에 기록된 지리적 사상(예 : 하천).

소프트웨어 패키지(software package) 컴퓨터 프로그램 애플리케이션.

속성(attribute) 사상에 대한 측정치나 값을 포함하는 사상의 특성. 속성은 레이블, 목록, 숫자가 될 수 있음. 속성은 날짜, 표준화된 값, 현장 측정치, 기타 다른 데이터가 될 수 있음. 각 데이터의 내용은 수집되고 조직됨. 테이블이나 데이터 파일의 열(column)에 해당함.

스프레드시트(spreadsheet) 사용자가 줄과 칸을 가진 테이블에 숫자와 문자를 입력하고 이들 숫자를 테이블 구조를 이용하여 유지하고 조작할 수 있도록 한 컴퓨터 프로그램.

아크(arc) 일련의 연속된 점으로 표현되는 선.

아크/노드(arc/node) 벡터 GIS 데이터 구조의 초기 이름.

워크스테이션(workstation) 최소한 마이크로프로세서, 입력 및 출력장치, 디스플레이, 네트워

크 연결을 위한 하드웨어, 소프트웨어가 포함
된 컴퓨팅 장치. 워크스테이션은 LAN으로 함
께 사용되고, 데이터와 소프트웨어 등을 공유
하도록 설계됨.

위상(topology) 인접, 연결, 포함, 근접에 의해
표현되는 지리적 도형 간 관계의 수학적 기
술. 따라서 점은 지역 내부에 존재하며, 선은
다른 것과 연결될 수 있고, 지역은 근린을 포
함할 수 있음.

인터넷(Internet) 많은 컴퓨터 네트워크의 네트
워크. 인터넷에 연결된 컴퓨터는 네트워크를
통해 접근할 수 있는 모든 컴퓨터에 접근할
수 있음.

일반도(general-purpose map) 기본적으로 참조
와 내비게이션 사용 목적으로 디자인된 지도.

입지(location) 좌표나 도로주소나 공간 인덱스
시스템 같은 여러 가지 기준체계에 의해 정의
되는 지표면이나 지리적 공간에 대한 위치.

전문적 출판물(professional publication) GIS 기
술을 사용하는 사람들을 위한 서적, 저널, 기
타 정보들.

점 사상(point feature) 위치 형태로 지도에 기록
된 지리적 사상(예 : 단독 주택).

정보(information) 전달자에게는 있으나 피전달
자에게는 알려져 있지 않은 메시지의 부분.

정보체계(information system) 사용자가 데이터
베이스로부터 질문에 대한 답을 전달받을 수
있도록 디자인된 시스템.

주제도(thematic map) 기본적으로 한 가지 '주
제'를 보여 주고자 디자인된 지도. 특정 지도
형태를 사용하여 단일한 공간 분포나 패턴을
보여 줌.

중첩 가중치(overlay weighting) 각 분할된 주제
도에 불균등한 중요성을 할당하는 지도 중첩
시스템.

지도(map) 지구나 여러 지리적 현상의 모든 또
는 부분을 일련의 기호로, 그리고 일정한 비
율로 줄여서 그린 것. 수치지도는 지오코드
된 기호를 가지고 지도 데이터베이스 내에 데
이터 구조로 저장됨.

지도 중첩(map overlay) 결합된 모습이 가능하
도록 정확한 좌표 등록, 같은 축척, 투영법,
범위로 복수의 주제도를 위치시키는 것.

지도학(cartography) 지도를 만들고, 사용하고,
연구하는 과학, 예술, 기술.

지리사상(feature) 경관의 한 부분을 구성하는
사물 또는 현상.

지리적 패턴(geographic pattern) 반복적인 분포
로 설명될 수 있는 공간적 분포.

지리정보과학(geographic information science)
GIS 기술의 사용과 관련된 포괄적인 개념에
대한 연구 및 학문 분야.

**지리정보시스템[geographic(al) information sys-
tem]** (1) 공간적 데이터를 분석하기 위한 일
련의 컴퓨터 툴, (2) 공간적 데이터를 위해 디
자인된 정보체계의 특별한 형식, (3) 공간적
데이터의 과학적 분석과 사용에 대한 접근방
법, (4) 수십억 달러 규모의 산업과 사업, (5)
사회에서 중요한 역할을 하는 기술.

지리학(geography) 자연과 인문적 영역을 포함
하여 지역의 분포와 차이, 지구 변화에 대한
인간의 역할 등 지표면의 모든 측면과 관련된
과학.

지형도(topographic map) 최소한으로 고도나

지표 형태에 대한 정보를 포함하여 제한된 일련의 도형정보를 보여 주는 지도 형태(예 : 등고선도). 지형도는 흔히 내비게이션과 기본지도로서 사용됨.

질의(query) 질문, 특히 데이터베이스 운영 시스템이나 GIS를 통해 사용자에 의해 데이터베이스에 질문하는 것.

측정(measurement) 하나의 현상에 대한 양적 평가.

컴퓨터 매핑(computer mapping) 컴퓨터를 기본적인 또는 유일한 도구로 사용하여 지도를 제작하는 것.

킬러 앱(killer app) 새로운 방식으로 과업을 수행할 수 있도록 우수한 방법을 제공함으로써 컴퓨터 사용자에게 필수가 된 컴퓨터 프로그램이나 애플리케이션(예 : 워드프로세서, 스프레드시트).

투영 중첩(transparent) 지도 중첩과 비슷한 방법으로 지도를 투명 종이나 필름 위에 따라 그리거나 복사한 다음에 기계적으로 중첩하는 것.

파일(file) 컴퓨터의 저장 메커니즘으로 한 위치에 함께 논리적으로 저장된 데이터.

포맷(format) 디지털 레코드의 특정 조직체.

학습곡선(learning curve) 학습과 시간 간의 관계. 학습곡선이 가파른 것은 많은 것이 빠르게 학습된다는 것을 의미함(대개 반대로 생각됨). 완만한 학습곡선은 학습이 천천히 장기간에 걸쳐 이루어지는 것임.

AUTOCARTO(International Symposium on Automated Cartography) 국제 컴퓨터 지도학 및 GIS 회의.

CGIS(Canadian Geographic Information System) 초기 캐나다의 국가토지목록시스템.

FAQ(frequently asked questions, 자주 하는 질문 목록) 대개 소식을 공유하는 네크워크나 모임의 초보자들을 위해 자주 반복되는 질문에 일일이 답하는 수고로움을 덜기 위해 질문과 답을 올려놓은 목록.

FORTRAN 초기 컴퓨터 프로그래밍 언어로, 초기에는 수학적 공식들을 컴퓨터 명령으로 변환하기 위한 것이었음.

GBF(Geographic Base File) DIME 레코드의 데이터베이스.

LUNR(Land Use and Natural Resources Inventory System) 뉴욕의 초기 GIS.

MIMO 시스템 컴퓨터로 지도를 캡처하고 그것을 재생산하도록 디자인된 1세대 컴퓨터 매핑 시스템을 표현하는 데 사용하는 개념(map in-map out).

MLMIS(Minnesota Land Management System) 미네소타 주의 초기 GIS.

NCGIA(National Science Foundation's National Center for Geographic Information and Analysis) GIS 교육, 연구, 정보 창출에 도움을 주기 위해 조성된 3개 대학교 컨소시엄.

Odyssey 아크/노드 벡터 데이터 구조를 위한 방법으로 하버드대학교에서 개발된 1세대 GIS.

PC(personal computer) 하드웨어, 소프트웨어, 사용자 인터페이스를 포함하여 컴퓨팅에 필요한 요소들을 제공하는 마이크로컴퓨터.

World Data Bank 최초 디지털 세계지도 중 하나. 1960년대에 Central Intelligence Agency에

의해 두 가지 버전으로 출간되었음.

World Wide Web(WWW, W3)　인터넷에 의해
연결된 서버에 저장된 정보의 분포된 데이터 베이스.

GIS 사람들

Shoreh Elhami 오하이오 감사국 델라웨어 카운티 GIS 담당자

KC　오하이오에 거주하시는 것으로 압니다.

SE　센트럴 오하이오예요. 실제 콜럼버스 지역은 델라웨어 카운티에 있습니다. 이 카운티는 사실 전국에서 10번째로 가장 빠르게 성장하고 있는 카운티입니다. 제가 근무하는 사무실은 주로 토지 필지와 관련된 모든 데이터의 수집을 담당하고 있습니다.

KC　카운티의 GIS 부서에는 몇 명이 일을 하고 있습니까?

SE　저를 포함하여 8명입니다. 그중 2명은 임시직이죠. 사무실은 감정평가원뿐만 아니라

E911과 Sanitary Engineering 보건위생 같은 곳을 위한 데이터를 만들며, 카운티의 모든 GIS의 허브 역할을 하고 있습니다. 웹 안팎에서 다양한 데이터를 만들고, 여러 종류의 지도를 제작하고 있습니다.

KC　당신이 지휘하는 사람들은 몇 명이 초보 수준인지요? 그들은 인턴사원입니까?

SE　저는 주로 닷넷과 비주얼 베이직으로 프로그램하는 프로그래머입니다. 저희는 주로 INS 애플리케이션을 위해 일하고 있는데, 저는 필지 데이터를 인코딩하거나 측량사로부터 받은 CAD 데이터를 변형하는 지적 관련 일을 전문으로 하고 있습니다. 인턴 중 4명은 지적 전문가인데, 주소에서부터 항공사진, LIDAR 관리까지 자료 품질관리에 도움을 주고 있습니다. 우리는 전체 카운티의 특히 모든 주소 파일의 수령자가 되는 911을 위한 주소 파일의 주요 관리자입니다. 전체 카운티의 주소 파일을 제공하는 것은 말할 수 없이 중요합니다.

KC　지금의 직업을 얻기 위해 무엇을 준비하셨습니까?

SE　저는 델라웨어 카운티에서 17년 동안 살았습니다. 이 중 12년은 지금의 직위에서 근무했습니다. 제가 구축한 GIS 시스템이 있

던 계획 부서의 GIS 코디네이터로 일해 왔습니다. 저는 이란 국립대학교 건축학 학사학위를 가진, 전문교육을 받은 계획가입니다. 저는 본래 이란 출신으로, 1985년에 미국으로 와서 오하이오 주립대학교 대학원에 진학하여 도시 및 지역계획 분야에서 석사학위를 취득했습니다. 거기서 대학원 수준 코스인 '전문적 계획에서 GIS의 적용'을 가르치기도 했습니다.

KC 당신은 URISA 핀을 착용하고 있는데, URISA에서 당신의 역할이 무엇인지 말해 줄 수 있습니까?

SE 저는 URISA의 이사회 위원이며, 1989년부터 회원으로 활동하고 있습니다. 현재 여러 분과위원회에서 활동하고 있는데, URISA 산하 기관으로 제가 주도하여 창설한 것이 GISCorps입니다. 이 프로그램은 몇 년 전에 시작되었습니다. 제가 가지고 있던 아이디어를 여러 동료들, 주로 URISA에 있던 동료들에게 이야기하기 시작했습니다. GIS 전문가로서 자원봉사 차원에서 저희들의 지식을 나눌 수 있지 않을까 하는 아이디어였는데, 생각한 바를 실천하지 못할 이유가 없다고 생각했습니다. 제가 동료들에게 말할 때마다 그들은 "그거 좋은 생각이네. 해 보자."라고 말했죠. 제가 사람들에게 자원봉사를 요청했을 때 많은 사람들이 "물론이죠. 어디로 가면 되는지 알려 주세요."하며 호응해 주었고, 제가 URISA 산하에 이 프로그램을 형성시키는 데 제 동료들이 많은 도움을 주었습니다. 사전 작업은 자원봉사 작업을 하는 곳에

단기간 GIS 전문가를 보내고, 개발도상국에 GIS 전문가를 파견하는 것이었습니다. 하지만 재난 시에는 미국과 캐나다에 도움을 주기도 합니다.

KC GISCorps가 도움을 준 재난의 예를 말씀해 줄 수 있습니까?

SE 두 가지가 대표적 예입니다. 그중 하나는 국제적인 것이었고, 다른 하나는 미국에서의 사례였습니다. 인도네시아와 인도에 쓰나미가 발생한 후 2005년 초에 13명의 자원봉사자가 이 프로젝트에 도움을 주었습니다. 그들 중 6명은 인도네시아에 파견되었으며, 7명은 집에 그대로 머물면서 일했습니다. 왜냐하면 GIS 자원봉사자들은 이동을 할 필요가 없기 때문이죠. 집과 사무실에서 많은 일을 할 수 있다는 것은 GISCorps의 업무 중 매우 재미있는 부분으로, 많은 사람들이 도움을 필요로 하지만 가족이나 다른 많은 이유로 여행을 하기 힘들기 때문입니다. 인도네시아의 쓰나미가 재난 관련 첫 업무였다면, 그 다음은 허리케인 카트리나였습니다. 2005년 8월 29일과 9월 1일에 주로 미시시피에 자원봉사자를 파견했습니다. 자원봉사자 요청이 미시시피 응급구조센터(EOC)에서 있었기 때문이었습니다.

KC 자원봉사자들은 미시시피에서 어떤 종류의 일을 수행하였습니까?

SE 그들은 실제로 많은 전문적인 업무를 요청받았습니다. 적어도 20명의 요청 중 10명은 GPS 전문가였는데, 이들은 현장에 나가서 랩톱과 GPS로 파괴된 곳이나 도로, 하

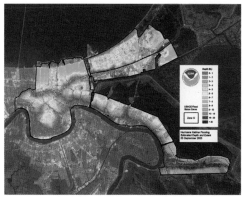

부 구조에 대한 데이터를 수집하여 다른 지리공간 전문가들을 위해 다양한 도형정보를 만들었습니다. 또한 GIS 전문가에게 일반적인 사항을 요청하기도 하였습니다. 잘 아시다시피 작업 조건이 매우 좋지 않은 상황이었기 때문에 집단으로서의 성숙도를 강조하였습니다. 우리가 데이터베이스를 봤을 때 그 당시에 실제로 약 300명의 자원봉사자가 있었으나, 1주일 안에 900명 이상으로 급증했습니다. 첫 주에 자원봉사자로 500명 이상의 사람이 등록하였으며, 이것은 매우 혼잡스러운 상황이었습니다. 저희는 이에 대한 준비가 되어 있지 않았으며, 이런 적극적 반응이 나올 것이라고는 생각조차 하지 못했습니다. 매우

놀라운 일이었습니다.

KC 이 책의 독자들이 GISCorps에 대해 더 자세한 정보를 알고자 한다면 어떻게 해야 합니까?

SE 가장 좋은 곳은 www.giscorps.org입니다.

KC 덧붙이고 싶은 말이 있으신지요?

SE GIS 전문가로서 그들의 전문성을 가지고 자원봉사를 하려는 사람들에게 용기를 주고 싶습니다. 자원봉사자로서 한 개인이 다른 사람에게 가지는 효과는 엄청나게 크다고 생각합니다. 저는 그런 일을 하는 데 경험을 쌓아 왔으며, 이를 통해 세상을 변화시킬 것으로 믿습니다.

KC 감사합니다.

제 2 장

지도학에 기초한 GIS의 중요 요소

지도란 가장 뛰어난 서사시이다. 지도의 선과 색은 위대한 꿈을 현실화하여 나타낸다.

G. H. Grosvenor

2.1 지도와 속성정보

제1장에서 GIS는 속성정보를 위치정보에 결합시키기 때문에 강력한 힘을 가질 수 있다는 것을 알았다. 그림 2.1은 오픈소스 GIS 프로그램인 uDig에서 아시아 지역의 도시를 나타내고 있다. 그림에서는 중국을 중심으로 그려진 아시아 지역의 주요 도시가 빨간색 사각형으로 표시되어 있다. 툴바에서 속성정보를 나타내는 도구를 선택하여 특정 도시[중국의 우한(武漢)은 GIS와 매핑으로 유명한 대학이 있는 곳이다]를 클릭한 결과, 오른쪽 속성정보 표시창에는 그 도시에 대한 자세한 정보가 표시되어 있다. 이것은 우리가 GIS에서 정

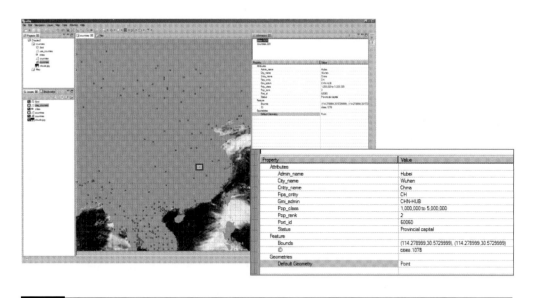

Property	Value
Attributes	
Admin_name	Hubei
City_name	Wuhan
Cntry_name	China
Fips_cntry	CH
Gmi_admin	CHN-HUB
Pop_class	1,000,000 to 5,000,000
Pop_rank	2
Port_id	60060
Status	Provincial capital
Feature	
Bounds	(114.278999,30.5729999), (114.278999,30.5729999)
ID	cities.1078
Geometries	
Default Geometry	Point

그림 2.1 uDig GIS 소프트웨어를 사용하여 아시아 지도에서 점사상을 선택함으로써 도시에 대한 정보를 나타낸 모습.

보를 표현하는 가장 대표적인 두 가지 수단으로, 하나는 포인트 데이터로서 지도에서 정보를 표현하는 것이고 다른 하나는 레코드(튜플)로서 테이블 형태로 정보를 표현하는 것이다. 각 도시는 이처럼 경위도, 인구, 인구 순위, 지역명 및 지역코드, 성(省)에 대한 정보를 가지고 있다. GIS 기능 중 가장 널리 사용되면서 간단한 것은 한 지점의 속성을 알아내는 것이며 이런 정보는 테이블의 형태로 표현된다. 이런 경우 마우스를 이용하여 지도상의 한 도시를 선택할 수 있지만 여러 개의 도시를 선택할 수도 있고, 박스를 이용하여 박스 내에 있는 도시를 모두 선택할 수도 있다. 이것이 바로 GIS에서 공간 검색이라 불리는 것이다. 다른 방법으로 우한에 대한 정보를 데이터베이스에서 선택하면 지도 내에서 우한이 선택된다. 이것이 데이터베이스 질의에 해당한다. 단순하게 말하면 GIS란 지도상의 대상물에 대한 지도와 속성정보를 결합하여 저장하는 것이다. 아주 소축척 지도에서는 도시가 점사상에 속하는 반면 하천은 선사상, 국가는 면사상에 해당한다. 어떻게 데이터가 GIS에 저장되는가? GIS가 어떻게 작동하는지를 모두 알 필요는 없다. GIS가 지도와 데이터를 파일과 폴더로 저장한다는 것만 알아도 될 것이다. 이런 파일이나 폴더는 통상 왼쪽 패널에 표현된다. 만약 지도와 속성정보가 동시에 사용된다면 GIS는 양자를 연결시키는 어떤 방법을 분명히 사용하고 있을 것이다.

　지도와 속성정보의 사용에 있어서 가장 중요한 것은 지도와 속성정보를 연결시키는 방법을 아는 것이다. 컴퓨터를 사용하는 환경에서 이 연결이란 반드시 숫자를 이용해서 이루어지게 된다. 사람이나 건물의 위치를 알아보고자 할 때, 우리는 숫자보다는 주소를 사용한다. 이 책의 후반부에서 우리는 GIS가 주소와 숫자를 연결시킬 수 있는 기능을 가지고 있다는 것을 알게 될 것이다. 하지만 현재 상태에서 우리는 한 지점에 대한 위치를 숫자로 표현할 필요가 있다. 이의 한 예가 경도와 위도이다. 많은 GIS 패키지에서 경위도를 사용하고 있으며 경위도로 위치를 충분히 잘 나타낼 수 있다.

　그러나 다음으로 넘어가기 전에 이런 지리적인 숫자가 의미하는 것이 무엇인지, 그리고 어떻게 이 숫자가 지구나 지도상의 한 점과 연결되는지를 아는 것은 매우 중요하다. 사실 이것은 상당히 복잡한 절차를 필요로 한다. 다시 말해서 GIS를 이해하기 위해서는 지도학이나 측지학에 대한 지식이 필요하다는 것이다. 지도학이란 지도의 제작 방법, 지도 사용, 지도의 원리 등을 다루는 학문이다. 지도학의 기원은 위도와 경도, 지도 투영법의 아버지라 불리는 그리스 학자 Ptolemy로부터 시작된다. 측지학이란 지구의 크기와 모양, 중력장 등을 다루는 학문이다.

2.2 지도 축척과 투영법

2.2.1 지구의 형태

옛날 사람들이 지구가 편평하다고 믿었다는 이야기는 대부분 꾸며 낸 이야기이다. 할리우드에서 달 착륙을 연출했다고 믿는 사람들처럼 상상력이 풍부한 사람들조차도, 실제 지구의 모습은 논외로 하더라도 지구가 편평하다는 것을 증명하기는 매우 어렵다. 멀리서 움직이는 배를 해안가에서 보면 점이 점점 작아진다기보다는 점이 수평선 너머로 사라진다는 것을 알 수 있다. 크루즈의 높은 곳에서 자를 팔 높이로 들고 수평선이 직선인지 판단해 보면 직선이 아님을 알 수 있다. 지구, 지구표면, GIS의 지도를 생각하면 세 가지 중요한 이슈를 생각할 수 있다. 첫째, 지구의 크기에 대한 것이다. 컴퓨터 스크린상에 지구를 표현하기 위해서는 얼마나 지구를 줄여서 그려야 할 것인지 판단해야 하기 때문에 지구의 크기를 알 필요가 있다. 둘째, 지구의 형태에 대한 것이다. 지구의 형태는 완전한 구형이 아니므로 지구 전체에 대해서 일정한 비율로 줄여서 그리지는 않기 때문에 이것은 중

그림 2.2 구와 타원체. 지구 타원체는 구의 모습과 약 1/300 정도 차이가 난다.

요한 문제이다. 셋째, 지표면의 위치를 표현하기 위해서 편평한 지도(또는 숫자로 표현되는 좌표)를 사용할 수 있느냐 하는 것이다.

먼저, 지구는 얼마나 큰가? 이것은 지구를 표현하기 위해 지구의 형태를 어떻게 간주할 것인가 하는 문제 중 하나이다. 대부분 지도를 제작할 때 지구는 완전한 구형으로 표현되고 있지만 실제로 동서 방향으로 지구의 둘레를 측정한 적도의 길이와 남북 방향으로 극에서 극까지를 측정한 거리는 서로 같지 않다. 이는 지구가 구가 아니라 단축 방향으로 회전시킨 3차원 타원체를 닮았기 때문이다(그림 2.2). 이 발견은 18세기에 제기되었던 중요한 과학적 질문 중 하나에 대한 답변이 되었다.

지구 타원체의 크기와 형태를 측정하려는 시도는 그동안 많이 존재했다. 1866년 미국에서는 Alexander Ross Clarke 경에 의해 측정된 타원체를 기준으로 지도를 제작하였는데, 이 타원체는 유럽, 러시아, 인도, 남아프리카, 페루에서 측정한 값을 기초로 결정되었다. 타원체는 세 가지 요소 중 두 가지로 결정되며, 세 가지 요소는 장반경, 단반경, 편평률이다(그림 2.3). Clarke 1866 타원체의 장반경은 6,378,206.4m이고 단반경은 6,356,538.8m이다. 따라서 1에서 장반경에 대한 단반경의 비율을 뺀 값인 편평률은 1/294.9787이다. 1924년에 장반경을 조금 더 길게 한 6,378,388m로 하고 편평률이 1/297인 국제표준이 제정되었다. 미국에서는 국제표준이 정해지기 전부터 지도 제작이 이루어졌으므로 예전 값을 북미기준점 1927(NAD27)로 채택하였다. 북미기준점은 캔자스 주의 미즈 랜치(Meades

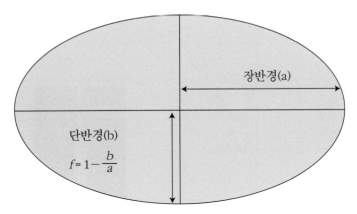

WGS84 타원체의 경우 장반경(a) = 6,378,137, 단반경(b) = 6,356,752.3,
그러므로 편평률(f) = 1/298.257

그림 2.3 타원체. 장축이 주축이며 단축이 보조축이다. 장반경과 단반경은 타원체의 편평률을 계산할 때 이용된다.

Ranch)의 한 점을 기준으로 하고 있다. 이 점은 다른 점의 평면 위치와 높이를 결정하는 '데이텀(datum)'의 역할을 하고 있다.

위성 시대가 도래하면서 범지구측위시스템(GPS)을 포함하여 더욱 정확한 측정이 가능하게 되었다. 타원체를 계산할 수 있게 됨으로써 데이텀 중 하나인 해수면을 포함하여 지구상 모든 점의 고도 계산이 가능하게 되었다. 데이텀의 선택은 타원체면이 지표상의 모든 점이 투영되는 임의의 해수면을 인위적으로 설정하는 것이기 때문에 중요한 문제이다. 지구 중심으로부터의 거리가 아닌 지구의 중력장에 따라 고도의 높낮이가 결정되는 것이므로 한 타원체에서 다른 타원체로 타원체가 변경되는 경우 지점의 평면 위치와 고도는 적은 양이지만 모두 달라지며 이것은 지도 제작에서 중요한 문제가 된다(그림 2.4). 따라서 연직선 편차로 불리는 중력 방향의 차이를 정확하게 측정하기 위해서는 위성에서 중력 방향에 대한 작은 차의 측정이 필요하다. 진자의 연직선 편차를 고려해야 하는 측량에서 사용되는 지도는 모든 경도와 위도가 지상에서 동일한 거리로 표현되지 않는다. 중력은 지표면의 굴곡에 의해 영향을 받으므로 측지위도(지리위도)는 지심위도와 차이가 있는데 지구 타원체의 영향으로 위도 1°에 해당하는 거리는 극으로 갈수록 더 길어진다.

최근에 설정된 데이텀은 지표면상의 한 점이 아닌 지구 중심을 기준점으로 하여 설정되었다. 데이텀을 변화시키면 지구의 3차원적인 특성 때문에 높이와 위치 모두가 변화하

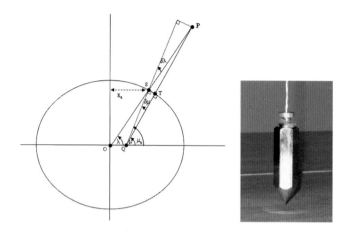

그림 2.4 지구를 구로 가정한 경우와 타원체로 가정한 경우의 위도는 서로 다르다. 타원체에서는 아래로의 수선이 지구 중심을 통과하지 않는다. 이런 경우 위도를 측지위도라 한다. 반면 지구 중심을 기준으로 한 위도를 지심위도라 한다.

게 된다. 만약 변화량이 적다면 이를 무시할 수 있다. 예를 들어 본초 자오선으로 알려진 영국의 그리니치 천문대는 WGS84를 기준으로 한 경도 0°에 비해서는 104m 동쪽에 위치한다(그림 2.5). WGS84 좌표계의 경도 0°는 세계 각국에서 천문 측량을 실시한 결과를

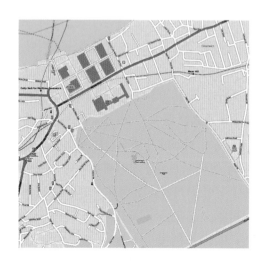

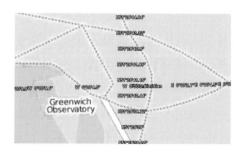

그림 2.5 그리니치 천문대에서 104m 동쪽에 위치한 WGS84 기준의 본초 자오선.

출처 : openstreetmap.org.

바탕으로 국제시보국(Bureau International de l'Heure)에 의해 설정되었다.

1983년 미국에서는 1980년에 측량되어 세계적으로 인정된 GRS80을 기준으로 북미기준점83(NAD83)으로 명명된 새로운 데이텀이 설정되었다. 새로운 데이텀에 의해 장소마다 약 300m까지 차이 나는 미국의 지도를 수정하는 노력이 진행되고 있다. 현재 미국에서 사용되는 지도 중 과거에 제작된 지형도를 비롯한 상당수의 지도는 과거 타원체를 기준으로 하여 제작된 것이다. 이런 지도들이 GIS에서 사용되기 위해 스캐닝되거나 데이터베이스로부터 사용될 경우 분명히 데이텀 간 변환이 가능해야만 한다.

미군 역시 GRS80을 기준 타원체로 선택하되 1984년에 타원체값을 약간 수정하여 세계측지계(GRS84)를 만들었다. 데이텀과 기준 타원체의 값을 알고 있는 경우 대축척 지도에서는 데이텀 변화에 따른 차이가 크게 나타나며 특히 표고에서 그 차이가 크다(그림 2.6). GPS 수신기를 사용하거나 좌표가 킬로미터 단위로 상이한 경우에도 반드시 타원체와 데이텀을 알고 있어야 한다. WGS84는 GPS에서 사용되는 기준 좌표계이다. WGS84는 지구중심좌표계로서 전 세계적으로 ±1m 이내의 오차를 가지고 있다. 즉 평면좌표와 타원체상의 수평 위치의 차이는 ±1m 이내이다. WGS84가 1m 정도의 오차를 나타내는 반면 International Earth Rotation Service에 의해 관리되고 International Terrestrial Reference

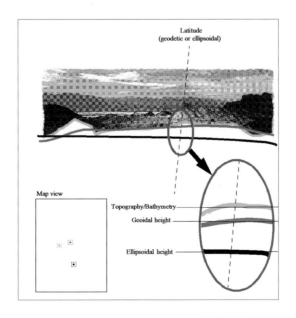

그림 2.6 데이텀을 변화시키면 고도와 위치 역시 변화한다.

System(ITRS)이라 불리는 현재 사용되는 지구 중심의 측지 기준계는 근본적으로 센티미터 수준의 오차가 나타난다. WGS84가 세계적으로 널리 사용되고 있으나 더 정확하고 관리가 잘 되는 ITRS가 국제적인 표준이다.

마지막으로 지구의 크기와 모양, 중력장 등을 측정하는 측지학은 타원체로부터의 지역적인 차이를 지도화한다. 높은 정확도가 요구될 때는 GIS에서 지오이드를 고려해야 한다. 지도학에서는 보통 지구를 구로 가정한다. 하지만 더 자세한 대축척 지도에서는 타원체가 고려되어야 할 요소이다. 타원체를 이용하지 않는 것에 따른 차이가 1:50,000보다 큰 축척에서는 뚜렷하고 1:100,000보다 더 작은 축척에서도 확인될 수 있다. 지오이드는 지구의 정확한 모양을 근거로 한 구체 조화 모델(spherical harmonic model)에 의해 더욱 정교해졌다. 예를 들면 EGM96 지오이드 모델은 미국 NOAA에 의해 GEOID03 모델로 더욱 정교하게 변화하였다(그림 2.7). 더욱 정확한 모델은 Earth Gravitation Model인 EGM2008로 2008년 National Geospatial-Ingelligence Agency(NGA)에 의해 제작되었다. 이 중력 모델은 2,159차에 이르는 조화함수를 근거로 하여 제작되었다.

GIS에서 데이텀의 파라미터는 시스템에 저장되어 사용된다. 예를 들면 ArcGIS에서는 .prj 파일이 이를 저장하기 위해 사용된다. 예를 들어 미국 캘리포니아의 농약규제를 담당하는 기관에서는 다른 기관과 마찬가지로 Teale Albers의 정적도법을 사용한다. 투영법에 관한 파일은 다음과 같다.

```
PROJCS[ "Teale_Albers", GEOGCS[ "GCS_North_American_1927",
DATUM[ "D_North_American_1927", SPHEROID[ "Clarke_1866",
6378206.4, 294.9786982]], PRIMEM[ "Greenwich", 0], UNIT[ "Degree",
0.017453292519943295]], PROJECTION[ "Albers"], PARAMETER[ "False_
Easting", 0], PARAMETER[ "False_Northing", -4000000], PARAMETER
[ "Central_Meridian", -120],
PARAMETER[ "Standard_Parallel_1", 34.0], PARAMETER[ "Standard_
Parallel_2", 40.5],
PARAMETER[ "Latitude_Of_Origin", 0], UNIT[ "Meter", 1]]
```

GCS란 Geographic Coordinate System(지리좌표체계)을 의미하는 것으로 과거의 경도와 위도를 나타낸다. 데이텀은 NAD27을 채택하고 있으며 Clarke 1866 타원체를 기준으로 설

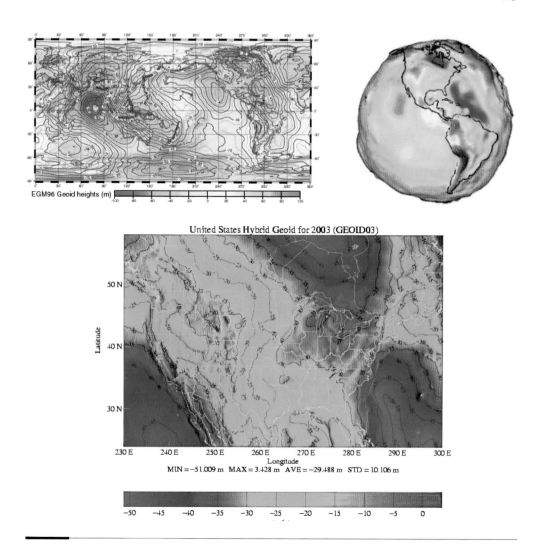

그림 2.7 위 : EGM96, 지오이드와 WGS84 타원체 간의 차이가 나타난 데이텀. 아래 : GEOID03, 미국 지역을 나타낸 통합 지오이드.

정되었다. 미국에서 지도에 사용되는 데이텀에 대한 파라미터는 표 2.1과 같다.

데이텀과 지구 모델을 이해하기 위해서는 많은 노력이 필요하다. GIS가 다른 시스템과 통합하여 사용되는 중요한 가치를 가지고 있지만 위치 데이터의 기준이 되는 데이텀에 대한 이해 없이는 불가능하다. 데이터를 도, 분, 초 단위로 저장하는 것은 사실 충분하지 않다. 따라서 데이터를 제작하는 데 기준이 되는 데이텀에 대한 이해가 반드시 필요하다.

표 2.1 미국의 여러 데이텀에 대한 타원체 파라미터

기준 타원체	장반경 a	단반경 b	편평률의 역수(1/f)
GRS80	6,378,137.0m	6,356,752.314 140m	298.257 222 101
WGS84	6,378,137.0m	6,356,752.314 245m	298.257 223 563
NAD27(Clarke 1866)	6,378,206.4m	6,356,583.8m	294.978 698 200

2.2.2 지도 축척

종이에 그려진 지도나 컴퓨터에 저장된 것이나 관계없이 모든 지도는 실제 지구상에 존재하는 것을 줄여서 표현한 것이다. 지도의 축척이 1:1이라면 지도를 접을 수 없기 때문에 쓸모가 없을 것이다. 지도학에서 대표 축척(representative fraction)이라는 용어는 줄이는 비율을 나타내기 위해 사용된다. 대표 축척이란 지상에서의 거리에 대한 지도상의 거리 비율을 의미한다. 비행기나 기차의 모델은 대략 1:40 축척을 사용한다. 이것은 모델에서의 모든 길이가 실제의 1/40에 해당한다는 것이다. 실세계는 상당히 크기 때문에 지도에 대해서는 상당히 작은 축척을 사용한다. 아래의 예를 살펴보면 왜 축척이 필요한지 알 수 있다.

표 2.2 서로 다른 축척에서 적도의 길이

대표 축척	지도상의 길이(m)	피트 단위 길이(대략적 수치)
1:400,000,000	0.10002	0.328(3.9인치)
1:40,000,000	1.0002	3.28
1:10,000,000	4.0008	13.1
1:1,000,000	40.008	131
1:250,000	160.03	525
1:100,000	400.078	1,312
1:50,000	800.157	2,625
1:24,000	1,666.99	5,469(1.036마일)
1:10,000	4000.78	13,126(2.486마일)
1:1,000	40,007.8	131,259(24.86마일)

첫 번째로 WGS84 기준의 지구 크기를 이용하여 이를 살펴보자. 장반경과 단방경의 평균은 6,367,444.66m이다. 지구의 둘레를 계산하기 위해 π를 곱해 보자. 실제로 지구의 둘레를 계산하기란 어려운 일이므로 위의 계산법은 단순화시킨 계산 방식이다. 그 결과 지구의 둘레는 40,000,834.7m이다. 표 2.2는 지구의 둘레에 여러 가지 축척을 곱해서 계산되는 지도상에 나타나는 지구의 둘레를 나타내고 있다. 표 2.2에서 우리는 한 가지 이상한 점을 알 수 있다. 1:40,000,000 축척에서 지구의 둘레는 지도상에서 거의 1m로 나타난다. 이것은 원래 1m가 파리를 지나는 경선을 따라 적도에서 북극까지 길이의 1,000만분의 1로 정의되었기 때문이다. 여기에서 우리는 인치, 피트, 마일을 사용하는 것보다는 미터법을 사용하는 것이 계산에 편리하다는 것을 알 수 있다.

표 2.2에 제시된 축척을 넘어서, 지구를 공 모양의 풍선껌에 비유한다면 축척은 1:470,000,000에 해당할 것이고(그림 2.8), 야구공에 비유하면 1:177,000,000, 농구공에 비유하면 1:40,000,000 정도가 될 것이다. 또한 뉴욕 맨해튼의 10개 블록 정도로 지구의 크기를 생각하면 약 1:50,000 정도가 될 것이다. 건설이나 토목공사 등에 사용되는 매우 자세한 축척인 1:1,000에서는 지구의 적도 크기가 맨해튼 섬의 약 2배에 이를 것이다. 기억하기 쉬운 축척은 1:40,000,000인데 이 축척에서는 적도의 길이가 1m 포스터 크기의 세계지도에 나타날 것이다. 지도학에서 모든 축척을 사용하는 것은 아니다. GIS에 사용되는 국가의 지도 제작 축척은 약 1:1,000,000에서 1:10,000 정도이다. 미국에서는 미국 전역이 포함되는 지도로 1:100,000과 1:24,000을 사용하고 있다.

기억해야 할 또 다른 중요한 요소는 GIS의 비축척성이다. 자료의 축척은 자료를 이용하

그림 2.8 지구를 구로 가정하고 지구를 풍선껌 모양으로 가정하면 1:470,000,000 축척이, 야구공으로 가정하면 1:177,000,000 축척이, 농구공으로 가정하면 1:40,000,000 축척이 된다. 1:50,000 축척에서는 지구의 둘레가 도시의 10개 블록 정도에 해당할 것이다.

는 목적에 적합하게, 필요에 따라 결정되어야 한다. 하지만 지도를 GIS에 이용하려 할 경우 지도가 제작된 축척과 상이할수록 축척의 문제가 나타난다. 우리가 지도를 확대하였을 경우 지도에서 표현되는 세밀한 부분이 마술처럼 나타나지는 않는다. 예를 들면 완만한 해안선을 확대할 경우 해안선은 더욱 완만하고 부정확하게 표현될 뿐이다. 반면, 지도의 세밀하게 표현된 부분을 줄이지 않은 채 지도를 축소한다면 지도는 너무 복잡하게 나타나므로 마치 나무는 보되 숲은 보지 못하는 것과 같은 현상을 경험하게 된다. 특정 축척에 적합한 정보를 표현하는 방법은 지도학의 중요한 문제 중 하나이다. 대부분의 GIS 소프트웨어와 온라인 지도 서비스에서는 축척에 따라 세밀함을 나타내는 수준을 달리하고 있다. 몇몇 소프트웨어에서는 특정 지도 레이어를 어떤 축척에서 나타나거나 나타나지 않게 제어할 수 있는 기능을 가지고 있다.

지도의 축척과 관련된 논의를 마치기 전에 마지막으로 기억해야 할 것은 가상의 지구에서만 축척이 동일하다는 것이다. 지도를 구나 타원체와 같은 곡면에서 종이지도나 컴퓨터 화면과 같은 평면으로 옮길 경우 반드시 왜곡이 일어날 것이다. 곡면을 평면으로 변환시키는 것과 관련된 지도학의 분야가 바로 지도 투영법이다.

2.2.3 지도 투영법

지구를 구나 타원체와 같은 형태로 가정하였을 때 경도와 위도로 나타난 데이터를 어떻게 평면인 지도상의 x, y축에 해당하는 위치로 표현할 수 있을까? 가장 간단한 방법은 경도나 위도가 지구 중심에서부터의 각으로 이루어진 것이라는 것임을 무시한 채 경도와 위도를 x, y값으로 간주하는 것이다(그림 2.9). 그러면 지도는 남북으로 90°의 범위와 동서로 180°의 범위에서 그려지게 된다. 이렇게 하면 공간상의 한 점에서는 불가능한 모든 지구를 한꺼번에 바라볼 수 있는 장점이 있다.

이때 (x, y) 좌표값은 (−180, −90)에서 (180, 90)에 이르는 값을 가지게 된다. 이 지도 역시 지도 투영법에 의한 지도이다. 왜냐하면 지구상의 지리좌표(경도, 위도)가 평면으로 변환되었기 때문이다. 그런데 이런 지도 투영은 여러 가지 방식으로 진행될 수 있다. 우리는 지구(또는 타원체)를 세 가지 평면에 투영하고 투영면을 펼쳐서 지도를 만들 수 있다. 여기에서 세 가지 평면에 해당하는 것은 평면, 원통, 원추이다. 이 세 평면에 투영된 투영법은 각각 방위도법, 원통도법, 원추도법이라 한다. 그림 2.10에 사례가 나타나 있다.

이제 지도를 제작할 때 어떻게 지구의 표면과 관계를 유지하는지 살펴보기로 하자. 먼

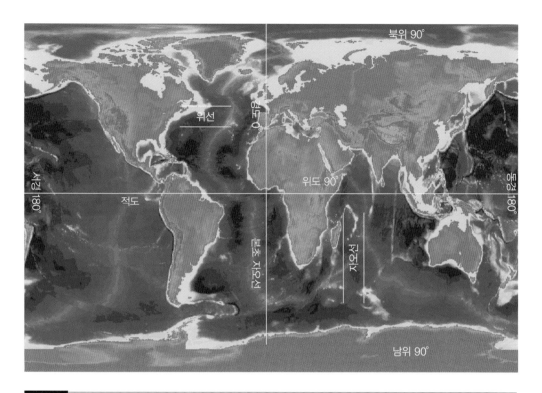

그림 2.9 지리좌표. 지구 중심에서 해당 지점까지의 각도를 이용해 단순하게 표현한 경위도 좌표는 기본적인 등직각 투영법이 된다. 지도는 동서 방향이 남북 방향에 비해 2배 길다(동서로는 360°이고 남북으로는 180°이기 때문).

저 지구를 관통하는 원통이나 원추를 생각할 수 있다. 그림 2.11에 나타난 것과 같은 투영법을 분할 투영법이라 한다. 예를 들어 원추가 지구를 통과하게 되면 이를 분할원추 투영법이라 한다. 지도상에서 이렇게 분할되는 선은 매우 중요한데 그 이유는 이 선을 따라서 지구와 지도가 정확하게 일치하기 때문에, 가상의 지구가 일정한 축척을 가지듯이 이 선을 따라서는 왜곡이 발생하지 않기 때문이다. 만약 이 선이 위도와 나란한 방향이 될 경우 표준위선이라 한다.

그림 2.11은 2개의 표준위선을 가진 분할원추 투영법을 나타내고 있다. 표준위선이나 표준위선 근처에서 지도는 가장 정확하다. 지도 투영에서는 투영축에 대한 엄격한 규칙이 존재하지 않는다. 만약에 지구 자전축에 90° 방향으로 투영축을 위치시키면 이를 횡축도법이라 한다. 몇몇 중요한 투영법은 횡축도법을 사용하는데 이런 투영법에서는 극에서 극을 연결하는 선이 직선으로 나타난다. 만약 임의의 방향으로 축을 위치시키면 이를 사축

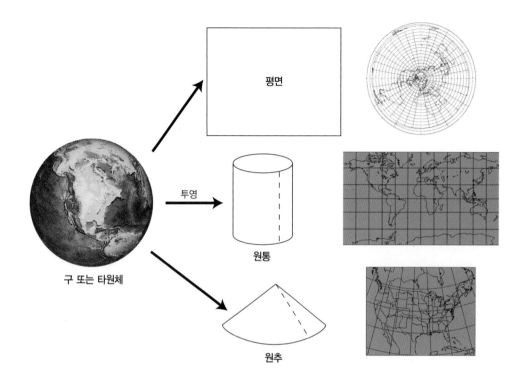

그림 2.10 지구는 여러 가지 형태로 투영될 수 있다. 기본적으로는 세 가지 투영면(평면, 원통, 원추)을 이용하여 투영된 후 투영된 면을 펼치게 된다.

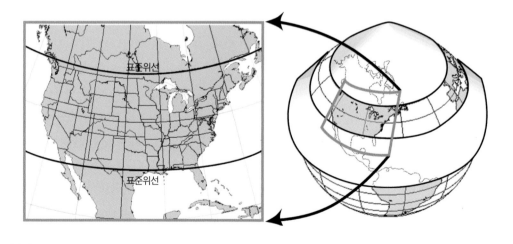

그림 2.11   표준위선을 가진 분할 원추 투영법. 원추의 투영면이 지구를 관통하여 투영된다. 투영면과 지구가 만나는 선은 왜곡이 발생하지 않으므로 표준위선이라 한다. 접하는 선이 한 줄이라면 투영면이 접하는 것이며, 표준위선은 하나가 된다.

도법이라 한다(그림 2.12).

지도학자들은 수천 가지의 지도 투영법을 고안하였다. 다행히 이런 많은 투영법은 몇 가지 부류로 구분될 수 있다. 투영법을 평가하는 가장 단순한 방법은 구나 타원체를 평면

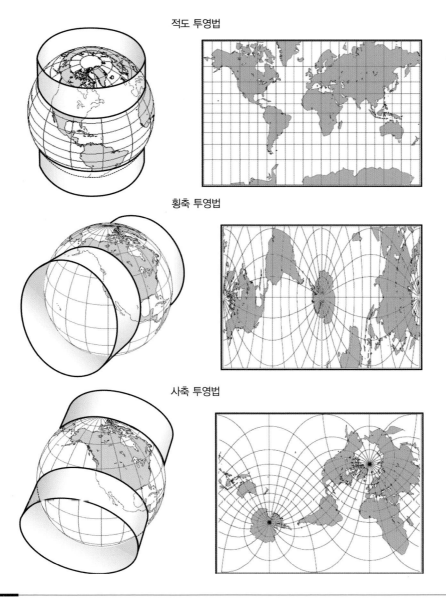

적도 투영법

횡축 투영법

사축 투영법

그림 2.12 분할 투영법을 이용한 메르카토르 도법의 변형.

으로 변환하였을 때 지도가 지구의 모습을 어떻게 변화시키는가를 기준으로 삼는 것이다. 첫 번째로 생각할 수 있는 것은 지구상의 한 점이 지도상에서 새로운 점으로 일대일 투영이 되는가 하는 것이다. 반대의 경우도 있을 것이다. 예를 들어 원통도법은 경도 180°선을 두 부분에 표시하게 된다. 여러 투영법이 하나로 합쳐지는 경우 이런 왜곡은 심각해질 수 있다. 단열도법에서 이런 경우가 나타나는데 그림 2.14의 하단에 나타난 구드(Goodes)도법과 같은 경우가 대표적이다. 또한 극은 지도의 상단이나 하단에서 선으로 나타날 수도 있다. 다른 투영법에서는 극 지역을 나타낼 수 없기 때문에 이 지역이 표현되지 않을 수도 있다. 예를 들면 메르카토르 투영법에서는 극이 나타나지 않는다(그림 2.13).

몇몇 투영법은 지상에서의 모습이 지도상에서도 유지된다. 따라서 주(州)의 모습이나 해안선의 모습이 정확하게 나타난다. 이를 정형 투영(등각 투영)법이라 한다. 정형 투영법에서는 경선과 위선이 실제 지구본에서와 같이 직각으로 교차한다(물론 경선과 위선이 직각으로 교차한다고 해서 모두 정형 투영법은 아니다). 정형 투영법은 모든 지점에서 각도를 유지하고 있기 때문에 각도를 측정해야 하는 모든 지도에서 사용된다. 그 예로는 람베르트 정형도법이나 메르카토르 도법을 들 수 있다.

다른 투영법으로는 면적을 유지하는 투영법을 들 수 있다. 모든 GIS 소프트웨어 패키지

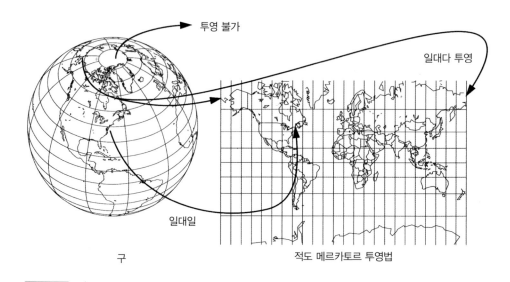

그림 2.13 지도가 투영되었을 때 나타날 수 있는 변환. 대부분의 점은 지도상에서 새로운 한 점으로 표현된다. 하지만 일부는 선으로 표현되기도 하고 일부는 나타낼 수 없는 경우가 발생하기도 한다.

에서는 분석에서 면적을 계산하거나 사용하며, 엄밀히 말해서 표면에 그려지는 모든 것들이 면적을 가지고 있다. 면적을 유지하는 투영법을 정적 투영법이라 한다. 정적 투영법에서는 지표상의 모든 것들이 구나 타원체에서 나타나는 면적과 동일하게 그려진다. 앨버의 정적도법이나 시뉴소이드 도법(sinusoidal projection)이 여기에 속한다.

투영법의 세 번째 부류는 지도상의 하나의 선 또는 몇몇 선에서 거리를 유지하는 투영법이다. 단순한 방위도법이나 원추 투영법으로 이런 성질을 만족하는 지도를 그릴 수 있다. 이런 투영법은 거리가 중요한 요소일 때 사용될 수 있으나 GIS에서 많이 사용되지는 않는다. 마지막으로 기타 투영법을 들 수 있다. 여기에 속하는 투영법은 절충 투영법으로도 불리는데 정형성이나 정적성을 가지지 않고 때로는 왜곡을 최소화하기 위해서 단열이되기도 한다. 또한 비슷하게 투영법은 종종 두 가지 이상의 투영법을 조합하여 만들어지기도 한다. 여기에 속하는 것이 구드 도법[북위 41° 이하에서는 시뉴소이드 투영법, 그 이외의 구역에서는 몰바이데(Molleweide) 투영법을 사용하여 6개의 조각으로 나뉜 도법]과 로빈슨(Robinson) 도법이다(그림 2.14).

GIS에서 지도 투영법과 관련해 생각할 것은 다음과 같다. 첫째, 면적이 커질수록 지도 투영의 오차는 커진다. 1:24,000 축척에서 투영오차가 상당할 경우 1:1,000,000과 같은 축척에서는 투영오차가 매우 클 것이다. 둘째, 사용되는 투영법은 GIS 응용 분야에 적합해야 한다. 만약 한 점에서 다른 지점까지의 방향이 중요할 경우 정형 투영법이 중요하다. 만약 면적을 계산하거나 비교하는 것 또는 면적에 근거한 밀도 등이 중요할 경우 정적 투영법이 필요할 것이다. 마지막으로 두 장의 지도를 중첩하거나 병합하기 위해서는 지도의 투영법이 동일해야 한다.

지도 투영법과 관련하여 간과되고 있는 것 중 하나는 격자형 데이터에 대한 것이다. 예를 들면 세계기복도는 SRTM(Shuttle Radar Topographic Mission) 데이터 등을 이용하여 3초 단위의 경위도마다의 표고를 기록한 것이다. 만약 이런 데이터를 GIS에서 사용할 경우 격자형 자료는 실제로는 격자형이 아니고 서로 다른 간격을 가진 데이터이다. 이런 경우 GIS에서 특정한 투영법으로 격자형 데이터를 변환하면 심각한 왜곡이 발생한다(Steinwand et al., 1995). 어떤 지역에서는 격자값이 없어지고 어떤 지역에서는 고도값이 중복되어 나타나기도 한다(그림 2.15).

많은 GIS 레이어는 다른 투영법으로 변환된다. 세계적으로는 이런 지역적이거나 국가적인 왜곡을 줄이는 적절한 투영법을 사용하고 있다. 국가나 지역, 도시, 카운티에서는 고

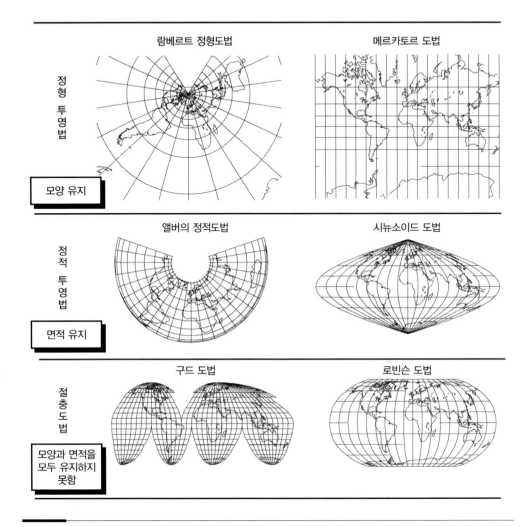

정형
투영법

모양 유지

람베르트 정형도법

메르카토르 도법

정적
투영법

면적 유지

앨버의 정적도법

시뉴소이드 도법

절
충
도
법

**모양과 면적을
모두 유지하지
못함**

구드 도법

로빈슨 도법

그림 2.14 왜곡에 의한 투영법의 분류. 정형 투영법은 모양을 유지하고 정적 투영법은 면적을 유지한다. 반면 절충도법은 두 가지를 모두 만족시키지 못한다. 어떤 투영법도 정적성과 정형성을 모두 만족시키지는 못한다.

유한 투영법과 고유한 평면좌표계를 사용하고 있다. 만약 우리가 어떤 투영법을 사용하여 지도를 제작한다면 제작된 지도는 경위도로 다시 변환될 수 있어야 하고 다른 투영법으로도 변환될 수 있어야 한다. 많은 GIS 소프트웨어는 이렇게 지리좌표를 여러 가지 투영법으로 변환하는 기능을 가지고 있다. 또한 지도의 좌표를 지리좌표로 역변환하는 기능도 가지고 있다. GIS에서 사용되는 지도는 다양한 자료원으로부터 얻어지기 때문에 이런 변

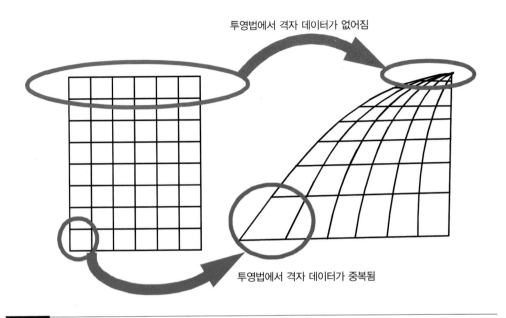

투영법에서 격자 데이터가 없어짐

투영법에서 격자 데이터가 중복됨

그림 2.15 격자형 데이터가 투영되었을 때 없어지거나 중복되는 문제.

환 기능은 GIS 자체의 기능만큼 중요하다.

마지막으로 특정 국가의 특정한 좌표계는 특정한 타원체와 데이텀을 사용하여 특정한 지도 투영법에 전적으로 의존한다. 예를 들어 미국의 경우 미국 지질조사국에서 제작한 1:24,000 지형도는 다원추도법을 사용하며, Clarke 1866 타원체를 기준 타원체로 하고 있고, NAD27 데이텀을 사용하고 있다. NAD83 데이텀과 GRS80 타원체를 사용할 경우 지상에서는 약 300m, 1:24,000 지도에서는 12.5mm(0.49인치) 만큼 위치가 변화하게 된다. 만약 GIS 사용자가 서로 다른 투영법, 기준 타원체, 데이텀을 사용하는 기초적인 오류를 범하게 된다면 이에 따라 복잡한 많은 오류가 발생하게 된다. GIS에서 사용되는 레이어들은 서로 맞지 않게 됨으로써 왜곡이 발생하게 된다. 제3장에서 살펴보겠지만 이런 오류는 데이터가 컴퓨터를 통해서 표현될 경우 매우 중요해진다.

2.3 좌표계

우리는 우리가 어디에 있는지 표현할 때 보통 다른 지점을 기준으로 우리의 위치를 표현한다. 방향의 경우를 예로 들어 보면 "두 번째 신호까지 와서 우회전하세요. 그런 뒤 왼쪽에 식당이 나올 때까지 직진하세요. 거기에서 오른쪽 두 번째 건물입니다."라고 말한다. 만약 집이나 사무실의 위치를 알려 줄 경우에는 예를 들면 'Park Avenue 695번지'와 같이 주소를 이용할 것이다. 주소는 다른 지점의 위치에 대한 기준으로서의 역할을 할 수 있는데 예를 들면 "Park Avenue에서 695번지를 찾으세요."라는 것이 그 사례가 될 수 있다. 지리학에서는 이럴 경우 한 위치가 다른 위치의 기준이 되므로 이를 상대위치라 한다. 나중에 GIS에서 도로주소와 같은 상대적인 위치를 처리하는 방법을 다룰 것이다. 하지만 대부분의 GIS에서는 전체 지구를 기준으로 한 고정된 위치를 다루는 경우가 많다. 이때 원점을 기준으로 하기 때문에 이를 절대위치라 한다. 위도와 경도의 경우에는 적도와 본초 자오선을 그 기준으로 하고 있다. 서아프리카에서 떨어진 바다에서 한 점이라고 상대적으로 위치를 표현하는 것이 중요하지 않을 수 있으나, 원점을 사용하여 정해진 위치는 실제로 중요하다.

지도를 숫자로 변환한다는 것은 지구상의 위치를 표현할 수 있는 적절한 방법을 필요로 한다는 것을 의미한다. 지도는 컴퓨터가 되었건 그렇지 않건 종이와 같은 평면에 그려진다. 종이상에서의 위치는 왼쪽 아래를 기준으로 인치나 밀리미터 단위로 표현된다. 플로터나 프린터에서는 위치가 (x, y)의 형태로 되어 있어 동서 방향의 값과 남북 방향의 값으로 표현된 경우 처리하기 용이하다. 이런 숫자의 쌍을 좌표쌍 또는 좌표라 한다. 대부분의 좌표계에서 지도는 이런 좌표로 표현된다.

좌표와 관련하여 중요한 문제는 지도상에서의 좌표는 단순하고 x축과 y축이 직각이지만 실제 좌표를 이용하여 지구상에서의 위치를 쉽게 파악할 수 없다는 점에 있다. 가장 근본적인 문제는 지구상의 위치는 지도에서 투영법을 통해 계산되었다는 것이다. 따라서 곡면을 평면으로 만들기 위해 축척, 모양, 면적, 방향 등에서 왜곡이 발생할 수밖에 없다. 평면의 종이지도에서 지구의 곡률을 고려하지 않으면 좋겠지만 실제로는 그렇지 않다. 이 문제는 우리가 어떤 좌표계를 사용하느냐에 따라, 또 우리가 얼마나 넓은 지역을 지도로 표현하느냐에 따라, 그리고 어떤 투영법을 사용하느냐에 따라 달라진다.

이하에서는 미국에서 사용되는 네 가지 좌표계를 살펴보고자 한다. 각각의 좌표계에 대한 설명에 있어서 어떤 투영법을 사용하는지, 2.2절에서 설명한 투영법의 부류 중 어디에 속하는지 유심히 살펴보기 바란다. 대충 짐작은 하겠지만 어떤 좌표계도 완벽한 것은 없다. 그러나 지구의 모습이 복잡하다는 점을 고려하면 이런 좌표계는 GIS에서 충분히 잘 적용될 수 있다.

　첫 번째로는 다음에 살펴볼 네 가지 좌표계와는 조금 다른 지리좌표(경위도 좌표)를 들수 있다. 두 번째로는 세계적으로 많은 지도에서 사용되는 UTM 좌표계를 들 수 있다. 다음으로는 군용직각좌표계를 들 수 있다. 이것은 UTM 좌표계의 변형된 형태로 미국의 국가 직각좌표계로도 사용되고 미국 이외의 나라에서도 많이 사용된다. 다음으로는 미국에서 모든 측량의 기본이 되는 주평면직각좌표계를 들 수 있다. 마지막으로는 GIS에서 사용되는 기타 좌표계를 들 수 있다.

2.3.1 지리좌표

많은 GIS 시스템은 위치를 경도와 위도로 표현하는 지리좌표로 저장한다. 지리좌표계는 1884년 미국 워싱턴 D.C.에서 열린 국제자오선회의에서 표준화되었다. 이 회의에서 영국의 그리니치 천문대를 지나는 지점의 경도를 기준으로 설정하였다(그림 2.16). GIS에서 경도와 위도는 위치를 잘 표현할 수 있는 방식으로 두 가지 방식으로 표현된다. 하나는 도(degree), 분(minute), 초(second)를 사용하는 것이고(DMS), 다른 하나는 십진법의 도 단위(decimal degree, DD)를 사용하는 것이다. 두 가지 방식 모두 위도는 남위 90°(−90°)에서 북위 90°(+90°)까지이다(그림 2.9). 1° 이하의 각도에 대해서는 두 가지 방식으로 표현한다. 첫 번째는 DD.MMSS.XX로 표현하는 것으로 DD는 도, MM은 분, SS.XX는 십진법 단위의 초이다. 두 번째는 DD.XXXX로 표현하는 것으로 이는 십진법 단위의 도로 표현하는 것이다. 시간에서와 마찬가지로 1°는 60분으로, 1분은 60초로 이루어진 60진법이 사용된다. 경도는 범위가 −180에서 +180인 것을 제외하고는 위도와 동일한 방식으로 표현된다. 두 번째 방식은 각도를 라디안(radian)으로 표현하는 것이다. 이 방식에서는 유효숫자의 범위를 적절하게 선택하여 소수점의 형식으로 데이터를 저장한다.

　예를 들어 아래 나열된 것은 전 세계의 해안선, 강, 섬, 국경선 등에 대한 World Data Bank의 자료 중 일부로 북미의 해안가를 나타내고 있다. 좌표는 십진법의 도 단위로 표시되어 있으며 0.000001° 단위로 기록되어 있다. 적도에서는 1°가 약 40,000km를 360°로 나눈 111.11km 정도이다. 따라서 0.000001°는 약 11.1cm에 해당한다. 이 좌표들의 정확도는 해안선이 실제 북미 지역의 해안선을 잘 나타내고 있는가에 의해 결정된다(실제로는 알래스카의 일부이다)(그림2.17).

그림 2.16 　1884년 10월 미국의 워싱턴 D.C.에서 열린 국제자오선회의에서는 "표준 자오선을 결정하기 위해 여기에 모인 나라들은 본 회의에서 영국의 그리니치 천문대를 지나는 자오선을 본초 자오선으로 정한다."고 결의하였다.

```
52.837778  -128.137778
52.841944  -128.137778
52.847778  -128.136944
52.853333  -128.136111
52.858889  -128.135278
52.864722  -128.134444
52.870278  -128.133611
52.876389  -128.131667
52.880556  -128.128056
52.881389  -128.121389
```

GIS에서 지리좌표를 사용하는 장점은 지리좌표를 사용해서 모든 투영법으로 변환이 가능하기 때문이다. 만약 지도가 지리좌표를 가지도록 역투영이 된다면 약간의 변환오차가

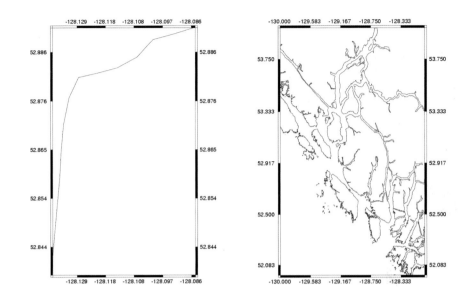

그림 2.17 북미 지역에 대한 World Data Bank 해안선 자료의 일부. 왼쪽이 세부적인 자료이다.

존재한다. 예를 들어 그림 2.17에 나타난 점들은 지상에서 0.1m 정도의 해상도를 가지고 있다. 하지만 1:2,000,000 축척으로 입력되었기 때문에 다른 지도와 비교할 때 이 정도의 정확도를 가지는지 알 수 없다. 만약 GIS에서 투영법 간 변환이 용이하지 않고 지도 간의 중첩이 필요하다면 UTM이나 주평면직각좌표와 같은 좌표계만이 중요할 것이다. 유의할 점은 지리좌표 역시 고유한 타원체와 데이텀을 가진다는 것이다. 왜냐하면 데이텀에 따라 지점의 위치가 변화하기 때문이다.

2.3.2 UTM 좌표계

UTM(Universe Transverse Mercator) 좌표계는 1950년대 후반부터 미국 지질조사국의 지도에서 사용되었기 때문에 GIS에서 많이 사용되고 있다. 정확한 지형도 제작에 있어서 다른 투영법보다 더 많이 사용되고 있는 횡축원통 투영법의 선택 배경에는 흥미로운 이야기가 있다. 적도를 투영면으로 한 메르카토르 투영법은 극으로 갈수록 면적오차가 크지만 적도를 따라서는 오차가 매우 작다.

　Johann Heinrich Lambert는 1772년 메르카토르 투영법의 축을 횡으로 변환하여 적도에 해당하는 부분이 남극과 북극으로 향하게 하였다. 따라서 극과 극을 연결하는 좁은 띠 부

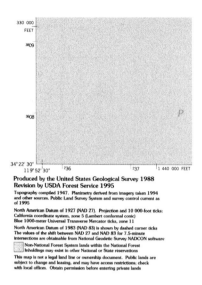

330 000
FEET

3809

3808

34° 22' 30'
119° 52' 30'

²36   ²37   1 440 000 FEET

Produced by the United States Geological Survey 1988
Revision by USDA Forest Service 1995
Topography compiled 1947. Planimetry derived from imagery taken 1994
and other sources. Public Land Survey System and survey control current as
of 1995

North American Datum of 1927 (NAD 27). Projection and 10 000-foot ticks:
California coordinate system, zone 5 (Lambert conformal conic)
Blue 1000-meter Universal Transverse Mercator ticks, zone 11

North American Datum of 1983 (NAD 83) is shown by dashed corner ticks
The values of the shift between NAD 27 and NAD 83 for 7.5-minute
intersections are obtainable from National Geodetic Survey NADCON software

Non-National Forest System lands within the National Forest
Inholdings may exist in other National or State reservations

This map is not a legal land line or ownership document. Public lands are
subject to change and leasing, and may have access restrictions; check
with local offices. Obtain permission before entering private lands

그림 2.18 축척 1:24,000의 7.5분 USGS 지형도에 나타난 캘리포니아 Goleta 지역의 다양한 좌표. UTM 11구역에 속하는 이 지역의 UTM 좌표는 1km 간격의 파란색 틱으로 표시되어 있다. 이 지도는 NAD27을 사용하므로 NAD83을 사용했을 때의 편의량이 표시되어 있다.

분에서 오차가 가장 작게 되었다. Johann Carl Friedrich Gauss는 이를 변형하여 1822년에 투영법을 고안하였고, Louis Kruger는 1912년과 1919년에 편평률을 고려한 타원체식을 제시하였다. 결과적으로 이 투영법은 미국에서는 횡축 메르카토르 투영법으로 불렸으나 가우스 정형 투영법 또는 가우스-크뤼거 도법으로도 불리게 되었다. 하지만 이 투영법은 제2차 세계대전 후 세계 주요국이 국가 차원의 지도를 제작하게 되면서 널리 사용되었다.

횡축 메르카토르 투영법은 UTM, 주평면직각좌표계, 군용직각좌표계 등 여러 형태로 사용된다. 미국 지도의 대부분에서 사용되고 있으며, 다른 나라 심지어 화성의 지도에서도 사용되고 있다. 민간에서는 미국 지질조사국에서 1977년 이후로 사용되었으며, 1940년대 이후로 지도의 도곽선에 UTM 좌표계가 파란색 틱(tic)으로 표시되어 있다(그림 2.18). 1977년 이후 횡축 메르카토르 투영법은 기존의 미국 지도 제작에 사용되었던 다원추 도법을 대체하였다. NAD27 지리좌표는 Clarke 1866 타원체를 기준으로 하여 UTM 좌표로 변환되는 반면, NAD83 지리좌표는 GRS80 타원체를 기준으로 사용하고 있다.

UTM, 즉 횡축 메르카토르 투영법은 북극에서 지구를 경도 6° 간격으로 남극까지 남북 방향으로 구획하여 남북 방향의 좁은 띠 모양을 가지고 있다. 첫 번째 구역(zone)은 날짜

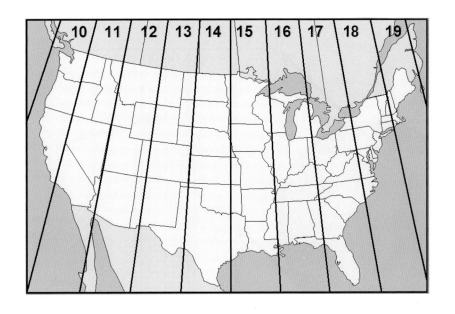

그림 2.19 미국 본토 48개 주의 UTM 구역.

변경선에 해당하는 서경(동경) 180°에서 시작하여 서경 174°까지 동쪽 방향으로 6° 지역을 포함한다. 구역의 번호는 서쪽에서 동쪽으로 갈수록 증가한다. 미국에 대해서는 서부의 캘리포니아 주가 10 또는 11구역에, 동부의 메인 주가 19구역에 속한다(그림 2.19). 각 구역에서는 구역의 중앙 자오선을 기준으로 하여 횡축 메르카토르 투영법으로 지도를 제작한다. 따라서 서경 180°에서 서경 174°에 이르는 1구역에서의 중앙 자오선은 서경 177°가 된다. 이 투영법에서 적도는 중앙 자오선과 직각으로 교차하므로 적도와 중앙 자오선이 직각으로 만나는 이 점을 직각좌표계의 원점으로 사용한다(그림 2.20). 실제로 이 투영법은 중앙 자오선과 평행하면서 약간 떨어진 두 선에 대한 분할 투영법을 사용하므로 중앙 자오선에서의 실제 지도 축척은 1보다 약간 작다.

　UTM 투영법에서는 각 구역에 대한 직각좌표계를 구성하기 위해 남반구와 북반구를 별도로 처리하고 있다. 남반구에 대해서는 남극의 남북좌표가 0이고 이를 기준으로 북쪽 방향으로 남북좌표를 계산한다. 실제로는 적도에서 극까지의 거리가 10,000,000m가 약간 넘지만 지구의 둘레가 약 40,000,000m이므로 지역의 남북 방향 좌표는 0~10,000,000m에 해당한다.

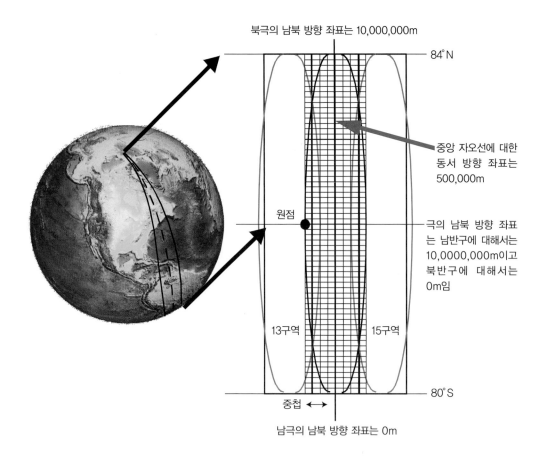

북극의 남북 방향 좌표는 10,000,000m

84°N

중앙 자오선에 대한 동서 방향 좌표는 500,000m

원점

극의 남북 방향 좌표는 남반구에 대해서는 10,0000,000m이고 북반구에 대해서는 0m임

13구역   15구역

80°S

중첩 ←→

남극의 남북 방향 좌표는 0m

그림 2.20 UTM 투영법의 좌표체계.

적도에서의 남북 방향값은 남반구의 경우에는 10,000,000m, 북반구의 경우에는 0m를 사용하고 있다. 북반구에서는 남북 방향의 좌표는 0에서 시작하여 극에 이르면 10,000,000m가 된다. 극에 다다를 경우 경위도좌표계에 대한 UTM 직각좌표의 왜곡량이 점차로 커지게 된다. 따라서 북위 84°와 남위 80° 이상의 지역에서는 UTM을 사용하지 않는다. 극 지역에 대해서는 국제극평사(universal polar stereographic, UPS) 좌표계를 사용한다.

동서 방향 좌표에 대해서는 각 구역의 서쪽 방향으로의 범위를 넘어서까지 포함될 수 있는 가원점을 이용하여 계산한다. 실제로는 범위를 넘어서는 것은 약 0.5°이고 중앙 자오선이 500,000m의 값을 가진다. 이를 이용하면 두 가지 장점이 있다. 하나는 지도 제작

시 구역의 경계 부분이 중복되어 제작될 수 있는 것이고 다른 하나는 모든 동서 방향 좌표가 양수가 되는 것이다. 이렇게 하면 한 지점의 동서 방향 좌표를 알면 그 지점이 중앙 자오선의 서편에 있는지 동편에 있는지를 구별할 수 있기 때문에 진북(경선의 북쪽 방향)과 도북(직각좌표의 북쪽) 사이의 관계를 알 수 있다. 예를 들어 캘리포니아 주 샌타바버라대학교가 북반구에 위치하고, UTM 11구역에 해당하며, 좌표가 238,463mE, 3,811,950mN라 하면 우리는 여기서 해당 지점이 적도에서 극까지 거리의 약 4/10 지점에 위치하고, 11구역의 중앙 자오선인 서경 117°보다 서쪽에 위치함을 알 수 있다. 또한 샌타바버라대학교가 나타난 지도에서 진북의 서쪽에 도북이 위치함을 알 수 있다.

　UTM 투영법에서는 적도에서의 실제 축척과 지도 축척의 차이가 1/1,000 정도로 작다. 또한 이 투영법은 메르카토르 투영법으로 형태가 유지되는 정형 투영법이고 여러 응용 분야에 사용될 수 있을 만큼 정밀도의 수준이 높다. 소축척 지도의 경우에는 UTM 좌표의 끝부분을 삭제함으로써 10m 정도의 위치오차를 가지게 할 수도 있다. 이런 방법은 약 1:250,000 이하의 소축척 지도에서 사용된다. 반대로 소수점 이하까지를 고려하여 직각좌표를 계산할 수도 있다. 정밀 측지측량이나 고정밀지도 제작에서는 1m 이하의 정확도를 필요로 하는 경우도 있기는 하나 그런 경우가 많은 것은 아니다. 그런 경우에는 반올림에 의한 오차가 발생하는 것을 방지하면서 GIS 데이터를 구축할 수 있다.

2.3.3 군용직각좌표계

UTM의 두 번째 형태는 군용직각좌표계이다. 미군은 1947년 이후 이를 사용하고 있고 MGRS(Military Grid Reference System)라 부르고 있으며 다른 나라 또는 기관에서도 많이 사용하고 있다. 이 좌표계에서는 특정한 지점을 표시하는 숫자의 수를 줄이기 위해 문자를 사용하고 있다. 구역의 번호는 UTM과 마찬가지로 1~60까지이다. 하지만 구역 내에서는 남북 방향으로 8° 간격으로 구획을 나누어 C(남위 80°~72°)에서 X(북위 72°~84°)까지의 문자를 할당하였다. 이때 A와 B는 남극, Y와 Z는 북극에 대한 국제극평사도법을 위해 남겨 두었다. 각 사각형은 6°×8°의 범위이고 지상에서는 1,000km 범위 내에 포함되는 지역이다. 이 사각형은 숫자와 문자를 이용하여 고유한 구역번호를 가지고 있다. 예를 들면 샌타바버라대학교는 11S 지역에 포함된다(그림 2.21).

　각 사각형은 한 변이 100,000m인 단위격자로 다시 나뉘어졌다. 이렇게 나눠진 격자에는 두 문자가 추가된다(그림 2.22). 동서(x) 방향으로는 숫자와 혼동될 수 있는 I와 O를

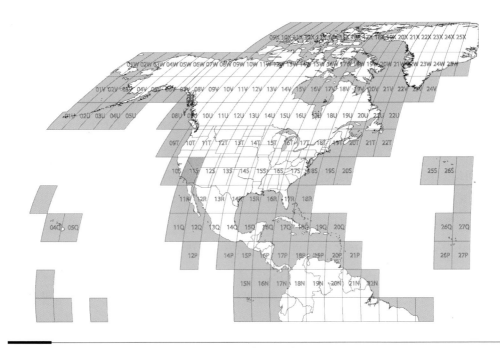

그림 2.21 미국의 군용직각좌표계. 사각형의 범위는 경도 6°, 위도 8°이며 붉은색이 11S 지역이다.

제외하고 100,000m마다 A에서 Z까지의 문자가 할당되는데 6°×8° 격자가 되면 다시 반복되어 할당된다. A문자는 서경 180°에서부터 시작하며 매 경도 18°마다 다시 A에서 반복되는데 6°×8° 구역은 약 6개의 열을 가지고 있지만 반드시 그런 것은 아니다. 실제로 적도에서 경도 6°의 범위는 666.66km 정도이므로 6개 열 이외에 추가로 서쪽과 동쪽 끝부분에 2개의 열을 더 가지고 있으며 극으로 갈수록 열이 줄어든다. 그림 2.22는 태평양의 하와이 근처에서 구역의 문자가 어떻게 배열되는지 나타내고 있다. 다소 생소한 이런 문자를 부여하는 방법은 하나의 6°×8° 구역에서 100,000m 격자마다 고유한 문자를 부여함으로써 구역 내에서 같은 숫자가 반복되는 것을 막을 수 있다.

남북(y) 방향으로는 I와 O를 제외한 A부터 V까지의 문자를 적도에서부터 차례대로 지정하되 이를 반복하여 지정한다. 남반구에 대해서는 적도에서부터 남쪽으로 V에서 시작하여 A까지 반복하여 지정한다. 그러면 하나의 100,000m 격자는 11SKU처럼 고유한 식별번호를 가지게 된다. 그런 후 이 격자 안에서의 특정 지점의 위치를 x, y 좌표쌍으로 부여할 수 있다. 이 좌표계에서는 x, y가 따로 분리되지 않고 연속적으로 위치를 나타내는 데 사용된다. 예를 들어 11SKU31은 10,000m 격자를 의미하게 되고, 11SKU3811은 1,000m

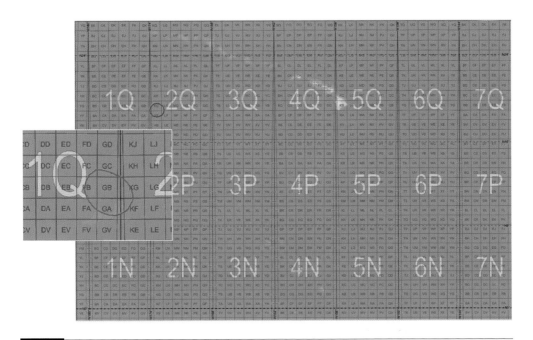

그림 2.22 미국 군용직각좌표계. 예를 들면 1Q와 같이 6°×8° 크기로 구역을 나눈 뒤 1QGB처럼 100,000m 크기의 격자를 다시 지정했다. 왼쪽 확대 부분을 참조하라. 6°×8° 격자의 동쪽이나 서쪽의 가장 끝 격자는 다른 격자에 비해 크기가 작다.

격자를 의미하게 된다. 또한 11SKU3847911950은 1m 격자를 의미하게 된다. 여기에서 38479는 동서 방향의 좌표를, 11950은 남북 방향 좌표를 나타낸다. 다만 극지방에 대해서는 이와는 다른 UPS 투영법을 사용하여 좌표를 표시한다.

2.3.4 국가평면직각좌표계

USGS와 50여 개의 주 정부에서 사용하고 있는 군용직각좌표계를 변형한 좌표계가 존재한다. 이것이 군용직각좌표계와 상이한 점은 WGS84 대신 NAD83 데이텀을 사용한다는 점과 미국 내에서만 사용한다는 점이다. NAD83에서 사용하는 GRS80 타원체는 실용적으로는 WGS84 타원체와 동일하다(표 2.1 참조). 북미 지역에 대해서는 약 0.1mm 정도의 차이가 있을 뿐이며 전 세계적으로도 그 차이가 2m를 넘지 않는다. 국가평면직각좌표계 (United States National Grid, USNG)는 다른 직각좌표계를 보완하고 지방 정부나 긴급구호 등에 사용하기 위해 마련되었다. USNG는 도로시설물 지도나 주변 지역과 잘 접합된 행정구역도 등을 제작할 목적으로 2001년 국가지리정보회의(Federal Geographic Data Committee)에 의해 승인되었다. 현재 USNG는 전국적인 지도의 색인도 역할을 하고 있고, 종이지도나 수치지도에서 위치를 표시하는 역할을 하고 있으며, GPS와의 연동이 가능하고, 수치지도와 위치정보를 연결하는 웹상에서의 지도화를 가능하게 하는 역할을 하고 있다. USNG는 현재 경찰, 소방, 구급, 국가안보 등에서 사용되고 있다. 그림 2.23은 미국 국립지리정보국(National Geospatial-Intelligence Agency, NGA)에서 제작한 워싱턴 D.C.의 보안과 계획 분야 사용자들이 사용하는 USNG 지도이다.

실제로 국가평면직각좌표계는 군용평면직각좌표계와 동일한 분야에서 사용된다. 소규

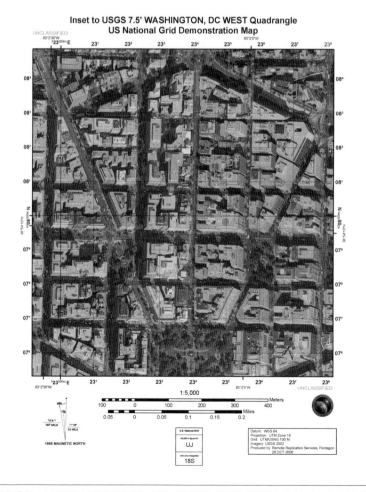

그림 2.23　이것은 축척 1:5,000의 국가평면직각좌표계를 사용하여 제작된 워싱턴 D.C.의 지도로 NGA에서 제작하였다.

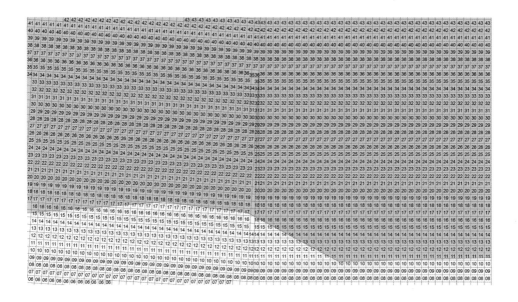

그림 2.24 캘리포니아 샌타바버라 근처의 UTM 10과 11구역이 겹치는 부분의 국가평면직각좌표계의 구역.

모 지역에서 지도를 사용할 경우 좌표의 앞의 몇 자리는 모든 점에서 동일하므로 생략될 수 있다. 하지만 많은 미국의 도시와 주요한 장소는 6°×8° 구역이나 100,000m 구역의 중첩 부분에 위치한다. 서경 120° 지역인 캘리포니아의 경우 UTM 10, 11구역이 겹치는데, 이렇게 구역이 겹치는 경우에는 그림 2.24에서 보는 것처럼 100,000m 구역이나 10,000m 구역을 압축하는 경우도 있다.

국가평면직각좌표계는 온라인상에서 데이터를 다운로드하거나 살펴볼 수 있는 USGS의 맵뷰어에 사용되고 있으며(그림 2.25), 국가평면직각좌표계에 의한 좌표는 지도 표시창의 오른쪽 아래에 흰색으로 표시된다. 국가평면직각좌표계는 GRS80 또는 WGS84를 사용하고 있으므로 좌표 옆에 어떤 데이텀을 기준으로 한 좌표인지도 표시되어 있다. 텍사스 주 오스틴의 주의회 건물의 경우 1m 단위의 좌표로 표시될 경우 다음과 같이 표시된다.

```
14R PU 21164 49875 (NAD83)
```

2.3.5 주평면직각좌표계

미국에서 많은 지리정보는 주평면직각좌표계(state plane coordinate system, SPCS)라 불

그림 2.25 오른쪽 아래에 USNG가 표시된 텍사스 주 의회 건물이 나타난 미국 지질조사국의 맵뷰어.

리는 좌표계를 사용하고 있다. 주평면직각좌표계는 전력선, 하수관망과 같은 시설물이나 토지와 관련한 정확도 높은 측량을 실시하기 위해 시설물 관련 회사나 지방 정부에서 사용하는 좌표계이다. 주평면직각좌표계는 횡축 메르카토르 도법이나 람베르트 정형 원추도법을 기반으로 투영하며 좌표의 단위는 미터(예전에는 피트)이다. 토지 관련 소유권이나 공학적인 시설물 관리를 위해 사용되어 왔던 주평면직각좌표계는 알래스카 주를 제외하고는(알래스카 주는 사축 메르카토르 투영법을 사용함) 각 주마다 2개의 투영법 중 하나를 사용하여 제작된다. 캘리포니아 주처럼 동서 방향으로 지역을 나눈 주에서는 람베르트 원추도법을 사용한다. 반면 뉴욕 주처럼 남북 방향으로 지역을 나눈 주에서는 횡축 메르카토르 도법을 사용한다. 그림 2.26의 텍사스 주와 뉴멕시코 주의 사례를 비교해 보면 이를 알 수 있다.

각 주는 몇 개의 지역으로 나뉘는데, 로드아일랜드 주처럼 면적이 작은 곳은 지역을 하나로 하고 최대 5지역으로 나눈다. 또 몇몇 주는 특별한 경우도 있는데, 뉴욕 주의 경우 롱아일랜드는 독자적인 지역을 구성하고 있다. 1983년 NAD27을 대신한 NAD83을 채택할 당시 각 주 내에 존재하던 지역들은 단순화되었고 좌표의 단위도 피트에서 미터로 바뀌었다. 미국 전역을 지도로 나타내기 위해서는 주의 각 지역마다 각각 투영법이 존재하므로 투영에 따른 왜곡은 UTM 도법보다도 작아서 최대 1/2,000 정도이다(그림 2.27). 각

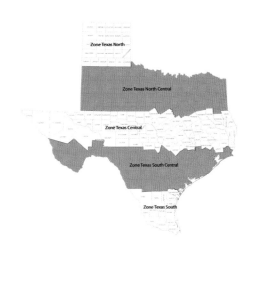

그림 2.26 횡축 메르카토르 도법을 사용한 뉴멕시코 주와 람베르트 원추도법을 사용한 텍사스 주의 주평면직각좌표계.

지역마다 임의의 원점을 설정하고 원점에 가상의 동서 방향 좌표와 남북 방향 좌표를 부여하였다. 그리고 가상의 동서, 남북 방향 좌표는 지도의 모든 점이 양수의 좌표를 가지도록 설정되었다. 이렇게 함으로써 지도의 좌표는 미터 단위로 표시되었고 최대 백만 미터 단위를 가지게 되었다. 이 좌표계의 단점은 통일성이다. 주 내에 있는 두 지역의 경계 부

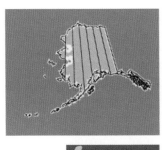

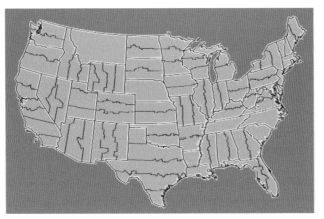

그림 2.27 미국의 50개 주에 대한 주평면직각좌표계. NAD83이 채용된 후의 경계를 나타내고 있다.

분이면서 동시에 두 주의 경계 부분을 지도화하는 경우를 가정해 보자. 이런 경우 지도는 두 가지 투영법에 네 가지 원점을 가지게 된다. 이때 면적 계산과 같은 연산에 대해서는 특별한 처리기술을 필요로 한다. 하지만 주평면직각좌표계는 전 미국의 측량 분야에서는 일반적으로 아주 널리 사용되고 있다.

구역정보에 대한 사례가 표 2.3에 나타나 있다. 동서 방향이나 남북 방향으로의 거리가 비슷한 텍사스 주는 구역을 동서 방향으로 나누고 구역의 번호를 북쪽에서 남쪽 방향으로 증가하며 지정하였다. 각 구역은 남북 방향보다 동서 방향으로 긴 형태이므로 람베르트 정형 원추 투영법이 사용된다. 이 투영법은 각 구역마다 사용되므로 총 5번 사용되었다. 각 구역에서 사용된 투영법의 표준위선과 중앙 자오선, 각 구역에서 GRS80(NAD83)을 기준으로 한 원점의 경도와 위도 및 원점의 동서 방향 좌표와 남북 방향 좌표가 표 2.3에 나타나 있다.

각 구역에서 좌표는 미터 단위로 부여된다(NAD27을 사용하는 지도에서는 피트로 부여되기도 한다). 오스틴에 위치한 텍사스 주의회 의사당의 좌표는 다음과 같다.

```
3,070,314mN 949,443mE, TX Central
```

지도에는 종종 좌표격자를 중첩해서 표시함으로써 하나 이상의 좌표계를 표시하기도 하고, 좌표를 나타내기 위해서 도곽선을 따라 틱 표시를 하기도 한다(그림 2.18). Digital Raster Graphics라 불리는 데이터처럼 USGS의 지형도를 스캐닝하여 GIS 데이터로 사용할

표 2.3 텍사스 주의 주평면직각좌표계

구역명	구역의 FIPS 코드	표준위선 1	표준위선 2	중앙 자오선	원점(위도)	동서 방향 좌표(m)	남북 방향 좌표(m)
Texas, North	4201	34°39′	36°11′	−101°30′	34°00′	200,000	1,000,000
Texas, North Central	4202	32°08′	33°58′	−98°30′	31°40′	600,000	2,000,000
Texas, Central	4203	30°07′	31°53′	−100°20′	29°40′	700,000	3,000,000
Texas, South Central	4204	28°23′	30°17′	−99°00′	27°50′	600,000	4,000,000
Texas, South	4205	26°10′	27°50′	−98°30′	25°40′	300,000	5,000,000

경우 위의 좌표를 표시하는 방법은 매우 중요하다. 종이지도에 표시된 틱을 이용하여 좌표 등록을 함으로써 스캐닝한 종이지도가 GIS에서 정확한 위치로 표시되기 때문이다. 이런 과정에서 구역의 경계 부분은 처리에 주의가 필요한데, 좌표 표기를 축약한 경우에 서로 다른 좌표계의 경계 부분에서 두 좌표계가 동일한 것으로 보일 수 있기 때문이다.

2.3.6 기타 좌표계

그 외에도 많은 좌표계가 존재한다. 이 중 일부는 표준화된 좌표계이지만 일부는 그렇지 않은 것도 있다. 대부분의 나라에서는 UTM이나 군용직각좌표계와 같은 좌표계 또는 각 나라의 고유한 좌표계를 사용하고 있다. 영국의 경우에는 OSGB1936 데이텀을 기준으로 한 횡축 메르카토르 투영법을 사용한 국가직각좌표계를 가지고 있는데, 구역을 구분하는 두 문자 중 첫 문자는 500,000m, 두 번째 문자는 100,000m 단위를 나타낸다. 좌표는 군용직각좌표계와 비슷한 방식으로 부여된다. 스웨덴처럼 국가통계 등의 데이터가 좌표와 연결되어 구축되는 사례도 몇몇 나라에서 존재한다.

　미국에서는 많은 사기업이나 공공 서비스에서 고유한 좌표계를 사용하기도 한다. 전력선과 같은 특수한 분야, 지방자치단체와 같이 특정 지역만을 다룰 때, 단일한 건설 사업 등을 그런 사례로 들 수 있다. 또한 기준이 되는 지도의 원점좌표를 모르거나 좌표가 중요하지 않을 때에는 단순히 지도상의 밀리미터 단위 또는 디지타이징 좌표만을 사용하기도 한다. 이렇게 지도상의 밀리미터 단위 또는 디지타이징 좌표만을 이용할 경우 기준점으로 사용할 두 점 이상에 대한 지상좌표를 알지 못하면 지도의 병합(matching)이나 지도를 이용한 중첩 분석 등이 이루어질 수 없다. 데이텀, 타원체 등이 없는 상태에서는 이런 것들이 대략적으로만 가능할 뿐 정확히 행해질 수는 없다. 또한 데이터의 좌표계, 투영법, 데이텀 등이 수록된 메타데이터를 관리하는 것도 매우 중요하다.

　GIS의 지오코딩과 관련해서 항상 좌표계 및 경위도와 관련한 정확한 내용을 아는 것이 매우 중요하다. 실제로 지도가 북쪽에 대해 정확하게 위치되어 있고 공간의 범위도 거의 비슷하다면 두 지도가 같은 좌표를 가지게 하는 것은 2개의 기준점으로도 가능하다. 하지만 대부분은 다른 투영법으로 지도가 제작되어 있을 뿐만 아니라 여러 가지 차이가 발생하므로 2개의 기준점만으로 두 지도를 정확하게 일치시키는 것은 매우 어려운 실정이다. 좌표의 정밀도 역시 고려할 사항이다. 사실 지도상의 두 점의 거리를 마이크로미터 수준까지 측정한다는 것은 불가능한 일이다. 또한 그것이 가능할지라도 그렇게 하는 것이 GIS

에서 반드시 필요한 것은 아니다. 즉 필요에 따라 과도한 정밀도로 측정된 것은 필요 없는 경우도 발생한다.

마지막으로, GIS에서 좌표라는 것은 해당 위치의 정보를 표현하는 것이지만 위치는 지리적인 데이터의 많은 속성 중 하나일 뿐이다. 다음 절에서는 지리적인 데이터의 다른 속성에 대해서 살펴볼 것이다. 이런 속성들은 GIS를 이용해서 지리적인 사상의 특성을 기술하거나 분석하는 데 있어 매우 중요한 역할을 한다.

2.4 지리정보

지오코딩의 궁극적인 목적은 GIS에서 인식될 수 있는 수치적인 자료의 형태로 지리적인 데이터의 특성을 기록하는 데 있다. 지리적인 특성 중 가장 기본이 되는 것은 위치 그 자체이다. GIS에서 위치는 숫자 혹은 문자를 이용해서 좌표로 기록된다. 지도에는 많은 대상물이 포함되어 있고, GIS에서 사용되는 지도는 좌표로 많은 대상물을 수치적으로 표시한다. 전형적인 GIS 데이터베이스에서 지역의 범위가 광범위하거나 대축척 수준에서 지역에 대한 데이터를 기록하고 있다면 특히 지도와 같은 경우에는 매우 커다란 데이터베이스가 된다. 하지만 다행스럽게도 데이터를 저장할 수 있는 저장매체의 가격은 꾸준히 내려가고 있다. 개인용 소형 컴퓨터에서도 십여 년 동안 메모리의 크기가 킬로바이트 단위에서 기가바이트 단위로 바뀔 정도이다. GIS의 급격한 성장은 시대의 변화에 따른 저장장치의 발전에 기인하고 있다.

지리적인 데이터의 또 다른 특성은 차원이다. 전통적으로 지도학에서 사상을 점, 선, 면으로 구분되었다. GIS가 어떻게 구성되는지를 아는 것은 많은 사상이 어떻게 구성되는지를 알아야 가능하다. 선은 점의 연속으로 구성되어 있다. 그리고 면은 선들의 연결로 구성된다. 이런 개념이 그림 2.28에 표현되어 있다.

지리적인 사상의 속성은 지리정보에 있어서 중요한 요소이며, 이런 속성들은 측정하는 방법에 따라 구별될 수 있다. 측정 방법에 따라서 속성들은 명목, 순위, 등간, 비율척도로 구별될 수 있다. 명목척도란 갱도, 스키리조트처럼 사상의 이름을 부여하는 것을 의미한다. 순위척도란 오프로드, 비포장도로, 1차선 도로, 2차선 도로, 국도, 고속도로 순으로 길의 위계를 정하는 것처럼 데이터에 순위를 할당하는 것을 의미한다. 등간척도란 상대적인

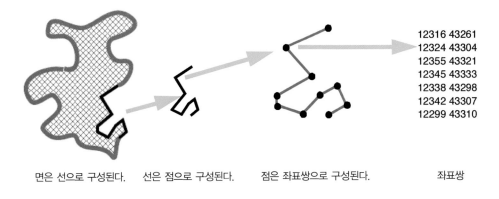

면은 선으로 구성된다.　　선은 점으로 구성된다.　　점은 좌표쌍으로 구성된다.　　　　좌표쌍

그림 2.28　지리정보는 *차원*을 가지고 있다. 점은 좌표쌍을 가지는 0차원으로 구성되어 있고, 선은 점으로 구성된 1차원이며, 면은 선으로 구성된 2차원이다.

값을 기준으로 어떤 값을 정하는 것을 말하는데 예를 들면 지역적인 데이텀으로부터의 온도(예 : 섭씨 0도와 화씨 0도는 서로 다름) 또는 측지 기준점이 없는 상태에서 보폭과 나침반 등을 이용해 측정한 어느 지점의 위치 등이 이에 속한다. 비율척도란 절대적인 값을 기준으로 측정된 것으로 좌표계를 기준으로 측정한 어느 지점의 위치 또는 총강수량과 같은 경우에 해당한다. 이런 구분에 의해 사상을 표현할 때 클래스 단위로 구분해야 하는지, 아니면 점으로 나타내되 명목척도를 사용해야 하는지, 면으로 나타내되 비율척도를 사용해야 하는지 결정할 수 있다. 지도에서 어떤 측정 수단을 사용해야 하는지에 대해서는 제7장에서 다룰 것이다.

　지리정보의 또 다른 특성은 연속성이다. 등고선도와 같은 지도는 일정한 필드에 대한 정보를 연속적으로 표현하는 반면 단계구분도와 같은 경우에는 비연속적인 분포를 표현한다. 이에 대한 구분은 제7장에 상세히 수록되어 있다. 연속성은 지리적 특성 중 중요한 성질이다. 연속적인 변수에 대한 가장 좋은 예는 아마 고도 데이터일 것이다. 지표면 위의 한 지점에 위치한다고 가정할 때 고도는 연속적인 데이터이기 때문에 어떤 지점에서도 고도를 정확하게 정할 수는 없을 것이다.

　하지만 연속성이라는 것이 통계적인 분포에서 언제나 존재하는 것은 아니다. 예를 들면 세율은 지리적으로 비연속적인 데이터이다. 뉴욕 주에 사는 사람은 수입에 대한 세금을 낼 것이다. 하지만 이 사람이 뉴욕 주와 1m밖에 차이 나지 않는 코네티컷 주에 산다면 그 사람은 뉴욕 주의 세금은 내지 않는다. 지리적인 연속성은 중요한 속성 중 하나이다.

GIS 커버리지 구축 시에는 속성이 없는 데이터가 없도록 연속성에 많은 신경을 쓰는데, 예를 들면 미분류로 남는 토지가 없도록 하는 것이 그 사례가 될 수 있다. GIS에서 연속 변수는 래스터 기반의 GIS 시스템에서 잘 처리될 수 있다. 일단 지리적인 사상이 점, 선, 면 등으로 구축되면 지리적인 사상들의 속성은 사상의 크기, 분포, 패턴, 방향, 근린성, 연결성, 모양, 축척 등 여러 가지 것들을 측정함으로써 구성된다. 이런 각각의 성질이 사상의 특성을 구성하게 되는데 이런 것들은 GIS에서 쉽게 측정될 수 있고 또한 분석에 이용되기도 한다. 일반적으로 이런 GIS의 기능이 바로 GIS가 사용되는 중요한 이유 중 하나로 꼽힌다. 예를 들어 GIS를 이용하면 필지의 면적, 고속도로의 방향, 주립공원의 동물상(動物相)이나 식물상(植物相)의 분포를 측정할 수 있다. 이런 GIS의 기본적인 기능은

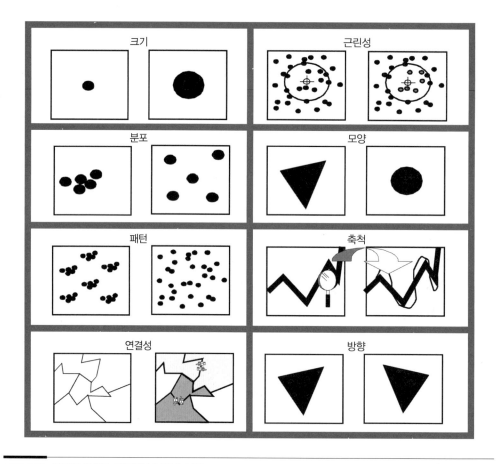

그림 2.29   지리적 사상의 기본적인 공간적 성질.

그림 2.29에 나타나 있다. GIS가 좌표나 연결성과 같은 직접적인 정보만을 취급하는 것 같지만 실제로 사상의 속성에 대한 다양한 정보가 GIS를 이용해 취득될 수 있다. GIS 사용자가 해야 하는 부분은 현재 사용하고 있는 GIS 데이터에서 이런 특성들을 취득할 수 있도록 하는 것이다. 얼마나 잘 이런 정보를 취득하느냐에 따라 GIS 사용자로서의 능력이 결정된다.

지금까지 GIS에서 기본이 되는 여러 지도학적 요소에 대해서 살펴보았다. 살펴본 바와 같이 GIS에서 사용되는 지도나 지도의 사상에 대한 기하학적 성질과 관련하여 고려해야 할 요소는 너무나 많다. 이제 GIS 개념으로 관점을 옮겨서 다음과 같은 것들을 살펴볼 것이다. 첫째, 컴퓨터에서 디지털 숫자의 조합으로 지도가 구조화되는 방법에 대해 살펴볼 것이다. 둘째, 지도에서 컴퓨터로 데이터를 옮기는 방법에 대해 살펴볼 것이다. 여러분도 알다시피 이것은 GIS를 시작하는 데 있어 중요한 또 다른 기초이다.

학습 가이드

이 장의 핵심 내용

○ GIS는 장소에 대한 속성을 지도상에서 점, 선, 면 사상과 연결한다. ○ GIS는 지도학과 측지학에 기반을 두어 위치를 정량화한다. ○ 지구의 둘레는 약 40,000,000m이며, 극이 더 편평한 편평률 1/300 정도의 값을 가지고 있고, 모양은 타원체이다. ○ 타원체의 기하학적 모델은 고도측정의 기준과 평면 위치 측정의 기준을 결정한다. ○ 초기 미국의 지도 제작에서는 Clarke 1866 타원체와 NAD27 데이텀을 사용하였다. ○ 현재 지구 타원체는 지역 또는 나라에 국한된 타원체보다는 지구 중심을 기준으로 한 것을 사용한다. ○ 현재 전 세계적으로는 WGS84 타원체를 사용하고 있고 미국에서는 GRS80 타원체(NAD83 데이텀)를 사용하고 있다. ○ 보다 정확한 측지학적인 지구 모델을 지오이드라 한다. ○ GIS에서는 지도를 만들기 위해 사용한 타원체와 데이텀을 알아야 데이터를 완벽하게 병합할 수 있다. ○ GIS는 축척과 상관없이 표현될 수 있지만, 실제 데이터 제작 시의 축척은 중요한 요소이다. ○ 1:40,000,000 축척의 지도에서 세계지도의 폭은 약 1m이다. ○ 대표 축척이란 실제 지상거리에 대한 지도상에서의 거리를 의미한다. ○ 지도의 축척이 결정된 후에도 지도는 곡면에 표현되므로 이를 평면으로 만들기 위한 과정인 투영법이 필요하다. ○ 투영법은 곡면의 지도를 평면, 원통, 원추에 투영하여 평면으로 제작하는 과정이다. ○ 투영법에서는 한 점이나 한 선에 접하도록 가상의 지구에 접선을 형성할 수도 있고 가상의 지

구를 분할하여 지나가도록(할선이 되도록) 할 수도 있다. ○ 분할 투영법의 경우 가장 적은 투영 왜곡이 나타나는 선이 2개 이상 존재하는데 만약 이 선이 위도 방향이라면 이것을 표준위선이라 한다. ○ 지도상에 나타난 경위선망을 경위도망(graticule)이라 한다. ○ 투영법에 의해 지도에서는 지구상에서의 방향, 형태, 면적을 유지할 수 있다. ○ GIS에서 투영법은 면밀히 검토하여 결정되어야 한다. ○ 지구본 투영법을 제외한 평면 투영법 중에서 면적과 형태를 동시에 유지하는 투영법은 존재하지 않는다. ○ 좌표계란 2차원에서 위치를 숫자로 표현하는 방법이다. ○ 지리좌표란 경도와 위도로 표시되는 좌표를 의미하며 십진법의 도 단위로 표현되기도 한다. 지리좌표는 데이텀에 의해 달라질 수 있으므로 반드시 데이텀을 선택해야 한다. ○ UTM은 군용과 민간용 두 가지가 있으며 두 가지 모두 횡축 메르카토르 도법을 사용하고, 경도 6° 간격으로 전 지구를 60개의 구역으로 분할하여 나타낸다. ○ USGS에서 만들어진 UTM 투영법 지도는 중앙 자오선에 가상의 동서 좌표 500,000m를 부여하며, 남북 방향으로는 북반구에 대해서는 적도를 0m로, 남반구에 대해서는 남극을 0으로 하고 있다. ○ 극에서는 UTM 대신에 UPS를 사용한다. ○ 군용직각좌표계에서는 경도 방향으로는 60개의 UTM 구역을 사용하고 남북 방향에 대해서는 8° 간격의 구역을 설정하여 각 구역에 문자를 할당한다. ○ 두 번째 문자는 동서, 남북을 각각 100,000m 간격으로 분할하여 구역을 설정한 후 문자를 할당한다. ○ 각 구역 내에서 미터 단위 유효숫자는 위치의 정밀도와 관련되어 있다. 예를 들면 10자리 숫자는 1m 단위로 위치의 정밀도를 표현하는 것이다. ○ 국가평면직각좌표계는 군용직각좌표계와 동일하나 NAD83을 사용하고 있으며 미국에 대해서만 적용된다. ○ 주평면직각좌표계는 50개 주를 120개 구역으로 나누고 구역마다 람베르트 정형 원추도법이나 횡축 메르카토르 도법을 사용한다. ○ 각 구역은 가상의 원점을 가지고 있으며 미터법으로 좌표를 표현하고, NAD83 데이텀을 기준으로 하고 있다. ○ 한 나라에서만 사용되는 특별한 투영법은 매우 많다. ○ 지리정보는 점, 선, 면에 부가되는 속성으로 측정 수준에 따라 명목척도, 서열척도, 등간척도, 비율척도로 나뉜다. ○ GIS 데이터는 공간에 대해 연속적으로 표현되는지 여부에 따라 사상기반과 필드기반으로 나뉠 수 있다(공간적으로 연속적으로 표현되면 필드기반 데이터로 구분됨). ○ GIS는 크기, 분포, 패턴, 방향, 근린성, 연결성, 모양, 축척 등 공간과 관련된 여러 가지 분석을 수행할 수 있다.

학습 문제와 활동

지도와 속성정보

1. 친구의 이름과 주소를 나열해 보라. 스프레드시트에 데이터를 입력하고 지리정보를 포

함하고 있는 열을 선택해 보라.

지도 축척과 투영법

2. 아틀라스(지도첩)에서 발견할 수 있는 투영법을 나열해 보라. 투영법이 표시되어 있지 않은 지도가 있는가? 각 투영법의 특성을 표로 만들어 보라. 여기에는 분할 투영법 여부, 횡축도법 여부, 기준 타원체, 정형성 여부 등이 포함되도록 하라. 마지막 열에는 지도에서 나타나는 왜곡의 특성을 기술하라. 예를 들면 "지도는 남에서 북으로 갈수록 왜곡이 커진다."처럼 왜곡의 특성을 기술하라. 이에 관해서는 erg.usgs.gov/isb/pubs/MapProjections/projections.html을 참조하라.

3. 웹을 이용해서 가능한 한 많은 기준 타원체를 검색하라. 한 나라에 적합한 타원체가 있는가? 예를 들면 이집트나 오스트레일리아 등 한 나라를 선택해서 그 나라에서 사용되는 타원체와 투영법을 조사해 보라. 그 나라에서 다른 투영법에 비해 해당 투영법을 사용하는 이유는 무엇인가?

4. 야구장이나 축구장에 대한 크기의 규정을 살펴보라. 야구장이나 축구장을 1:1,000, 1:24,000, 1:100,000 축척으로 그려 보라. 어떤 문제가 발생하는가? 이런 축척으로 곡류하는 강이나 여러 수종으로 이루어진 숲을 그릴 때 어떤 문제가 발생하는가?

좌표계

5. 국가평면직각좌표계를 매쉬업한 구글지도(http://www.fidnet.com/~jlmoore/usng/help_usng.html)로 집, 학교 또는 찾고 싶은 지점에 대한 국가평면직각좌표계를 검색해 보라.

6. 집이나 학교 등 한 위치를 설정하고 근처 두 점에 대한 좌표를 알아보라. 이때 가능한 여러 좌표계로 좌표를 알아보라. 만약 위급 상황이 발생했을 때 중요한 지점의 위치를 알기 위해 특정한 좌표계를 사용하였을 경우 발생할 수 있는 오차나 혼동에 대해 살펴보라.

지리정보

7. GIS 데이터의 차원과 측정 방법(명목척도, 순위척도, 등간척도, 비율척도)에 대한 2차원적인 표를 만들어 표의 각 빈칸에 포함될 수 있는 GIS 데이터나 사상을 표시해 보라.

8. 호수를 예로 들어 그림 2.29에 표시된 지리적 성질을 나열해 보라. 예를 들어 호수의 크기는 제곱미터 단위로 표시된 면적이다. 어떤 성질에 대해서 하나의 숫자로 표현하는 것이 가장 어려운가? (힌트 : 호수의 모양을 하나의 숫자로 표현할 수 있는가?)

참고문헌

Bugayevskiy, L. M. and Snyder, J. P.(1995) *Map Projections—A Reference Manual*. Taylor and Francis Inc., Bristol, PA.

Campbell, J. (1993) *Map Use and Analysis*. 2nd ed. Dubuque, IA: William C. Brown.

Clarke, K. C. (1995) *Analytical and Computer Cartography*. 2nd ed. Upper Saddle River, NJ: Prentice Hall.

Department of the Army (1973) *Universal Transverse Mercator Grid*, TM 5-241-8, Headquarters, Department of the Army. Washington, DC: U.S. Government Printing Office.

Snyder, J. P. (1987) *Map Projections—A Working Manual*. U.S. Geological Survey Professional Paper 1396. Washington, DC: U.S. Government Printing Office.

Snyder, John P., and Philip M. Voxland (1989) *An Album of Map Projections*. U.S. Geological Survey Professional Paper 1453; Denver, CO.

Steinwand, D. R., Hutchinson, J. A. and Snyder, J. P. (1995) "Map Projections for Global and Continental Data Sets and an Analysis of Pixel Distortion Caused by Reprojection." *Photogrammetric Engineering and Remote Sensing*, Vol. LXI. No. 12.

Thompson, M. M. (1988) *Maps for America*, 3ed. U.S. Geological Survey; Reston, VA.

United States Defense Mapping Agency (1984) *Geodesy for the Layman*. Published online at: http://www.ngs.noaa.gov/PUBS_LIB/Geodesy4Layman/toc.htm.

주요 용어 정의

경도(longitude)　지구상의 위치와 지구 중심을 이은 선과 영국의 그리니치 천문대를 지나는 경선이 적도 면에 투영되었을 때 형성되는 각도. 경도는 -180°(서경 180°)에서 +180°(동경 180°)의 범위를 가짐.

경선(meridian)　특정 경도를 나타내는 선. 지구상에서 경선의 길이는 모두 동일함.

경위도망(graticule)　지도나 가상의 지구본에 나타난 경도와 위도망. 경위도망이 만나는 각도는 지도가 어떤 투영법에 의해 제작되었는지 알 수 있는 역할을 함.

경계 매칭(edge matching)　종이지도를 도곽선을 따라 접합시키는 것과 같은 수치지도 또는 GIS용 지도에서의 작업. 도곽선을 통과하여 인접도엽까지 나타난 사상은 서로 연결되어야 하며 도곽선은 제거되어야 함. 경계 매칭을 하기 위해서는 지도의 투영법, 데이텀, 타원체, 축척이 동일해야 함.

(좌표계의)구역[zone(of coordinate system)]　하나의 단일 원점을 사용하는 지역. 통상 지구나 주의 일부분을 의미함.

군용직각좌표계(military grid)　1947년 미군에서

채택되었으며 그 후 세계적으로 널리 사용된 횡축 메르카토르 도법에 기초한 좌표계.

극반경(polar radius) 지구의 중심과 극 사이의 거리.

남북 방향 거리(northing) 원점에서 북쪽으로의 거리.

대표 축척(representative fraction) 비율로 표현된 지상에서의 거리에 대한 지도에서의 거리. 예를 들면 1:1,000,000, 1:100,000, 1:50,000.

데이터베이스(database) 요구를 만족할 수 있도록 조직된 데이터의 집합체.

데이텀(datum) 지표상의 점을 3차원으로 나타내기 위한 기준. 데이텀은 지구의 모델인 타원체와 해수면의 정의에 의해 결정됨.

동서 방향 거리(easting) 원점에서 좌표계의 동쪽(동서) 방향으로의 거리.

등간척도(interval scale) 임의의 기준으로부터 수치값을 이용해 상대적으로 측정된 데이터. 예를 들면 섭씨, 화씨 등의 온도나 좌표 등이 있음. 0값은 값이 없음을 의미하지 않음.

등적 투영법(equivalent projection) 지도상에서 대상물의 면적이 유지되는 지도 투영법. 정적 도법에서는 지도상에서의 작은 원의 면적이 동일한 축척을 가진 가상의 지구에서의 면적과 동일함. 정적 투영법 참조.

등직각 투영법(equirectangular projection) 동서(easting)와 남북(northing) 방향이 직각을 이루는 투영법. 지도의 높이와 너비를 조절함으로써 할선(secant) 투영법이 될 수도 있음. Plate Carree 투영법의 경우에는 접선 투영법에 해당함. 그리스의 수학자이자 지도학자였던 Marinus of Tyre가 A.D. 100년에 고안함.

명목척도(nominal scale) 사상에 대한 주제적인 속성(예 : 지명)을 측정함.

모자이킹(mosaicing) 경계선을 따라 여러 장의 종이지도를 붙이는 것과 같은 GIS 또는 수치지도에서의 접합. 경계선을 따라 연속된 대상물은 서로 연결되어야 하고, 연결선은 삭제되어야 함. 모자이킹을 하기 위해 지도는 투영법, 데이텀, 타원체, 축척이 동일해야 함.

미터법 지도(map millimeters) 대상물의 지구상에서의 좌표라기보다는 미터법으로 측정된 지도상에서의 좌표계.

미터법(metric system) 1960년 SI 단위로 국제표준으로 채택된 무게와 측정 방법. 미터는 길이의 단위임.

방위도법(azimuthal projection) 투영에 사용된 가상 지구본을 평면에 직접 투영한 투영법. 가상 지구의 반구만이 표현될 수 있음.

범지구측위시스템(Global Positioning System, GPS) 지표상의 임의 위치에서 수신기를 이용하여 몇 개의 위성으로부터 신호를 받아 위치를 알 수 있는 미국 공군에 의해 운용되고 있는 시스템.

본초 자오선(prime meridian) 그리니치를 지나는 경도 0°인 선. 본초 자오선을 기준으로 지리좌표의 경도가 정해지고, 서반구와 동반구가 나뉨.

북미기준점 27(North American Datum 1927, NAD27) 미국에서 이선에 사용했던 지도 제작용 데이텀. Clarke 1866 타원체를 사용하며 고도와 위치는 캔자스 주의 미즈 랜치 원점을 기준으로 결정됨.

북미기준점 83(North American Datum 1983,

NAD83) 현재 미국에서 사용하고 있는 지도 제작용 데이텀. WGS84 타원체와 매우 흡사한 GRS80 타원체를 사용함.

분할 투영법(secant projection) 임의의 표현 축척에서 투영면이 가상의 지구본을 관통한 투영법. 할선을 따라 투영왜곡이 존재하지 않게 됨. 예를 들면 원추의 경우에는 다수의 할선 투영법을 동시에 적용할 수 있음.

비율척도(ratio scale) 절대기준을 기준으로 한 대상물에 대한 수치를 기록. 예를 들면 토지에 대한 지가 등이 있으며, 0값은 값이 존재하지 않는다는 의미임.

비축척성(scaleless) 데이터가 기록된 축척에 상관없이 사상이 표현될 수 있는 수치지도의 특성.

사축 투영법(oblique projection) 위선이나 경선이 아닌 임의 방향의 선을 기준선으로 한 투영법.

상대위치(relative location) 다른 위치를 기준으로 기록된 임의 지점의 위치.

속성(attribute) 지리사상의 값이나 측정 결과의 입력값. 속성은 레이블, 범주형 자료, 양적자료 등으로 구분되며 날짜, 표준화된 점수, 기타 측정값이 이에 속함. 데이터를 수집하고 조직하는 항목. 테이블 또는 데이터 파일의 열(column)에 해당함.

순위척도(ordinal scale) 순위와 같은 상대적인 정보를 측정. 예를 들면 도로의 경우 오름차순으로 오솔길, 비포장도로, 포장도로, 국도, 고속도로 등을 순위로 입력함.

연계(link) 사상에 대한 속성정보와 위치정보를 연결하는 데이터베이스의 구조. 이런 링크 기능은 GIS가 가지는 명확한 기능임.

연속자료(continuity) (특정 위치에서만이 아닌) 모든 위치에서 측정 가능한 특징이나 대상물의 지리적인 속성값. 지형이나 기압이 그 사례임.

왜곡(distortion) 거리, 면적, 축척의 오차 등으로 지도 투영에서 발생하는 공간상의 뒤틀림.

원점(origin) 한 좌표계에서 동서 방향 거리와 남북 방향 거리가 0인 지점.

원추도법(conical projection) 원추 모양의 표면에 지구를 투영한 후 이를 전개하여 제작한 지도 투영법.

원통도법(cylindrical projection) 원통 모양의 표면에 지구를 투영한 후 이를 전개하여 제작한 지도 투영법.

위도(latitude) 지표상의 임의 지점과 지구 중심에 위치한 적도 사이의 각도. 남극은 $-90°$이고 북극은 $+90°$에 해당함.

위선(parallel) 일정한 위도의 선. 위선은 극으로 갈수록 짧아지고 극에서는 점이 됨.

위치(location) 좌표나 다른 위치 참조체계를 이용하여 결정한 지리공간상 또는 지표상에서의 위치로, 주소나 공간 참조체계 등이 이에 속함.

적도 반경(equatorial radius) 지구 중심에서 지표면까지의 거리로, 지구를 구로 가정하여 평균한 하나의 값으로 나타냄.

절대위치(absolute location) 원점과 좌표계 등의 표준 측정 단위를 기준으로 한 지리적인 공간에서의 위치.

절충도법(compromise projection) 투영법의 성질 중 정적과 정형 특성을 모두 지니지 않지만 두 특성을 절충한 투영법. 로빈슨 투영법이 그 예임.

정각도법 또는 정형도법(conformal projection) 사상의 형태가 지도에서 유지되는 지도 투영법. 정형도법에서는 가상의 지구에서 선이 만나는 각도로 지도상에서 만남.

정밀도(precision) 측정 단위 또는 측정기구가 측정할 수 있는 유효숫자.

정적도법(equal area projection) 지도상에서 대상물의 면적이 유지되는 지도 투영법. 정적도법에서는 지도상에서의 소원(small circle)의 면적이 동일한 축척을 가진 가상의 지구에서의 면적과 동일함. 등적 투영법 참조.

정확도(accuracy) 신뢰성과 정밀도가 더 좋은 독립적인 자료원과 비교하여 측정된 자료의 신뢰도.

좌표계(coordinate system) 2차원이나 3차원에서 한 점의 위치를 나타내기 위해 필요한 요소들로 구성된 시스템. 즉 원점, 축, 거리 단위를 의미함.

좌표쌍(coordinate pair) 상대좌표 또는 절대좌표체계에서의 동쪽과 북쪽으로의 값. 보통 (x, y)로 측정되는 값은 2차원 지리 공간에서 위치를 나타냄.

주평면직각좌표계(state plane coordinate system) 람베르트 정적도법이나 횡축 메르카토르 도법 등을 이용해서 미국의 48개 주에서 측량에 사용되는 좌표계.

지도 투영법(map projection) 3차원 지구를 2차원 지도에 표현하는 것.

지리적 특성(geographic property) 위치, 면적, 모양, 분포, 방향, 근접 정도 등 지도에 표시된 대상물의 특성.

지리좌표(geographic coordinates) 경도와 위도로 표시된 좌표계.

지리학(geography) (1) GIS를 이용해 묘사되거나 분석될 수 있는 현상을 이해하는 학문. (2) GIS에서 묘사되는 대상물의 특성이나 모양.

지오이드(geoid) 지구 중력 등의 영향으로 기준 타원체와 지구 사이의 차이를 설명할 수 있는 지도학이나 GIS보다는 측지학에서 사용되는 지구 모델.

지오코드(geocode) 컴퓨터에서 읽을 수 있도록 변형된 지리공간의 위치. 보통은 점 사상의 좌표를 디지털 값으로 변경하는 것을 의미함.

차원(dimensionality) 점, 선, 면으로 구성된 요소로 나누어 표현할 수 있는 지리적 사상의 성질. 점, 선, 면은 각각 0, 1, 2차원을 나타냄. 시추공은 점, 강은 선, 산림은 면에 해당함.

축척(scale) 지도상의 거리와 지구상의 거리의 비율. 축척은 보통 지도에 표시되며 지도상의 거리를 이용해서 실제거리를 계산할 수 있음.

측정 수준(level of measurement) 측정과 관련된 정도. 측정은 명목척도, 순위척도, 등간척도, 비율척도로 구분됨.

측정값(value) 데이터베이스에서 각 레코드의 속성. 측정값은 문자, 숫자, 코드 등으로 표현됨.

타원체의 편평률(flattening of an ellipsoid) 1-(타원의 단반경/타원의 장반경). 지구는 대략 1/300의 값을 가짐.

파일(file) 컴퓨터의 저장 공간에 논리적으로 저장된 데이터.

편타원체(oblate ellipsoid) 단반경축을 중심으로 회전시킨 3차원 타원체.

평균 해수면(mean sea level)　조류나 계절적인 변동 등을 고려하여 반복해서 측정한 해수면으로 지역적인 고도의 기준면임. 지도에서의 고도의 기준.

표준위선(standard parallel)　지도 투영에서 왜곡이 없는 할선 등의 선.

횡축 투영법(transverse projection)　적도가 아닌 북극과 남극을 연결한 표준선을 이용하는 투영법.

GRS80(Geodetic Reference System of 1980)　세계측지연합(International Union of Geodesy and Geophysics)에 의해 1979년 채택된 지구의 크기와 모양. 장반경은 6,378,137m이고 편평률은 1/298.257임.

USNG(United States National Grid)　FGDC (Federal Geographic Data Committee)에 의해 표준으로 제정되었고 구난 등 많은 응용 분야에 사용되는 직각좌표계. MGRS와 유사하며 NAD83 또는 WGS84 데이텀을 사용함.

UTM 투영법(UTM projection)　지구를 경도 6° 간격으로 나누고 미터법을 이용한 좌표계. 각 구역은 횡축 메르카토르 투영법을 사용하고 좌표의 원점은 각 구역마다 일정한 규칙에 의해 정해짐. 군용과 민간용이 있음.

WGS84(World Geodetic Reference System 1984)　미국 국방성 지도제작국(Defence Mapping Agency)에 의해 사용되는 GRS80의 정교한 개선 버전. GPS 수신기의 데이텀과 기준 타원체로 사용됨.

GIS 사람들

David Burrows. ESRI(캘리포니아 레드랜드 소재) 소프트웨어 개발 프로그래머

KC　ESRI사에서 지도 투영에 대한 중책을 맡고 계시다고 알고 있습니다.

DB　저는 ESRI에서 지도 투영법과 관련한 프로그래머로 일하고 있습니다. 지금까지 우리 회사 제품에 포함된 지도 투영 관련 코드를 제작하였습니다. 경위도좌표를 지도좌표로 변환하거나 한 좌표계에서 다른 좌표계로 변환시키는 좌표 변환은 모두 이런 대량 고속 처리 방식을 이용해 수행됩니다.

KC　현재 직업과 관련해서 학생 시절에 받았던 수업은 어떤 것들입니까?

DB　저는 펜스테이트대학교에서 지리학과 환경자원관리학 학사 학위를 취득하였습니다. 저는 19세에 지리학을 시작했고, 지리학에 완전히 매료되었습니다. 저는 수학을 상당히 잘했는데, 수학 때문에 애를 먹은 적은 없습니다. 저는 지리학과 재학 시절 수치표고모델링, 위성원격탐사, 공간 분석, 컴퓨터 지도학 등 지리학 관련 수업을 거의 다 들었습니다. 그 후 UC 샌타바버라에서 지리학으로 석사 학위를 취득하였습니다. 그리고 그때 Waldo Tobler 교수님으로부터 지도 투영법을 수강하였습니다. ESRI에 입사하였을 때에는 지도 투영 관련 일을 하지 않았었습니다만, 회사에서 지도 투영 엔진을 개발할 수 있는 사람을 구했고 저에게 그 일을 할 수 있느냐고 물었습니다. 그래서 제가 "저는 지도 투영과 관련한 일을 할 수 있습니다. 또 지도 투영법을 좋아합니다."라고 대답했고 그 뒤로 지도 투영과 관련된 일을 하고 있습니다.

KC 학생들이 지도 투영법을 이해하는 데 가장 어려운 것이 무엇이라고 생각하십니까?

DB 수학자들 중에는 매우 어렵게 글을 쓰는 사람들이 있습니다. 따라서 사람들은 수학에 공포를 느끼곤 하죠. 예를 들면 그리스 문자, 삼각함수, 적분 기호 등이 있으면 수학에 공포를 느낄 것입니다. 저도 일을 하면서 그런 경험을 합니다. 많은 사람들이 어려운 수학을 하려고 하지 않습니다. 그런데 지도 투영 알고리즘을 더 잘 이해하기 위해서는 수학에 대한 이해가 반드시 필요합니다.

KC GIS를 전공하는 학생들에게 추천하고 싶은 수학 관련 과목은 무엇입니까?

DB 미적분학, 선형대수, 삼각법 등의 과목 중 한두 과목을 수강하라고 말하고 싶습니다. GIS에서는 고차원적인 수학 이론이 반드시 필요하다고 생각하지는 않습니다. 단지 미적분학과 관련된 수학적인 기초만 확실히 있다면 잘할 수 있을 것이라고 생각합니다.

KC 전문가로서 지도 투영과 관련하여 지도에서 어떤 점들이 잘못되어 있다고 생각하십

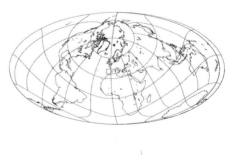

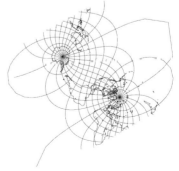

니까?

DB 데이터에 대한 사항이 정확하게 표시되어 있지 않습니다. 일반적으로는 '람베르트 정형 원추 도법으로 제작함'이라고 표시되어 있는데, 이것도 잘된 것입니다만 더 정확하게 지도의 투영법과 관련한 사항을 표시하기 위해서는 데이텀이 무엇인지, 지리좌표의 기준은 무엇인지, 투영법과 관련한 파라미터는 무엇인지 등을 정확하게 표시해야 합니다. 저는 사람들이 데이터를 만들기만 했지 사실 어떤 데이터를 가지고 있는지는 모르는 사람이 많다고 생각합니다. 이와 관련해서는 ESRI에서 개최하는 컨퍼런스에서 세션이 있으니 여기에 참석하면 많은 것을 알 수 있을 것입니다.

KC 지금까지 프로그래밍한 투영법 중 가장 어려운 투영법이 있다고 들었습니다.

DB 하틴 사축 메르카토르(Hotine Oblique Mercator) 투영법입니다. 이에 대한 수학식을 어떤 책에서 발견했습니다. 투영에 대한 수학식이 책에 서술되어 있다고 할지라도 있을 수 있는 이례적인 상황까지 고려하여 서술되어 있지는 않습니다. 수학식은 프로그래밍을 위해 쓰여 있지는 않습니다. 따라서 투영 변환이든 역투영 변환이든 수학식을 프로그래밍으로 구현할 수 있다는

자신감이 필요합니다. 또 한 가지 어려웠던 투영법은 복합 횡축 메르카토르(complex transverse Mercator) 투영법입니다. 여기에는 복소수와 실수, 쌍곡선과 삼각함수 등이 포함되어 있습니다. 이것은 상당히 어려운 문제이고 타원의 적분까지 포함된 것입니다.

KC ArcGIS 최근 버전 소프트웨어와 관련해서 하시고 있는 일을 말씀해 주시겠습니까?

DB 글쎄요. 일단은 사용자들의 코멘트를 많이 고려하고 있습니다. 개발 당시 간과했던 부분들에 대해서 주의를 기울여 살피고 있습니다. 이 중 하나가 지리좌표 변환입니다. 이 중 하나의 예를 들면 사용자에게 관심 지역을 보여 줄 수 있는 인터페이스를 고치는 것입니다. 어떤 사람에게는 매우 어려운 일일 수도 있습니다만 무엇을 하고 있는지 알기 원하는 사용자는 전체적으로 모든 것을 보기를 원합니다. 저희는 새로운 투영법이나 새로운 기능을 추가하고 있고 영상을 매우 빨리 디스플레이하는 방법을 개발해서 사용자가 구드 도법과 같은 경우에도 전 세계를 디스플레이할 수 있도록 노력하고 있습니다. 이렇게 함으로써 래스터 영상에 대한 투영 결과를 디스플레이하는 속도를 많이 향상시켰습니다. 또한 정확성에 중점을 두고 많은 수학적인 투영

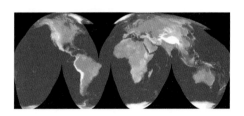

식과 역투영식이 올바른지 검토하여 비
정상적인 상황이 발생하지 않도록 노력
하고 있습니다.

KC GIS 수업을 처음 수강하는 학부생에게 하
시고 싶은 말씀이 있습니까?

DB GIS는 대단한 과목입니다. 따라서 이를
공부할 가치가 있습니다. GIS는 지리학과
관련된 모든 문제에 적용이 가능한 기술
입니다. GIS에는 많은 것을 할 수 있는 기
능들이 있지만 이런 기능을 사용하기 전에
하고자 하는 일의 개념을 명확히 알아야
합니다. 따라서 지리학에 대한 지식을 학
습하는 것을 잊어서는 안 됩니다. 어떤 사
람들은 기술을 아는 것 자체가 중요하다고
말하지만 제가 생각할 때는 기술을 알고
이를 실제 관심 분야에 적용하는 것이 저
에게는 행복한 일입니다. 지리학이란 세상

을 보는 또 다른 방법입니다. 지리학은 변
화가 빠른 학문이지만, 저에게 삶을 제공
했다고 할 수 있습니다. 저는 지리학을 정
말로 즐기고 있다고 말할 수 있습니다.

KC 감사합니다.

이곳에 소개된 투영법 그림은 Paul B. Anderson의 *A Gallery of Map Projections*에서 발췌한 것임 (http://www.csiss.org/map-projections).

제 3 장

GIS 데이터 구조

래스터는 빠르지만 용량이 크고, 벡터는 정확하다.
C. Dana Tomlin

3.1 숫자로 지도 표현하기

이상적인 세계에서는, GIS가 설치된 컴퓨터의 측면에 슬롯이 있어서 종이지도를 넣으면 자동적으로 모든 속성과 함께 지리참조된 데이터가 생성되는, 아날로그에서 디지털로의 변환이 가능힐 수도 있나. 그러나 불행히도 이러한 기술혁신은 아직 멀었다고 하겠다. 이 장과 다음 장에서는 숫자로 지도가 표현되는 다양한 방법에 대해 살펴본다. 모든 GIS가 디지털 지도를 저장하고 관리하지만, 다양한 종류의 GIS에서 지리적 의미를 가진 숫자를 지도로 표현하는 방법에는 현저한 차이가 있다. 이러한 디지털 지도의 구조는 GIS에서 지도 데이터를 어떻게 획득 및 저장하고 사용할 것인지에 큰 영향을 미친다. 다음 장인 제4장에서는 GIS를 사용하는 작업의 첫 단계로서, 적절한 형태의 수치지도를 컴퓨터에서 다루는 방법을 살펴볼 것이다. 그리고 데이터 획득과 저장 방법에 따라 그 데이터를 가지고 수행할 수 있는 일과 없는 일이 결정됨을 알 수 있을 것이다.

인쇄된 지도를 디지털 데이터로 변환하는 것에는 여러 가지 방법이 있다. GIS 소프트웨어 설계자들은 오랜 기간에 걸쳐 지도를 숫자로 변환하는 수많은 방법을 고안하였다. 이러한 변환에는 다양한 종류의 파일과 코드가 필요할 뿐 아니라, 디지털화하는 방법에 따라 GIS 데이터에 대한 접근법이 달라진다. GIS로 작업할 지형지물의 머릿속 이미지와 컴퓨터 내부에 바이트와 비트로 된 실제 파일을 연결하는 것은 매우 중요하다. GIS 소프트웨어에서 데이터는 실재하는 물리적인 구조에 저장된다. 이 물리적 구조는 디스크나 메모리와 같은 컴퓨터 저장소가 사용되는 방법일 뿐 아니라 파일과 디렉터리가 지도 및 속성 정보를 저장하고 접근하는 방식이다.

물리적 단계에서 지도는 결국 일련의 숫자들로 분해되고, 이 숫자들은 컴퓨터 파일에 저장된다. 일반적으로 숫자를 저장하는 것에는 두 가지 방법이 존재한다. 첫 번째는 각 숫자가 비트로 인코딩되어 파일에 저장되는 것이다. 십진수는 이진수로 변환되고 이진수는 컴퓨터 파일에 0 또는 1로 저장된다. 8개 비트의 묶음을 바이트라고 하는데, 1바이트는 이진수 00000000부터 11111111, 십진수로는 0부터 255까지의 숫자를 저장한다. 컴퓨터 프로그래머들은 종종 1바이트의 이진수를 축약하여 16진수로 표기하는데, 8개의 이진수는 두 자리의 16진수로 나타낼 수 있기 때문이다. 16진수는 0에서 시작하여 9 다음부터는 알파벳으로 나타내며, 0, 1, 2, 3, 4, 5, 6, 7, 8, 9, A, B, C, D, E, F의 순서로 표시된다. 즉 이진수 00000000부터 11111111은 16진수 00부터 FF에 대응되는 것이다. 그러나 GIS 사용자의 경우, 시스템을 분해해 보거나 파일을 바이너리 형태로 열어 보지 않는 한 16진수의 데이터를 접하게 되는 일은 거의 없을 것이다.

파일에 숫자를 인코딩하는 두 번째 방법은 사람이 하는 것과 동일하게 한 번에 하나의 십진수를 나타내는 것이다. 이것은 텍스트나 특수문자를 처리하는 것과 같은 방식이어서, 이 포맷은 텍스트 파일 또는 ASCII 파일이라 불린다. ASCII는 American Standard Code for Information Interchange의 약자이며, ASCII 코드는 1바이트에 해당하는 256개의 표준 값을 가진다. ASCII 코드는 숫자, 소문자, 대문자, '$'나 '>'와 같은 특수문자, 그리고 이스케이프(escape) 코드나 탭(tab) 같은 동작키를 포함한다. ASCII 파일은 들여쓰기나 띄어

 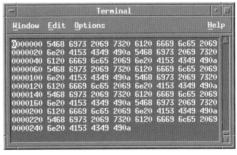

그림 3.1 동일한 파일이 왼쪽에는 ASCII 텍스트의 형태로, 오른쪽에는 16진수의 형태로 표현되었다. 16진수 파일의 첫 열은 라인 번호이다.

쓰기를 포함하여 하나의 문자가 1바이트로 저장된다. 이러한 파일은 에디터나 워드프로 세서에도 읽고 쓸 수 있다(그림 3.1).

이와 같은 데이터의 논리적 구조 때문에 지리사상을 물리적 데이터로 나타내기 위한 모델의 수립이 필요하다. 전통적으로 GIS나 컴퓨터 지도학에서는 지도 데이터에 대한 두 가지 모델과 속성 데이터에 대한 한 가지 모델이 존재하는데, 지도 데이터는 래스터 또는 벡터 포맷으로 구성될 수 있고, 속성 데이터는 플랫파일(flat file) 형태로 이루어진다. 그림 3.2의 이미지는 uDig라는 오픈소스 GIS를 사용하여 한반도 지도를 디스플레이한 것이다.

상단의 그림은 벡터로 된 국가 해안선 지도인데, 화면을 확대하면 낮은 축척에서 보이지 않던 상세한 해안선까지 볼 수 있다. 그러나 원본 지도의 축척 이상으로 확대하게 되면, 해안선이 일련의 거친 직선으로 이루어졌음을 알 수 있다. 하단의 그림은 야간조명의 강도를 나타내는 Defense Meteorological Satellite Program(DMSP) Operational Linescan System 위성영상으로서, 가로·세로 약 2.7km 크기의 셀로 이루어져 있다. 이 영상에서는 남북한 사이에 분명한 차이를 볼 수 있으며, 화면을 확대해 보면 데이터가 매우 거친 해상도임을 알 수 있다. 그림 3.2에서 해안선 데이터는 벡터이고 위성영상 데이터는 래스터이다. 다음 절에서 나오는 것처럼, 이 두 가지 포맷은 지리정보를 저장하는 방법으로서 일장일단이 있다.

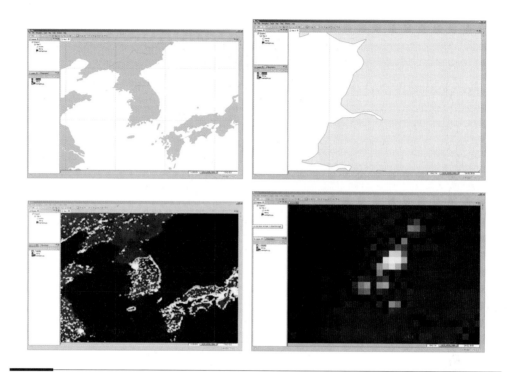

그림 3.2 한반도와 평양시를 래스터와 벡터 모드에서 확대 및 축소한 화면. 이 예에는 uDig GIS 소프트웨어가 사용되었다.

3.2 래스터와 벡터

3.2.1 래스터

고고학 발굴 현장에서 땅 위를 테이프와 금속 말뚝으로 구획해 놓은 것처럼, 지구도 큰 사각형 셀로 구획할 수 있다고 가정해 보자. 이 그리드 셀에 데이터를 할당한다면, 그리드 셀의 행렬을 이용하여 지도를 표현할 수 있다. 래스터 데이터 모델은 이러한 그리드를 사용하는데, 이는 마치 지도상의 좌표계에 의해 구획되는 격자와 같다. 각 그리드 셀은 하나의 지도 단위이며, 화면상의 한 픽셀 또는 지표상의 일정 거리에 해당한다. 픽셀은 컴퓨터 모니터상의 최소 표현 단위이다. 만약 모니터나 TV를 확대경으로 들여다본다면 화면이 수천 개의 작은 픽셀로 이루어져 있고, 각각은 빨강, 초록, 파랑의 세 가지 인광점 (phosphor dot)으로 이루어져 있다는 사실을 알 수 있다. 래스터 데이터 모델로 지도를 나타낼 때에는 그리드의 모든 셀에 값을 할당해야 한다. 이 셀값은 DEM(digital elevation

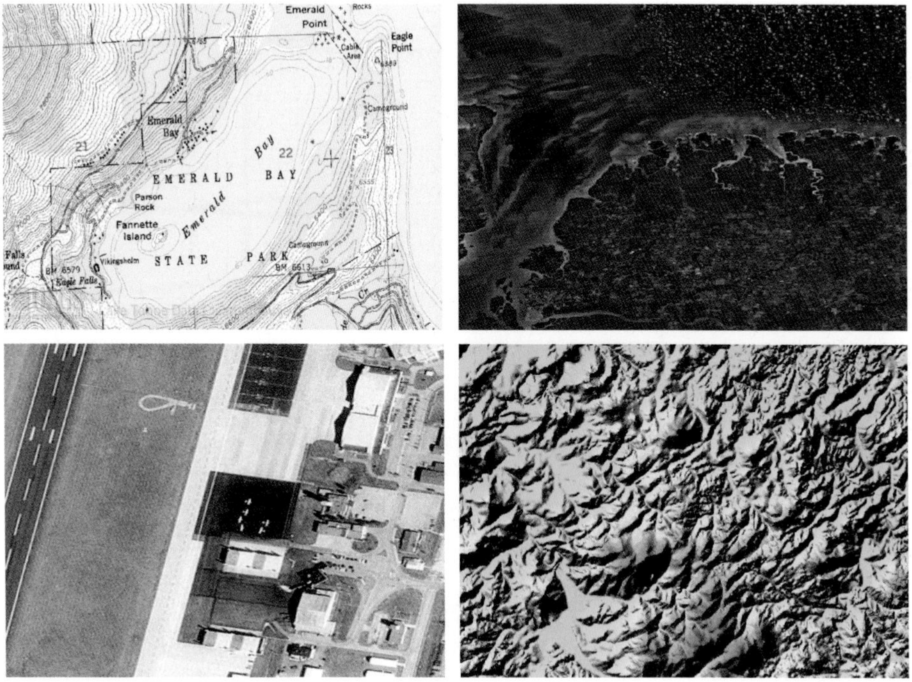

그림 3.3 래스터 포맷 데이터의 예. 왼쪽 위 : 디지털 래스터 그래픽. 오른쪽 위 : 위성영상. 왼쪽 아래 : 항공사진. 오른쪽 아래 : DEM.

model)의 표고처럼 실제값을 그대로 나타낸 것일 수도 있지만, 별도로 저장되어 있는 속성 데이터에 대한 인덱스값에 해당하는 경우도 있다. 항공장비로 지표를 스캔하거나 디지털 카메라로 촬영하는 등의 원격탐사 기법을 통해 대부분의 래스터 데이터가 생성된다. 또한 스캐너를 이용하여 종이지도를 이미지화하여 그리드로 저장할 수도 있다. 그림 3.3은 가장 일반적인 GIS 래스터 데이터의 예를 보여 준다.

래스터 데이터에서 핵심 요소는 그림 3.4에서 볼 수 있다. 첫째, 셀의 크기는 데이터의 해상도를 결정하며, 지도상의 거리와 지표상의 거리에 대응된다. 예를 들어 30m 해상도의 Landsat 데이터는 각 셀이 지표상에서 30m×30m인 것을 의미한다. 둘째, 그리드는 행(row)과 열(column)로 이루어진 직사각형의 범위를 가진다. 어떤 지역을 나타낼 때 해당 지역 이외에는 데이터를 할당하지 않고자 하는 경우에도, 그리드의 직사각형 형태를 유지하기 위해서는 해당 지역의 외부임을 표시하는 어떤 값을 기입해야 한다. 셋째, 불규칙한

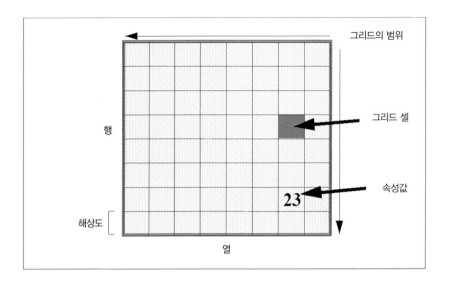

그림 3.4 래스터 그리드의 요소.

형상의 지형지물을 그리드로 나타낼 때 아귀가 잘 맞지 않는 일이 빈번히 발생한다. 즉 선의 폭이 일정하지 않게 나타나거나, 점의 위치를 그리드 셀의 중앙이나 셀의 경계선으로 이동시켜야 하는 상황이 발생하거나, 영역의 경계선을 별도로 저장해야 하는 경우도 있다. 이러한 문제들에 대처하기 위해서는 그리드 셀 간의 연결이 어떻게 이루어져야 올바른지 미리 결정해야 한다. 예를 들어 체스에서 말이 움직이는 것처럼 상하좌우 연결만을 허용할지, 혹은 대각선의 연결도 허용할지를 정해야 한다. 이러한 선택은 GIS가 지형지물을 저장하는 원칙과 관련된다. 넷째, 각 그리드 셀은 기본적으로 오직 하나의 지형지물에 의해 점유되어야 한다. 그러나 대부분의 경우, 지도 데이터는 그리 단순하지 않다. 예를 들어 토양은 모든 지점에서 모래, 세사, 점토라는 세 가지 성분의 구성비로 표현되기도 한다.

마지막으로 그리드의 셀은 저장하고자 하는 속성의 최대치를 담을 만큼 충분한 저장 크기를 가져야 한다. 사람의 이름을 저장하는 스프레드시트의 예를 들어 보자. 8글자에 불과한 'Jane Doe'를 저장한다고 할지라도, 가끔 있는 매우 긴 이름에 대비해야 한다. 모든 그리드 셀은 여분의 공간으로 인한 저장 불이익을 감수해야 하므로, 그리드에 필요한 총 저장 공간의 크기는 행과 열의 개수, 그리고 셀 하나당 저장 크기를 곱한 값이 된다.

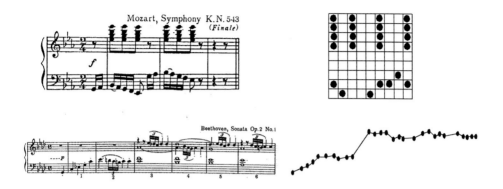

그림 3.5 음악에 비유한 데이터 구조. 래스터는 세부적이며, 반복적이고, 매우 구조적이며, 또한 고상하다. 천천히 섬세하게 작은 한 걸음 한 걸음을 내디디며, 혹여 '너무 많은 음표'가 붙을지라도 마치 모차르트의 음악처럼 장려하고 단일한 구조로 음악의 주제를 형성한다. 벡터는 베토벤의 음악처럼 대담하게 여기저기를 빠르고 효율적으로 성큼성큼 뛰어다닌다.

그리드의 저장 공간 크기는 '바이트(8비트)'의 배수로 증가하게 된다. 그리드에서 셀 하나의 저장 크기를 비트로 나타낸 것을 비트 심도(bit depth)라고 한다. 예를 들어 미터 단위로 표고를 저장하는 데는 16비트의 저장 크기가 적당할 것이다.

이러한 여러 가지 제약에도 불구하고 래스터 그리드는 많은 장점을 가지고 있다. 이해하기 쉬우며, 빠른 검색과 분석이 가능하고, 픽셀을 표시하는 컴퓨터 장비와 스크린에 쉽게 나타낼 수 있다. 음악적 배경지식을 가진 GIS 전문가인 Mark Bosworth는 음악에 비유하자면 그리드는 상세하고 반복적이며, 대단히 구조적이고 우아한 모차르트의 음악과 같다고 하였다(그림 3.5).

3.2.2 벡터

지도 데이터 모델의 또 다른 주된 유형은 벡터이다. 벡터는 점들의 조합으로 구성되어 있고, 각 점은 정확한 공간좌표에 의해 표시된다. 하나의 점 또는 점집합은 좌표의 리스트만을 이용하여 벡터로 표현될 수 있다. 선의 경우 좌표의 순서적 연결을 사용하는데, 이는 선이 지도에 그려지거나 계산에 사용되는 순서이다. 즉 점을 읽는 '방향'을 선에 부여하는 것이다. 벡터에서 다각형은 하나 이상의 폐곡선으로 둘러싸인 공간을 말한다.

벡터는 하천이나 고속도로, 행정구역 경계선과 같이 선으로 지도에 표시되는 지형지물

을 나타내기에 편리하다. 그리드 셀에 속성을 저장하는 래스터와는 달리, 벡터는 필요로
하는 곳의 정확한 위치만 있으면 된다. 예를 들어 정사각형은 4개의 점을 연결하는 4개의
선으로 표현 가능하다. 복잡한 선이라도 이런 식으로 꺾이는 지점들을 표현함으로써 파악
할 수 있고, 직선의 경우는 더욱 단순해진다. 벡터를 사용하면 그리드 셀의 경우보다 적은
수의 점만으로 지도를 표현할 수 있다. 또한 래스터의 경우에는 상이한 투영법이나 좌표
계를 가진 또 다른 지도와 중첩할 때 재투영의 과정이 매우 복잡하지만, 벡터는 각 점을
하나씩 정확하게 처리할 수 있다. 래스터가 모차르트의 음악에 비유된다면, 벡터는 베토
벤의 음악과 유사하다고 할 수 있다(그림 3.5). 벡터는 빠르고 효율적으로 여기저기를 대
담하게 뛰어다니는 선율을 사용한다. 벡터는 거의 반복 없이 지형지물의 요지를 분명히
나타낸다. 그림 3.6은 벡터 데이터를 사용한 예인데, 이들은 각각 미국 통계국의 TIGER
파일, 미국 국립지리정보국의 세계 국가경계선 지도, 그리고 미국 지질조사국의
DLG(digital line graphs) 파일이다. 또한 벡터는 아크/노드 데이터의 근간이 된다.

벡터는 저장 공간을 효율적으로 사용하여 지형지물을 정확하게 표현할 수 있다. 벡터

그림 3.6 벡터 포맷의 데이터. 왼쪽 위 : 미국 통계국의 TIGER 파일(위스콘신 주). 오른쪽 위 : 미국 지질조사국의
DLG(위스콘신 주 도지 카운티). 아래 : 미국 국립지리정보국의 VMAP0.

에서는 하나의 사상을 한 번에 그릴 수 있기 때문에 플로터 등의 인쇄장치에 매우 적합하다. 또한 3.4절의 '위상관계(topology)'에서 언급된 것처럼, 다른 사상과의 연결 상태에 대한 정보를 저장할 수 있다. 그러나 불규칙 삼각망(triangulated irregular network, TIN)을 제외하고는 벡터로 연속된 지형을 나타내는 것이 쉽지 않다는 단점이 있다. 또한 음영이나 색채로 영역을 채우기에 적합하지는 않다.

3.3 속성정보의 구조

수치를 테이블이나 스프레드시트에 저장할 때는 주로 플랫파일을 사용한다. 플랫파일은 레코드를 행에, 속성을 열에 나타내는 방식을 취한다(그림 3.7). 플랫파일은 복잡한 구조를 가지지 않으며, 단지 항목이나 변수의 속성값을 레코드 형태로 한 줄씩 나열한 것이다. 지형지물의 위치정보는 흔히 별도의 파일에 저장되며, 위치정보와 속성정보는 상호 연결이 가능하다. 래스터에서 그리드 셀에 수치를 저장하듯이, 테이블의 셀에 속성값을 저장하는 것이다(그림 3.8).

```
"City_fips","City_name","State_fips","State_name","State_city","Type","Capital","Elevation","Pop1
990","Households","Males","Females","White","Black","Ameri_es","Asian_pi","Other","Hispanic","Age
_under5","Age_5_17","Age_18_64","Age_65_up","Nevermarry","Married","Separated","Widowed","Divorce
d","Hsehld_1_m","Hsehld_1_f","Marhh_chd","Marhh_no_c","Mhh_child","Fhh_child","Hse_units","Vacant
","Owner_occ","Renter_occ","Median_val","Medianrent","Units_1det","Units_1att","Units2","Units3_9
","Units10_49","Units50_up","Mobilehome"
05280,Bellingham,53,Washington,5305280,city,N,99,52179,21189,24838,27341,48923,411,943,1453,449,1
256,2903,7101,34814,7361,16389,18950,663,3186,4576,2758,3937,3766,5237,300,1381,22114,925,10793,1
0396,89100,371,12808,368,1198,2267,3317,1229,73235050,Havre,30,Montana,3035050,city,N,2494,10201,
4027,4955,5246,9313,15,790,65,18,116,787,2017,5949,1448,1835,4401,116,714,728,497,702,1039,1076,6
8,347,4346,319,2362,1665,56000,242,2576,57,278,651,303,86,334
01990,Anacortes,53,Washington,5301990,city,N,99,11451,4669,5506,5945,10945,62,192,154,98,233,725,
1981,6276,2469,1420,5818,151,833,916,437,711,1032,1777,76,255,4992,323,3181,1488,85300,342,3724,1
21,134,380,353,0,200
47560,MountVernon,53,Washington,5347560,city,N,99,17647,6885,8459,9188,15809,78,200,245,1315,1921
,1526,3349,10322,2450,3163,7294,291,1025,1657,802,1182,1695,1772,136,583,7167,282,3914,2971,78500
,359,4138,154,248,791,1014,171,592
50360,OakHarbor,53,Washington,5350360,city,N,99,17176,5971,8532,8644,14562,757,153,1455,749,916,2
196,3582,10164,1234,1971,8481,178,538,845,421,577,2493,1580,85,399,0173,202,2379,3592,86500,411,3
315,301,177,1004,872,0,405
53380,Minot,28,NorthDakota,3853380,city,N,1580,34544,13965,16467,18077,33098,380,724,261,81,268,2
467,6276,20983,4818,7537,14938,289,2225,2215,1753,2545,3511,3735,152,1006,15040,1075,8406,5559,56
200,279,8308,400,893,1920,1901,276,1215
```

그림 3.7 공간 콘텐츠를 가진 플랫파일의 예.

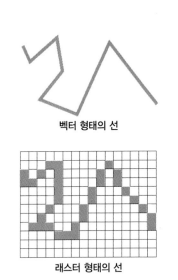

```
4753456  623412
4753436  623424
4753462  623478
4753432  623482
4753405  623429
4753401  623508
4753462  623555
4753398  623634
```

벡터 형태의 선

플랫파일

```
0000000000000000
0001100000100000
1010100001010000
1100100001010000
0000100010001000
0000100010000100
0001000100000010
0010000100000001
0111001000000001
0000111000000000
0000000000000000
0000000000000000
```

래스터 형태의 선

그림 3.8 그래픽 및 벡터 형태의 데이터를 플랫파일로 변환.

앞서 언급한 것처럼, 플랫파일에 들어 있는 속성값들은 반드시 지도 데이터와 연결되어야 한다. 래스터에서는 그리드의 각 셀 번호와 그 셀 번호에 해당하는 속성값이 플랫파일에 저장된다. 예를 들어 토지 이용도의 플랫파일에서 속성값 1은 삼림, 2는 농지, 3은 도시 지역을 나타낼 수 있다. 벡터는 이보다 좀 더 복잡한 방식으로 이루어진다. 점 데이터(point data)는 비교적 간단해서, 플랫파일 안에 속성값과 함께 좌표를 같이 넣을 수 있다. 그러나 선과 다각형의 경우, 구성 점의 개수가 가변적이므로 속성정보는 별도의 플랫파일에 저장하는데, 이때 개개의 선 또는 다각형에 '식별자'를 부여하고, 이 식별자를 기준으로 플랫파일에 속성을 저장한다.

벡터 데이터의 경우, 폴리곤의 아크를 나타내는 파일과 함께, 폴리곤의 속성테이블 파일이 필요할 것이다. 그러나 경우에 따라서는 하나의 파일 안에 폴리곤의 도형정보를 나타내면서 각 폴리곤에 해당하는 속성값 세트를 대응시킬 수도 있다. 점과 선의 경우도 마찬가지이다.

지금까지 GIS가 사용하는 데이터 모델을 간략히 살펴보았다. 다음 절에서는 파일에 속성 데이터를 저장하는 방법에 대해 상세히 알아보고, 지난 40년 동안 데이터 저장기술이 어떻게 발전해 왔는지 살펴볼 것이다. 그리고 지도 데이터를 저장하기 위해 GIS가 사용하는 논리적 및 물리적 데이터 모델을 다룰 것이다. 이 역시 시간의 흐름에 따라 진화하면서 최근 상당히 발전하였다. 다음 절에서는 주요 데이터 공급자들이 사용하는 GIS 파일 포맷을 살펴보고, 포맷 간 또는 시스템 간의 데이터 호환에 있어 직면한 기술적인 문제들을 검토할 것이다.

　제5장에서는 속성 데이터를 저장하는 논리적인 방법에 대해 좀 더 자세히 다룰 것이다. 우선 그림 3.7에 나온 플랫파일을 생각해 볼 수 있다. 플랫파일은 곧 테이블이며, 열은 속성을 나타내고 행은 레코드를 저장한다. 어떤 종류의 정보가 각 속성에 저장되는지, 그것이 문자인지 숫자인지, 숫자의 크기는 어느 정도인지 등을 먼저 파악한 후에 플랫파일에 순차적으로 속성값을 저장할 수 있다. 또한 레코드 하나하나에 대해 일관성 있게 각 속성값을 ASCII 코드로 기록해야 한다. 하나의 레코드가 끝나면 새로운 라인에 다음 레코드를 기록함으로써 행과 열을 가진 테이블 또는 행렬 형태를 만든다.

　이렇게 하면 데이터베이스에서 발생하는 작업을 쉽게 파악할 수 있다. 예를 들어 데이터를 정렬하려면 파일에서 각 레코드들의 순서를 다시 설정하면 된다. 특정 레코드를 검색하려면 해당 레코드가 나올 때까지 순차적으로 한 줄씩 찾으면 된다. 정렬과 검색을 보다 빠르게 하기 위해서는 레코드 번호의 인덱스를 구성하거나 또는 빈번하게 참조되는 레코드를 파일의 앞쪽에 배치할 수도 있다. 대부분의 데이터베이스 관리 시스템(database management system, DBMS)에서는 정렬과 검색이 효율적으로 이루어지며, 또한 이를 위해 갖가지 기발한 방법이 동원되기도 한다. GIS 소프트웨어도 점점 DBMS와 연동되는 추세에 있으며, 나아가 인터넷을 통해 DBMS와 연결하기도 한다. 데이터베이스를 구성하는 부분들이 물리적으로 떨어진 장소에 존재하면서 네트워크로 연결되어 있을 때, 이를 분산 데이터베이스라 하는데, 최근의 GIS 패키지들은 분산 데이터베이스를 관리하는 소프트웨어를 가지고 있다.

　속성을 구조화하는 데 있어서 또 하나의 중요한 사항은, 모든 속성 항목의 리스트인 데이터 사전이 파일에 기록되어야 한다는 것이다. 데이터 사전은 때때로 분리된 파일을 사용하기도 하지만, 대개 파일의 맨 앞이나 헤더에 기록된다. 데이터 사전의 장점은 데이터 유형(문자열, 정수, 소수 등)을 미리 파악할 수 있고, 레코드의 내용물을 체크하는 데 사용할 수 있다는 것이다. GIS의 속성 데이터베이스는 매우 단순하다. 단순하게는 테이블 형태의 하나의 파일로 구성될 수도 있고, 복잡하게는 디렉터리 안에 들어 있는 여러 파일로 존재할 수도 있다. 데이터베이스 관리의 관점에서 속성을 처리하는 것은 비교적 용이하지만, 지도를 다루는 것은 상당히 어렵다.

3.4 지도의 구조

지도는 2차원 이상으로 구성된다. 2차원은 지구상의 공간에서는 위도와 경도로 표현되고, 지도상의 공간에서는 동서 거리와 남북 거리로 이루어진다. 디지털 지도에는 지형지물이 실제 크기보다 축소되어 점, 선, 면, 또는 입체의 형태로 저장된다. 점 형태는 단순하기 때문에 파일 내에 나열하기만 하면 되므로 GIS가 필요 없다고 할지도 모른다. xy 좌표는 GIS가 아닌 일반 데이터베이스의 속성으로 저장될 수도 있을 것이다. 한편 선 또는 면 형태는 상이한 모양과 크기를 가지기 때문에 파일 내의 자료 크기가 커져서 좀 더 복잡해질 것이다. 하천이나 도로는 가변적인 개수의 점들로 이루어질 수 있으므로, 일반적인 속성 데이터베이스로는 표현이 적합하지 않다.

3.1절에서 벡터와 래스터라는 두 가지 유형의 데이터를 소개하였다. GIS는 두 가지 데이터를 모두 다루지만, 둘 이상의 지도를 중첩하여 분석할 때에는 두 지도가 동일한 데이터 유형을 가져야 한다. 지도의 데이터 구조는 오차의 유형과 크기, 그리고 어떤 유형의 지도를 디스플레이할지와도 관련된다. 따라서 이 두 가지 유형의 데이터가 어떻게 구성되는지 살펴볼 필요가 있다.

3.4.1 벡터 데이터 구조

컴퓨터 지도와 GIS에 가장 먼저 도입된 것은 벡터 데이터 구조였다. 벡터 데이터는 디지타이징을 통해 생성될 수 있으며, 필지를 나타낸 지적도와 같이 복잡한 사상을 보다 정확하게 표현할 수 있고, 플로터 등의 출력장비에서 쉽게 인쇄될 수 있다. GIS 초기에는 디지타이징한 데이터의 표준화까지 고려하지는 않았으며, 서로 다른 기술에 바탕을 둔 상이한 포맷이 많이 존재하였다. 처음에는 (x, y) 좌표로 이루어진 ASCII 파일을 사용하였으나, 점차 이진 파일로 대체되었다.

벡터파일의 초기 형태는 임의의 시작점과 끝점을 가지는 단순한 선 형태였으며, 지도 제작자가 지도를 그리는 것과 같은 방식으로 구성되었다. 즉 그려져 있는 선에 이어 또 다른 선을 그리기 위해 펜을 종이에서 떼서 다른 지점으로 이동하는 것과 같은 원리이다. 벡터파일은 몇 개의 긴 선이나 여러 개의 짧은 선, 또는 그 두 가지의 조합으로 이루어질 수 있다. 이진 또는 ASCII 파일로 저장되었고, 선의 끝을 표시하는 항목이 들어 있었다. 미국 중앙정보국의 World Data Bank II와 같은 초기의 데이터베이스가 이러한 방식으로 구성되었다.

초창기의 GIS 프로그래머인 Nick Chrisman은 하나의 선을 시작에서 끝까지 추적해 가면서 그것을 마치 접시 위에 놓인 스파게티 한 가닥에 비유하였는데, 이렇듯 구조화되지 않은 벡터 데이터를 지도학에서는 스파게티라 부른다. 그러나 아직도 많은 시스템이 이와 같은 데이터 구조를 사용하고 있으며, 이전에 미국 국방영상지도국의 표준 라인 포맷으로 사용되기도 하였다. 이렇듯 위상관계가 들어 있지 않은 데이터도 대부분의 GIS 패키지에서 지원되기는 하지만, 오늘날에는 그러한 데이터를 읽어 들인 후 위상자료로 변환하여 사용하는 것이 일반적이다.

속성 데이터베이스를 조직화하는 방법으로 계층적 시스템이 유행했던 것처럼, 공간 데이터의 계층 구조는 1960년대에 시작되어서 아크/노드 모형으로 발전하였다. POLYVRT, GIRAS, ODYSSEY 등 대부분의 1세대 시스템이 이를 사용하였다. 이 데이터 구조에서는 점, 선, 면이 각각 한 차원 밑의 사상의 조합으로 이루어지는 것이다. 즉 하나의 면 사상은 여러 선 사상이 연결된 형태로, 하나의 선 사상은 여러 점 사상이 연결된 형태로 구성된다. 점, 선, 면 각각이 별도의 파일로 존재하여 편리하기는 하지만, 각 파일들의 연결고리를 항상 추적할 수 있어야 한다. 예를 들어 그림 3.9에서 하나의 폴리곤은 2개의 선으로 구성되어 있으며, 각 선은 일련의 점으로 이루어져 있다. 그 점들은 선을 따라 노드별로 순차적으로 연결된다.

폴리곤의 경우에는 속성값이 들어 있는 파일과 폴리곤을 구성하는 아크들이 나열된 파일, 그리고 아크가 참조하는 좌표들이 나열된 파일이 필요하다. 그림 3.9는 이러한 각 파일들의 일련의 참조관계를 표시한 것이다. 예를 들어 아크가 들어 있는 파일에서 아크 2를 구성하는 점은 1, 8, 9, 10, 11, 12, 13, 7의 순이며, 각 점의 좌표는 점 파일에 들어 있다. 다른 폴리곤에 부속되어 존재하는 '고립 폴리곤(island polygon)'은 시작점과 끝점이 농일한 하나의 아크로 구성되어야 한다. 예를 들어 상부 반도와 하부 반도로 이루어진 미시간 주의 경우에는 2개의 폴리곤이 하나의 단위로 취급되어 인구, 소득 등에서 동일한 속성값을 갖게 된다. 아크/노드 구조는 이러한 문제에 대처할 수 있지만, 처음부터 GIS에

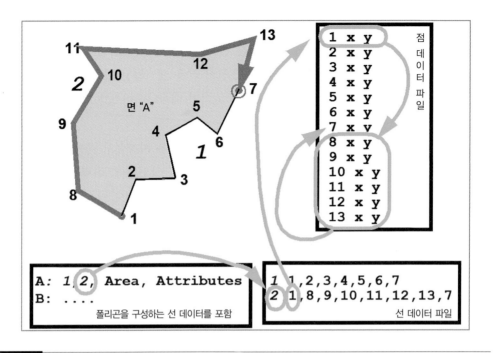

그림 3.9 기본적인 아크/노드 모델. 점, 선, 폴리곤이 별도의 파일에 저장되며, 이들은 상호참조를 통해 연결된다.

서 보편적으로 지원되지는 않았다.

　GIS의 초기 단계에는 아크/노드 구조의 여러 가지 버전이 존재하였다. 저장 공간을 절약하기 위해 파일들은 이진 형태로 저장되었는데, 점, 선, 면을 효율적으로 관리하기 위해 그 이상의 마땅한 방법이 없었다. 데이터에 결함이 없다면, 아크/노드 구조는 지리사상을 저장하는 매우 유용한 방법이 될 것이다. 그러나 늘 그렇지만, 데이터에 오류가 포함되어 있으면 여러 가지 문제가 발생하게 된다.

　1979년 개최된 제1회 GIS용 위상 데이터 구조에 대한 국제 연구 심포지엄(International Study Symposium on Topological Data Structures for Geographic Information Systems) 이후에 아크/노드 데이터 구조의 새로운 전기가 마련되었다. 새로운 데이터 구조로 제시된 것은 데이터의 기본 저장소로 아크를 사용하고 필요에 따라 폴리곤을 재구성하는 방식이다. 이 시스템에서 점 데이터는 이전과 같은 방식으로 저장되지만, 아크파일에는 아크의 골격을 요약 저장하였다(그림 3.10). 즉 아크의 시작 노드와 끝 노드, 그리고 이 아크와 연결되는 아크의 식별번호, 이 아크의 왼쪽 폴리곤(시작 노드에서 끝 노드로 시계 방

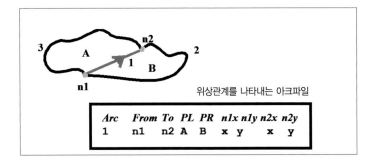

Arc	From	To	PL	PR	n1x	n1y	n2x	n2y
1	n1	n2	A	B	x	y	x	y

위상관계를 나타내는 아크파일

그림 3.10 기본적인 아크 : 선 구간과 위상관계.

향으로 그려짐)과 오른쪽 폴리곤(시작 노드에서 끝 노드로 반시계 방향으로 그려짐)의 식별번호를 나타낸다. 이 아크가 하천이나 도로라면 시작점과 끝점의 좌표만 있으면 될 것이다. 그러나 이 아크가 폴리곤의 일부라면, 시작점과 끝점 좌표 이외에 폴리곤 식별번호를 저장하여 필요 시 폴리곤을 재구성할 때 사용한다.

벡터 데이터 구조는 지형이나 기온과 같은 연속면 데이터에 잘 대처하지 못하는 문제가 있었지만, 이는 불규칙 삼각망(TIN)이라 불리는 새로운 데이터 구조에 의해 해결되었다(그림 3.11). TIN은 단지 좌표를 가진 일련의 점들로 구성되며, 네트워크 위상정보가 이

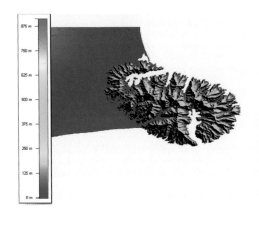

그림 3.11 뉴질랜드 남섬의 해안 일부 지역의 지형기복을 나타내는 TIN. 원래 데이터는 SRTM의 90m 해상도의 DEM 이다. 왼쪽 : 원래 DEM. 오른쪽 : TIN. 지형기복을 보다 상세하게 나타내면 삼각형의 개수가 증가한다.

점들과 함께 저장된다. 이 네트워크는 Delaunay 삼각분할로 불리는 삼각형의 네트워크에서 점들을 연결함으로써 구성된다.

TIN은 두 가지로 구성할 수 있는데, 하나의 파일은 점을 연결하는 아크에 대한 정보가 들어 있고, 또 하나는 삼각형에 대한 모든 데이터를 포함하는 것이다. TIN은 시각화나 엔지니어링에서 지형 및 고도정보를 저장하는 방법으로 널리 쓰인다. TIN을 이용하면 등치선도와 3차원 뷰를 제작하거나, 3차원 지형공간에서 물의 흐름 등을 계산할 수 있다. CAD(computer-aided design) 또는 측량 소프트웨어와 연동되는 GIS 프로그램은 대부분 TIN을 사용한다. TIN은 효율적으로 데이터를 저장하며, GIS에서 다양한 용도로 사용된다.

3.4.2 래스터 데이터 구조

래스터 또는 그리드 데이터 구조는 많은 GIS 패키지의 기초가 되었다. 그리드는 데이터를 저장하는 데 있어 매우 뛰어난 방법이다. 그리드 데이터는 행과 열로 이루어진 배열을 구성한다. 각 픽셀 또는 그리드 셀은 속성값 또는 속성 데이터베이스를 참조하는 인덱스값을 가진다. 따라서 42라는 숫자가 들어 있는 픽셀은 42라는 값 자체를 나타낼 수도 있고, 어떤 토지피복 시스템의 '낙엽수림'에 해당하거나, 또는 속성파일의 42번째 레코드가 될 수도 있다.

이러한 수치를 파일에 기입하기 위해서는 필요한 속성 코드, 행과 열의 개수, 셀 하나가 몇 바이트의 값을 가질 수 있는지 등의 정보를 파일 첫 부분에 기록하고, 이어서 모든 셀에 해당하는 속성값을 이진 형태로 기입하여, 마치 스웨터의 실을 풀어 놓은 것처럼 처음과 끝을 가진 일련의 데이터 스트림을 구성한다. 데이터를 읽어 들일 때에는 해당 속성값을 행렬의 정확한 위치에 넣어 주기만 하면 된다.

래스터 시스템의 장점은 데이터가 컴퓨터 메모리상에 일종의 격자형 지도로 구성되는 것이다. 어떤 그리드 셀을 상하좌우의 셀과 비교하는 연산을 위해서는, 하나 앞 또는 하나 뒤의 행과 열의 속성값을 참조하면 된다. 그러나 래스터는 격자 형태의 일련의 셀들로 이루어지므로 선이나 점을 표현하기에는 적당하지 않다. 선이 매우 좁은 각도로 그리드상에 표현되면 중간에 끊어지거나 혹은 너무 굵어지기도 한다. 그러나 TIN과 같이 연속면을 필요로 하는 속성값은 래스터로 쉽게 표현될 수 있다. 래스터에는 원격탐사 데이터나 스캔한 자료가 적합하다.

래스터 자료에서는 혼합 픽셀(mixed pixel)이 문제가 되기도 한다. 그림 3.12에서, 왼쪽

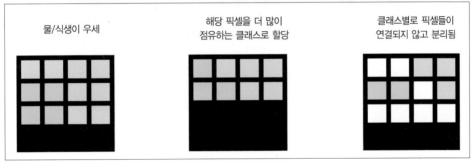

그림 3.12 혼합 픽셀 문제. 어떤 한 픽셀에 들어 있는 클래스들을 정렬하여, 가장 많은 면적을 차지하는 클래스를 배타적으로 그 픽셀에 할당하거나, 혹은 경계 픽셀로 설정하여 또 다른 새로운 값을 부여한다. 세 가지 옵션이 존재하며, 또한 일관적인 룰만 적용된다면 어떠한 원칙도 가능하다(물＝밝은 파란색, 식생＝녹색, 노지＝검은색).

아래의 셀에는 노지라는 하나의 토지피복이 존재하지만, 그 위의 셀은 노지와 식생의 두 가지 토지피복을 가진다. 따라서 하나의 픽셀을 하나의 클래스로 할당하는 것은 매우 어렵다. 이에 대한 보완으로서, 특정 클래스에 배타적으로 속하지 않는 경계 픽셀(edge pixel)을 사용하기도 한다. 어떤 픽셀이 복수의 클래스에 대응되면, 해당 픽셀을 더 많이 점유하는 클래스에 속하게 하는 등 할당 규칙을 정하거나, 혹은 경계 픽셀이나 혼합 픽셀

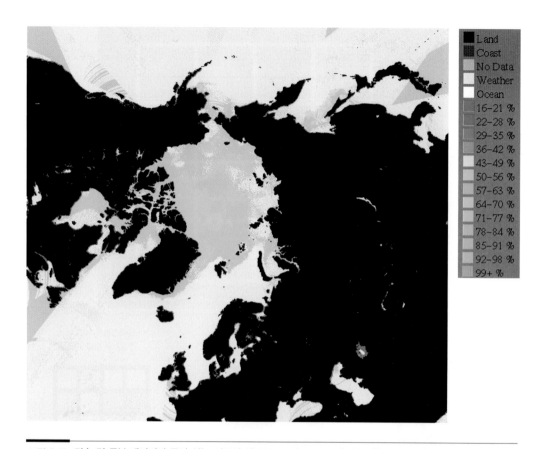

그림 3.13 결손 및 중복 데이터가 들어 있는 지도의 예. NOAA의 MMAB 해빙 분석(2009년 2월).

을 사용해야 한다. 그러나 래스터의 픽셀 경계선을 아무리 분명하게 표현한다고 해도, 벡터 데이터가 더 분명하게 경계선을 표현하는 것이 사실이다.

여러 그리드 셀이 동일한 값을 가지거나, 또는 값을 가지지 않는 그리드 셀이 다수 존재하는 경우, 래스터의 저장 공간을 절약하기 위하여 세 가지 방법이 제시되었다. 그림 3.13에서는 2009년 2월의 NOAA의 해빙 분석을 보여 주는데, 육지와 같이 해빙이 없는 지역, 해빙이 있는지 조사되지 않은 지역(분홍색), 그리고 구름에 가려 보이지 않는 지역 등이 존재한다.

저장 공간 절약을 위한 첫 번째 방법은 run-length 인코딩이라 불리는 압축 기법이다. 각 행마다 클래스별 픽셀의 개수가 순차적으로 저장된다. 만약 어떤 행이 모두 동일한 클래스에 속하면, 그 클래스에 해당하는 픽셀의 개수만 기록되므로 저장 공간이 절약된다.

많은 GIS 패키지와 업계 표준 이미지 포맷이 run-length 인코딩을 사용한다.

두 번째 방법은 레인지 트리(Range tree) 또는 R 트리 인코딩이다. R 트리에는 지형지물을 둘러싸는 사각형인 바운딩 박스(bounding box)가 저장되고, 지형지물 그 자체는 색인화되거나 별도로 저장된다. 검색 시에는 각 바운딩 박스를 체크하여, 그 바운딩 박스 안에 들어 있는 셀들을 하나씩 조사해야 하는지 혹은 통과해도 되는지 알아본다. 이 방법을 사용하면 그리드 연산처리 시 상당한 시간을 절약할 수 있다. 그림 3.14는 토지 이용도에 R 트리를 적용한 것이다. R 트리는 최소범위사각형(minimum bounding rectangle, MBR)을 기준으로 하는 계층적 인덱스이다. 각 수준에서 하나의 최소범위사각형은 자신이 배타적으로 포함하고 있는 하위 수준의 최소범위사각형 또는 점이 무엇인지 기록한다. 배타적으로 포함되지 않는 하위 수준의 최소범위사각형은 별도로 저장한다. R 트리를 사용하면 폴리곤 경계선을 구성하는 점들을 읽어 오지 않더라도 폴리곤의 정렬 및 검색이 가능하다.

세 번째 방법은 쿼드 트리(quad tree)라 불리는 데이터 구조를 사용하여 저장 공간을 절약하는 것이다. 쿼드 트리는 그리드를 사분면으로 나누어 데이터가 들어 있는 사분면의 참조정보를 저장한다. 하나의 사분면은 다시 한 수준 아래의 사분면으로 나뉘고, 이러한

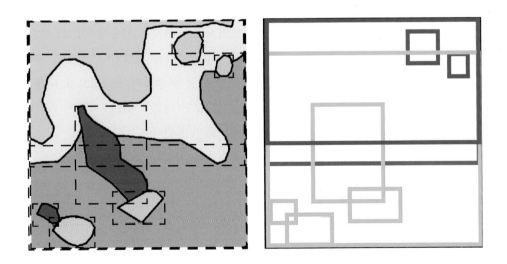

그림 3.14 R 트리의 예시. 왼쪽 지도에서 폴리곤들은 최소범위사각형(점선)을 가진다. 이들은 그룹지어져서 각 사각형은 자신의 그룹을 둘러싸는 박스(최소범위사각형)의 정보와 함께 저장된다. 오른쪽의 색들은 R 트리 계층의 일례이다. 이 방법은 점, 선 및 폴리곤에 적용된다.

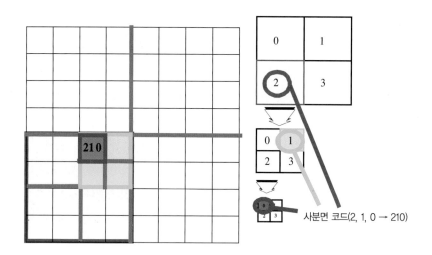

그림 3.15 쿼드 트리 구조. 코드 210을 참조하였다.

반복을 계속하여 픽셀 단위에 이르도록 한다. 하나의 사분면 내의 모든 픽셀이 동일한 속성값을 가지면, 그 사분면 전체에 대해 단일한 정보를 저장하면 된다. 각 셀에는 해당 사분면의 인덱스가 좌표 참조 방식으로 할당된다(그림 3.15). 쿼드 트리는 영상처리에서 주로 이용되고, Oracle Spatial 등의 소프트웨어에서도 사용된다. 쿼드 트리의 변형으로 이미지 피라미드라는 기법이 있다. 이 구조는 쿼드 트리처럼 이미지를 연속적으로 더 작은 그리드로 나누고, 각 그리드를 구성하는 하위 그리드의 평균값을 저장한다. 지도를 줌아웃할 때에는 축소된 픽셀들을 모두 보여 줄 필요 없이 해당 픽셀들의 평균값으로 대체해도 무방하다. 줌인을 하면 평균값 대신 상위 수준의 실제값이 나오게 된다. 이미지 피라미드에서는 모든 레벨의 데이터가 전처리되어 생성되어 있어야 한다.

3.5 위상관계의 중요성

위상관계의 장점들로 인해 벡터 방식의 아크/노드 구조는 오늘날 가장 널리 사용되는 GIS 데이터가 되었다. GIS에서는 아크를 기본 단위로 하여, 이와 함께 왼쪽 도형(시작 노드에서 끝 노드로 시계 방향으로 그려짐)과 오른쪽 도형(시작 노드에서 끝 노드로 반시계 방향으로 그려짐)을 저장한다. 즉 각 선은 한 번만 저장되며, 시작점과 동일한 끝점만이 유일하게 중복 저장된다. 이러한 구조 때문에 폴리곤이 사용될 때에는 약간의 재계산이 필요한 단점이 발생하지만, 대부분의 프로그램에서는 폴리곤의 속성(면적 등)을 미리 계산하여 저장해 놓고 있으므로 그러한 재계산을 하지 않아도 된다.

위상관계에 의해 GIS에서는 자동 오류탐지가 가능하게 되었다. 일련의 폴리곤이 완전히 연결되면, 노드와 선에 공백이나 깨지는 부분 없이 위상기하학적으로 무결성을 가지게 된다. 그러나 디지타이징을 하거나 종이지도를 스캔하여 지도 데이터를 생성할 때에는 이렇게 완전한 연결성을 갖는 경우가 드물다. 위상관계는 폴리곤을 검사할 때 사용된다. 예를 들어, 폴리곤 안에 점을 찍어 보거나(레이블 포인트) 폴리곤을 통과하는 선을 그려 보면 폴리곤의 내부 영역을 판별할 수 있다. GIS는 연결되지 않은 아크들을 조정하여 위상관계를 구성하는 기능을 가지고 있다. 예를 들어 연결되지 않은 아크의 끝점 근처에 다른 아크의 끝점이 존재하면, 그 두 점은 하나로 연결되어야 한다. 이때는 두 점(x, y) 좌표의 평균지점으로 두 점을 모두 옮기면 된다(그림 3.16).

동일한 시작점과 끝점을 가지는 아크가 둘 이상 존재하면 사용자에게 어떤 것을 삭제

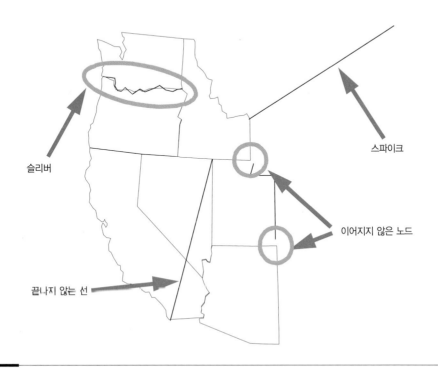

그림 3.16 슬리버(하나여야 할 선이 2개로 그려지면서 매치되지 않은 노드들이 생김), 이어지지 않은 노드(동일해야 할 두 선의 끝점이 일치하지 않음), 스파이크(오류값이 들어 있는 좌표), 끝나지 않는 선 등의 예.

테스트 포인트

그림 3.17 **최소범위사각형** : 어떤 폴리곤을 완전히 포함하는 사각형. 어떤 하나의 점이 최소범위사각형의 외부에 있다면, 그 점은 당연히 폴리곤의 외부에 존재한다.

할지 물어보아야 한다. 또한 중복 디지타이징으로 인해 생성된 폴리곤 영역도 삭제되어야 한다. 이러한 오류가 시스템에서 자동으로 탐지된다면 쉽게 제거될 수 있을 것이다. 이를 위해서는 기준의 설정이 매우 중요한데, 가까이 위치한 두 노드를 동일지점으로 간주하여 합칠 것인지 아니면 다른 지점으로 간주하여 분리할 것인지, 그리고 폴리곤으로 구성된 부분이 일정 크기 이하이면 아크의 중복으로 간주하여 제거하고, 일정 크기 이상이면 폴리곤으로 인정하여 남겨 둘 것인지 등이 그 예가 될 것이다. 퍼지 임계치(fuzzy tolerance)라고도 불리는 이 값에 따라 지도의 형상이 달라질 수 있기 때문에 이는 매우 신중하게 설정되어야 한다. 짧은 선, 작은 폴리곤, 정밀 측정된 위치 등은 민감한 부분이므로, 자동으로 위상을 구성하는 과정에서 삭제되지 않도록 주의해야 한다. 예를 들어 유럽지도에는 안도라, 모나코, 리히텐슈타인과 같은 작은 폴리곤이 반드시 들어 있어야 한다.

위상기하학적으로 일관성 있는 기본도를 제작해 두어야 다양한 지도를 중첩하여 사용할 때 위상관계의 장점을 제대로 활용할 수 있게 된다. 그러나 기존의 선을 따라 새로운 노드를 추가하려면 어디에 점을 생성해야 하는지, 선의 불일치로 인해 생성된 작은 폴리곤은 어떻게 처리할지 등은 여전히 숙제로 남아 있다(그림 3.16). 후자는 특히 큰 문제이다. 지역 간의 행정 경계선이 하천과 같은 선을 따라 구성될 때, 지도의 축척이 달라지면 동일한 선이라도 상이한 노드 구성을 가지게 되는 경우가 많다. 이러한 문제 때문에, 어떤 소프트웨어에서는 일단 선을 추출하면 이 선이 다른 지도상에서 고정되도록 처리하기도 한다. 이러한 선 불일치는 면적이나 밀도 등을 계산할 때 매우 심각한 문제가 된다.

위상관계의 또 다른 장점은 모든 (x, y) 데이터를 연속적으로 다루지 않아도 검색과 분석이 가능하다는 것이다. 예를 들어 어떤 임의의 점이 폴리곤 내부에 있는지 조사한다고 하자. 그 점이 폴리곤의 최소범위사각형 외부에 있다면, 폴리곤을 구성하는 모든 점들을 살펴보지 않아도 그 점이 폴리곤 외부에 있음을 알 수 있다(그림 3.17). 이처럼 최소범위사각형은 매우 유용하기 때문에, 이를 사전에 계산하여 위상정보와 함께 저장하는 경우가 많다. 앞서 나온 것처럼, 최소범위사각형은 래스터 데이터를 위한 R 트리의 기초가 되기도 한다.

3.6 GIS 데이터 포맷

수십 년 GIS의 역사에서 지도 및 속성 데이터를 구조화하는 수많은 방법들이 존재했지만, 대부분의 GIS가 각기 상이한 데이터 구조를 취한다는 것은 그다지 놀라운 일은 아니다. GIS에서 데이터 구조는 사용자에게 직접 보이는 부분이 아니기 때문에, 디지털 맵이 중첩될 때 내부적으로 어떤 일이 발생하는지 굳이 알 필요가 없을 수도 있다. 그러나 보다 객관적이고 과학적인 견지에서는 데이터 구조와 관련된 변환 과정이나 오류 등을 전체적으로 이해할 필요가 있다. 데이터 구조가 어떠하든 간에 GIS 패키지는 다른 소프트웨어의 데이터, 그리고 스캔 및 디지타이징한 데이터를 읽어 들일 수 있어야 하며, 이를 자체적인 포맷으로 변환하여 관리할 수 있어야 한다. Intergragh나 Autodesk 등 대부분의 GIS 회사들은 자체 데이터의 내부 구조 및 호환 가능한 포맷에 대한 문서를 제공한다. 일부 회사들은 데이터와 시스템을 보호한다는 이유로 데이터의 내부 구조를 기밀로 하기도 한다. GIS 소프트웨어들은 개방된 데이터 표준을 향해 나아가고 있으며, 이를 통해 데이터 통합이 용이해지고 있다. 최근에는 웹을 통해 GIS 데이터를 공유하는 사례가 많기 때문에, 데이터 표준화가 보다 더 중요해지고 있다.

GIS 데이터 중 일반적으로 사용되는 포맷은, 유틸리티 프로그램이나 심지어 운영체제에서 자동적으로 읽고 처리하고 디스플레이하는 경우도 있다. 이러한 일반적인 포맷으로는 TIGER나 DLG 등이 있다. 또한 특정 소프트웨어의 전용 포맷이라고 하더라도 널리 쓰이는 경우에는 그 구조가 문서화되어 공개되고 있다.

이 절에서는 널리 사용되는 GIS 데이터 포맷들을 살펴보고자 한다. 또한 시스템들 간의 데이터 호환에 대하여 논하고, 데이터의 상호 운용 문제에 대해 검토한다.

3.6.1 벡터 데이터 포맷

GIS 데이터에 있어서 업계 표준 포맷과 인쇄 표준 포맷과의 차이점은, 실제 지상좌표를 보존하느냐 아니면 인쇄 페이지상의 좌표를 사용하느냐이다. 후자는 지도가 컴퓨터에 디스플레이 될 때 사용되는 화면좌표이다(그림 3.18).

HPGL(Hewlett-Packard Graphics Language)은 플로터나 프린터 출력을 위한 페이지 디자인 언어이다. 이 포맷은 구성이 간단하며 ASCII 파일을 사용한다. 파일 내의 한 줄에 하나의 이동 명령이 들어 있으므로, 두 줄의 명령(2개의 이동지점)을 연결하면 하나의 선 구간이 된다. 이 포맷은 헤더정보가 복잡하지 않기 때문에 작성 및 편집이 용이하다. 헤더를 조작하면 축척, 크기, 색상 등을 변경할 수 있다. HPGL은 구조화되지 않은 포맷이므로 위상관계를 사용하지는 않는다.

또 다른 업계 표준 포맷으로는 PostScript 페이지 정의 언어를 들 수 있는데, 이는 Adobe Corporation에서 개발하여 데스크톱 출판 및 전문 출판 분야에서 널리 사용되고 있다. 이 포맷은 매우 보편적이며, 대부분의 레이저 프린터에서 장치제어 포맷으로 사용된다. PostScript가 벡터 모드로 사용될 때에는 인쇄 페이지에 대응하는 좌표계를 참조한다.

PostScript는 ASCII 파일을 사용하며 폰트, 패턴, 축척 등에 관한 함수들을 제어하는 복잡한 헤더를 가지고 있다. PostScript는 일종의 프로그래밍 언어라 할 수 있으므로, 그 소스 코드가 해석되어야 한다. PostScript 파일의 소스 코드를 볼 수 있는 상업용 및 공개용 프로그램이 다수 존재하며, 워드프로세서나 그래픽스 프로그램에서도 소스 코드를 읽고 쓰는 것이 가능하다. PostScript는 GIS 데이터 그 자체는 아니며, 완성된 지도의 인쇄에 사용된다.

또한 Adobe의 문서 포맷으로 PDF(Portable Document Format)가 있는데, 인터넷상의 많은 문서들이 그래픽 객체를 포함한 PDF 포맷을 사용한다. 또한 Adobe의 자회사인 TerraGo Technologies에서는 PDF에 GIS 특성을 부가하여 GeoPDF를 개발하였는데, NGA의 관리하에 지도를 배포할 때 GeoPDF가 채택된 바 있다. PDF와 다른 점은 기본 참조좌표계로 직교좌표계를 사용하는 것이며, 따라서 GIS로의 데이터 변환이 가능하다. GeoPDF는 종이지도이면서 동시에 GIS 자료원의 역할을 한다(그림 3.19).

```
IN;IP0 0 8636 11176;
SC-4317 4317 -5586 5586;
SP1;
SC-4249 4249 -5498 5498;

SP1;
PU-2743 847;PD -2743 3132 608 3132
608 847 -2743 847;
```
HPGL

```
%%BeginSetup
11.4737 setmiterlimit
1.00 setflat
/$fst 128 def

%%EndSetup
@sv
/$ctm matrix currentmatrix def
@sv
%%Note: Object
108.58 456.98 349.85 621.50 @E
0 J 0 j [] 0 d 0 R 0 @G
0.00 0.00 0.00 1.00 K
0 0.22 0.22 0.00 @w
 0 0 0 @g
0.00 0.00 0.00 0.00 k
%%RECT 241.272 -164.520 0.000
108.58 621.50 m
349.85 621.50 L
349.85 456.98 L
108.58 456.98 L
108.58 621.50 L
@c
B
@rs
@rs
%%Trailer
end
```
PostScript

```
POLYLINE
8
7
6
CONTINUOUS
66
1
0
VERTEX
8
7
10
-2.742
20
3.132
0
VERTEX
8
7
10
0.608
20
3.132
0
VERTEX
8
7
10
0.608
20
0.848
0
VERTEX
8
7
10
-2.742
20
0.848
0
VERTEX
8
7
10
-2.742
20
3.132
0
SEQEND
0
ENDSEC
0
EOF
```
AutoCAD DXF

그림 3.18 업계 표준의 벡터 포맷들. 헤더는 제외하고, 동일한 사각형을 각각의 포맷으로 나타냈다.

유명한 CAD 프로그램인 오토데스크의 AutoCAD에서 사용되는 DXF(digital exchange format) 파일은 도면 데이터 관리를 위한 보편적인 포맷으로 자리 잡았다. AutoCAD는

그림 3.19 USGS의 지형도 e스토어. Google Maps를 이용한 탐색창을 통해 GeoPDF 포맷의 파일을 제공한다. 이 파일을 TerraGo GeoPDF 데스크톱에서 시각화하면 기본적인 GIS 기능들을 대부분 사용할 수 있다. 점에 해당하는 좌표가 디스플레이 된다.

이진 형태의 자체 포맷을 가지고 있지만, 프로그램 간의 파일 교환을 위해 DXF도 함께 사용한다. AutoCAD Map GIS 소프트웨어도 DXF를 사용한다. DXF는 ASCII 포맷으로서, 파일 헤더에는 많은 양의 메타데이터와 파일 기본정보가 들어 있다.

DXF가 위상관계를 지원하지는 않지만, 지도정보는 GIS와 마찬가지로 각각의 레이어로 관리할 수 있다. 도면의 세부사항, 선의 굵기와 스타일, 색상, 텍스트 등이 매우 잘 지원된다. DXF는 래스터 포맷을 사용하는 프로그램을 제외하고 거의 모든 GIS 프로그램과 호환된다. 어떤 GIS 프로그램은 AutoCAD 및 여타 CAD 프로그램과 직접 연동하여 파일을 관리하기도 한다.

미국에서는 DLG와 TIGER 두 가지 포맷으로 중요한 데이터가 많이 제작되었다. DLG 포맷은 USGS의 국가지도 분과의 포맷으로서 두 가지 축척을 가지고 있다(그림 3.20). 1:100,000 축척 지도는 미국 전역을 망라하고, 1:24,000 축척 지도는 미국 일부 지역을 대상으로 매우 상세하게 제작된 것이다.

DLG 포맷은 공식적으로 문서화되어 있으며, ASCII 파일로 구성된다. UTM 좌표계를 사

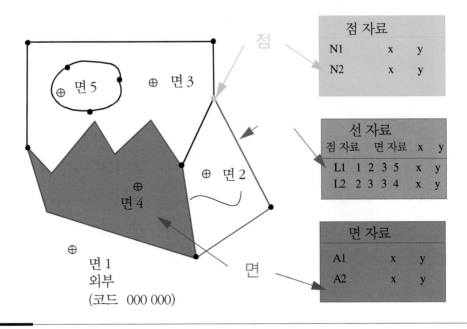

그림 3.20 DLG의 코딩 포맷의 예.

용하는데, 위치 정밀도를 반영하면서도 저장 공간을 절약하기 위해 좌표값을 10m 단위로 반올림하여 표현한다. 수문, 지형, 교통, 행정구역 등의 지리사상을 별도의 파일로 관리된다. 이 포맷은 대부분의 GIS 패키지에서 호환되며, 경우에 따라 데이터 호환을 위하여 레코드의 바이트 수를 고정하는 등 추가적인 조작이 필요할 때도 있다(그림 3.21).

TIGER 포맷은 미국 통계국에서 발간하는 지도에서 비롯되었으며, 10년 주기의 인구조사에 사용된다(그림 3.22). TIGER는 위상을 가진 벡터파일인데, 그 전신인 GBF/DIME 파일도 위상 데이터 구조를 생성하기에 매우 편리하게 되어 있었다. 아크/노드 형식으로 구성되며 점, 선, 면 파일이 각각 나누어져 상호참조한다. TIGER의 명명법에 의하면, 점은 제로 셀(zero cell), 선은 원 셀(one cell), 면은 투 셀(two cell)이라고 한다. 상호참조를 이용하여 하천, 도로, 영속적으로 존재하는 건물 등의 주요 지형지물을 랜드마크로 등록할 수 있으며, 이를 통해 GIS 레이어들이 연결된다.

TIGER 파일은 푸에르토리코, 버진아일랜드, 괌을 포함한 미국 전역을 망라한다. 모든 마을과 도시를 포함하는 블록 단위의 지도로서, 도로번호를 기준으로 지오코딩이 가능하다(그림 3.23). 지오코딩은 주소를 (x, y) 좌표로 변환하는 것으로서, Google Maps 등의

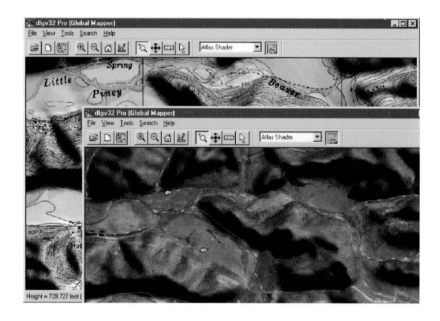

그림 3.21 USGS의 DLG 파일을 dlgv32라는 뷰어 소프트웨어로 디스플레이한 예.

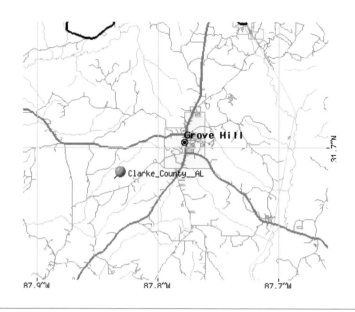

그림 3.22 앨라배마 주의 클라크 카운티 일부를 나타낸 1999년 센서스 TIGER 파일.

인터넷 지도 서비스를 비롯하여 GIS에서 널리 사용되는 기능 중 하나이다. 인구, 인종, 가구, 경제 등 많은 데이터가 TIGER로 제작되는데, 스프레드시트 형태로 이미 존재하는 속성 데이터를 지리사상에 연결하여 센서스 데이터를 생성하는 것이다.

또한 미국 전역의 지도가 최소 비용으로 제작 가능하고 인터넷상에서 제공될 수도 있다. 대부분의 GIS 소프트웨어 회사와 일부 독자적인 데이터 공급자들은 TIGER 파일을 업데이트 및 보완하여 제공하기도 한다. TIGER는 위상관계가 잘 구성되어 있는 반면 지리적 위치가 정확하지 않다는 비판이 제기되기도 하였는데, 최근에 위치 정밀도의 수준이 높아짐에 따라 많은 데이터 공급자들이 TIGER 파일을 보완한 바 있다. 2010년 센서스에서 추가된 사항은 이 장 마지막 부분의 'GIS 사람들' 부분에서 논의될 것이다. 최근 Worldwind, ArcExplorer, GoogleEarth, 그리고 마이크로소프트의 Bing Maps 등 이른바

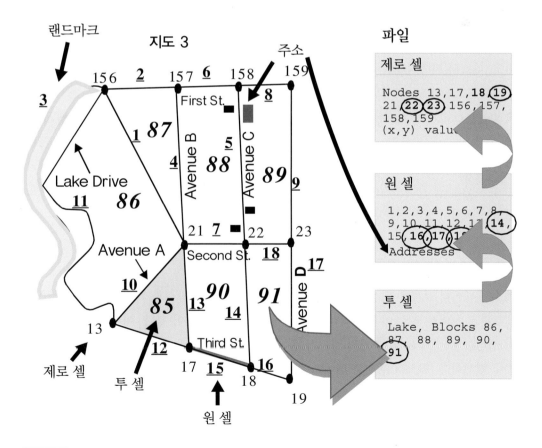

그림 3.23 미국 통계국의 TIGER 데이터 구조.

```
<?xml version="1.0" encoding="UTF-8"?>
<kml xmlns="http://www.opengis.net/kml/2.2">
<Placemark>
  <name>New York City</name>
  <description>New York City</description>
  <Point>
   <coordinates>-74.006393,40.714172,0</coordinates>
  </Point>
</Placemark>
</kml>
```

그림 3.24 KML 파일의 예
출처 : Wikipedia.

지오브라우저 소프트웨어가 인기를 끌면서 여러 가지 벡터 포맷이 고안되었다. 구글의 벡터 포맷인 KML(Keyhole Markup Language)을 사용하면 점, 선, 면을 편리하게 저장할 수 있고, 래스터 이미지를 구글 애플리케이션에 등록할 수 있다.

그림 3.24는 KML 파일의 예이다. 그리고 또 하나의 보다 표준화된 포맷으로는 XML의 확장판인 GML(Geography Markup Language)을 들 수 있다. GML은 지리좌표를 웹 문서에 심어 넣을 수 있으며, Google Maps나 MapQuest 등의 지도 애플리케이션과도 호환된다. 또 다른 표준 포맷인 SVG(scalable vector graphics)는 KML과 유사한 방식으로 구성되며 대부분의 웹 브라우저에서 동작한다. SVG는 화면을 확대해도 해상도의 손실 없이 표현되는 장점이 있다.

3.6.2 래스터 데이터 포맷

래스터 데이터 포맷은 웹상에서 디지털 이미지를 저장하는 방식과 거의 동일하기 때문에 네트워크 시대가 열린 이후로 벡터 포맷보다 더 널리 사용되어 왔다. 이미지 포맷은 간단히 생성할 수 있어서 여러 가지 형태가 존재하는데, 지금은 네트워크 전송에 최적화된 포맷이 대세이다. 래스터 포맷은 데이터 저장 방식에 있어 대동소이하며, ASCII 파일보다는 대부분 이진 파일을 사용한다. 보통, 정해진 길이의 파일 헤더에 포맷 식별을 위한 키워드를 기록하고, 한 레코드의 길이가 몇 비트인지(image depth라고 함), 전체 이미지가 몇 개의 행과 열로 이루어져 있는지 등의 정보가 헤더에 포함된다.

래스터 파일에 색상 테이블이 포함된 경우도 있다. 데이터 파일은 색상 테이블을 참조하여 1, 2, 3, 4 등과 같은 인덱스 번호로 구성되며, 이때 인덱스 번호는 RGB(적/녹/청) 각각의 강도를 0~255 사이로 나타낸 세 숫자의 조합(예를 들어 R = 100, G = 200, B = 150)과 대응된다. 어떤 이미지 파일이 빨간색, 초록색, 파란색, 흰색의 네 가지 색상으로만 구성된다고 할 때, 모든 픽셀에 RGB 세 숫자의 조합을 일일이 기록할 필요는 없다. 대신 색상 테이블을 이용하여 흰색 0, 빨간색 1, 초록색 2, 파란색 3이라는 인덱스 번호를 픽셀마다 할당할 수 있다. 모든 색상을 표현하는 데는 24비트가 필요한 반면(256×256×256 = 2의 24제곱), 0~3까지의 숫자는 2비트만으로 표현 가능하므로 색상 테이블의 인덱스 번호를 이용하면 픽셀마다 2비트만 할당하게 되어 저장 공간을 크게 절약할 수 있다.

이미지 파일에서 헤더정보의 다음 부분에는 데이터가 들어 있으며, 보통 각 행에 대한 모든 열의 픽셀값으로 구성된다. 대부분의 GIS 파일은 색상이 아닌 데이터를 하나의 밴드에 픽셀값으로 저장한다. 이때 데이터의 최대·최소 범위에 따라 픽셀값의 저장 공간이 달라지는데, 예를 들어 고도는 수천 미터가 될 수도 있으므로, 픽셀당 1바이트의 저장 공간으로는 부족하다. 반면 토지피복처럼 분류의 개수가 많지 않은 경우에는 빨강, 초록, 파랑과 같은 범주형 인덱스가 픽셀값으로 할당될 수 있다.

래스터 포맷 간의 상호 변환은 수많은 유틸리티 프로그램에 의해 지원되는데, 예를 들면 Image Alchemy나 xv와 같은 프로그램이 있다. 또한 대부분의 프로그램은 많은 종류의 포맷을 읽고 쓸 수 있다. 어떤 프로그램은 래스터와 벡터 사이의 변환을 지원하는데, GIS 패키지들은 대부분 이러한 기능을 가지고 있다.

흔히 사용되는 래스터 포맷 중 TIF(Tagged Interchange format)는 run-length 및 기타 이미지 압축 기법을 사용한다. 또한 GIF(Graphics Interchange Format)는 온라인 네트워크 서비스를 제공하는 CompuServe에 의해 개발되어 현재는 공개 포맷이 되었는데, 매우 정교한 압축 기법을 사용하여 이미지를 저장한다. JPEG(Joint Photographic Experts Group) 포맷은 가용 저장 공간의 크기에 따라 부분 및 전체 해상도 복구를 제공하는 가변적인 이미지 압축 기법을 사용하며, 인터넷 이미지 포맷인 PNG(Portable Network Graphics)도 마찬가지이다. 이 중에서 TIF는 GeoTIFF라는 포맷을 통해 지리정보를 지원한다. GeoTIFF에 포함된 WRL 파일은 TIF 파일의 좌표정보를 가지고 있다. 미국 전역의 1:24,000 종이지도를 스캔하여 래스터로 저장한 USGS의 파일들이 GeoTIFF 포맷으로 되어 있다. GIS 소프트웨어는 GeoTIFF를 읽어 들일 때 WRL 파일로부터 지리좌표를 참조한다.

PostScript 파일의 일종으로, 캡슐화된 PostScript라는 이미지 포맷이 있다. 이는 단순한 구조를 가지며, 일반 PostScript 파일의 이미지 매크로 부분에 색상정보를 16진수로 인코딩한 것이다. 널리 사용되지는 않지만, 고사양의 컴퓨터에서는 이 포맷을 처리할 수 있다. GIS에서 사용되는 데이터보다 고해상도 이미지 자체를 저장하는 데 효율적이기 때문에, 지도를 프린터나 플로터로 인쇄할 때 주로 사용된다.

USGS의 DEM은 최근 GIS 패키지에서 널리 사용되는 래스터 포맷이다. 원래 미국 국방 영상지도국에서 제공하던 것을 현재는 USGS에서 배포하고 있는데, 1:24,000 지도 1도엽이 7.5분의 범위를 나타내는 30m 그리드 데이터와, 1:250,000의 3초 그리드 데이터의 두 가지 유형이 존재한다. DEM 포맷은 문서화되어 있지만, 지도 투영법이 포함되어 있어 다소 복잡한 구조이다. 미국의 DEM 데이터 중에서 30m 간격의 격자로 전국을 망라한 것을 NED(National Elevation Database)라고 부른다. NED 격자의 DEM은 National Map Viewer 소프트웨어를 이용하여 시각화할 수 있으며, 이 소프트웨어는 일부 지역에 대하

그림 3.25 테네시 주 채터누가의 DEM. 음영기복도는 30m 해상도 SRTM 데이터이다. 오른쪽의 메뉴는 미국에서 사용 가능한 DEM 포맷들을 나열한 것이다. SRTM 데이터는 3초(약 90m) 해상도로 전 지구를 커버한다.

여 고해상도 LiDAR(light detection and ranging) 데이터를 지원하기도 한다(그림 3.25). USGS의 DEM과 함께 널리 쓰이는 것이 SRTM(Shuttle Radar Topographic Mapping Mission)의 DEM 파일인데, 미국 전역은 30m, 전 지구는 90m 격자로 이루어져 있다.

3.7 데이터 호환

데이터 호환은 두 가지 측면을 가지는데, 하나는 상이한 포맷 간의 변환이고, 또 하나는 시스템 간의 상호 운용이다. 먼저 상이한 포맷 간의 변환은 벡터와 래스터의 경우를 통해 살펴볼 수 있다. 동일한 자료라 하더라도 벡터와 래스터에서는 각기 상이한 구조로 저장된다. GIS 소프트웨어에서 벡터와 래스터 데이터를 처리하는 방식은 크게 두 가지로 나누어 볼 수 있다. 첫째, 벡터와 래스터 중 하나를 기본 데이터 포맷으로 채택하는 시스템들은 다른 하나의 포맷의 경우 유틸리티 프로그램을 통해 기본 데이터 포맷으로 변환한 후 읽어 들인다. 특히 래스터에 기초한 GIS 프로그램들이 이러한 방식을 취한다. 둘째, 벡터와 래스터 모두를 내부적으로 지원하는 시스템들은 공통 포맷을 필요로 하는 연산이 실행될 때 사용자가 명시적으로 데이터 포맷을 변환하도록 한다. 두 가지 경우 모두 GIS 소프트웨어들은 래스터에서 벡터로의 변환과 벡터에서 래스터로의 변환을 지원한다. 이러한 변환이 어떻게 이루어지는지 상세히 설명하는 것은 이 책의 범위를 벗어나지만, 벡터에서 래스터로 변환할 때에는 벡터의 선이 그리드 셀과 교차하면 해당 셀을 채울 것인지, 그리드 셀에 완전히 포함될 때 해당 셀을 채울 것인지의 원칙을 정하기만 하면 변환 과정이 비교적 간단한 것이 사실이다. 그러나 래스터에서 벡터로 변환하는 것은 상당히 복잡하다(Clarke, 1995).

종이지도를 스캔한 래스터 데이터를 벡터로 변환하기 위해서는 전용 소프트웨어 혹은 전용 컴퓨터가 필요하다. 방대한 양의 데이터를 고해상도로 처리하는 것은 많은 시간이 소요되는 작업이다. 변환 프로그램은 선을 구성하는 모든 픽셀을 따라가면서 끝 노드가 어디인지 찾아내어 벡터 데이터를 생성해야 한다. 래스터 변환 후 들쭉날쭉한 형상을 갖는 선들은 가다듬는 작업도 필요하다. 또한 래스터 선이 너무 굵으면 이를 벡터화하는 과정에서 잘못된 연결이 생기거나, 선에 루프가 생기기도 한다(그림 3.26).

데이터 호환을 가능하게 하는 두 번째 방법은 상이한 소프트웨어를 사용하는 컴퓨터

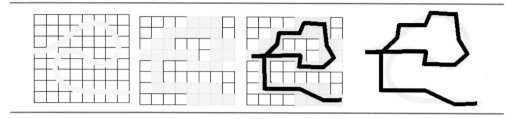

그림 3.26 벡터와 래스터 간의 변환 과정에서 발생할 수 있는 오류들. 밝은 청색으로 표시된 원래의 선이 래스터의 벡터화 결과물에 중첩되었다. 주요 위상 오류가 발생할 수 있다.

시스템 간의 상호 운용이며, 이러한 상호 운용의 필요성은 매우 빈번히 발생한다. 서로 다른 지방 정부는 상이한 소프트웨어 환경에서 시스템을 운용하고, 상이한 프로젝트는 다양한 포맷의 GIS 데이터를 산출한다. 따라서 데이터 호환의 필요성이 생긴다. 또한 하나의 도엽에 둘 이상의 행정구역이 포함될 경우, 행정구역 경계를 넘어선 영역에 대해서도 GIS 데이터가 호환되어야 한다.

과거의 GIS 역사에서 이러한 공유는 거의 불가능했다. 주 정부나 시 정부의 GIS에서도 데이터의 모순이나 충돌이 종종 있었고, 교환이 불편한 데이터 셋을 변환하여 GIS 데이터를 생성하는 것보다 차라리 디지타이징을 새로 하여 재구성하는 것이 낫다는 주장도 있었다. 또한 GIS 소프트웨어 회사들은 데이터 포맷의 독점이 당연하다는 철학을 가지고 있었고, 데이터 포맷의 정보를 문서화하거나 다른 소프트웨어와 호환되도록 하는 일은 거의 없었다. 과거의 데이터 호환은 부정확하거나 혼란스러웠다고 할 수 있다.

하나의 조직 내에서조차도 프로젝트 간에 데이터를 교환하거나 재사용하지 않았던 것이 이러한 중복과 낭비의 대표적인 예라고 하겠다. GIS의 분석이나 시각화를 위해 여러 데이터를 조합할 필요가 생기면 데이터 표준의 중요성이 더욱 부각된다. 3.5절에서 본 것처럼 업계 표준은 데이터 호환을 위해 매우 유용하지만, 여기에는 두 가지 문제가 있다. 첫째, 업계 표준은 지리정보의 교환을 가능하게 하지만 위상관계의 교환은 불가능하다. 둘째, 수많은 데이터 포맷이 존재하기 때문에 그에 상응하는 포맷 변환 기능이 모든 소프트웨어에 포함되어야 한다.

GIS 데이터 포맷을 언어에 비교해 보자(그림 3.27). 예를 들어 내가 영어를 할 수 있고, 프랑스어를 조금 배웠다고 하자. 내가 러시아어만 할 수 있는 사람과 의사소통을 하려면, 영어와 러시아를 하거나, 프랑스어와 러시아어를 하는 사람이 통역으로 필요하다. 후자의

We can get by in isolation by knowing English alone, or perhaps we learn a little French. If we wish to speak to someone who speaks only Russian, however, we need someone who speaks either English and Russian or French and Russian

Мы можем обойтись в отрыве зная английский в одиночку, или, возможно, мы узнаем немного французский. Если мы хотим говорить товарищу которые говорят только в России, однако, мы нуждаемся которые кто-либо говорит на английском и русском или французском и русском языках.

Nous pouvons le faire sans connaître l'anglais, ou peut-être nous en apprendre un peu français. Si nous voulons parler camarade qui parlent seulement en Russie, cependant, nous avons besoin de quelqu'un qui parle l'anglais et le Russe ou le français et les langues Russe.

We can do it without knowing English, or maybe we learn a little french. If we want to talk comrade who speak only in Russia, however, we need someone who speaks English and Russian or french and Russian languages.

그림 3.27 다중번역의 예. 이전 문단의 두 문장을 발췌하여, 구글 번역기로 영어에서 러시아어로, 러시아어에서 프랑스어로, 다시 프랑스어에서 영어로 변환하였다.

경우, 내가 프랑스어로 말을 하면 두 차례의 언어 변환을 거쳐(영어 → 프랑스어 → 러시아어) 전달이 된다. 어린이들이 하는 전화놀이를 해 본 사람이면 누구나 그 변환의 결과가 어떻게 될지 짐작될 것이다. GIS의 맥락에서 보면 알 수 없는 정확도, 자료원, 투영법을 가지며, 대응되지 않는 속성으로 구성된 불완전한 데이터로 전락해 버리는 것이다. 하나의 국가를 나타내는 지도 중에, 어떤 지도에는 모든 하천이 표시되고, 다른 지도에는 주요 하천만 표시된다고 하자. 사람에 따라 이 지역의 기후가 습윤하다고 생각할 수도 있고 아닐 수도 있는데, 이는 하나의 해석일 뿐이며, 표준화 부족에서 야기되는 현상인 것이다.

미국의 GIS 업계에서는 1980년대 중반부터 표준화에 노력을 기울여 왔고, 1992년 연방 표준이 승인되었다. 연방 정보처리 표준 173(Federal Information Processing Standard 173)은 SDTS(Spatial Data Transfer Standard)라고도 불리며, 고도의 복잡성 때문에 매우 광범위한 내용을 망라한다. 이 표준은 서지사항, 용어집, 모든 지형지물의 리스트를 가지고 있으며, 데이터 정밀도 문제와 데이터 설명을 위한 메타데이터를 다룬다. 용어집에는 통상적으로 사용되는 지형지물과 데이터 구조의 용어가 정리되어 있다.

표준화의 가장 큰 장점은 파일 교환의 메커니즘을 포함하는 것이다. 결과적으로 미국에서는 벡터, 래스터, 점 데이터 각각에 대한 표준이 정립되었는데, 벡터의 경우 DLG와

TIGER가 표준으로 채택되어 DLG-SDTS와 TIGER-SDTS라고 명명되었다. 또한 많은 GIS 소프트웨어 회사들이 SDTS 포맷을 읽고 쓰는 입출력 유틸리티를 포함하게 되었다. 언어의 비유를 다시 생각해 보면, 러시아인 혹은 전 세계 사람들이 공통 표준으로서 영어를 배우는 것과 같다고 하겠다. 각각의 서로 다른 언어로 대화하게 되면, 말 한마디마다 정확히 어떤 의미인지를 놓고 싸우느라 시간을 허비할 것이다. 미국 연방지리정보위원회에서는 계속적으로 다양한 지형공간 데이터를 표준화하고 있다.

미국뿐 아니라 여러 국가에서 데이터 호환을 위한 GIS 정보 표준을 마련하였다. NATO에서는 DIGEST라는 교환 표준과 VPF(Vector Product Format)라는 벡터 데이터 포맷을 개발하였다. 이 포맷은 CD-ROM으로 출판된 세계 디지털 차트(Digital Chart of the World)에서 사용된 포맷으로 잘 알려져 있다. 데이터 표준화 노력은 독일, 오스트레일리아, 남아프리카공화국, 유럽연합을 비롯하여 국제수로기구(International Hydrographic Organization)의 세계 항해도 데이터에서도 찾아볼 수 있다. GIS 데이터는 지역 또는 국가 단위가 아니라 전 지구 규모의 프로젝트에 사용되므로, 국제적인 데이터 호환은 그 중요성이 더해지고 있다. 예를 들어 국제 평화수호, 재난구조 활동은 협력에 기초하여 이루어지므로 상이한 국가 및 조직 간의 GIS 데이터 호환을 필요로 한다(Moellering & Hogan, 1997; Moellering, 2005).

GIS의 성장과 함께 독점 데이터 포맷이 번창하자, 정부와 업계는 데이터의 수정 없이도 GIS 시스템 및 애플리케이션 간에 호환되도록 하는 상호 운용 문제에 대한 방안을 모색하였다. 그 결과 수백 개의 회사와 정부기관, 대학이 참여하는 합의체인 OGC(Open Geospatial Consortium, Inc.)라는 국제 컨소시엄을 통해 공통의 인터페이스 사양을 개발하게 되었다. OGC 사양은 인터넷 GIS와 위치기반 서비스의 상호 운용을 위한 해법을 포함한다. 전문 영역별 개별 분과에서 표준을 제정하는데, 그동안 웹 서비스, 응급 지도, 지리객체 등의 표준화가 수행되어 왔다. 부수적인 효과로서 오픈소스 소프트웨어 및 무료 툴과 플러그인이 증가했는데, 이는 GIS 데이터의 확대 보급과 데이터 호환에 기여하였다.

데이터 호환이라는 주제는 제11장 '미래의 GIS'에서 다시 다루게 될 것이다. 데이터의 개방적 교환이 GIS 개발자와 사용자에게 큰 도움이 되는 것은 명백한 사실이다. SDTS의 개발에는 오랜 시간이 걸렸고 난관도 많았다. 그러나 데이터가 시스템 간에 자유롭게 입출력이 가능할 때에야 비로소 GIS의 효용성이 증대되고 GIS의 자료 분석이 용이해지며, 데이터 획득상의 애로사항을 극복하고 합리적인 정보 사용의 효과를 얻을 수 있을 것이다.

학습 가이드

이 장의 핵심 내용

○ 모든 GIS 소프트웨어는 지도와 지리적인 데이터를 컴퓨터 내의 숫자로 변환한다. ○ 지도를 수치화하는 방법은 GIS에서 지도가 얼마나 유용하게 사용될 수 있을지, 그리고 어떤 분석이 가능할지에 영향을 미친다. ○ 데이터는 비트, 바이트, ASCII 코드, 파일 및 디렉터리와 같은 물리적인 구조로 저장된다. ○ 지도 데이터는 또한 논리적인 구조도 필요한데, 이는 곧 숫자로 지리사상을 묘사하는 방법이다. ○ GIS는 지금까지 래스터, 벡터, 플랫파일의 데이터 구조를 사용해 왔다. ○ 래스터 지도는 행과 열로 이루어진 배열의 각 셀에 속성값이 채워진 그리드 형태이다. ○ 셀값은 실제 현상의 값 그 자체이거나 또는 실제값을 가리키는 인덱스가 될 수 있다. ○ 그리드는 해상도, 범위, 행, 열, 그리고 Null(없음) 값을 가진다. ○ 각 셀에는 하나의 배타적인 속성만이 할당될 수 있다. ○ 래스터는 이해하기 쉬우며, 저장소로부터의 검색이 용이하고, 디스플레이가 빠르지만 파일의 용량이 크다. ○ 벡터는 좌표계에 의해 표시되는 점들의 집합인데, 이 점들의 연결 방식에 따라 선, 면, 연속면 등으로 구성된다. ○ 어떤 벡터는 방향을 갖는다. ○ 벡터는 효율적이며 지리사상을 중복 없이 정확하게 나타낸다. ○ 벡터의 예로는 TIGER 파일, VMAPO, 그리고 DLG 등이 있다. ○ 벡터는 위상관계를 저장할 수 있고, 연속면을 나타내기 위한 삼각망을 구성할 수 있다. ○ 속성은 개념적으로 플랫파일로 간주될 수 있는데, 이는 행과 열로 이루어진 테이블에서 셀들이 속성값을 가지고 있는 형태이다. ○ 플랫파일은 지도 데이터를 저장하기에는 적합하지 않다. 왜냐하면 벡터 선을 구성하는 점들의 개수는 지리사상에 따라 가변적이기 때문이다. ○ 플랫파일과 그 데이터 사전은 데이터베이스 관리 시스템에서 관리될 수 있다. ○ 점은 플랫파일 내에서 x와 y 좌표를 가지는 리스트의 형태로 나타낼 수 있다. ○ 벡터는 토지 구획, 도로, 하천, 행정 경계 등을 나타내기에 적합하다. ○ 위상관계가 없는 벡터는 지도학에서 스파게티라 불린다. ○ 지리사상은 연속면, 면, 선, 점과 같이 한 차원 아래의 사상으로 구성된다. ○ 아크/노드 모델은 폴리곤 파일과 함께 폴리곤의 아크를 구성하는 점 파일을 가지고 있다. ○ 벡터 모델에서 특별한 경우로는, 구멍을 포함한 폴리곤이나 고립 폴리곤 등이 있다. ○ 지도 데이터는 중복 선, 중복 선 사이로 형성된 가늘고 좁은 슬리버, 연결되지 않은 노드 등의 오류를 포함할 수 있는데, 위상관계 정보를 저장하면 이러한 오류들을 탐지할 수 있다. ○ 지도 위상의 기본 단위는 선인데, 구성점 개개의 정보를 가지고 있는 것이 아니라 연결 아크와 최소범위사각형에 대한 정보를 가진다. ○ 불규칙 삼각망(TIN)은 CAD, 지형 표현, 3D, 비디오 게임 등에 활용된다. ○ 래스터는 용량이 크지만 컴퓨터 메모리의 구조와 잘 대응된다. ○ 점과 선은 래스터 구조에는 적합

하지 않다. ○ 래스터 모형은 폴리곤의 내부와 경계 부분에 대해 혼합 픽셀의 문제를 안고 있다. ○ 래스터는 run-length 인코딩, R 트리, 쿼드 트리, 이미지 피라미드를 사용하여 보다 효과적으로 처리될 수 있다. ○ 위상 구조는 퍼지 임계치 내에서 자동적인 오류 교정과 클리닝이 가능하다. ○ 위상관계를 이용하면 지리사상을 구성하는 모든 점들을 읽어 들이지 않고도 여러 가지 분석을 할 수 있다. ○ GIS마다 데이터 구조가 상이하기 때문에 상이한 포맷으로 데이터가 저장된다. ○ GIS 소프트웨어는 적어도 가장 널리 사용되는 데이터 포맷을 읽고 쓸 수 있어야 한다. ○ 데이터 포맷들은 개방되어 널리 사용되는 업계 표준이거나, 혹은 특정 소프트웨어 전용으로 존재한다. ○ 벡터 포맷은 경우에 따라 PostScript, PDF, HPGL과 같이 지도상의 위치가 아닌 인쇄 페이지상의 위치를 표현하기도 한다. ○ 지리적인 벡터 포맷의 예로는 GeoPDF, DXF, GML, DLG, TIGER 등을 들 수 있다. ○ 지오브라우저나 웹 GIS는 KML, XML, GML, SVG 등을 사용한다. ○ 래스터 파일은 헤더정보, 색상 테이블, 데이터를 포함한다. ○ 래스터 포맷의 예로는 TIFF, JPEG, PNG, 캡슐화된 PostScript, DEM 등을 들 수 있다. ○ 지리적인 래스터 포맷에는 GeoTIFF가 있다. ○ 지도 데이터는 GIS 기능 간의 이동, 나아가 컴퓨팅 환경 간의 이동이 용이해야 한다. ○ 이는 종종 래스터와 벡터 간의 변환을 의미한다. ○ 모든 데이터는 구조 변환에 의해 원래와는 달라질 수도 있는데, 이는 마치 다중언어 통역사의 문제와 같다. ○ 미국이나 여타 지역에서의 표준화 노력에 의해 GIS의 상호 운용이 증대되고 있다. ○ OGC 사양은 GIS의 상호 운용에 있어 매우 중요하다. ○ 오류나 구조 변화 없이 데이터의 변환이 가능해지면, GIS 분석가들이 성가신 데이터 문제를 다루지 않고 분석 그 자체에 집중할 수 있을 것이다.

학습 문제와 활동

숫자로 지도 표현하기

1. 데이터 저장소의 추상적 수준을 보여 주는 다이어그램을 작성하라. 또한 '물리적' 및 '논리적' 표현을 나타내 보라. 이들 다이어그램 내에 비트, 바이트, 파일, 디렉터리, 데이터베이스, 데이터 포맷, 데이터 구조, 데이터 모델 및 GIS라는 레이블을 표시하라.

2. 상이한 GIS 패키지가 상이한 데이터 구조를 가지는 이유를 토론하라.

3. 여러분의 전화번호부에 옐로우 페이지 섹션이 있다고 가정하고, 거기에 들어갈 속성 항목들의 리스트를 작성해 보라. 몇 개의 항목이 필요한가? 그중에서 공간 속성은 어떤 것인가?

지도의 구조

4. GIS 애플리케이션에 대한 온라인 논문 또는 제10장의 예제를 보고, GIS 분석에 벡터를 사용한 애플리케이션과 래스터를 사용한 애플리케이션이 각각 몇 개씩인지 세어 보라.

5. 이 장의 서두에 나오는 Dana Tomlin의 래스터와 벡터에 대한 개념을 어린이에게 설명해 보라.

벡터 데이터 구조

6. 다음 용어들에 대해 개인적으로 생각하는 정의를 적어 보라 ─ 지도학에서의 스파게티, 점 데이터 파일, 아크, 폴리곤, 위상관계, 전방 연결(forward link), 왼쪽 폴리곤, 불규칙 삼각망.

래스터 데이터 구조

7. 다음 용어들을 그림으로 나타내 보라 ─ 픽셀, 해상도, 그리드 범위, 굵어진 선, 혼합 픽셀, 폴리곤 경계선, 배열.

8. 어떤 픽셀을 지오코딩하게 되면, 그 안에 들어 있는 속성이 올바르지 않게 될 가능성이 있다. 그 이유는 무엇인가?

위상관계의 중요성

9. 위상관계에 대한 여러분 나름의 정의를 적어 보라. 아크로 연결된 간단한 폴리곤을 1~2개 그려서, 아크에는 1, 2, 3 등의 레이블을, 폴리곤에는 A, B, C 등의 레이블을 붙여라. 이제 아크파일을 테이블 형태로 생성하라. 첫 번째 아크를 1, 두 번째를 2 등으로 해서 만든다. 테이블에 전방 연결, 후방 연결, 왼쪽 도형, 오른쪽 도형 등을 나타내기 위한 열을 추가하라. '외부'는 어떻게 나타낼 수 있는가? 폴리곤 내부의 구멍은 어떻게 표시할 수 있는가?

GIS 데이터 포맷

10. 다음 GIS 데이터 포맷의 특징을 세 가지씩 열거해 보라 ─ TIGER, DLG, DEM, TIF, GIF, JPEG, KML, DXF, PostScript.

데이터 호환

11. GIS 데이터를 공유하는 장단점을 열거해 보라. 회사, 지방자치단체, 주 정부, 국가 등 각각의 수준에서 데이터를 공유하는 데에는 어떠한 장애 요인들이 있는가?

12. OGC 웹사이트를 방문해 보고, 데이터 표준들이 어떤 데이터 구조를 다루고 있는지 개략적으로 말해 보라.

참고문헌

Burrough, P. A. and R. A. McDonnell (1998) *Principles of Geographical Information Systems.* Oxford: Oxford University Press.

Clarke, K. C. (1995) *Analytical and Computer Cartography* 2 ed., Englewood Cliffs, NJ: Prentice Hall.

Dutton, G., ed. (1979) *Harvard Papers on Geographic Information Systems. First International Advanced Study Symposium on Topological Data Structures for Geographic Information Systems.* Reading, MA: Addison-Wesley.

Moellering, H (ed.) (2005) *World Spatial Metadata Standards: Scientific and Technical Characteristics, and Full Descriptions with Crosstable.* International Cartographic Association, Elsevier.

Moellering, H. and Hogan, R. (1997) *Spatial Database Transfer Standards 2: Characteristics for Assessing Standards and Full Descriptions of the National and International Standards in the World.* International Cartographic Association, Elsevier.

Peucker, T. K. and N. Chrisman (1975) "Cartographic Data Structures." *American Cartographer*, vol. 2, no. 1, pp. 55–69.

Peucker, T. K., R. J. Fowler, J. J. Little, and D. M. Mark.(1976) *Digital Representation of Three-dimensional Surfaces by Triangulated Irregular Networks (TIN).* Technical Report No. 10, U.S. Office of Naval Research, Geography Programs.

Tomlin, D. (1990) *Geographic Information Systems and Cartographic Modelling*, Englewood Cliffs, NJ: Prentice Hall.

Samet, H. (1990) *Design and Analysis of Spatial Data Structures*, Reading, MA: Addison-Wesley.

주요 용어 정의

결손 데이터(missing data) 어떤 지리사상이나 레코드에 해당하는 데이터가 존재하지 않음.

계층적(hierarchical) 완전 폐쇄의 부분집합에 기초한 시스템.

고도(elevation) 참조좌표 기준으로부터의 수직 높이로 미터나 피트 등의 단위를 사용함.

구획지도(enumeration map) 센서스 조사원에게 해당 구역의 주소 범위를 보여 주기 위해 디자인한 지도.

그리드 범위(grid extent) 그리드에 해당하는 영역의 지도 범위.

그리드 셀(grid cell) 사각형의 그리드 안의 셀.

끝점(end node) 한 아크의 끝점이 다른 아크로 연결될 때, 그 끝점을 말함.

내부 포맷(internal format) GIS 소프트웨어 자체적으로 데이터를 저장하기 위하여 사용하는 포맷.

노드(node) 아크의 끝 지점. 초기에는 지도 데이터 구조에서 중요한 어떤 점을 가리키는 것이었으나, 이후에는 라인의 끝과 같이 위상기하학적으로 중요한 점을 말함.

논리적 구조(logical structure) 데이터를 물리적 구조로 암호화하기 위한 개념적 디자인.

데이터 검색(data retrieval) 이미 저장되어 있는 레코드를 찾기 위한 데이터베이스 관리 시스템의 기능.

데이터 교환(data exchange) 유사한 GIS 패키지 간에 또는 관심사를 공유하는 그룹 간 데이터 교환.

데이터 구조(data structure) 지리사상이나 속성을 디지털 자료화하는 논리적 및 물리적 수단.

데이터 모델(data model) 정보 시스템에서 사용하기 위한 데이터 조직화의 논리적 수단.

데이터 분석(data analysis) 과학적 가설을 검정하기 위해 조직화된 데이터를 사용하는 과정.

데이터 사전(data dictionary) 단순한 데이터라기보다는 파일, 레코드, 그리고 속성에 대한 정보를 포함한 데이터베이스의 일부분.

데이터 전송(data transfer) 상이한 컴퓨터 시스템 간의 또는 상이한 GIS 패키지 간의 데이터 교환.

데이터 포맷(data format) 지리사상이나 레코드를 나타내기 위한 물리적 데이터 구조의 사양.

데이터베이스 관리 시스템(DBMS) database management system의 약어. GIS의 한 부분이며, 속성 데이터를 포함하는 파일의 조작과 사용을 위한 툴의 집합체.

데이터베이스(database) 컴퓨터에 의해 접근 가능한 데이터의 집합.

라벨 포인트(label point) 폴리곤 내부에 디지타이징된 포인트로서, 라벨을 얹거나 위상관계 재구성에 사용되는 지점.

래스터(raster) 지도를 위해 그리드 셀을 사용하는 데이터 구조.

랜드마크(landmark) 센서스 조사를 위한 용어가 아니라 지리사상을 칭하는 TIGER 용어.

레이어(layer) 점, 선, 면으로 이루어진 사상의 집합체.

메타데이터(metadata) 데이터에 대한 데이터, 보통 검색이나 참조의 목적.

면(area) 경계를 형성하기 위해 스스로 폐합되는 선으로 표현되는 2차원적 지리사상.

물리적 구조(physical structure) 컴퓨터 메모리 부분을 파일이나 저장 장치에 기계적으로 대응시키는 것.

바이트(byte) 8개 비트의 묶음.

반입(import) 외부 파일 또는 다른 포맷으로부터 데이터를 추출하여 GIS 내로 빈입하는 기능.

반출(export) 다른 시스템에서 사용할 목적으로, GIS 데이터를 외부 파일 또는 다른 포맷으로 내보내는 기능.

배열(array) 그리드를 위한 물리적 데이터 구조로서, 대부분의 컴퓨터 프로그래밍 언어에서 지원되며, 래스터 데이터의 저장과 조작에 사용됨.

벡터(vector) 지리사상을 나타내는 기본 요소로, 포인트 또는 노드와 이를 연결하는 구간을 사용하는 지도 데이터 구조.

블록 페이스(block face) 어떤 블록에서 한쪽 길을 말하며 두 길의 교차로 사이의 구간.

비트(bit) 온과 오프의 상태만을 가지는 컴퓨터 메모리 내의 최소 저장 단위로서 이진수로 코드화됨.

사상(feature) 경관의 일부를 구성하는 하나의 사물 또는 현상.

색상 테이블(color table) 디지털 이미지 파일의 헤더 부분에 인덱스 번호에 해당하는 색상을 지정한 것.

선(line) 일련의 좌표를 연결하여 표현하는 1차원 지리사상.

속성(attribute) 어떤 지리사상이 가진 값 또는 관측치를 포함하는 지리사상의 특징. 속성은 라벨이나 카테고리, 숫자가 될 수도 있고, 날짜나 표준화된 값, 또는 필드나 다른 관측치가 될 수도 있음. 데이터가 조직화된 항목. 테이블이나 데이터 파일의 열.

스냅(snap) 일정 반경 내에 있는 둘 이상의 점이 동일한 점이 되도록 조정하는 것으로서, 종종 좌표를 평균하여 나타냄.

스프레드시트(spreadsheet) 사용자가 행과 열로 이루어진 테이블에 숫자나 텍스트를 입력하고, 테이블 구조를 이용하여 데이터를 관리 및 조작할 수 있게 하는 컴퓨터 프로그램.

수치 고도 모델(digital elevation model) 고도 측정치의 배열을 포함하는 디지털 지형 데이터.

슬리버(sliver) 실제로 존재하지 않는 지리사상이 데이터 캡처나 중첩 시의 오류에 의해 작고 좁은 폴리곤 형태로 생겨난 것.

십진법(decimal) 사람이 10개의 손가락으로 하는 계산법.

아크-노드(arc-node) 벡터 GIS 데이터 구조의 초창기 명칭.

아크(arc) 일련의 점으로 표시되는 선으로서, 위상기하학적으로 중요한 위치에 시작점과 끝점을 가짐.

이미지 심도(image depth) 디지털 이미지에서 각각의 픽셀에 저장된 비트의 수.

임계치(tolerance) 동일한 것을 다른 위치로 오인했다고 간주할 수 있는 지리사상 간의 거리.

업체 표준 포맷(industry standard format) 민간 기업들에 의해 발전된, 데이터 조직화의 공인된 방법.

오른쪽 폴리곤(polygon right) 아크를 따라 이동할 때 오른쪽에 인접한 폴리곤의 식별자.

왼쪽 폴리곤(polygon left) 아크를 따라 이동할 때 왼쪽에 인접한 폴리곤의 식별자.

위상관계(topology) 지리사상들의 인접성과 연결성을 표현하는 특성. 위상관계 데이터 구조는 좌표화된 지리사상과 함께 인코딩됨.

위상적 무결성(topologically clean) 연결되어야 하는 모든 아크가 올바른 좌표를 가진 노드에 연결되고, 중복, 단절 및 결손 없이 아크가 연결되어 폴리곤을 형성했을 때의 디지털 벡터 지도의 상태.

입체(volume) 폐합된 연속면의 집합으로 표현된 3차원 지리사상.

점(point) x, y 또는 x, y, z 좌표에 의해 이루어

지는 0차원 사상.

제로/원/투 셀(zero/one/two cell) TIGER에서 점, 선, 면을 각각 칭하는 용어.

주소 범위(address range) 어떤 블록의 한쪽 길을 따라, 가장 낮은 거리 번호와 가장 높은 거리 번호 사이의 범위.

중복 디지타이징(double digitized) 중복 디지타이징으로 인해 발생하는 중복된 지리사상.

지도학적 스파게티(cartographic spaghetti) 벡터 데이터를 표현하는 엄격하지 않은 데이터 구조로서, 위상관계 없이 지리사상을 구성하는 점의 순서만으로 나타냄.

최소범위사각형(bounding rectangle) x 방향과 y 방향에서 지리사상의 최대 범위로 정의되는 직사각형 영역. 지리사상의 모든 부분은 반드시 최소범위사각형의 경계선을 포함한 내부 영역에 존재한다.

캡슐화된 PostScript(encapsulated PostScript) 디지털 이미지가 차후에 디스플레이 될 수 있도록 저장하는 PostScript 언어.

컴퓨터 메모리(computer memory) 컴퓨터 내부에 일련의 질서 있는 바이트 저장소가 배치되어 충돌 없이 검색될 수 있도록 마련된 것.

쿼드 트리(quad tree) 그리드의 사분면 내에서 속성의 중복 제거에 기초한 래스터 압축 기법.

키워드(magic number) 특수한 필요에 의해 특정 값을 가지는 어떤 숫자.

테이블(table) 행과 열에 레코드를 배치하는 구조의 일종.

파일 헤더(file header) 데이터라기보다는 메타데이터를 포함하는 파일의 첫 부분.

파일(file) 컴퓨터의 저장 장치에 저장되는 바이트의 집합체.

편집기(editor) 파일을 읽거나 편집하는 컴퓨터 프로그램.

폐곡선(ring) 영역을 정의하기 위해 자신을 폐합시킨 선.

폴리곤(polygon) 폐곡선과 그 내부로 이루어진 다각형의 사상.

폴리곤 내부(polygon interior) 폴리곤의 구성 부분 중 폐곡선의 내부 영역.

픽셀(pixel) 디스플레이 시 해상도의 최하 단위.

필드(field) 데이터가 파일에 쓰여질 때, 어떤 한 레코드의 한 속성의 내용물.

행렬(matrix) 일정 크기의 행과 열을 가진 숫자들의 테이블.

혼합 픽셀(mixed pixel) 하나의 그리드 셀에 여러 속성값들이 포함됨.

10년 주기 인구조사(decennial census) 미국 헌법에 규정된, 매 10년마다 모든 인구와 거주지를 파악하는 활동.

16진법(hexadecimal) 사람들이 16개의 손가락을 가졌다고 가정하는 계산법.

ASCII American Standard Code for Information Interchange의 약어로, 알파벳과 같이 흔히 사용되는 문자를 1바이트 길이의 비트 시퀀스에 대응시키는 표준.

Autocad Autodesk 사에서 만든 CAD 프로그램으로서, 종종 GIS 패키지와 연결되며, 건축 도면이나 공학 그래픽 등의 디지타이징에 주로 사용됨.

CAD computer-aided design의 약어. 공학기술 및 디자인 도면을 제작할 때 사용되는 컴퓨터 소프트웨어.

Delaunay 삼각법(Delaunay triangulation) 일련의 불규칙적인 점들을 연결하는 삼각형으로 공간을 최적으로 분할하는 방법.

DEM digital elevation model의 약어. 고도값의 배열로 그리드를 구성한 래스터 포맷.

DIGEST NATO의 공간 데이터 전송 표준.

DIME Dual Independent Map Encoding의 약어. TIGER의 전신인 미국 통계국 GBF(Geographic Base Files)에 사용된 데이터 모델.

DLG digital line graphics의 약어. 대축척 디지털 지도에서 라인을 인코딩하기 위해 USGS에서 사용한 벡터 포맷.

DXF AutoCAD의 디지털 파일 포맷으로, 그래픽 파일 교환을 위한 벡터 형태의 업계 표준 포맷.

fat line 한 픽셀 너비보다 두꺼운 선이 래스터로 표현된 것.

FIPS 173 USGS와 국립표준과학원이 관리하는 연방 정보처리 표준(Federal Information Processing Standard)으로서, 상이한 기종의 컴퓨터 간의 GIS 데이터 전송을 위한 표준 규약을 정의함. 용어, 지리사상의 유형, 정확도 등의 사양을 포함.

forward/reverse left 아크를 따라 이동할 때 정방향으로 연결된 아크 또는 바로 왼쪽 노드에 역방향으로 연결된 아크의 식별자.

forward/reverse right 아크를 따라 이동할 때, 역방향으로 연결된 아크 또는 바로 오른쪽 노드에 정방향으로 연결된 아크의 식별자.

fully connected 정방향 및 역방향 연결을 가진 일련의 아크가 동일한 시작 노드와 끝 노드를 가짐.

GBF Geographic Base File의 약어. DIME 레코드의 데이터베이스.

geographical surface 지도 위에 표현될 때, 연속적으로 측정될 수 있는 지리적 현상에 의해 윤곽이 그려지는 공간적 분포.

GIF 업계 표준의 래스터 그래픽 또는 이미지 포맷.

HPGL Hewlett Packard Graphics Language의 약어.

page coordinates 지도의 구성 요소를 지도 위에 배치하는 데 사용되는 참조좌표. 실제 지표상의 좌표가 아닌 인쇄될 페이지상의 좌표.

PostScript Adobe 사의 페이지 정의 언어. 인쇄용 페이지 레이아웃을 위한 인터프리터 언어이면서, 벡터 그래픽의 업계 표준.

R 트리 지리사상을 둘러싸는 최소범위사각형의 특성을 이용하여 데이터를 조직화하는 공간 데이터 구조.

RAM random-access memory의 약어. 빠른 접근과 계산을 위해 고안된 컴퓨터 메모리.

run-length encoding 그리드의 행을 따라 속성의 중복 제거에 기초한 래스터 압축 기법.

SLF 국방 국가영상지도국의 초기 데이터 포맷.

Spatial Data Transfer Standard 이기종의 컴퓨터 시스템 간의 GIS 데이터 전송을 위한 구조와 메커니즘의 표준 사양.

TIF 래스터 그래픽이나 이미지 포맷의 업계 표준 중 하나.

TIGER 미국 통계국에서 사용하는 미국의 가로망 레벨의 지도 포맷.

TIN 고도 등 지표상의 속성을 저장하기 위해 고안된 위상기하학적 벡터 데이터 구조.

USGS United States Geological Survey의 약어. USGS는 내무성의 일부분이며, 미국의 디지털 지도를 공급하는 역할을 함.

VPF vector product format의 약어. 벡터 데이터를 위한 DIGEST의 데이터 전송 표준.

GIS 사람들

Tim Trainor(미국 통계국 지리 분과의 지역 및 지도 제작물 담당 차장)

KC 하시는 업무가 어떤 것이고, 또 그것은 GIS와 어떤 관계가 있습니까?

TT 저는 미국 통계국이 관장하는 모든 구역을 책임지고 있습니다. 법정 구역, 통계 구역, 행정 구역이 이에 포함됩니다. 또한 저는 모든 지도 제작물을 남낭합니다. 데이터 수집과(그러기 위해서 조사관들을 파견합니다) 인구조사 결과의 출판이라는 두 가지 상이한 일을 맡고 있습니다. 우리는 여러 방면에서 GIS를 사용합니다. TIGER 데이터베이스를 개발 및 유지보수하기 때문에, GIS 기술을 일상 업무에서 점점 더 많이 사용하고 있습니다. 과거에는 별로 사용하지 않았는데, 최근 들어 본격적으로 이용하게 되었습니다. GIS 기술을 주로 지도 제작에 사용해 왔는데, 지도 디자인과 제작 과정의 자동화를 위해 소프트웨어 개발이라는 관점에서 그 이용 범위를 넓혀가고 있습니다.

KC 미국 통계국은 GIS나 지도학을 수강한 사람들을 채용하나요?

TT 이곳은 아마 단일기관 중 세계에서 가장 많이 지리학자를 채용하는 기관일 것이라는 이야기를 세계지리학회에서 들은 적이 있습니다. 그게 진짜인지는 모르겠지만, 우리 분과에서 일하는 300명 정도의 인원 중에서 절반 정도는 지리학 또는 지도학을 전공했습니다. 우리는 GIS를 전공한 지리학 학위 소유자를 찾고 있는데, 그 이유는 우리가 업무에 활용하려는 것이 GIS 기술이기 때문입니다. 결론적으로, 우리는 지리학 전공자를 채용하는 것이 아니라 GIS 기술을 겸비한 지리학자를 원합니다.

KC TIGER를 2010년 센서스에서도 확대 사용

하기 위하여 무언가를 계획하고 있는 것이 미국 통계국인가요?

TT 네, 우리가 그 분야와 관련해서 여러 가지를 수행하고 있습니다. 우리는 TIGER를 재편해서 정밀도를 매우 향상시키고자 하는데, 특히 모든 도로중심선을 7.6m 정밀도 수준으로 정비하고 있습니다. 우리가 획득하게 될 거의 모든 데이터가 그보다 더 나을 것입니다. 그 이유는 2009년에 시작된 주소 재정비 사업을 통해 전국적으로 가구별 정확한 위치를 파악하는 데 GPS 기술을 사용할 계획이기 때문입니다. 가구별 위치를 센서스 블록에 정확히 대응시키기 위해 가장 중요한 것은 도로가 정확한 위치에 정렬되어 있어야 한다는 것입니다. 동시에, 기존의 가구 데이터베이스 구조를 파악해서 Oracle 데이터베이스로 이행하려고 합니다. 우리는 TIGER를 위한 새로운 데이터 모델을 개발한 바 있는데, 우리가 보기에는 이로 인해 관련 애플리케이션 및 소프트웨어 개발이 새로 이루어져야 할 것 같습니다. 현재 그 일이 한참 진행 중에 있습니다.

KC GIS와 관련해서 어떤 학력을 가지고 계신가요?

TT 저는 학부 때 역사학을 전공했고, 대학원은 스코틀랜드에 있는 글래스고대학교의 지형과학과에서 지도학을 전공했습니다. 그래서 측량이나 사진 측량에 대해서 조금 지식이 있고, 지도학에 대해서는 잘 압니다. 저는 지도 제작 프로젝트를 어떻게 관리해야 하는지 배웠습니다. 지도 제작의 전체 공정을 알고, 모든 세부작업이 어떻게 돌아가는지, 그리고 어떤 기술이든 간에 사람들이 훌륭한 지도를 디자인하고 제작하는 데 어떻게 기여하는지를 아는 것, 그것이 바로 제가 배운 것의 대부분이라고 하겠습니다.

KC GIS 수업을 처음 듣는 대학교 1, 2학년 학

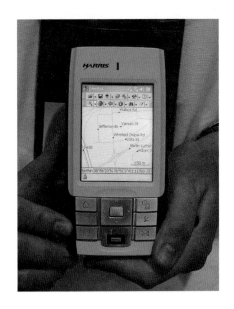

생들에게 어떤 말을 해 주고 싶습니까?

TT 제가 드리고 싶은 말씀은, 살면서 지리와 관련이 없는 무엇인가를 접하는 일은 거의 없다는 것입니다. 모든 것은 장소적인 속성을 가지거나 혹은 장소적인 속성과 관련되기 때문에 여러분은 그러한 관점을 가져볼 필요가 있습니다. 생각해 보시고, 여러분이 보고 관찰하고 경험하는 것들의 근본적인 원인을 향해 나아가십시오. 그렇게 하면 아마 지리학과 사랑에 빠지게 될 것입니다.

KC 대단히 감사합니다.

제 4 장

GIS 데이터 구축

"저 사람 지금 뭐하는 거야!" 공군참모총장이 소리쳤다. 그는 겁에 질려 벌벌 떨고 있었다. 그의 자리 뒤에는 육군참모총장이 더 떨면서 앉아 있었다. "지금 우리가 이 지도 밖으로 나갔다는 말은 아니겠죠?" 육군참모총장은 앞을 건너보며 소리쳤다. 공군참모총장은 "맞아요. 내 말이 바로 그거 아닙니까."라고 소리쳤다. "여길 보세요. 여기가 지도책 마지막 페이지란 말입니다! 우리는 벌써 한 시간 전에 이 지도 끝을 지나왔어요."라고 하며 지도책 페이지를 넘겨 보였다. 여느 지도집처럼 지도집 마지막엔 아무것도 없는 공란 페이지가 두 페이지 남아 있었다. 그는 이어 하얗게 비어 있는 페이지 한쪽을 가리키며 말했다. "그러니까 지금 우리는 여기 어딘가를 지나고 있는 겁니다." 그러자 육군참모총장이 울먹이며 물었다. "여기가 도대체 어디에요?" 하지만 젊은 조종사는 여전히 환하게 미소 지으며 이들 참모총장들에게 말했다. "바로 이래서 지도집을 만들 때는 항상 맨 끝에 비어 있는 두 페이지를 남겨 놓는 겁니다. 새로운 나라를 위해 말이죠. 그건 여러분이 직접 채워 넣으시죠."

Roald Dahl, The BFG, p. 162~163(1982)

4.1 아날로그와 디지털 지도

대부분의 사람들은 지도를 종이 위에 그려진 그림이라고 생각한다. 지도는 벽에 걸려 있기도 하고, 서랍에 보관되기도 하며, 각종 잡지, 신문, 여행안내서, 지도집, 책 내용에 담겨 있기도 하다. 전국 출판사를 통해 한해 수백만 장 넘게 인쇄되고 있는 지도는 사실 자동차마다 어딘가에 몇 장 정도가 비치되어 있기 마련이다. 일상생활에서 접하는 이런 지도들을 실제지도(real map)라고 부르는데, 이는 눈에 보이고 만질 수 있는 형태이기 때문이다. 이렇듯, 실제지도의 특징은 손에 들고 볼 수 있으며, 접어서 휴대하고 다닐 수 있다는 점이다. 하지만 컴퓨터의 사용은 지도에 대한 이와 같은 단순한 정의를 바꾸어 놓았다. 디지털 시대, 특히 GIS 환경에서 지도는 실제적인 것이기도 하고 **가상적인(virtual)** 것이기도 하다.

가상지도(virtual map)는 아직 종이에 최종적으로 그려지지 않은 지도다. 이는 우리가 GIS를 이용하여 원하는 방법과 시간에 지도를 만들어 낼 수 있게끔 컴퓨터 안에 정보를 정리해 둔 것이라는 뜻이다. 예를 들어 이용자가 도로, 하천, 삼림 등에 관한 지도정보에 접근할 수 있지만, 이 중에서 삼림과 하천만을 선별적으로 GIS를 통해 지도로 나타내고자 할 경우도 있다. 모든 실제지도는 단지 화면과 같은 매체를 통해 보이는 가상지도를 종이 위에 표현한 것이기에, 정보 전달의 매체가 결국 지도의 형식을 규정하게 된다. 많은 경우 사람들이 쓰는 매체는 종이지만, 점차로 컴퓨터 스크린을 통해 지도를 보게 되는 경우가 많아지고 있다.

GIS 상에서 지도를 사용한다는 것은 현장조사 자료가 새로이 수집되지 않는 한 이 지도들이 어떤 방법으로든 실제지도에서 가상지도로 이미 전환되었다는 것을 뜻한다. 다시 말해 종이지도가 아날로그 형태에서 디지털 또는 수치 형태로의 변환 과정을 거쳤다는 것이다. 이는 종이, 때에 따라서는 필름, 투명지, 혹은 다른 재질에 기록되어 있는 정보를 컴퓨터 파일 안에 일련의 수치로 옮기는 일을 뜻한다. 이러한 변환 과정을 지오코딩 (geocoding)이라 부르며, 공간정보를 컴퓨터가 읽어 들일 수 있는 형태로 바꾸는 작업으로 정의된다. GIS 업체가 경우에 따라서는 사용자가 원하는 자료를 얻는 데 도움을 주기도 하지만, 이때 사용자는 자료 수집에 따른 많은 비용을 지불해야 한다. 선행 연구에 따르면, 필요한 지도를 찾고 이 지도를 지오코딩을 통해 실제지도의 형태에서 가상지도의 형태로 변환하는 데 소요되는 비용이 일반적인 GIS 작업에 필요한 총 시간 및 경제적 비용의 60~90%에 이른다고 알려져 있다. 다행스럽게도, 이 비용은 지속적으로 필요한 것이 아니라 일회적인 것이다. 지도를 디지털 지도의 형태로 가지고 있다면, 수정이나 갱신 작업이 필요하지 않는 한 다양한 용도와 목적에 따라 반복적으로 사용할 수 있다. 앞으로 디지털 형태가 아닌 종이 형태로만 존재하는 지도는 계속 줄어들 전망이다.

GIS에서 사용되는 수치지도 자료는 크게 세 종류로 구분된다. 첫 번째 종류는 이미 존재하는 자료로, 사용자가 단지 찾아내거나 구입하기만 하면 되는 자료다. 두 번째는 아직 디지털 형태로 존재하지 않는 자료로, 종이 또는 다른 매체에 기록된 지도를 수치화(또는 지오코딩)해야 하는 종류이다. 세 번째는 지표사상이 변화하여 어떤 형태로든 존재하지 않는 지도로, 이 경우에는 원격탐사, 항공사진, 측량이나 GPS 등 지구 위치정보 시스템을 통해 현장자료를 수집하여 새로운 대상 지점에 대한 최초 지도를 만들어야 한다. 또 경우에 따라서는 필요로 하는 디지털 지도가 만들어져 있더라도 그 제작자가 지도의 사용을 허가하지 않거나 가격이 너무 고가여서 구매할 수 없을 수 있다. 설령 디지털 형태의 지도가 이미 확보되어 있더라도, 사용자가 원하는 특정 종류의 GIS 자료에 맞지 않거나, 너무 오래되어 사용자가 원하는 사상이 자료에 나타나 있지 않은 경우도 있을 수 있다. 결국은 사용자 자신이 원하는 형태의 디지털 지도를 얻기 위해서는 통상 어느 정도의 지오코딩 작업이 불가피하게 된다.

스캐닝이나 디지타이징과 같이 지도를 수치정보로 변환하는 절차를 설명하기 전에, 이미 존재하는 디지털 지도 자료를 어떻게 수집할 수 있는지 살펴보고자 한다. 자료 변환 프로그램과 GIS 자료 포맷에 대한 지식을 가지고 필요한 과정을 통해 작업이 성공적으로 이루어진다면, 우리가 구할 수 있는 여러 지도들 중 하나를 목적에 맞게 재사용할 수 있을 것이다. 많은 종류의 지도가 GIS 환경에서 직접 사용 가능하며, 경우에 따라서는 파일과 수치 구조에 대해 알 필요도 없이 자동적으로 컴퓨터에서 인식된다. 이 장에서는 다양한 유형의 자료와 포맷, 지오코딩을 통해 지도정보가 구조화되는 원리에 대해 순차적으로 알아보고자 한다.

오늘날 거의 모든 GIS 작업은 어느 정도의 자료를 가지고 시작된다. 정부 산하기관들에 의해 수집되고 제공되는 많은 양의 자료는 수행하고자 하는 작업을 위해 지도정보를 축적해 가는 좋은 출발점이 된다. 어디에서 자료를 찾고, 원하는 자료를 찾은 다음 무엇을 해야 하며, 그 자료를 어떻게 자신의 GIS 작업 환경으로 가져올지에 대해 숙지하는 것이 중요하다.

4.2 기존 지도정보 찾기

종이지도를 찾기 위해서는 보통 지도 도서관을 방문하거나 지도 도서관 웹사이트를 이용하게 된다. 지도 연구를 지원하고 지도를 보유하고 있는 도서관들은 대도시 소재 도서관이거나 주요 대학의 부속 기관들이다. 지도 도서관에서 근무하는 사서들은 컴퓨터 네트워크를 이용하여 정보를 공유하고 필요한 검색을 하며 도서관과 네트워크를 통해 인구통계

자료와 다양한 디지털 지도 등을 빈번히 만들어 내고 있다.

지도정보를 수집할 수 있는 다른 통로는 책을 통해서이다. 초보 단계에 있는 사람들에게는 Drew Decker(2000)의 *GIS Data Sources*가 좋은 예이다. USGS의 M. M. Thompson(1987)이 지은 *Maps for America*는 미국 전역에 대해 출간된 지도들을 훑어보는 데 추천할 만한 도서이다. 특히 국제적인 정보 수집을 위해서는 *Inventory of World Topographic Mapping*(Bohme, 1993)을 권한다. John Campbell이 지은 *Map Use and Analysis*(2001)의 부록편은 지도 시리즈와 색인들을 어떻게 사용하는지에 대해 설명하고 있으며, 여타 다양한 정보의 출처가 열거되어 있다. 이들 목록은 제21장 'U.S. and Canadian Map Producers and Information Sources'를 통해 살펴볼 수 있는데, 같은 내용이 인터넷 도서정보 http://auth.mhhe.com/earthsci/geography/campbell4e/links4/appalink4.mhtml에 소개되어 있다. 인터넷상의 지도정보뿐만 아니라 지도 디스플레이용 공개 소프트웨어에 대한 많은 양의 정보가 *Mapping Hacks: Tips & Tools for Electronic Cartography*(Erle, Gibson, & Walsh, 2005)에 담겨 있다.

많은 경우, 주 정부와 지방 정부는 종이지도를 수집하여 보관하고 있다. 일반적으로 도시계획 및 건물관리 부서는 개인의 소유지, 공원이나 상업용지의 지도를 제공한다. 지도를 구하기에 앞서 먼저 담당기관에 문의할 필요가 있는데, 이는 관리기관의 규정이나 취급업무에 따라 지도 제공 서비스의 수준이 크게 달라지기 때문이다. 규모가 큰 기관의 경우에는 자체적인 지도전담부서를 두고 있다. 고속도로공사, 공원관리소, 또는 산업개발조직과 같은 기관은 기관 내부에서 지도를 판매하기도 하는데, 많은 경우에는 무료로 제공되거나 저가로 공급된다.

기업체들은 지도자료를 판매함과 동시에 경우에 따라 일부 기업은 지도데이터 검색 서비스를 제공하기도 한다. 상업적으로 판매되는 대부분의 영상자료는 인터넷을 통해 검색할 수 있다. 많은 업체가 기존의 자료들을 패키지로 만들어 판매하기도 하지만, 사용자의 용도에 따라 원하는 포맷의 수치자료로 변환해 주기도 하고, 일정한 비용을 받고 주문된 GIS 포맷으로 직접 제작해 주기도 한다. 이런 업무를 취급하는 두 기업으로는 TeleAtlas (www.teleatlas.com)와 Yahoo가 있다. 이 회사는 회사 자체 좌표체계인 WOEID(Where On Earth Identification)를 기반으로 위치정보를 나타내고 있다.

물론 각 업체마다 자기들만의 장점이 있고 취급하는 지도의 종류도 다양하다. 이들은 주로 전문적인 사용자들을 위해 서비스를 제공한다. 주요 사용자층은 정부기관, 대기업,

부동산업체 등이다. 사람들이 흔히 쓰는 일반 무료자료들은 GIS를 처음 시작하는 사람에게 좋은 출발점이 될 뿐만 아니라, 많은 경우 일반 사용자의 GIS 작업에 필요한 것 이상으로 충분한 경우가 많다.

공공기관이 사용하는 디지털 지도자료는 주로 중앙정부에서 제공하는 것이 대부분이다. 미국의 경우, 중앙정부 단위에서 제작된 수치지도는 국가보안에 필요한 일부 자료를 제외하고는 미국 국민의 재산이다. 최근에는 스파이 위성이 취득한 자료마저도 일반 국민에게 제공되고 있다. 정보공개법(The Freedom of Information Act)은 일반국민 누구나 중앙정부에서 제공되는 수치지도자료를 이용할 권리를 보장하고 있다. 물론 자료 제공에 필요한 일정 수준을 넘지 않는 적정선의 비용을 자료 배포 비용으로 지불해야 한다.

하지만 모든 자료를 비용을 치르고 정보기관을 통해 얻어야 하는 것은 아니다. 정부기관들은 지도자료를 만들어 원하는 사람에게 최대한 무료로 제공하고자 하는 설립 취지를 가지고 있기도 하다. 컴퓨터 네트워크의 발달로 거의 모든 컴퓨터 이용자들이 이러한 자료 배포 기능의 혜택을 누릴 수 있으며, 보다 다양한 방법으로 자료 확보가 가능해졌다.

4.2.1 웹에서 자료 찾기

데이터 검색을 시작하는 가장 좋은 방법은 World Wide Web(WWW)을 사용하는 것이다. 거의 모든 컴퓨터에는 Opera, Firefox, Safari, Chrome, 또는 인터넷 익스플로러(Internet Explorer)와 같은 웹브라우저가 설치되어 있는데, 이를 통해 키워드 등을 사용하여 검색을 할 수 있다. World Wide Web은 컴퓨터와 서버, 그리고 인터넷상의 데이터 저장 장치들이 상호 연결된 망이라 할 수 있다. 지리정보를 검색하는 차세대 공간 웹브라우저들은 인터넷 검색을 공간적으로 할 수 있게 하고 있다. 주요 기관들마다 World Wide Web 서버 또는 자료를 검색하고 다운로드하는 통로가 되는 창구, 즉 데이터 검색 창구(gateway)를 보유하고 있다. 현재 많은 양의 자료가 이러한 메커니즘에 따라 처리되고 있다.

미국의 많은 정부기관들이 수치지도자료를 제작 및 배포하고 있지만, 세 기관으로부터 제공되는 다양한 GIS 자료늘이 가장 많이 이용되고 있다. 내무부 산하 지질조사국(USGS), 상무부 산하의 통계국(U.S. Census Bureau)과 해양대기청(NOAA)이 이들 기관인데, 제공되는 자료에는 지표사상, 미국 전역의 인구자료, 기상, 대기, 해양자료 등이 포함된다. 이 밖에 온라인에서 공간자료를 제공하는 기관으로는 항공우주국(NASA), 환경보호청(EPA), 연방재난관리청(FEMA) 등이 있다.

이 절에서는 위에 언급된 3개 주요 기관에 대해 자세히 살펴보고자 한다. 이들 기관을 통해 자료를 검색하는 작업은 인터넷을 통한 공공정보 서비스와 컴퓨터 네트워크 서버들 덕분에 과거에 비해 많이 편리해졌다. 많은 경우에 기관 간에 데이터를 서로 공유할 수 있는 데이터 유통센터가 존재한다.

4.2.2 미국 지질조사국(USGS)

USGS의 수치지도자료는 국가지도뷰어(National Map Viewer)라 불리는 자료 서버와 연결되는 자체 검색 시스템을 통해 온라인으로 일반 대중에게 배포된다. USGS의 자료는 디지털 라인 그래프(DLG), 수치고도자료(DEM), 토지 이용자료, 수치지명자료(GNIS), 수치정사사진(DOQ), 디지털 래스터 그래픽스(DRG)의 여섯 종류로 구분된다. 국가지도뷰어 포털 시스템은 그림 4.1에 나타나 있다. USGS는 자료의 전국적 확대를 위해 지속적으로 노력하고 있으며, 지도자료는 국가지도뷰어에 연결된 서버를 통해 배포하고 있다. 사용자가 원하는

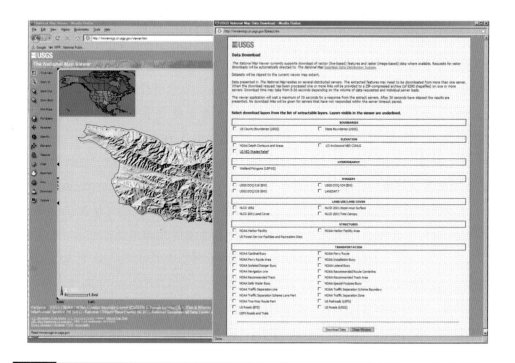

그림 4.1 국가지도 뷰어(http://nmviewogc.cr.usgs.gov/viewer.htm 참조).

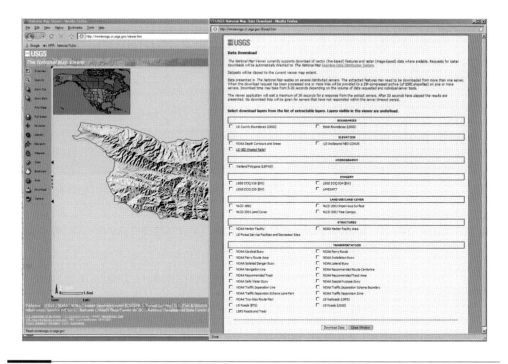

USGS 자료 서버를 통해 국가지도로부터 자료를 검색하고 다운로드한다.

지리적 범위를 온라인 지도상에서 지정하고 이에 대한 검색 요청을 하면, 서버는 전체 파일에서 요청한 범위만을 추출하여 대다수 GIS 소프트웨어 프로그램이 지원하는 다양한 일반 포맷으로 파일 전송 프로토콜(ftp)을 통해 사용자에게 직접 전달한다. 이들 자료 모델과 구조는 제3장에서 설명되었는데, 대다수 GIS 소프트웨어 프로그램 패키지가 이 자료들을 직접 사용할 수 있도록 지원한다. 예를 들어 캘리포니아 주 산타크루스 섬에 대한 데이터 검색을 하게 되면, 지질조사국, 해양대기청, 산림청, 어류 및 야생동물관리국으로부터 7개 유형(경계선, 수문, 영상자료, 토지 이용, 건설 및 교통) 38개 자료 세트가 도출된다(그림 4.2). 이 중 Landsat 자료를 클릭하면 해당 검색이 자동으로 전국지도 데이터 서버로 전달되며, 2002년부터 Landsat 자료를 공급하고 있는 이 서버로부터 두 영상자료가 연결된 상태에서 NAD83 기준의 GeoTIFF 포맷으로 제공된다. 이들 자료들은 ArcView 3.2와 uDig에 의해 압축파일이 풀린 다음 해당 소프트웨어 프로그램에 의해 바로 읽힌다. 많은 GIS 소프트웨어 프로그램은 정부기관에서 흔히 사용하는 포맷을 직접 읽어 들일 수 있도록 지원하고 있는데, 이 형식 안에는 투영정보와 좌표정보를 나타내는 메타데이터가

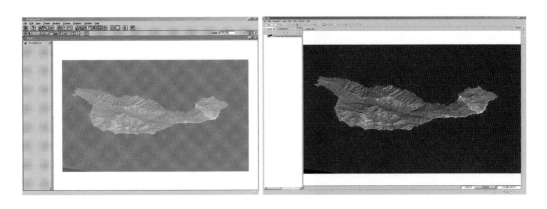

그림 4.3　그림 4.2에서 다운로드된 캘리포니아 산타크루스 섬의 Landsat 자료가 uDig(왼쪽) ArcView 3.2 GIS 소프트웨
어 프로그램(오른쪽)에 소개되어 있다.

포함되어 있다.

　USGS는 NOAA의 AVHRR(advanced very high resolution Radiometer) 자료를 토대로
제작한 토지 이용자료도 제공하고 있다. 이들 자료들은 인터넷을 통해 EROS Data Center
로부터 공간해상도 1km 수준에서 취득 가능하다. 2주 단위로 합성된 AVHRR 자료는 북
미와 지구 전체에 대해 같은 해상도로 식생지수를 보여 준다. 이 외에도, 토지 이용을 전
국단위로 나타낸 다해상도 토지특성자료(Multi-resolution Land Characterization
database)와 Landsat 위성자료를 제공하고 있다. 주제별 묶음자료도 혼히 국가지도뷰어에
추가되는데, 예를 들어 허리케인 경로자료 역시 지방 정부와 협력기관으로부터 제공되는
자료다.

4.2.3 미국 국립해양대기청(NOAA)

NOAA는 디지털 항해도, 위성항법 시스템 기반의 위치정보, 그리고 실시간 환경정보를
통합하는 해양 및 항공항법 시스템 관리를 주 업무로 한다. 디지털 기상도, 위성 및 레이
더 자료, 항공조종사와 항공운항관제원이 사용하는 지도 등이 주요 자료들이다. NOAA
항해도는 미국 내 모든 수역에서 대형 선박이 반드시 비치하고 있어야 하는 지도이다.
NOAA 산하기관으로는 정확한 국가 GPS 기준점을 관리하는 국가측지측량국(National
Geodetic Survey, NGS), 미국 기상청(National Weather Service), 몇 가지 중요한 지도제작
용 위성자료의 배포와 운영을 맡고 있는 위성정보국(Satellite and Information Service) 등

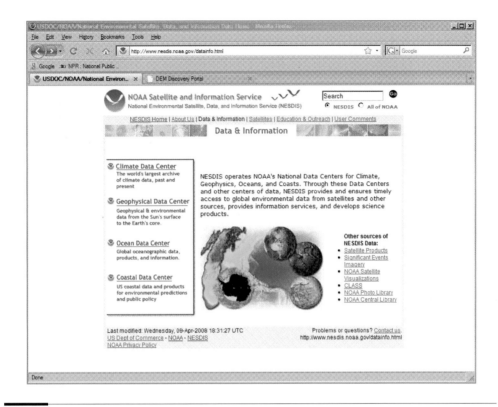

그림 4.4 NOAA의 지리자료 포털.

이 있다.

NOAA의 산하기관인 국가지구물리학자료센터(National Geophysical Data Center)는 세계 및 국가 수준의 다양한 디지털 지도자료들을 제공하고 있는데, 최근 자료로는 지표 자기장 자료를 비롯하여 경위도 1분 단위의 지표 기복자료, 상세해저지형자료 등이 있다(그림 4.4). NOAA는 몇 개의 지도자료 포털을 관리하고 있으며, 이들 포털 사이트들은 ESRI의 인터넷 지도 서버를 이용하여 양방향 검색을 지원한다. 검색된 자료는 GIS 소프트웨어 프로그램들이 지원하는 다양한 포맷을 통해 이용자에게 제공된다. 예를 들어 그림 4.5에 제시된 세계 지형 자료는 다운로드되어 압축 풀기를 거쳐 Quantum GIS 소프트웨어상에 표현되어 있다.

NOAA 산하조직으로 NGS가 있는데, 이 기관은 국가 측량자료와 측량기준점, 좌표체계 등을 관리하는 책임을 맡고 있다. 특히 유용한 도구들은 http://www.ngs.noaa.gov/

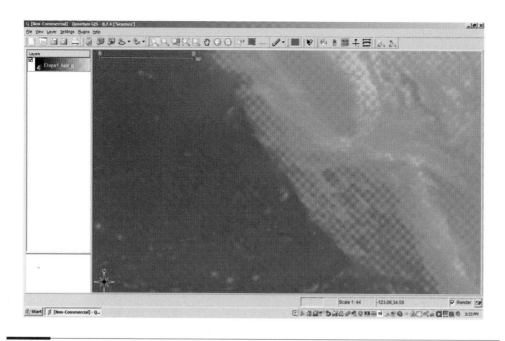

그림 4.5 캘리포니아 지역 NOAA 디지털 지표기복 자료가 다운로드되어 Quantum GIS 소프트웨어상에 나타나 있다.

TOOLS/에서 찾아볼 수 있다. 이들 도구들은 GIS에서 자주 쓰이는 지도 투영법, 좌표체계, 측량기준점에 따른 지리공간자료의 변환을 지원한다.

4.2.4 미국 통계국

미국 통계국은 수천 개의 인구조사 단위별로 도로주소 수준의 지도를 제작함으로써 10년 단위의 인구조사 작업을 지원하고 있다. 1990년 인구조사에서는 TIGER(topologically integrated geographic encoding and referencing)라 불리는 시스템을 새로 개발하였다. 제3장에서 살펴본 바와 같이, TIGER 시스템은 지리적인 단위 지역을 만들기 위해 도로구간(block face 또는 street segment)을 사용하였으며, 점, 선, 면(블록, 센서스 트랙, 또는 집계구)과 같은 상이한 차원의 지도학적 객체를 구분한다. TIGER에서, 점은 제로 셀, 선은 원 셀, 면은 투 셀로 표현된다(그림 4.6). 객체는 기하학적 형태(geometry, G), 위상(topology, T), 또는 두 가지 성질을 모두 갖는다(GT). 그림 4.6에 나타난 바와 같이, 일반화된 하나의 블록은 3개의 GT 폴리곤(GT는 기하학적 형태와 위상을 각각 나타낸다)으로

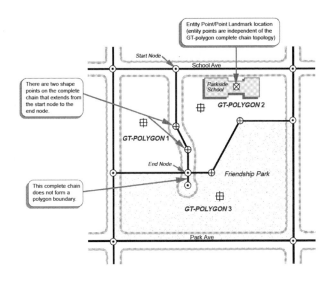

그림 4.6 TIGER 파일의 기본 단위인 제로 셀, 원 셀, 투 셀.

구성될 수 있다. 이 블록은 GT 폴리곤 2 내부의 점으로 표시된 지점과 GT 폴리곤 3에 해당하는 면 형태의 장소로 구성되어 있다(Census Bureau, 2000). 기하학적 형태 속성만을 갖는 객체는 통상 TIGER 지도상에서 세부적인 내용을 표현하는 장소에 해당한다. 2006년을 기준으로 갱신된 ESRI shapefile 포맷의 TIGER 파일을 TIGER 웹사이트에서 주별로 다운로드할 수 있다(www.census.gov/geo/www/tiger/tiger2006se/tgr2006se.html).

이러한 1990년 인구조사 지도들은 유관기관과의 폭넓은 협력을 통해 제작될 수 있었고, 이 자료들은 2000년 조사자료를 토대로 갱신되었다. 지도 디지타이징은 원래 USGS와의 협력으로 시작되었지만, 2010년 인구조사를 위해 대폭 개편되고 있다. 지도자료들은 인구조사자료와 함께 인터넷을 통해 배부되고 있다. GIS 시스템에 따라 속성자료를 동시에 처리하지 못하는 경우도 있지만, 거의 모든 GIS 시스템에서 TIGER 자료를 직접적으로 읽어 들일 수 있다. TIGER는 도로 수준에서 미국 전역을 대상으로 구축된 최초의 종합 GIS 데이터베이스라고 할 수 있다. TIGER의 중요한 기능은 어드레스 매칭(address matching)이다 : 속성자료를 통해 TIGER 지도상의 센서스 트랙이나 센서스 블록에 대응하는 주소지를 검색하는 과정, 즉 주소지 목록에만 의존하여 주어진 대상지점의 지리적 위치를 검색하는 것이다. 어드레스 매칭은 도로명과 번호, 도시명을 입력자료로 하여 그 주소지가 지리적으로 어느 곳에 해당하는지를 파악해 내는 작업이다. 예를 들어 홀수와

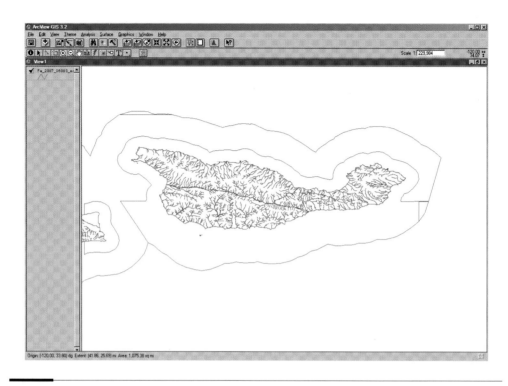

그림 4.7 캘리포니아 산타크루스 섬에 대한 TIGER 하천자료.

짝수 번지는 서로 도로 반대편에 위치하며, 가옥의 번지수는 각 도시 블록에서 100씩 증가한다. 따라서 블록 내 번지수 7262의 위치는 도로의 짝수 번지편을 따라 62/100만큼 떨어져 있는 지점으로 추정할 수 있다. 많은 온라인 또는 GIS 기반의 어드레스 매칭은 이러한 원리에 따라 TIGER 파일을 사용하여 사용자가 원하는 주소정보를 토대로 번지수의 위치를 찾아내게 된다. 이러한 파일들을 바탕으로 하여 그 위에 다른 정보를 가진 파일정보들을 표현할 수 있다(그림 4.7). TIGER 파일들은 2010년 인구조사자료 정확도 향상과 현장 GPS 자료의 활용을 위해 지금도 수정 및 갱신되고 있다(제3장 'GIS 사람들' 참조). TIGER 자료는 이미 미국 내 다수 GIS 및 모바일 지도 응용 프로그램을 위한 기반자료가 되어 있고 앞으로 점차 국가 경제와 행정에 중요한 역할을 하게 될 것으로 기대된다.

4.2.5 그 밖의 연방 정부 자료

미국 정부는 연방지리정보위원회 주관으로 국가 공간자료기반(national spatial data

infrastructure, NSDI)을 마련했는데, 이는 자료 보관과 카탈로그를 통합적으로 목록화한 것이다. NSDI 포털에는 GeoSpatial OneStop(www.geodata.gov)이 포함되어 있다. 이를 통해 기관별로 흩어져 있는 자료에 대한 검색이 용이해졌다. 이 밖에도 자료공유 시스템과 클리어링하우스를 구비한 비정부기관 자료원들이 다수 있는데, 이곳을 통해 GIS 사용자들은 자기가 취득하거나 처리한 자료를 배포하고 저장한다. 당연한 결과로, 자료에 대한 자료, 즉 메타데이터의 제공이 자료 공급원으로서 필수적인 일이 되었다. 연방 정부의 지리자료를 공급하고 사용자 필요에 맞는 자료의 검색을 지원하는 브라우저들이 다수 있다. 예를 들면 주로 정부기관의 자료를 제공하는 포털로 USGS의 자연재해 지원 시스템

그림 4.8 산타크루스 자연재해에 대한 GIS 자료를 지질조사국 자연재해 지원 시스템으로부터 검색 및 다운로드한 결과.

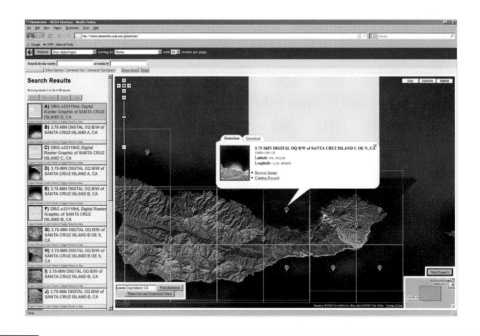

그림 4.9 Alxandria Digital Globetrotter에서 검색한 산타크루스 섬 지도(clients.alexandria.ucsb.edu/globetrotter).

(Natural Hazards Support System, nhss.cr.usgs.gov)(그림 4.8), NASA의 Worldwind (worldwind.arc.nasa.gov), Google Earth와 Google Maps, Alexandria Digital Library Globetrotter(clients.alexandria.ucsb.edu/globetrotter) 등이 있다(그림 4.9). 여러분은 곧 알게 되겠지만, 현재 엄청난 양의 미국 정부자료가 축적되어 있을 뿐만 아니라 GIS 환경에서 자료를 검색하고 다운로드하여 이들 자료를 이용하는 것도 상당히 편리해졌다. 공공목적으로 제작된 자료들이기 때문에 이들 자료는 주로 설명자료 또는 메타데이터를 포함하고 있고 GIS 환경으로 쉽게 변환될 수 있다.

4.2.6 자료의 생성

이미 만들어진 디지털 지도를 구할 수 있다는 것은 아주 다행스러운 일이긴 하지만, 너무도 다양한 자료 형태가 존재함으로 인해서 GIS 분석자의 고민 또한 많아졌다. 아날로그 자료원처럼 디지털 지도에도 특정한 지도 축척이 주어져 있다. 경계선, 해안선 등은 모두 지도가 처음 디지타이징될 때의 선 모양을 어느 정도 일반화한 것이다. 이뿐만 아니라, 지도는 보통 서로 다른 정밀도로 수치화되기도 하고, 오래된 지도가 자료원이었을 수 있으며, 수치화 이후 오랜 시간이 흘렀을 수도 있고, 때로는 정확도 면에서 오류가 있는 지도로부터 만들어졌을 수도 있다. 동일한 지역에 대해 두 지도가 서로 완벽하게 일치하는 경우는 거의 없을뿐더러, 컴퓨터는 사람이 정보의 신뢰도나 시의적절성을 판단하는 방식대로 그 불일치 문제를 해소해 주지는 못한다.

요약하면, 여러분이 GIS 일을 계속하게 된다면 싫던 좋던 간에 조만간 스스로 지도를 디지타이징하게 될 날이 올 것이다. 이는 지루하고, 많은 시간을 요구하는, 또 경우에 따라서는 성가신 일이지만, 이러한 학습 과정을 통해 여러분은 GIS 작업을 위해 사용되는 디지털 지도의 한계에 대해 더 잘 이해하게 될 것이다. 따라서 실무 경험의 부재로 생기는 수많은 실수와 그릇된 판단을 하기보다는 훈련 과정을 잘 인내하고 학습하는 과정이 매우 중요하다고 하겠다. 그럼, 디지털의 세계로 들어가 보도록 하자.

4.3 디지타이징과 스캐닝

역사적으로 자료의 수치화를 위해 많은 방법이 동원되었다. 우선, 초기 GIS 소프트웨어에서는 지도 수치화를 위한 데이터 입력을 모두 수작업으로 진행해야 했다. 지루하고 반복적인 작업이 요구되다 보니 오류가 빈발했고, 오류를 바로잡는 일도 쉽지 않았다. 디지타이징을 목적으로 특별히 제작된 하드웨어가 개발된 이후로, 특히 이러한 하드웨어의 비용이 크게 하락한 이후에는 거의 모든 자료 수치화를 컴퓨터로 수행하게 되었다.

두 가지 주요한 기술이 지도자료를 컴퓨터에 입력하는 기법으로 발전했다. 디지타이징은 도면을 손으로 그리는 것처럼 진행되는데, 전기신호에 민감하게 디자인된 디지타이징 테이블 위에서 지도 대상물을 따라 커서를 눌러 가며 이루어진다. 두 번째 방법은 컴퓨터로 하여금 지도 자체를 감지하도록 '스캔'하는 것이다. 이 두 가지 방법 모두 효과적으로 사용될 수 있는데, 각각에 대한 장점과 단점도 존재한다. 이때 가장 중요한 것은 결과물에 반영되는 수치화 방법과 이 과정에서의 축척인데, 이는 후속적으로 이루어지는 거의 모든 GIS 연산에 어느 정도 영향을 미치게 된다.

4.3.1 디지타이징

커서를 사용하여 지도 위를 따라가는 수치화 작업은 경우에 따라서 반자동 디지타이징 (semi-automated digitizing)이라 불린다. 이는 디지타이징 과정에서 기계장치를 사용하는 것 이외에 사용자의 노력이 동반되기 때문이다. 디지타이징은 곧 디지타이저 또는 디지타 이징 태블릿의 사용을 의미한다(그림 4.10). 이 기술은 컴퓨터 지도 제작과 컴퓨터 기반의 도면 디자인 기술로부터 성장하여 컴퓨터 하드웨어에 대한 더 많은 수요를 창출하게 되 었다. 도면 위로 디지타이저를 사용하는 방법이 지금도 사용되고 있지만, 이제는 컴퓨터 스크린을 이용한 디지타이징(heads-up digitizing이라 부른다) 방법이 보편화되었다. 하지 만 여기서 기존의 방법을 소개하는 것은 기존에 만들어진 많은 GIS 자료들이 이 방식에 기반하여 제작되었기 때문이다. 디지타이징 과정에서 발생한 근원적인 오류는 자료 특성 의 일부로 남게 된다.

디지타이징 태블릿은 전기적 장치를 부착한 도면 테이블과도 같다. 주요 구성 요소로는 지도를 부착하게 되는 편평한 본체 표면과 입력신호를 컴퓨터로 전달하는 입력펜 또는 커 서가 있다. 입력지점의 위치가 수집되는 과정은 디지타이징 장비에 따라 달라질 수 있다.

지도의 좌표체계를 등록하기 위해서는 3개 이상의 점에 대한 좌표값이 입력되어야 하 는데, 주로 우상단 좌표, 좌하단 좌표, 그리고 1개 이상의 나머지 꼭지점 좌표를 선택한 다. 이들 점들의 실제 좌표값과 디지타이저상의 좌표 비교를 통해 좌표방정식이 만들어지 고, 이를 바탕으로 도면상 자료가 지도좌표계로 변환된다. 많은 지도 입력 및 디지타이징 소프트웨어 프로그램은 지도의 기하학적 변환을 위해 최소 4개의 기준점을 필요로 하며,

그림 4.10 태블릿과 커서를 이용한 반자동 지도 디지타이징.

많은 경우 이들 기준점들을 반복적으로 입력하여 그들의 평균값을 사용함으로써 정확도를 높인다.

기준점들은 주로 한 번에 하나씩 입력되는데, 각 점이 입력될 때마다 레이블이나 고도값과 같은 속성자료가 추가된다. 선 자료는 일련의 점들로 구성되는데, 마지막 점의 입력을 알리는 신호를 주어서 어디서 선이 끝나는지를 표시해 주어야 한다. 호수나 행정구역과 같은 면 자료는 선으로 디지타이징된다. 때에 따라서는 마지막 입력점이 자동적으로 최초 입력점과 연결되어 폐곡선을 이루게 하는 기능(snapping이라 한다)이 적용되기도 한다. 마지막으로, 이들 점들이 제대로 입력되었는지 확인하고 필요에 따라 편집 작업이 이루어진다. 디지타이징 프로그램 또는 GIS 프로그램에는 선을 삭제하거나 추가하는 기능, 또는 점을 이동시키거나 연결하는 편집 기능을 갖고 있다. 편집이 끝나면 비로소 생성된 자료가 GIS 시스템에서 사용될 준비가 된다. GIS의 독립 모듈을 통하여 디지타이징과 편집 기능이 수행되고, 이를 통해 지도자료가 활용 단계에 이르게 된다. 흔히 GIS에서 지도상 오류는 이러한 기존 방식의 자료 생성 과정과 그 한계로 인해 발생한다.

4.3.2 스캐닝

두 번째 디지타이징 과정은 자동 디지타이징, 흔히 스캐닝(scanning)이라 불리는 것이다. 컴퓨터 가게나 홍보물에서 여러분이 본 적 있는, 또는 문서 스캔을 위해 사용하고 있는 스캐너는 평판 스캐너(flatbed scanner)이다. 지도에 주로 쓰는 것은 드럼 스캐너(drum scanner)이다. 드럼 스캐너는 회전하는 드럼에 지도 전체를 부착하여 매우 촘촘한 간격으로 지도를 스캔하여, 레이저와 같은 강한 빛을 지도에 쏘아 반사되어 돌아오는 반사광의 양을 측정하는 원리이다(그림 4.11). 해상도가 높아질수록 자료의 크기와 비용이 증가한다. 이와 같은 방식의 특징은 선, 사상, 문자와 같은 정보가 실제 너비대로 스캔되고, 컴퓨터가 특정 지도학적 대상을 인식하기 위해서는 자료 처리가 요구된다는 점이다. 스캐닝을 위해서는 지도가 깨끗해야 하고, 접은 자국이나 여타의 표식이 없어야 한다. 스캔되는 지도는 대개 종이지도가 아니라 네거티브 필름, 마일러 색구분판(Mylar separations), 또는 지도 제작에 쓰이는 음각자료(scribed materials)인 경우가 많다. 다른 한 유형의 스캐너는 자동선추적기(automatic line follower)인데, 이것은 스캔 장치를 수동으로 선에 이동시켜 놓은 다음 그 선을 자동으로 따라 그리게 하는 장치이다. 자동선추적기는 주로 등고선과 같은 연속적인 선을 그리는 데 사용된다. 이 외에 다른 종류의 스캐너들도 CADD(computer-

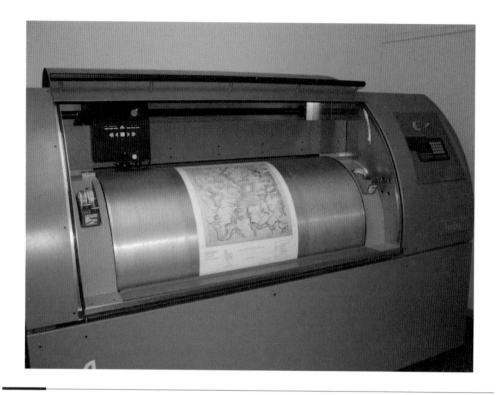

그림 4.11 대형 규격 드럼 스캐너의 이용.
출처 : USGS.

aided drafting and design) 시스템에 유용하게 사용되는데, 공학적인 도면과 스케치가 입력자료로 흔히 쓰인다.

간단한 데스크톱 스캐너는 해상도 증가와 가격 하락으로 점차 수치화 장비로서 중요성을 더해 가고 있다. 스캐닝 과정은 보통 지도를 준비하는 과정부터 시작된다. 스캐닝에 사용될 지도는 최대한 깨끗해야 하고, 선들은 선명하게 나타나 있어야 한다. 그런 다음 그지도를 데스크톱 스캐너에 올려놓고, 소프트웨어를 이용하여 스캔을 마친 후 그 결과를 미리보기 한 다음, 이상이 없으면 파일 형태로 저장하게 된다. 일련의 스캐닝 과정은 신속하게 이루어지지만, 차후 문제 해결에 필요한 시간을 절약하기 위해서는 세심한 주의가 필요하다. 해상도가 낮은 스캐너는 GIS 용도로는 적합하지 않을 가능성이 높지만, 그래픽 편집 작업의 일부로 대략의 스케치를 그려 넣는 데 사용될 수는 있다. 이런 방법을 쓰면 야외 스케치를 GIS 작업의 최종 지도를 제작하기 위해 필요한 주요 정보원으로 활용할 수 있다.

스캐닝 작업에 있어서는 축척과 해상도 개념이 매우 중요하다. 그림 4.12에서 보듯이, 캘리포니아 주 리틀 파인 마운틴 지역 7.5분 지형도의 일부를 서로 다른 네 가지 해상도로 스캔해 보았다. 스캔한 정방형의 지역은 한 면이 100mm로 측정되었다. 1:24,000 축척에서 이 거리는 24,000×100 = 2,400,000mm, 즉 2,400m에 해당된다.

그림 4.12는 가로, 세로 각각 100mm의 지도 일부를 보여 주지만, 스캔자료의 화소 밀도는 인치당으로 주어진다. 인치당 200화소(DPI)는 1mm에 7.87개의 점이 인쇄된다는 뜻

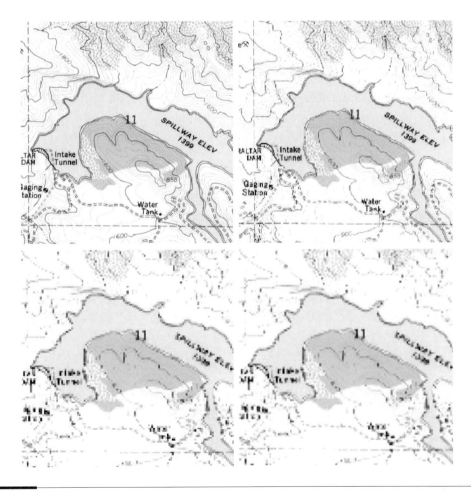

그림 4.12 캘리포니아 리틀 파인 마운틴 지역의 1:24,000 지형도 일부의 드럼 스캐너 이미지. 왼쪽 위 200dpi, 오른쪽 위 100dpi, 왼쪽 아래 50dpi, 오른쪽 아래 25 dpi.

인데, 환산하면 주어진 정방형 지역이 787×787개의 화소로 구성된다는 뜻이다. 같은 지역을 100DPI로 스캔하면 1mm당 3.937개의 화소가 생성되는 해상도인데, 해당 이미지는 394×394개의 화소로 이루어진다. 이와 같은 두 가지의 스캔에서 실제 거리로 보면, 첫 번째 해상도에서 한 화소는 약 3m, 두 번째 경우에서는 6m를 나타내게 된다. 지도 정확도에서 중요한 것은 인쇄상의 밀도가 아니라 대응되는 축척이다. 실개천과 같이 아주 가는 지도상의 선은 약 0.2mm 정도에 해당된다.

이 말은 1:24,000 축척에서 그 실개천을 땅 위에 그려 보면 그 폭이 4.8m에 해당한다는 뜻이다. 다시 말해 이 경우의 화소 크기는 200DPI 스캔에서의 화소 크기보다 큰 규모지만 100DPI에서의 화소 크기 6m보다는 작은 크기이다. 결과적으로 그 실개천을 나타내는 선의 대부분은 인식되지 못하게 되고, 간헐적으로만 화소와 선이 일치하게 된다. 이러한 상황은 그림 4.12 속에서 볼 수 있다. 이러한 경로로 사상이 소실되는 것을 자료 소실(dropout)이라 한다. 자료 소실은 지도상의 사상을 완전히 없어지게 하거나, 배경에 표시되는 오류처럼 보이게 만든다. 투영상의 표시선, 틱 마크(tic marks), 또는 상세한 대상물과 같이 자료의 후처리 과정에서 중요한 내용이 이런 과정으로 없어지면 심각한 문제가 될 수도 있다. 스캐닝과 관련하여 덧붙이고 싶은 한 가지 사실은 연필선, 커피 얼룩, 종이 변색, 특히 구김이나 주름은 항상 스캔 이미지에 나타난다는 점이다. 또 스캔하고자 하는 지도가 양면에 인쇄되어 있는 경우, 스캔을 하게 되면 뒷면의 인쇄내용이 겹쳐 나타날 수도 있다. 4.6절에서 보게 되듯이, 이는 여러 문제를 야기하게 된다.

4.4 현장조사 자료와 이미지 자료

4.4.1 현장조사 자료 수집

GIS 프로젝트에 사용되는 자료가 점차 현장조사 자료, GPS 자료, 이미지 자료가 결합된 형태로 수집되고 있다. 현장조사 자료는 표준적인 측량법을 통해 수집된다. 측량을 위해서는 우선 현장 기준점 위치를 확보해야 한다. 다음으로는 대상물을 따라가거나 지표기복면에 걸쳐 추가적인 위치정보를 수집해야 한다. 예를 들어 방향각과 거리를 측정하는 장비를 사용하여 대상물의 가장자리를 따라 순차적으로 위치정보를 수집하는 절차가 필요하다. 가장 높은 정확도 표준이 적용되는 장비는 토털 스테이션(total station)이라 부르는

그림 4.13 캄보디아 Bantay Srei 지역 고고학 조사 현장에서 토털 스테이션의 사용.

데, 이 장비는 측량장비이면서도 동시에 디지털 기록을 수행하는 장비이다. 레이저를 사용하여 프리즘 반사를 통해 거리를 측정하는 원리를 사용하고 있다. 이보다 저렴한 장비로는 데오돌라이트(theodolite)나 트랜짓(transit), 또는 레벨(level)이 있으며, 이들은 보통 스타디아(stadia)라 불리는 거리 측정법을 쓰는데, 장비의 렌즈를 통해 눈금이 표시되어 있는 장대를 보며 해당 수치를 읽는 방법이다.

수집된 자료는 노트에 우선 적었다가 추후 컴퓨터 프로그램에 입력하여 방향각, 경사각, 거리를 동서 거리(easting), 남북 거리(northing), 고도값으로 변환한다. 이런 종류의 소프트웨어 프로그램을 COGO('coordinate geometry'를 뜻한다)라 하는데, 다양한 COGO 패키지들이 자료를 직접 GIS 포맷으로 저장하거나 변환하는 기능을 내장하고 있다. 현장조사는 지표 측량, 생태학, 고고학, 지질학, 지리학 등에서 흔히 수행된다. 높은 정확도가 요구되지 않을 경우에는 개략적인 현장 스케치, 방안, 트랜섹트(transects), 샘플링 포인트, 휴대용 GPS 등이 사용된다. 많은 경우 GIS 소프트웨어 프로그램은 현장에서 사용되는 측정장비 운영 시스템에서 사용 가능하며, ESRI의 ArcPad 프로그램이 그 한 예이다.

4.4.2 스크린 디지타이징

GIS 자료 수집을 위한 스캐닝 작업에는 여러 가지 이점이 있다. 지도자료를 획득하고 갱신하는 표준적인 절차에 있어 스캔된 지도 위에 수작업 디지타이징을 할 수 있다는 것이 한 가지 이점이다. 스캔된 이미지를 Adobe Illustrator나 Coreldraw와 같은 이미지 편집 프로그램, 또는 AutoCad와 같은 CAD 프로그램으로 가져와 작업하는 것이 학생에겐 가장 손쉬운 방법이 될 수 있다. 선명한 선이 나타난 지도나 트레이싱 도면을 스캔하게 되면 ArcScan과 같은 GIS 모듈과 자동화 소프트웨어를 통해 연속적인 선을 추출하고 벡터자료로 변환해 낼 수 있다. 인쇄된 문자와 교차하는 선(도로와 교각이 서로 교차하는 경우 등)이 있을 경우에는 작업이 다소 어려워진다. 오래된 벡터지도는 도시 확장에 따라 도시 외곽에 새로이 건설된 도로, 새로운 가옥 등이 모두 반영된 갱신된 이미지 위에 중첩되는 경우도 많다. 어떤 경우에는 이미지로부터 사상들을 추출하여 새로운 지도를 만들기도 한다. 이런 경우에는 기존의 GIS 자료가 갖고 있는 좌표체계로 변환시켜야 하기 때문에 그 이미지에서 위치를 알고 있는 대상 사상을 찾는 일이 매우 중요하다.

그림 4.14는 벡터자료가 이미지로부터 추출되어 GIS 자료로 전환되는 과정을 보여 준다. 다소 주관적인 자료 처리 과정이 개입되지만, 시각적으로 사상들을 점검하고 기존 자료와의 일치 여부를 확인하는 것이 중요하다. 자료 상호 간에 완벽한 일치가 요구되는 경우에는 오류가 내재된 새로운 벡터자료를 생성하는 것보다 기존 자료를 수정하는 것이 더 낫다. 마지막으로, 스캔된 지도의 해상도에는 한계가 있기 때문에 축척, 해상도, 또는 좌표값을 변경하지 않고 벡터자료를 취득하는 것이 최상의 방편이 된다. 벡터자료가 추출된 후에는 기준점들을 이용해서 자료의 변환이 가능해진다. 지도 이미지는 원 좌표에서 GIS 좌표체계로 전환되기 때문에, 래스터 자료를 좌표 변환하여 벡터지도에 중첩시켜 봄으로써 평면에서의 기하학적인 오류를 찾아내는 데 많은 도움을 얻을 수 있다.

4.4.3 GPS 데이터 수집

측량의 첫 단계는 기준점을 확보하는 것인데, 이는 주로 USGS 표준점 위치를 파악하거나 GPS를 사용하여 수행한다. 2개의 GPS 수신기를 함께 사용하는 보정모드(differential mode)를 사용하면 기준점 위치를 오차 1m 미만의 정확도에서 알아낼 수 있다. 이보다 더 정확한 측정을 위해서는 소프트웨어를 사용한 사후 자료 처리(post-processing)를 수행할

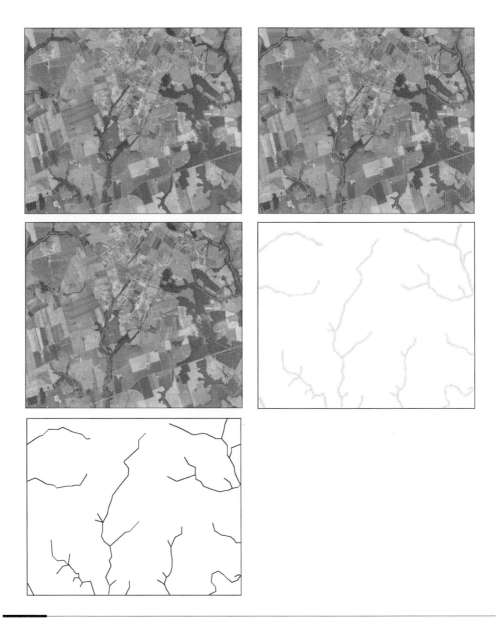

그림 4.14 스크린 디지타이징. 이미지에 다른 자료원으로부터 해상도가 낮은 수문자료(빨간색)를 중첩하였다. 그 뒤 벡터자료를 추가하여 하천자료(보라색)를 구체적으로 표현하였다. 모든 선 자료들은 빨간색과 보라색을 섞어서 추출된다(파란색). 이들 선들은 수작업으로 추출된 다음 고해상도에서 새로운 디지털 하천자료로 변환되었다(왼쪽 아래).

수도 있고, 광역오차전송시스템(Wide Area Augmentation System, WAAS)을 사용하여 실시간으로 오류를 보정할 수도 있다. 실상 정확도 1m 미만 수준의 측량은 상대적으로 단순하다. 이러한 점 자료는 차후에 이어지는 측량망의 확장과 기준점 사이의 측량점을 추가하는 데 중요한 기초가 된다. 2005년 허리케인 카트리나로 인한 피해 이후, USGS가 높은 정확도의 기준측량점 측정을 위해 사용한 GPS 시스템이 그림 4.15에 나와 있다.

GPS는 중간 높이의 지구 궤도를 회전하는 24개의 위성으로 구성된 시스템으로서 각 위성은 시간 신호를 송출한다. 이를 기반으로, 측정지점에 상관없이 하루 24시간 내내 언제든 측정이 이루어지는 순간에 최소한 4개의 위성이 측정지점 지평선 위에 위치하게 된다. GPS 수신기가 신호를 받을 때에는 가장 가까이 있는 위성의 위치가 파악되고, 시야에 있는 각 위성으로부터 신호를 수신한다. 각 위성으로부터 송신되는 신호 간의 시간차를 계산하고 위성 궤도위치정보(ephemeris data)를 결합하여 최종적으로 구하고자 하는 경도, 위도, 고도값을 계산해 낸다. 많은 수신기는 몇 가지 좌표체계와 측량기준점을 기준으로 하는 값으로 직접 변환이 가능하며, 이들 대부분은 수신된 자료를 바로 컴퓨터로 다운로드할 수 있다. 일부 GPS 장비에는 범용 GIS 포맷으로 직접 다운로드하는 기능이 있다.

그림 4.15 GPS 기준점은 정해진 지점에서 자료를 연속적으로 수집하여 생성한다. 많은 양의 수집자료를 평균하여 정확한 좌표를 설정한다. 이러한 자료는 다시 오차 보정을 사용하여 다른 지점의 좌표를 정확하게 수정하는 데 사용된다.

출처 : USGS.

2000년 5월 이전에는 GPS 신호가 교란신호 모드(coarse acquisition code mode)하에서 생성되어 오차가 75~100m에 달했다. 이는 선택적 허용(selective availability) 정책에 의해 의도적으로 신호의 정확성을 떨어뜨렸기 때문이다. 선택적 허용 정책은 더 이상 국가안보 상의 의미가 없다고 판단되어 지금은 적용되지 않고 있으며, 결과적으로 위치오차 범위는 10~25m 수준으로 대폭 떨어졌다.

오차를 줄이기 위한 방법으로 2개의 수신기를 이용하여 하나는 위치가 알려진 지점에, 다른 하나는 움직이는 기지국으로 하여 이들 수신기들로부터의 신호를 수집한 다음 컴퓨터에서 처리하여 위치 측정의 오차 크기를 계산한 후 이를 제거할 수 있다. 이러한 방식을 GPS의 보정모드(differential-mode)라고 부른다. 무전기 또는 휴대전화 연결을 통해 현장에서 오차 보정이 가능하다. 오차 보정 정보는 WAAS를 통해 전송되어 미국 및 다른 지역에서 내비게이션을 지원하며, 이 서비스는 상업적으로 제공되기도 한다. 많은 GPS 수신기는 이들 신호를 처리하여 정확도를 크게 개선한다.

대다수 휴대용 GPS 수신기는 자료를 컴퓨터 소프트웨어로 다운로드하는 기능을 갖추어, 사후 자료 처리를 통해 정확도를 높이거나 GIS 시스템으로 직접 통합할 수 있게 해 준다. 기종에 따라서는 GPS 수신기가 상세한 지도를 내장하기도 한다. 경우에 따라서는 GPS 수신기가 GIS를 포함한 소프트웨어 프로그램과 결합하여 위치정보를 지도 위에 직접 표시하기도 한다. 몇몇 GPS 회사들은 현재 휴대용 디지털 통신기와 휴대전화를 위한 소프트웨어 프로그램을 제공하고 있는데, 이들 기기들은 회사 고유의 GPS 수신장치를 내장하고 있다. 이들은 자료 수신장치에 연결되는 GPS 칩을 생산하여 동물, 사람, 자동차의 이동을 추적할 수 있게 해 준다. 그림 4.16에 나타낸 Trackstick 제품이 그 한 예이다.

GPS는 GIS 자료를 획득할 수 있는 아주 효과적인 방법이다. 현재 개발 중에 있는 대체 시스템의 예로는 중국의 COMPASS와 유럽의 Galileo가 있다. 보다 일반적인 용어는 전지구항법위성시스템(Global Navigation Satellite System)이다. GPS의 문제점은 하늘이 산이나 식생 등으로 가려질 때 오작동한다는 점이다. 수신되는 신호 역시 측정 순간 하늘에 떠 있는 위성들이 분포 조건에 따라 변화한다. 이와 같은 오류를 표시하는 척도를 위치 정확도 지수(position dilution of precision, PDOP)이라 한다. 많은 휴대용 GPS 수신기들은 측정된 위치정보 오류가 너무 커질 경우 사용자에게 알림 메시지를 출력한다. 그림 4.17은 동일한 지점에서 다양한 시점에 측정된 2개의 GPS 수신기로부터의 신호를 보여주고 있다. 식생의 영향, PDOP, 높은 빌딩으로 인한 반사오류(multipath error)가 확연하게

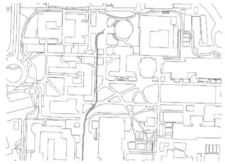

그림 4.16 캘리포니아대학교 샌타바버라 캠퍼스(UCSB) 지도 제작에 사용된 개인용 GPS 추적장치(Trackstick).
출처 : Julie Dillemuth.

나타나 있다.

4.4.4 이미지 자료와 원격탐사 자료

이미지 자료는 GIS에서 매우 흔하게 사용되는 자료이다. 대다수의 이미지 자료는 USGS
의 디지털 정사사진지도와 같은 항공사진이나 위성자료다. 국가 항공사진 프로그램
(National Airphoto Program)은 미국에서 사용되는 다양한 축척으로 국가지도를 통해 사
진촬영을 수행하고 있으며, 기업에서도 항공사진 이미지를 판매하고 있다. 디지털 정사사
진(digital orthophoto quarter quadrangles, DOQQ)은 1:12,000의 축척을 가지며 공간해상
도는 1m이다. 도시 지역과 같은 곳에서는 해상도가 0.16m까지 올라간다. 현재 미국의 항
공사진 프로그램은 전국에 대한 자료를 축적하고 있으며, 업데이트 작업도 자주 이루어지
고 있다. 디지털 정사사진지도의 한 예가 그림 4.18에 나타나 있다. DOQQ는 기준이 되는

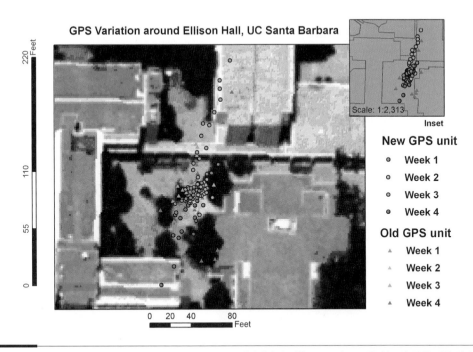

그림 4.17 2개의 수신기를 가지고 4주 동안 UCSB 내 두 지점에서 수집한 GPS 자료. 오류 분포와 주위 건물 및 식생 위치가 나타나 있다.

출처 : Adeline Dougherty.

좌표를 워싱턴 D.C. 백악관 남쪽에 위치한 타원형 대통령 공원에 두고 있다. 두 사진을 비교해 보면, 낮은 해상도를 갖는 백악관 이미지와 해상도가 높은 인근 공원 블록이 차이를 보이고 있다. 이 책의 마지막 장에서 이 문제를 논의하게 될 것이다. 이들 자료와 기타 상업적인 이미지들은 Google Earth와 같은 온라인 검색 도구에서 흔히 사용되고 있다.

Landsat 프로그램은 1972년부터 세계 도처의 이미지를 생성해 오고 있다. 지금까지 3개의 스캐너가 각각 공간해상도 79, 30, 15m 수준에서 지표를 촬영해 오고 있는데, 다분광 스캐너, thematic mapper, enhanced thematic mapper plus라 불리는 센서들이 그것들이다. 이들 이미지들은 사축 메르카토르 투영법에 따라 기하학적으로 보정되어 GIS 프로젝트에 사용될 수 있도록 전국지도데이터베이스(National Map Seamless Database)를 통해 공급된다. 지구 전체에 대한 자료는 프로그램 중단으로 인해 연속적으로 수집되지 못하였다. 이미지 자료를 생산하고 있는 다른 프로그램으로는 프랑스 SPOT 위성 프로그램과 캐나다의 RADARSAT 프로그램이 있다. 상업적으로 공급되는 위성 프로그램 중에는 미국

그림 4.18   백악관과 타원형 대통령 공원이 들어간 USGS 디지털 정사사진이 ESRI ArcView에 나타나 있다. 보다시피 백악관 사진의 해상도가 떨어져 있다. 오른쪽 아래 사진에서 기준점은 0마일 표식이다.

Digital Globe의 Quickbird와 Ikonos를 들 수 있다. 이 밖에도 소축척 GIS 프로젝트에서 사용되는 자료로는 AVHRR을 탑재한 NOAA의 지구궤도위성, NASA의 MODIS, NOAA의 정지궤도 GOES 기상위성이 있다. 이들 위성자료는 매일 저녁 TV 일기 예보에서 볼 수 있는 것들이다(그림 4.19). 이미지 자료는 GIS에서 사용되어 도로, 빌딩, 호수와 같은 지리사상들을 추출해 내는 데 자주 사용된다. 이미지 자료의 자동적인 처리를 통해 식생, 토지 이용, 기타 다른 지도 레이어를 제작하는 경우도 흔하다. 그림 4.20은 Landsat 7의 이미지와 이를 통해 2차적으로 생성된 지도를 보여 주고 있는데, 전국토지 이용데이터베이스(National Land Cover database)에서 얻을 수 있는 토지 이용분류 지도이다.

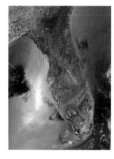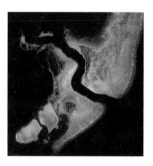

그림 4.19 GIS와 함께 사용되는 다양한 위성 이미지 자료들의 예(모두 플로리다 지역을 보여 준다). 왼쪽부터 ASTER, MODIS, Ikonos, Landsat 합성자료이다.

출처 : USGS, NASA.

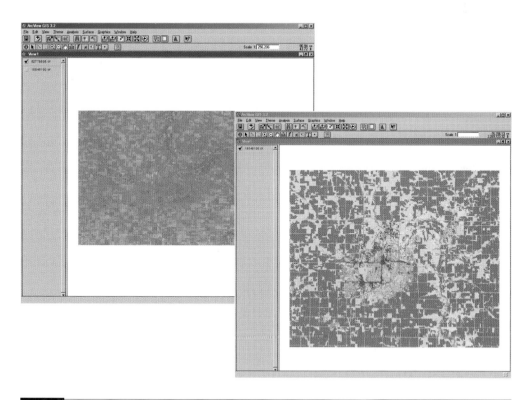

그림 4.20 GIS 시스템으로 가져온 Landsat 자료로 토지피복과 토지 이용을 보여 준다. 전국토지이용데이터베이스로부터의 예.

출처 : USGS.

4.5 데이터 입력

수치화 또는 지오코딩은 GIS 데이터 입력의 일부로 지도를 컴퓨터에 저장할 수 있도록 해준다. 그러나 우리는 속성자료를 GIS 시스템에 구축하는 방법을 다루지 않았기 때문에, 아직 모든 과정이 설명된 것은 아니다. 속성은 GIS에 저장된 사상에 대한 정보를 담고 있는 측정값, 특히 수치에 해당된다. 예를 들어 수치화하는 대상이 도로라면, 교차로를 따라 진행하는 그 도로의 경로를 지도로부터 수집하는 일은 순수하게 수치화 그 자체라고 볼 수 있다. GIS 사용자는 길게 굽어 있는 이 선 자료가 어떤 사상인지 컴퓨터에 알려 주어야 한다. 이 선이 도로라는 사실과 이와 관련된 기타 GIS에 필요한 정보 등을 말한다. 이 도로와 관련된 속성은 도로번호, 도로건설 연도, 도로면 재질, 차선의 수, 일방통행 또는 양방향통행 여부, 도로가 지나는 교각의 수, 시간당 교통량 등이다. 이러한 도로의 특성이 바로 속성자료가 된다. 요리로 치면 이 속성정보가 GIS 분석의 주재료라 할 수 있다. 우리는 이 속성정보를 일정한 방법으로 컴퓨터에 입력시켜야 한다.

쉽게 말해 속성자료는 플랫파일이라고 할 수 있다. 이 파일은 숫자 테이블과도 같다. 테이블의 열이 속성을 나타내며, 행은 각 사상을 나타낸다. 행으로 표시된 테이블의 각 라인은 레코드라 불리는데, 이 명칭은 사람에 따라 다소 다르게 부르기도 한다. 컴퓨터 과학자들은 이것을 튜플(tuple)이라 부르고, 통계학자들은 사건(case) 또는 관측치(observation)라 부른다. 컴퓨터 프로그래머는 아마도 지리적 객체의 예라고 부를지도 모르겠다. 이와 같이 서로 상이한 이름은 모두 같은 뜻을 갖고 있다. 레코드가 그중 간단한 듯하다.

그림 4.21에 나와 있는 플랫파일을 보기 바란다. 레코드와 속성정보는 앞에서 언급된 도로의 예와 관련된다. 속성 테이블은 몇 개의 부분으로 구성되어 있다. 우선 각 속성의 이름이 있다. 속성정보를 생성한다는 것은 각 사상과 연관된 관측값을 정하는 것을 의미한다. 속성을 설정하는 초기 단계에서, 앞으로 수집할 속성내용을 예측하여 이를 기록할 테이블의 열을 여분으로 흔히 남겨 둔다. 두 번째는 레코드이다. 레코드는 통상 각 열에 대해 하나의 자료값을 갖는다. 스프레드시트와 데이터베이스 같은 소프트웨어 프로그램을 사용하여 테이블 셀마다 하나의 자료값을 입력한다. 하지만 테이블을 구축할 때는 어느 정도의 형식을 갖추어야 한다. 각 속성은 단순히 이름 외에도 다른 성격을 지니고 있다. 예를 들어 우리가 '국도 1번'을 속성 열 '도로면 재질'에 입력하려고 한다면, 분명히 무엇인가 잘못된 것이다. 각 속성은 몇 가지 특성을 지니고 있는데, 이 모든 것에 대해 미

Features on Adams, NY, Map

ID #	Feature	Name	Surface	Lanes	Traffic per hour
1	Road	US 11	tarmac	3	113
2	Road	181	concrete	4	432
3	Road	Lisk Bridge Road	tarmac	2	12

자료값은 한 속성의 레코드에 배정된 수치나 문자를 말한다.

속성은 각 레코드에 대해 이름과 자료값을 갖는다.

레코드는 한 사상과 관련된 모든 속성을 포함한다.

그림 4.21 플랫파일로 구성된 속성 테이블.

리 숙지하고 있어야 한다. 다음은 이 과정에서 고려되어야 하는 내용을 모은 것이다.

1. 자료값의 종류는 무엇인가? 예를 들어 자료값은 문자, 숫자, 소수, 또는 미터나 시간 당 차량 수와 같은 단위가 된다.
2. 자료값의 타당한 범위는 무엇인가? 예를 들어 퍼센트는 0~100까지로 제한되어야 한다. 음의 값이 허용되는지? 문자의 경우, 어떤 철자 또는 선택 범위가 허용되는가? 최대로 허용되는 문자 자료값의 문자수는?
3. 테이블 셀 중에 자료가 누락되어 있다면 어떻게 되겠는가? 예를 들어 레코드에서 그림 4.21에서와 같이 조사원의 부재로 통행량과 같은 속성자료가 누락될 수 있다. 이런 경우에는 −999 또는 NULL(자료 없음)과 같은 누락치 표시자(missing value flag)를 흔히 사용한다. 자료의 행과 열의 평균이나 합을 계산할 때, 이러한 누락치는 당연히 포함시키지 않는다.
4. 중복 자료값도 허용이 되는가? 그림 4.18에서 81번 고속도로에 대해 하나는 북쪽 방면으로, 또 다른 하나는 남쪽 방면 차선으로 중복되게 입력했다면 어떻게 되는가? 차

량통행량, 도로표면 상태 등이 서로 다를 수 있는데, 이럴 때에는 각각의 속성을 가질 수 있다. 이 경우, 속성 중 'Name'에 해당하는 내용은 동일하게 입력된다.

5. 고유한 속성은 어떤 것인가? 고유속성은 두 데이터베이스 간의 링크를 말한다. 따라서 그림 4.21의 예에서 속성 'ID #'는 그 도로에 배정된 이름과 일치해야 한다. 그렇지 않으면 모든 속성자료를 잃게 된다.

이 중 많은 질문에 대한 답변은 데이터베이스가 처음 만들어질 때 우선적으로 제시되어야 한다. 속성 정의를 수행하는 데이터베이스 관리 도구를 데이터 정의 모듈(data definition module)이라 한다. 이 모듈은 보통 자체의 메뉴, 언어를 가지고 있으며, 일반적인 GIS 사용자보다는 프로그래머에 의해 설정된다. 경우에 따라 디지털 지도자료와 같이 속성자료가 기존 자료로부터 얻어질 수 있다. TIGER 파일에 연결되는 미국 통계국 자료 파일이 그 예이다. 이 경우에는 미국 통계국의 속성자료와 지리사상 간 링크가 이미 마련되어 있을 것이다. 하지만 새로운 자료가 생기거나 사용자의 필요에 따라 자체적으로 데이터베이스를 생성할 때에는 이들 간의 링크를 만들어 주어야 하며, 사용자가 직접 이를 확인해야 한다.

지금까지 설명한 정보의 모든 목록을 데이터 사전(data dictionary)이라 부른다. 미리 데이터 사전을 가지고 있으면 데이터 입력을 다루는 GIS 영역, 또는 사용자가 사용하는 스프레드시트나 데이터베이스 프로그램으로 하여금 데이터 입력을 할 때마다 각 입력치를 점검하도록 할 수 있다. 가끔은 데이터 입력 모듈(data-input module)이라 불리는 데이터베이스 관리도구의 특정한 영역에 수치나 자료값을 하나씩 입력하는 경우가 있다. 흔히, 기존 형태의 모든 레코드를 직접 GIS 자료관리 도구로 불러들인다. 흔히 사용되는 데이터베이스와 스프레드시트들에는 이러한 자료 호환을 위해 특정 자료 포맷이 요구된다. 가장 간단한 형태는 속성자료와 제목을 한 줄에 하나씩 문자로 작성한 파일이며, 때에 따라서는 빈칸이나 다른 기호를 사용할 수 있도록 쉼표와 따옴표로 속성값을 분리하기도 한다. 예를 들어 그림 4.21의 자료는 그림 4.22에 표현된 것처럼 작성될 수 있다.

새로운 GIS 데이터를 생성할 경우, 속성정보의 입력 과정은 결국 데이터베이스 관리 도구 중 데이터 입력 모듈을 통해 데이터를 일일이 하나씩 입력하는 사람(보통 시간제로 일하는 하급인력)에게 의존하게 된다. 자료는 통상 자료 수집을 담당한 사람이 자료를 기록할 때 사용한 형식대로 제공된다.

```
Attribute_labels = "ID #", "Feature",
"Name" , "Surface" , "Lanes", "Traffic" , "per hour"
"1",
"Road",
"US 11",
"tarmac",
"3",
"113"

"2",
"Road",
"I 81",
"concrete",
"4",
"432"

"3",
"Road",
"Lisk Bridge Road",
"tarmac",
"2",
"12",
"4"
```

그림 4.22 그림 4.21에 나타난 플랫파일의 ASCII 문자 형식 또는 나열형 버전.

데이터 입력 시스템은 종류에 따라 성능의 차이를 보인다. 데이터 입력 시스템은 최소한 데이터 입력 시 부여된 각 속성의 자료 형태와 수치 범위를 체크할 수 있어야 한다. 레코드를 복사한 다음 새로운 값으로 수정하거나 삭제, 또는 잘못 입력된 값을 변경하는 기능이 소프트웨어에 포함되어 있으면 도움이 되기도 한다. 수정 작업이 즉시 수행될 수 있도록 경고음이나 메시지를 제공하는 기능 역시 좋은 점이다. 어떤 소프트웨어든지 사용자가 버튼을 잘못 누르거나, 파일이 용량을 초과할 때, 그리고 컴퓨터가 다운되었을 때에도 자료가 손실되어서는 안 된다.

대다수의 GIS 패키지가 마이크로소프트 엑셀을 포함한 거의 모든 스프레드시트, MySQL, PostgreSQL, Access와 같은 데이터베이스 시스템 파일을 지원하고 있다. 경우에 따라 GIS 프로그램이 제공하는 데이터 입력 시스템을 사용해야 할 때도 있지만 그렇지 않은 경우도 있다. 각 프로그램은 서로 약간씩 다르지만, 모든 프로그램은 근본적으로 이 장에서 논의되는 항목들을 공통적으로 다룬다.

4.6 편집과 검증

초기의 많은 수치화 시스템은 한정된 편집 기능만을 갖고 있었다. 당시 편집 기능을 통해 데이터 입력은 가능했지만, 오류의 발견은 작업이 완료된 다음에나 가능했고, 수정을 하기 위해서는 레코드, 또는 전체 자료를 삭제하고 재입력을 해야 했다. 수치화 과정에서 오류를 줄이거나 오류 발견을 용이하게 하는 방법이 있다면 사용자는 그것을 위해 최대한 노력해야 한다. 최소한 선 자료와 면 자료에 대해서는 일정한 기준에 따른 오류 발견을 자동적으로 수행하게끔 할 수 있는데, 단절된 선 또는 닫히지 않은 다각형이 발견될 경우 사용자에게 알림 메시지가 전달된다. 선의 연결, 면의 경계, 영역 내 점 자료의 관계를 위상(topology)이라 한다. 위상은 지도 제작의 최종 확인 단계에서 완성된다.

수치화 작업에서 오류를 최소화할 수 있는 가장 좋은 방법은 오류 발생을 최대한 일찍 발견하여 오류 수정을 되도록 쉽게 하는 것이다. 디지타이징 중에 모니터 화면을 통해 또는 음향으로 오류를 알려 주는 기능이 반드시 필요하다. GIS 소프트웨어는 오류 발생 시에 나타나는 현상을 오류 메시지에 그대로 보여 주어야 한다. 흔히 발생하는 오류 중 하나는 디지타이징 결과 디스크 용량을 초과하는 것이다. 오류가 발생할 때에는 오류를 인지하고 발생 원인을 이해하는 것이 중요하다.

발견하기 쉬운 오류의 예로는 제3장에서 언급한 슬리버, 스파이크, 인버전, 끝나지 않는 선, 이어지지 않은 노드 등이 있다. 스케일링과 인버전 오류는 넓은 폭을 가진 영화스크린을 TV에서 위아래로 눌린 것처럼 지도 모양이 보이는 현상이다. 이러한 오류는 통상 디지타이징 환경이 잘못 설정된 경우에 발생한다. 즉 지도의 기하학적 기준을 마련하는 기준점을 잘못 입력해서 나타나는, 추적 가능한 연쇄적인 오류이다. 스파이크는 0 또는 매우 큰 자료값이 좌표값 중 하나로 잘못 입력되어 발생하는 하드웨어적 또는 소프트웨어적인 불규칙적 오류이다. 스파이크는 가끔 *zinger*라 불리기도 한다. 위상 오류, 누락 또는 중복선, 이어지지 않은 노드 등은 데이터 입력자에 의한 작업 오류이다.

입력한 자료를 출력해 보는 것은 자료 확인 작업에 많은 도움이 되는데, 이는 출력하기 어려운 자료에서 수치화의 오류가 빈번하게 나타나기 때문이다. 비슷한 경우로, 폴리곤을 색으로 칠해 보면 복잡한 폴리곤 망 속에서 눈에 잘 띄지 않는 불일치 오류나 슬리버를 찾아낼 수도 있다. 위치 정확도에 대한 가장 확실한 검증 방법은 정확도가 높은 독립적인 지도자료와 비교해 보는 것이다. 속성자료에 대한 오류 탐색용 출력본에 해당하는 것은 자료목록(data listing) 또는 보고서이다. 대다수의 자료관리 시스템은 테이블 형태로 속성 정보를 나열하거나 인쇄와 점검을 위해 반듯한 형태로 정리한 보고서 생성 기능이 있다. 사용자는 한 줄씩 속성자료와 그 수치값을 점검해야 한다. 하지만 속성정보와 지도자료의 검증이 끝난 이후에라도 지도와 속성자료 간 연결에 오류가 여전히 존재할 수 있다. 예를 들어 하나의 뉴욕 시 데이터베이스에서도 한 도로에 대해 스무 가지 이상의 서로 다른 철자가 사용되어 있는 경우도 있었다.

 GIS에서는 종종 점검용 출력본을 생성하는데, 이 출력본에는 폴리곤이나 선 사상의 고유번호 또는 라벨이 인쇄된다. 이들 출력지도의 점검 과정은 빠뜨리지 말고 반드시 수행해야 한다. 이를 무시한 화려한 그래픽 제작이나 오류가 있는 자료에 기반한 GIS 분석은 결국 쓸모없는 결과물이 될 것이며, 사용하기에 위험할 수도 있음은 물론, 때에 따라서는 생명을 위협하는 결과를 낳을 수도 있다. 수정을 거쳐 위치 오류나 속성정보 오류를 바로잡은 자료라고 해서 반드시 논리적으로 일관성을 보이는 것은 아니다. 논리적 일관성 검토는 위상학적 관계를 살펴봄으로써 쉽게 수행할 수 있다. 위상학적으로, 모든 연결 체인들이 결절점에서 교차하는지, 체인의 연결로 다각형이 닫혀 있는지, 그리고 내부 링이 외곽 폴리곤에 의해 완전히 둘러싸여 있는지 확인해 보아야 한다. 아니면, 속성정보를 확인하여 이들이 모두 올바른 범위에 걸쳐 있는지, 사상이 너무 작아 정확히 표현되지 않는 경우가 없는지 점검해야 한다.

 누구든지 자신이 사용하는 GIS 자료가 정확하고 올바르기를 바랄 것이다. 이 말은 몇 가지 의미를 담고 있다. 위치 정확도는 지도상에 표현된 위치들이 실제 세계에 대해 올바른 지점에 있는지를 나타내는 것이다. 당연한 얘기지만, 자기가 가진 지도와 현실적으로 '가장 정확한' 지도와는 어느 정도 차이가 있을 것이다. 위치 정확도는 때때로 측정되거나 검증되기도 하는데, 이는 통상 더 정확한 다른 지도와 비교하거나 GPS 측정자료와 같은 현장조사자료와 비교함으로써 가능하다. 다른 측면의 자료 정확도는 속성정보와 관련된 것이다. 지도는 외형으로 봤을 때 결점이 없을 수도 있지만, 도로나 하천 이름 등이 전력공급선으로 잘못 표기되어 있을 수도 있다. 이런 종류의 불일치를 오분류(misclassification)라고 부른다. GIS 자료는 이미 데이터베이스 관리 시스템상에 있기 때문에 점검 절차가 실행될 수도 있으며, 더 나아가 자동화될 수도 있다.

 마지막 문제는 축척과 정밀도에 관한 것이다. 수치화에 사용된 지도는 1:24,000과 같이 정해진 축척을 가지고 있다. 사용자는 GIS를 통해 다른 크기의 축척, 즉 1:250,000의 자료와 비교할 수 있지만, 속성자료, 사상의 일반화, 또는 지도의 다른 속성들이 상이한 두 축척에서 동일하지 않기 때문에 비교 자체가 적절치 않을 수 있다. 또한 GIS에서 사용되는 모든 자료는 각 자료마다 상이한 정밀도를 지니고 있다. 만약 아주 세밀한 선 사상이 지상 거리로 10m 단위로 수치화되었다면 더 상세한 지도자료와의 비교가 어렵게 된다. 일반적으로 사용자는 종이지도에 적용할 때와 같이 디지털 지도에 대해서도 자료의 한계점에 대한 동일한 고려사항과 기준을 적용해야 한다. 하지만 아쉽게도 많은 사람들은 디지털 지도를 다룰 때, 디지털 지도를 그 원천이 되는 아날로그 지도의 보완 자료로 보지 않고 디지털 자료 그대로를 절대적으로 정확한 것으로 생각하는 경향이 있다.

　현명한 GIS 사용자라면 GIS 데이터베이스의 오류 분포와 그 크기를 이해하고 있어야 한다. 많은 근본적인 오류가 수치화 과정과 방법에 기인하고 있다. 이 중 일부 오류는 사용자가 자료를 관리, 저장, 추출, 사용, 분석하는 일련의 단계에서 점점 더 커져 간다. 따라서 오류의 이해는 GIS 작업을 효과적으로 수행하는 데 있어 필수적인 부분이라 하겠다.

학습 가이드

이 장의 핵심 내용

아날로그 지도는 종이와 같은 매체 위에 표현되어 있는 실제적인 것임에 반해, 가상지도는 조직화한 수치들로 구성된다. ○ 지오코딩은 공간정보를 컴퓨터가 읽을 수 있는 형태로 변환하는 것이다 ○ 컴퓨터에 지도를 입력해 넣는 것과 입력자료를 다루는 일은 GIS 작업에 소요되는 시간과 비용의 대다수를 차지한다. ○ 지도는 디지털 형태로 존재할 수 있지만 사용 가능할 수도, 그렇지 않을 수도 있다. 또 지도는 종이에만 인쇄되어 있을 수도 있고, 아예 존재하지도 않을 수 있기 때문에 GIS 사용자들은 오래지 않아 지도를 수치화해야 할 상황을 맞게 될 것이다. ○ GIS 프로젝트는 무료로 사용 가능한 자료를 가지고 시작하는 것이 좋다. ○ 미국 연방 정부는 엄청난 양의 디지털 지도자료를 제작하여 인터넷을 통해 누구나 이용할 수 있게 한다. ○ 필요한 자료가 있는지, 사용할 수 있는지를 알아보는 수단으로는 책, 도서관, 인터넷과 같은 방법이 있다. ○ 지도를 공급하는 다수의 기관들은 포털 사이트와 온라인 검색 시스템을 사용하는데, 이를 통해 자료를 다운로드하여 GIS 소프트웨어에서 사용할 수 있다. ○ 미국 지질조사국(USGS)은 국가지도와 종합배포 시스템을 통해 DLG, DRG, DEM, DOQQ, GNIS, LULC 자료들을 제공한다. ○ NOAA는 항해도, GPS, 측량학, 날씨지도와 같이 내비게이션에 사용되는 실시간 자료에 필요한 자료들을 제공한다. ○ 미국 통계국은 인구속성자료와 대응하는 디지털 TIGER 도로지도를 배포한다. ○ TIGER 파일은 번지수, 도로, 도시명을 이용해서 위치를 찾는 어드레스 매칭에 의한 지도 수치화의 기초가 된다. ○ 연방 정부는 여러 기관을 통해서 검색할 수 있는 자료 포털과 함께 NDSI를 운영하고 있다. ○ 지오브라우저는 인터넷상의 지리정보를 검색하여 볼 수 있는 최신 도구이다. ○ 새로운 자료의 생성은 반자동 디지타이징, 스캐닝, 또는 현장조사를 통한 자료 취득을 의미한다. ○ 디지타이징을 위해서는 디지타이징 태블릿이 필요한데, 이것은 도면 테이블에 해당하는 GIS 장비이다. ○ 원본 자료에 내재한 오류와 지도 축척은 디지타이징을 통해 변환된 GIS 자료에 그대로 전해진다. ○ 스캐닝을 통해서 입력지도자료 또는 이미지 자료의 래스터 지도가 만들어진다. ○ 해상도가 너무 낮은 상태에서 스캐닝을 하게 되면 대상 사상을 빠뜨려 복구하지 못하게 된다. ○ 스크린 디지타이징은 이미 스캔된 이미지나 지도를 사용하여 수동 벡터 편집을 함으로써 새로운 지도를 만들거나 갱신할 수 있게 한다. ○ 현장자료는 측량장비, 현장 노트, GPS, 야외 스케치를 통해 얻는다. ○ GPS는 현장에서 점과 선의 위치를 수집하는 아주 정확한 방법이며, 이 자료는 높은 정확도를 유지한 채 GIS 자료로 다운로드될 수 있다. ○ 많은 이미지 및 원격탐사 프로그램들이 GIS 분석을 위한 자료를 제공하고 있는데, 이들은 스크린 디지타이징을 위해 사용되거나 자동적인 처리 과정을 거쳐 토지 이용, 식생, 인공구조물 등을 나타낸다. ○ 속성자료는 DBMS 데이터 입력 모듈을 통해 GIS 자료로 사용되거나 스프레드시트와 같은 도구를 이용하여 파일로 전환된다. ○ 데이터 사전을 통해 자동으로 자료를 점검하고 검증하여 오류를 줄인다. ○ GIS를 이용하여 오류 탐색과 수정을 용이하게 한다. ○ 오류가 있는 자료를 사용한 GIS 분석은 사용하기 곤란한 결과, 또는 위험하거나 때에 따라서는 생명을 위협하는 결과를 낳을 수도 있다. ○ 정확도 평가는 독립적이고 검증된 자료와의 비교를 통해 이루어져야 한다.

학습 문제와 활동

아날로그와 디지털 지도

1. 아날로그 형태로만 존재하는 지도의 예를 열거하고, 이들 자료들을 컴퓨터 자료로 변화하는 데 있어 생길 수 있는 문제점에 대해 언급하라(예 : 고지도, 1920년대 도로지도, 지구본).

기존 지도정보 찾기

2. 이 장에 나타난 예를 사용하여 관심 지역의 인터넷 일반자료를 찾아 다운로드하라. 얼

마나 성공적으로 찾을 수 있었는가? 자료를 컴퓨터에 입력하는 과정이 얼마나 어려웠는가? 그 자료를 GIS 자료로 만드는 것이 얼마나 어려웠는가? 미국 카운티 또는 외국에 대한 자료를 검색하고 획득하는 것을 상호 비교하라.

디지타이징과 스캐닝

3. 비표준적인 자료가 필요한 다양한 GIS 응용에 대한 목록을 만들어 보라. 어떤 자료 획득 방법이 이러한 응용에 가장 적합한가?(예 : 고고학 발굴지로부터의 현장자료, 하수처리관 누수에 대한 시설물 자료, 크리스마스 새들의 숫자 자료).

데이터 입력

4. 단순한 설문조사지를 만들고 10명의 친구들에게 작성토록 하라. 그런 다음, 종이에 데이터베이스를 디자인하여 그 설문지로부터 정보를 수집하라. 어떤 문제에 봉착하게 되는가? 어떻게 그 문제점을 극복하거나 그 영향을 최소화할 것인가?

편집과 검증

5. 자료의 편집에 어떤 소프트웨어 도구가 사용되는가? 흔히 나타나는 수치화 과정의 오류로 편집 과정을 통해 수정할 수 있는 것에는 어떤 것들이 있는가? 한 레코드의 속성 자료값이 타당하지 않다면 그 이유는 무엇인가? 데이터베이스 관리 도구의 어떤 부분이 자료 편집과 검증을 담당하는가?

참고문헌

도서

Bohme, R. (1993) *Inventory of World Topographic Mapping*. New York: International Cartographic Association/Elsevier Applied Science Publishers.

Campbell, J. (2001) *Map Use and Analysis*, 4nd ed. New York: McGraw Hill.

Clarke, K. C. (1995) *Analytical and Computer Cartography*, 2nd ed. Upper Saddle River, NJ: Prentice Hall.

Decker, D. (2000) *GIS Data Sources*. New York: Wiley.

Erle, S., Gibson, R.,. and Walsh, J. (2005) *Mapping Hacks: Tips & Tools for Electronic Cartography*. Sebastopol, CA: O'Reilly.

Thompson, M. M. (1987) *Maps for America*. 3rd ed. U. S. Geological Survey, Washington, DC: U.S. Government Printing Office.

United States Census Bureau (2000) *TIGER/Line File Technical Documentation*. On-line at: http://www.census.gov/geo/www/tiger/tiger2k/tiger2k.pdf

인터넷 자료

U. S. Geological Survey `http://www.usgs.gov`

National Map Viewer `http://nmviewogc.cr.usgs.gov/viewer.htm`

U.S. Census Bureau `http://www.census.gov/tiger/tiger.html`

NOAA `http://www.noaa.gov`

John Campbell's information sources `http://auth.mhhe.com/earthsci/geography/campbell4e/links4/appalink4.mhtml`

주요 용어 정의

가상지도(virtual map) 손으로 만질 수 있는 형태 이전의 지도로, 일련의 가상적 지도들의 조합으로 존재함. 예를 들어 같은 디지털 기본도와 수치의 조합이 모든 가능한 가상지도들이 될 수 있음. 하지만 오직 한 가지만이 선택되어 영구적 매개체 위에 실제지도로 표현됨.

검증(validation) 속성자료파일에 입력된 레코드와 디지타이징 또는 스캐닝으로 획득된 지도자료를 확인하여 이들 자료값들이 예측한 범위 내에 있는지, 그리고 자료값의 분포가 타당한지를 검증하는 절차.

네트워크(network) 2개 이상의 컴퓨터가 서로 연결되어 메시지, 파일, 기타 다른 종류의 통신 수단의 교환을 가능하게 하는 망. 네트워크는 일면 하드웨어로서, 주로 케이블과 모뎀과 같은 통신장비가 될 수도 있고, 한편으로는 소프트웨어를 의미하기도 함.

데이터 사전(data dictionary) 데이터 셋의 모든 속성을 모아 놓은 카탈로그로, 자료 정의 단계에서 속성값에 부여된 제약 조건이 동반됨.

데이터 입력 모듈(data-entry module) 데이터베이스 관리의 일부로 사용자로 하여금 데이터를 수정하거나 추가하게 하는 일. 모듈은 통상 데이터 값의 갱신과 입력을 가능케 하며, 데이터 정의에 의해 자료의 성격을 규정함.

데이터 입력(data entry) 숫자를 컴퓨터에 입력시키는 과정으로 주로 속성정보를 다룸. 대부분의 경우 데이터 입력은 수작업으로 하거나 인터넷 또는 CD-ROM 등을 통해 이루어지기도 하지만 GPS, 자료 수집장치, 또는 직접 입력되는 현장조사자료가 사용되기도 함.

드럼 스캐너(drum scanner) 광원이나 레이저에 의해 비춰지는 동안 스캐너 아래에서 돌아가는 드럼에 부착된 지도의 정보를 입력하도록 설계된 자료 입력 장비. 지도에 의해 반사된 빛이 스캐너에 의해 감지되어 수치로 변환됨.

디지타이징(digitizing) 반자동 수치화라고도 불림. 자료의 수치화가 수동으로 진행되는 과정으로, 사용자가 평평한 작업태블릿 위에 지도를 정치시키고 사상을 따라 커서를 움직여 수행함. 사상의 위치는 사용자가 커서 버튼을 누를 때마다 컴퓨터로 전송됨.

디지타이징 태블릿(digitizing tablet)   자료 수치화 과정에 사용되는 테이블형 장비. 수치화 태블릿은 도면 테이블처럼 생겼으나 커서를 통해 지도 내용이 본떠지고, 그 위치가 파악되며, 수치화된 정보가 컴퓨터로 신호가 전달되도록 정밀하게 디자인되어 있음.

매개체(medium)   지도를 제작할 때 사용되는 재료. 예를 들어 종이, 필름, 투명용지, CD-ROM, 컴퓨터 스크린, TV 이미지 등이 이에 해당됨.

미국 통계국(US Census Bureau)   미국 상무성 산하의 기관으로 10년 단위의 미국 인구조사사업을 지원하여 지도를 제작함.

보고서(report)   데이터베이스상 모든 레코드에 대한 속성값을 모아 놓은 목록. 보고서는 흔히 자료원에 대한 검증, 또는 조사 작업을 통한 확인을 위해 테이블의 형태로 인쇄됨.

서버(server)   네트워크에 연결된 컴퓨터로 여러 사람이 함께 사용하는 정보 도서관 같은 기능을 함.

속성(attribute)   사상의 수치나 측정치로 표현되는 해당 사상의 특징. 속성은 표식, 카테고리, 또는 숫자가 될 수도 있고, 일자, 표준화된 수치, 또는 다른 측정값이 될 수도 있음. 수집되고 구성화된 자료 항목. 표 또는 자료파일에서 행으로 표시됨.

스캐닝(scanning)   수치화 방법의 하나로 지도를 평평한 면 위에 올려놓고 빛을 쬐어 자료를 생성하는 방법. 지도 표면의 각기 작은 점이나 화소로부터 반사된 빛은 수치 단위로 기록 및 저장됨. 스캐너는 명암톤의 흑백, 또는 컬러 모드로 작동됨.

실제지도(real map)   필름이나 종이와 같은 영구적인 매개체 위에 디자인 및 인쇄된 지도. 실제적으로 만질 수 있는 형태로 색상, 범례, 축척 등 지도 제작에 필요한 모든 구성 요소를 디자인하고 편집한 내용의 결과.

아날로그(analog)   사상 또는 객체가 물리적으로 접촉할 수 있는 매개로 표현되는 방식. 예를 들어 지구의 일부를 종이지도로 나타내거나, 원자배열을 탁구공을 이용해 표현할 수 있음.

어드레스 매칭(address matching)   123 Main Street와 같은 주소를 디지털 지도 위의 상응하는 지점에 대응시키는 작업. 예를 들어 어드레스 매칭은 일련의 주소지들을 지도로 변환하여 주소 리스트에 제시된 지점들의 특성을 지도화함.

연속모드(stream mode)   반자동 디지타이징 모드의 수치화 입력 방법으로, 한 번의 커서 작동으로 일련의 점들이 연속적으로 입력되는 방법이다. 이 방법은 긴 하천이나 해안선과 같은 대상을 디지타이징할 때 주로 사용됨. 이 방법은 자료를 빠른 속도로 생성하기 때문에, GIS상의 선 일반화 과정을 거쳐 과다한 점이나 돌출하는 점들을 즉시 제거함.

위상(topology)   지리사상 간의 관계를 수치적으로 기술한 것으로, 근린관계, 연결관계, 포함관계, 인접관계 등이 기록됨. 따라서 하나의 점은 한 지역 내의 점, 다른 선과 연결된 선

사상, 주위 지역과 인접한 지역 등과 같은 관계가 표현됨. 위상관계를 설명하는 수치는 GIS의 속성 데이터로 저장될 수도 있고, 검증과 다른 단계의 분석과 설명을 위해 사용되기도 함.

인터넷(Internet) 컴퓨터 망이 더 큰 규모로 조직된 연결망. 인터넷에 연결된 어떤 컴퓨터라도 연결을 통해 접속할 수 있는 컴퓨터와 정보 교류가 가능. 인터넷은 공통된 통신 원리를 가지고 있는데, 이를 프로토콜이라 함. 데이터 검색 도구, 브라우징 프로그램 등으로 인터넷 검색 작업이 용이해졌음.

자료 소실(drop-out) 전산화하고자 하는 지리사상에 비해 낮은 해상도로 스캔됨에 따라 발생하는 자료의 손실. 화소의 절반 크기보다 작은 사상은 알아볼 수 없음.

자료 편집(editing) 지도와 속성자료를 갱신하거나 수정하는 작업으로 통상 GIS 소프트웨어 기능을 이용함.

지오코딩(geocoding) 아날로그 지도를 컴퓨터가 읽을 수 있는 형식으로 변화하는 작업. 흔하게 사용되는 두 가지 방법은 스캐닝과 디지타이징임.

평판 스캐너(flatbed scanner) 유리 표면에 지도를 부착시키고 스캐너가 지도 위를 지나면서 지도를 수치화하는 지도 입력 장비.

플랫파일(flat file) 수치를 조직화하기 위한 단순한 모델. 수치들은 하나의 표로 구성되는데, 변수값은 입력자료로, 관측치는 열, 속성은 행으로 표시함.

FTP(File Transfer Protocol, 파일 전송 프로토콜) 컴퓨터 간에 파일을 전달하는 표준화된 방법. 패킷 스위칭(packet switching) 기법으로 정보 전달 과정에서의 오류가 발견되고 수정됨. FTP를 통하여 큰 용량의 파일도 인터넷상 컴퓨터 상호 간 또는 기타 호환 가능한 전산망에서 전송이 가능함.

gateway 동일 프로젝트나 조직 내 모든 서버와 다른 컴퓨터로 통하는 단일 진입로. 예를 들어 전국에 분포해 있으면서 수십 대의 컴퓨터로 연결되어 있는 USGS는 하나의 진입로, 즉 데이터 검색 창구를 통해 정보 제공원에 연결됨.

NOAA(National Oceanic and Atmospheric Administration, 미국 국립해양대기청) 미국 상무성에 속해 있는 부서로, 항법, 일기예보, 또는 전국 자연 환경을 위한 디지털 또는 기타 지도를 제공함.

TIGER 제로 셀, 원 셀, 투 셀에 기반한 지도 데이터 형태. 미국 도로 수준의 지도 제작을 위해 미국 통계국이 사용함.

USGS(United States Geological Survey, 미국 지질조사국) 미국 내무성에 속한 부서로 국가 디지털 지도 자료의 주요 공급자임.

GIS 사람들

Allen Millais(미래 공군 파일럿을 꿈꾸는 GIS 학생).

KC 어떤 계기로 GIS에 흥미를 느꼈나요?

AM 어릴 때부터 전 지도와 살았어요. 부모님이 모두 많은 지도를 수집하시는 분들이었고, GIS가 처음 소개되었을 때 부모님은 가장 처음 GIS를 사용한 사람들 중 한 분이었죠. 고등학교 시절에 어머니는 저를 직장에 데리고 가서 GIS 지도를 보여 주곤했는데, 진짜 대단한 것들이었어요. 고등학교 때 저는 이미 지리학을 전공하기로 마음먹었죠.

KC 그러니까 고등학교 때 실제로 GIS를 접했다는 말인가요?

AM 예. 어머니는 제가 고등학교 3학년 때에 ESRI 컨퍼런스에 데리고 가셨어요.

KC 이제 UCSB에서 GIS 강좌를 모두 이수했는데, 이를 통해 어떤 점을 배웠나요?

AM GIS에 대한 깊이랄까, 이해도 같은 것을 높

일 수 있었습니다. 첫 강의의 첫 실습시간에, 보통 "어휴, 이거 진짜 오래 걸리겠다." 같은 생각을 하기 마련인데, 실습이 끝나갈 때가 되면 이론과 GIS에 대한 과학 전반이랄까, 그런 GIS의 보이지 않는 내면을 들여다볼 수 있게 되죠. 결국에는 GIS를 어떻게 사용할 것인지, 어떤 버튼을 누를 것인지의 문제뿐만 아니라, GIS가 어떻게 대두되었는지, 어떤 이유에서 GIS가 요구되는지, 또 어떤 기능을 발휘하는지에 대한 실제적인 이해도를 높일 수 있었어요. 졸업자 평가조사에서 저는 고급 GIS 프로젝트 강의를 대학에서 배운 강의들 중 가장 많은 것을 배울 수 있었던 과목으로 선정했는데, 왜냐하면 우리가 수행했던 과제—산타크루스 섬 프로젝트—가 아마도 대학생활 중 연구와 최종 결과물 측면에서 가장 종합적인 것이었기 때문이었죠. 우리는 이 결과를 ESRI 연례 학회의 지도 갤러리로 가져가 소개하기도 했습니다.

KC 산타크루스 섬 프로젝트의 목적은 무엇이었나요?

AM 저희가 스캔한 1800년대 수작업으로 만든 지도들과 최근 위성사진을 가지고 많은 작업을 했습니다. 자료들을 좌표화하고 많은 지도들을 스캔했죠. 제 생각으로는, 한 주제에 대해 GIS 작업이 거쳐갈 수 있는 가장 복잡한 일이 아니었나 생각됩니다. 왜냐하면 이 프로젝트를 위해 생각할 수 있

는 모든 자료원을 이용했기 때문이에요. 많은 경우 전체 GIS와 의문점들을 조망하기보다는 프로젝트에서 개개인이 담당한 부분에 진척이 없는 경우가 많기 때문에, 이것은 GIS의 다양한 융통성을 여실히 보여 주었다고 생각합니다.

KC 여름에 당신이 담당한 업무, 그리고 어떻게 그 일자리를 갖게 되었는지에 대해 간략히 얘기해 주세요.

AM 저는 지금 벤추라 시 GIS 부서에서 일하고 있습니다만, 제가 직접하는 GIS 업무는 하나도 없어요. 시는 아직 ArcView 3을 상당 부분 보강하여 쓰고 있습니다. 그런데 저는 시내 재개발 지구의 3차원 모델을 구축하여 GIS 시스템으로 넣을 생각을 하고 있었죠. 건물 정면 그림과 정확한 천장선, 그리고 건물 높이와 같은 모든 자료를 가지고 3차원 자료로 구축하여 언덕과 배경에 대해 해당 지역이 어떻게 표현될 것인지를 보고자 했던 것입니다. 하지만 그 프로젝트는 진행되지 못했습니다. 저는 Google Sketchup을 사용하여 작업을 마칠 수 있었지만, 그렇게 많은 양의 자료를 처리할 수

있는 GIS를 찾지 못했어요.

KC 이제 졸업을 하면 어떤 일을 하고 싶나요? GIS와 관련된 일인가요?

AM 저는 공군에 조종사로 입대하려고 해요. 저는 GPS를 사용할 겁니다. GIS 업무이긴 하지만 책상 앞에 앉아서 하는 전통적 의미의 작업은 아니죠. 저는 공군 조종사 일을 하려고 공군에 들어왔고 나가서는 아마도 국가지구공간정보국(NGA)에서 일을 하고 싶어요. 제가 비교적 장기복무 중이기 때문에 아직 계획이 어떻게 바뀔지 잘 모르겠습니다. 일단 군복무를 마치게 되면 GIS 기술에 뒤처져 있겠죠. 이를 따라잡기 위해 해야 할 일이 많을 겁니다. 그리고 저는 지리학과에서 석사 학위를 취득할 계획도 가지고 있습니다.

KC GIS 강의를 처음 듣는 신입생들에게 줄 조언이 있다면요?

AM 조급해 하지 말라는 말을 하고 싶습니다. 아주 쉬운 단계이던 아주 어려운 단계이던 상관없이 말이죠. 컴퓨터 사용에 대해 이미 익숙해 있다면, 시작 단계의 메뉴와 같은 실습에 대해 실망하게 될 겁니다. 하지만 컴퓨터에 익숙지 않다면 같은 내용이라도 본인에게 유용한 실습이 되죠. 일단 프로그램에 대해 깊이 배우게 될수록 학습 과정은 많은 참을성을 필요로 합니다. 왜냐하면 소프트웨어 프로그램은 여러분이 GIS에서 잊기 쉬운 너무 많은 기능들이 있기 때문입니다. 또 강의가 유용하긴 하지만 컴퓨터상에서 실제로 GIS 작업을 하지 않으면 놓치게 되는 것이 생기기 마련이므

로, 실습실에서 가능한 많은 시간을 보내라는 말도 하고 싶어요.

KC　감사합니다. 하시는 새로운 일에 행운을 빕니다.

제 5 장

GIS 데이터 검색

만일 당신이 어디로 가고 있는지 알지 못한다면, 결국 엉뚱한 곳으로 가게 될 것이다.
Yogi Berra

5.1 기초적인 데이터베이스 관리

GIS는 '무엇'과 '어디에'라는 두 유형의 질문에 해답을 제시해 줄 수 있다. 보다 중요한 것은 GIS가 "무엇이 어디에 있는가?"라는 질문에 해답을 줄 수 있다는 점이다. 여기에서 어디에 해당하는 부분은 GIS의 모든 작업에 이용되는 지도와 관련되어 있고, 정학한 위치를 참조하기 위해 숫자를 사용한다. 무엇에 해당하는 부분은 사상, 사상의 크기, 지리적 특성, 그리고 다른 무엇보다도 그것들의 속성과 관련이 있다. 지도에서 사상들의 정보를 얻는 것은 제1장 도구상자로서의 GIS 정의에서 데이터 검색이라는 개념에 해당한다.

다른 형태의 데이터 조직 방법들은 종종 위치와 관련된 정보를 다룰 때 어려움을 겪게 된다. 예를 들어 이름을 철자 순으로 나열하고 있는 전화번호부는 단지 상대적인 위치(가로명 주소)와 건물번호를 제공할 뿐이다. 새로운 구역을 위해서는 새로운 전화번호부를 필요로 한다. 강 건너 다른 지역에 사는 친구의 전화번호를 검색하는 것은 어려운 문제가 될 수 있다. 왜냐하면 자신의 이웃들이 살고 있는 지역의 전화번호가 아닌 다른 전화번호부가 필요하기 때문이다.

도시 내 하나의 특정한 구역에 살고 있는 사람들의 전화번호를 검색하는 것과 같은 지리적인 검색은 전화번호 안내책자를 사용하는 사람들에게는 제공되지 않는다. 데이터 검색(data retrieval), 즉 요구에 따라 레코드와 속성들에 접근할 수 있는 능력은 데이터의 구조에 달려 있다. 우리는 제3장에서 GIS의 그래픽 부분을 컴퓨터 내부에서 저장하기 위해 사용할 수 있는 다양한 방법에 대해 설명하였다. GIS가 사용하는 구조와 그 구조에서 지도가 기록되는 방법은 레코드를 찾거나 레코드의 값을 추출하는 방법을 결정한다. 다시 말해 속성과 지도 데이터는 서로 다른 접근 방법을 가지고 있다. 가장 단순화된 단계에서 GIS는 파일에 저장되어 있는 데이터에 접근하는 컴퓨터 프로그램이다. 만일 사용자가 GIS의 상호 대화식 제어를 원한다면 방대한 자료를 처리하여 파일에 빠르게 접근하는 능력은 매우 중요하다.

논리적 단계에서는 데이터를 접근하는 데 중요한 역할을 하는 이론적 구조인 데이터 모델을 요구한다. 많은 정보를 기억해야만 했던 중세 시대의 성직자들은 특별한 대성당의 부분들을 기억하거나 나중에 글자를 배우기 위해 내부나 외부를 머릿속에서 그려 내면서 그들의 기억력을 훈련했다. 그들은 성경의 목차처럼 장, 구문, 절 또는 단어조차 정신적인 장소로 활용하여 그 위치를 기억하였다(그림 5.1). 구문을 암송하면 위치를 기억해 내게 되는 것이다. 성직자들은 머릿속에서 대성당의 적절한 장소로 이동하였고 단어들을 거기에 저장하였다. 대성당은 본질보다는 시각적인 기억장소로서의 데이터 모델이 되었다. 이와 같은 데이터 모델 없는 데이터 검색이나 추출이 불가능하므로 데이터가 쓸모없어지게 된다.

우리는 정보의 저장이나 검색을 위한 논리적 구조로서 데이터 모델을 정의할 수 있다. 그것은 우리가 GIS 데이터를 사용할 때 필요한 컴퓨터의 데이터 저장 방법이다. 이것은 제3장에서 설명한 데이터 구조와의 차이이다. 왜냐하면 데이터 구조는 주로 데이터가 물리적으로 어떻게 컴퓨터 시스템상의 파일로 저장되는지를 다루기 때문이다. 우리가 이미

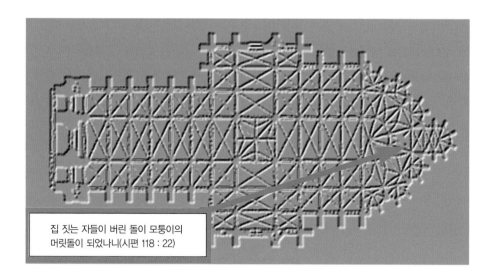

집 짓는 자들이 버린 돌이 모퉁이의
머릿돌이 되었나니(시편 118 : 22)

그림 5.1 위치와 함께 글자를 연관시키는 중세 시대 기억을 위한 도구. 지리적 데이터 모델의 한 형태이다.

살펴봤던 것처럼 GIS는 최소 2개의 데이터 모델을 가져야만 하며, 2개의 데이터 모델 사이에는 속성정보와 공간정보를 서로 이어 줄 수 있는 부분을 가지고 있다. 이것이 바로 지도 데이터 모델과 속성 데이터 모델이다. 제3장에서는 지도 데이터 모델 측면에서의 저장과 조직 방법에 대해서 몇 가지를 보여 주었다. 이번 장에서는 속성 데이터 모델에 대해 다루어 볼 것인데, 지도와 속성 데이터베이스로부터 데이터를 검색하고 추출하는 방법을 자세히 살펴볼 것이다.

데이터베이스 관리 시스템(DBMS)은 컴퓨터 과학으로부터 발전하였다. 그러나 사용자 수는 GIS 분야만큼 많다. 최초의 DBMS는 1970년대에 등장하였는데, 당시에는 커다란 메인 프레임 컴퓨터가 사용되었고 데이터의 입력은 키펀치와 펀치카드에 의해 이루어졌으며 이를 자동 데이터 처리기술(automatic data processing)이라고 불렀다.

데이터베이스 관리는 우리가 GIS 관점에서 이미 논의하였던 마이크로컴퓨터, 워크스테이션, 네트워크, 저비용 대용량 저장 장치, 상호 대화식 그래픽 사용자 인터페이스 등의 기술적 경향에 따라 혁신적으로 발전해 왔다. 또한 데이터베이스 관리는 속성 데이터가 파일에 저장되는 방식의 급진적인 변화에 의해서도 상당히 많은 영향을 받아 왔다. 최근 기술적 혁명으로 거론되는 객체지향 데이터베이스 시스템은 GIS에서도 사용되는데, 이 내용은 제11장에서 다루어질 것이다.

DBMS는 속성 데이터가 파일에 저장되는 방법과 무관하게 오랫동안 일정한 형태로 유지되어 왔다. 데이터 정의어(data definition language)는 DBMS의 한 부분으로서 사용자가 새로운 데이터베이스를 설정하고 속성의 개수, 유형, 길이, 범위, 그리고 수정 권한 등을 지정할 수 있게 한다. 데이터 정의어는 유효한 값과 범위를 가지는 모든 속성들의 목록인 데이터 사전을 만들어 낸다. 모든 DBMS는 데이터 사전을 검색할 수 있다. 그리고 데이터 사전은 시스템 간 데이터베이스를 이동할 때 요구되는 메타데이터의 중요한 한 부분을 이룬다. 예를 들어 미국 통계국은 통합 마이크로컴퓨터 처리 시스템(Intergrated Microcomputer Processing System, IMPS)이라 불리는 데이터 관리 시스템을 이용하고 있다. 이 시스템은 수집될 조사 데이터 필드를 설계할 수 있고 이름, 유형, 값 등을 지정할 수 있다. 그림 5.2는 데이터 사전 모듈을 보여 주고 있다. 일단 사용자가 데이터 사전을 만들면, 데이터 사전은 데이터 수집에 사용되거나 GIS에 사용될 테이블을 작성하게 된다. 또 다른 중요한 기능은 데이터베이스 목록을 유지관리하는 것이다. 대부분의 GIS 패키지

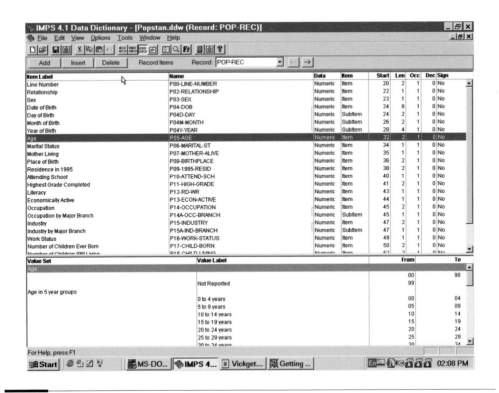

그림 5.2 미국 통계국의 통합 마이크로컴퓨터 처리 시스템(IMPS)의 데이터 사전 편집기 화면.

는 카탈로그라고 부르는 지도와 속성정보의 파일을 열어 볼 수 있는 기능을 갖고 있다. GIS는 카탈로그를 사용하여 데이터, 파일, 파일 갱신을 추적하며 카탈로그나 프로젝트를 생성, 수정, 삭제하는 도구를 가지고 있다. 이것은 전문적인 GIS 환경에서 여러 명의 사람이 동시에 하나의 프로젝트에서 작업을 할 경우에 필요한데, 모두가 최근의 갱신 기록을 확인하고 싶어 하기 때문에 중요하게 다루어진다.

가장 기본적인 관리 기능은 데이터 입력이다. 속성값의 입력은 매우 단조롭고, 종이에 기록된 것을 그대로 옮기는 것이 대부분이다. DBMS의 데이터 입력 시스템은 데이터 정의어에 의해 데이터 사전에 입력된 범위와 한계를 지켜야 한다. 예를 들면 하나의 속성값이 0~100 사이의 값을 가질 때, 사용자가 값으로 '110'을 입력하면 DBMS는 그 값을 거부하고 사용자에게 잘못된 값임을 알려야 한다. 인터넷 시대에 많은 데이터의 입력이 웹 상에서 이루어지고 있다. 매번 여러분은 책 주문서를 기입할 때나 비행기를 예약할 때, 프로필을 갱신할 때(그림 5.3) DBMS의 데이터 입력 모듈을 통해 데이터를 데이터베이스에 전송해야 한다. DBMS는 입력 시점에 사용자로 하여금 데이터 사전에 정의된 값들에 국한하여 입력할 수 있도록 한다. 예를 들어 만약 주 이름이 요구되면, 당신은 50개 주의 리스트를 스크롤하면서 선택하게 되므로 주 이름의 철자 오류는 일어날 수 없다.

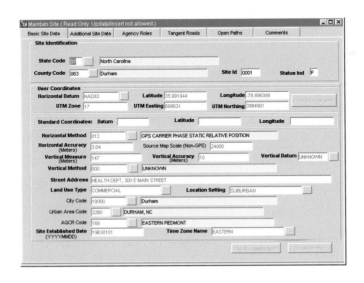

그림 5.3 미국 환경보호청(EPA)에 의해 관리되는 기술 이전 네트워크 공기 품질 시스템(Technology Transfer Network Air Quality System)의 공간 데이터를 위한 온라인 기반의 입력 시스템.

모든 데이터 입력에는 오차가 발생하게 되며 입력 후 검증이 필요하다. 이것은 사용자에 의해 원본과 비교되거나 확인될 수 있는 보고서를 작성하거나 출력함으로써 수행된다. 비록 데이터에 오차가 없을지라도, 이를테면 주소나 전화번호를 바꿨을 때 대부분의 데이터베이스는 갱신되어야 한다. 레코드의 삭제, 삽입, 수정 또는 데이터 사전 자체의 변경은 수시로 이루어지는데, 이것은 DBMS의 데이터 유지관리 기능을 사용하여 수행된다. 데이터베이스의 변경은 전체 데이터베이스의 새로운 버전을 만들어 내기 때문에 갱신이 이루어질 때 주의가 필요하다. 때때로 이러한 수정은 일괄적으로 이루어지기도 하여 데이터베이스의 새로운 버전은 전체 변경, 아마도 1년간의 변경사항을 모두 반영하여 배포되기도 한다. 컴퓨터 프로그램은 여러 개의 파일과 레코드에 걸쳐 저장되어 있는 당신의 전화번호를 변경하는 것과 같은 일괄적 갱신을 자동적으로 수행할 수 있도록 발전해 나가고 있다.

선행 작업들이 모두 끝나면 DBMS는 보다 고급 기능을 수행하기 위해 사용된다. 여기에는 정렬, 재배열, 부분집합화, 그리고 검색과 같은 기능들이 있다. 예를 들어 학생 기록에 대한 데이터베이스는 평점평균을 기준으로 'C' 이하인 학생들을 정렬할 수 있다. 또 학생들의 주소에 우편번호가 포함되어 있으면 우체국 직원이 더 편리하도록 우편번호별로 학생 기록을 불러올 수도 있다. 이것이 재배열의 예이다. 부분집합화는 질의어(query language)를 사용해야 하는데, 이 질의어는 DBMS가 사용자로 하여금 이러한 일들을 할 수 있도록 데이터와 상호작용을 하게 하는 부분이다. 질의어를 사용하여 졸업을 위해 100 학점 이상 수강한 모든 학생들이라는 기준에 따라 새로운 데이터를 만들어 낼 수 있다. 마지막으로 특정한 레코드를 검색하는 일도 흔하게 발생한다. 예를 들면 학생들은 컴퓨터에서 이번 학기에 그들이 받은 학점을 알아보기 위해 자신의 아이디를 입력할 수도 있다. 이러한 모든 기능은 DBMS의 일반적인 부분이고 각각의 시스템에서 서로 다르게 수행된다. 그럼에도 불구하고 DBMS와 GIS는 공통적으로 이런 모든 기능을 갖고 있다. 이러한 질의 예들을 그림 5.4에서 보여 주고 있다. 1세대 DBMS는 계층적인 파일 구조를 사용하였다. 예를 들어 대학교는 대학과 학부를 포함하고 대학은 지리학과 같은 학과를 포함하며, 학과는 전공학생들의 그룹으로 구성된다. 전공을 배우는 모든 학생은 학과에 배정되어야 한다. 각 학과는 학부에 포함되어 있고, 이러한 그룹들은 전체 대학교를 구성하게 된다. 계층적 시스템의 파일 구조는 모두 같은 방식으로 조직된다. 최상위 구역은 부서들의 리스트와 디렉터리들을 포함한다. 단계가 낮아질수록 하위 부서의 리스트와 디렉터리가

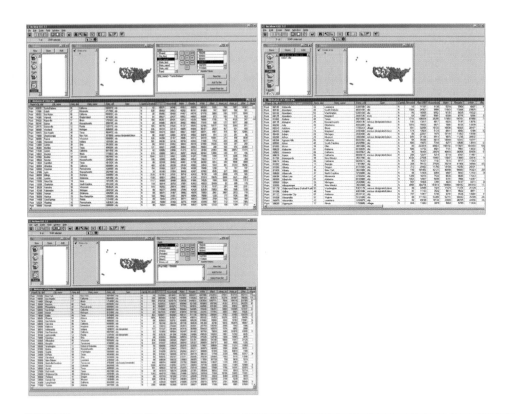

그림 5.4 ArcView 3.2에서의 데이터베이스 연산. 왼쪽 위 : 도시 이름이 '샌타바버라'인 것을 찾기, 오른쪽 위 : 미국 도시 이름을 알파벳순으로 나열, 왼쪽 아래 : 인구가 100만이 넘는 도시 나열. 질의의 결과는 테이블과 지도로 표현된다.

존재하고 학생의 이름, 주소, 졸업연도, 그리고 과목별 점수와 같은 값을 가진 한 학생당 1개씩의 레코드가 포함된 파일이 저장되어 있다. 1세대 데이터베이스 관리자는 이러한 유형의 파일 조직 방법과 레코드를 데이터 모델로서 사용하였다. 개인용 컴퓨터에서 데이터들을 조직하기 위한 계층적인 폴더와 파일 구조는 우리에게 친숙한 계층적 구조이다.

그러나 실세계는 계층적 모델처럼 단순하지 않다. 많은 경우에 레코드들 사이의 관계성이 중복된다. 우리가 이제 알아볼 내용처럼 지리적인 자료의 경우에는 더 심하다. 일단 행정 경계의 단순한 계층 구조를 생각해 보자. 그 순서는 국가-지역-도시 순이다. 대부분의 많은 국가에서도 이렇게 구성되어 있다. 그러나 뉴욕 시는 5개의 독립구로 구성되어 있고 각 독립구는 각각의 지역에 속해 있다. 그래서 단순한 계층적 모델이 적합하지 않다는 것을 알 수 있다.

또 다른 복잡한 경우는 복수의 구성원 문제이다. 어떤 한 가옥이 소방서, 경찰서, 학교, 선거구, 인구조사 구역에 포함되어 있다고 가정해 보자. 서로 다른 계층적 구조를 사용하는 5개의 데이터베이스는 하나의 가옥에 대한 속성값을 얻으려면 서로 독립적인 5개의 방법을 가진다. 비록 각 데이터베이스가 다른 종류의 정보를 저장하고 있을지라도, 여러 데이터를 조합하여 사용하는 것이 유용할 경우도 있을 것이다. 계층적 구조에서는 어떠한 경우에서라도 이러한 데이터의 결합적 사용은 이루어질 수 없다.

이러한 DBMS의 문제를 해결한 것이 관계형 데이터베이스 관리 시스템이다. 1970년대 이론의 발전을 시작으로 1980년대 거의 모든 기존 시스템이 관계형 DBMS로 대체되었다. 아직도 이 방식은 오늘날의 DBMS에서 지배적인 형태로 남아 있다. 관계형 모델은 매우 단순하고 사용자의 입장에서 본다면 플랫파일 모델의 확장된 형태라고 할 수 있다. 주요한 차이점은 데이터베이스가 여러 개의 플랫파일로 구성되고 각각은 하나의 레코드와 연결된 서로 다른 속성들을 포함할 수 있다는 것이다. 위에서 언급되었던 가옥에 대한 예를 사용하면, 그 가옥은 이제 여러 데이터베이스 내에서 하나의 레코드가 될 수 있으며 계층적 구조를 요구하지 않는다. 만일 아직도 계층적 구조가 타당하다고 생각된다면, 구역별로 혹은 우편번호와 같은 코드를 사용하여 만들어진 파일들을 분리하여 저장할 수 있다.

예를 들어 표 5.1과 5.2를 살펴보자. 첫 번째 표는 캘리포니아에서 가장 잘 팔리는 피자 종류를 열거해 놓았다. 이 표는 메뉴처럼 보이고, 가격에 의해서나 특정한 재료를 갖거나 갖지 않는 피자를 선택할 때 사용될 수 있다. 이 표는 피자 이름, 토핑, 가격의 세 가지 속성을 갖고 있다.

표 5.2는 이런 피자 메뉴가 가능한 가게의 테이블이다. 또 이 테이블은 속성을 가지고 있다. 하지만 속성들은 피자 가게가 어디에 있고, 또 어떤 서비스가 있는지와 관련이 있다. 이런 테이블은 특별한 시설 근처의 위치를 선택하는 데 사용될지도 모른다. GIS에서 플랫파일로 사용하기 위한 하나의 방법은 두 테이블을 서로 결합하는 것이다. 결합된 테이블에서는 가게(장소)별로 피자의 유형을 나타내는 행을 만들 필요가 있다. 8개의 피자 유형과 9개의 장소를 가지고 있으므로 우리는 8×9 = 72행과 8개의 열을 가진 파일을 만들 필요가 있다. 그러나 이 테이블은 정보를 중복적으로 가지고 있게 되어 2개의 테이블로 만드는 것이 바람직한데, 그것은 테이블의 크기가 작아질 뿐만 아니라 구성하기 쉬우며 다른 유형의 정보들을 제공하는 데도 유리하기 때문이다.

표 5.1 피자

피자	토핑	가격
BBQ 치킨	바비큐 소스, 고다 치즈, 모짜렐라 치즈, BBQ 치킨, 적양파, 고수(허브의 일종)	12.99달러
치킨 버팔로	버팔로 소스에 재워 석쇠에 구운 치킨과 모짜렐라 치즈, 당근, 샐러리, 고르곤졸라 치즈	12.49달러
서양 배를 곁들인 고르곤졸라	설탕에 졸인 서양 배, 고르곤졸라 치즈, 폰티나(양젖) 치즈, 모짜렐라 치즈, 설탕에 졸인 양파, 다진 헤이즐넛	12.49달러
망고 카레 치킨	탄두리 치킨, 망고, 양파, 고추, 카레 소스를 곁들인 모짜렐라 치즈	11.99달러
고수를 곁들인 소고기	석쇠에 구운 스테이크, 칠리, 양파, 고수 소스, 몬터레이 치즈, 모짜렐라 치즈, 토마토 살사, 고수	12.99달러
자메이카식 치킨	매운 양념에 절였다 구운 자메이카식 닭고기 안심과 캐리비안 소스, 모짜렐라 치즈, 사과나무로 훈제한 베이컨, 양파, 파프리카, 파	12.49달러
캘리포니아 스페셜	사과나무로 훈제한 베이컨, 구운 치킨과 모짜렐라 치즈, 로마 토마토, 마요네즈를 뿌린 양상추, 신선한 아보카도	12.79달러
훈제 할라피뇨 피자	훈제 할라피뇨와 구운 치킨, 칠리, 훈제 할라피뇨 소스, 모짜렐라 치즈, 엔칠라다, 구운 옥수수와 검은콩을 넣은 살사, 고수, 라임크림 소스	11.99달러

이런 시스템의 장점은 우리가 필요에 따라 여러 파일을 교차 참조할 수 있고 심지어는 그들을 바꿀 수 있다는 것이다. 아마도 피자의 유형, 토핑, 가격은 위치에 따라 달라질 수 있을 것이다. 개별 피자 가게는 자신의 메뉴와 가격 리스트를 다른 가게와는 상관없이 유지하고 있기 때문에 문제없다. 사실 72개의 행(레코드)과 8개의 열로 구성된 결합된 파일은 매우 유연성이 떨어지는데, 만일 한 가게에서 피자 중 한 종류가 다 떨어졌다면, 그들은 모든 위치를 위해 파일을 업데이트해야만 한다.

이런 유연성의 가치는 우리가 특정 피자를 가지고 설명할 수 있다. 브레아 지점의 치즈가 추가된 버팔로 치킨피자를 예로 들면, 우리는 이들(브레아 지점과 피자)을 연결할 방법을 필요로 한다. 이것은 모든 테이블에서 발견될 수 있는 유일한 식별자를 가짐으로써 이루어진다. 예를 들어 특정한 피자는 위치를 나타내는 코드와 함께 시간과 날짜를 나타내는 인식표를 가질 수 있다. 이것이 개별 피자를 유일하게 식별할 수 있게 하며, 테이블들의 교차 참조를 가능하게 한다.

관계형 데이터베이스의 각 부분에서 중요한 것은 일반적인 속성보다는 표지자로서의 역할을 수행하는 특별한 속성이다. 우리는 모든 레코드에 유일한 식별자를 지정할 수 있

표 5.2 피자 가게

위치	주소	우편번호	어린이 메뉴 제공 여부	별실 제공 여부
애너하임	서쪽 롱글리가 123	92802	예	아니요
아카디아	남쪽 굿차일드가 909	91007	예	아니요
베이커즈필드	린드 고속도로 31	93311	예	예
베벌리 힐스	남쪽 맥과이어 도로 212	90212	예	아니요
브레아	지오 몰 1458	92821	예	아니요
브렌트우드	샌 페르난도가 1555	90049	예	아니요
버뱅크	북쪽 샌 발레리오 도로 202	91502	예	아니요
카노가 파크	리버티 캐니언가 931	91306	예	아니요
세리토스	로스 오소스 몰 444	90703	예	아니요

다. 예를 들면 피자 생산 시간과 날짜에 대한 인식표 또는 주문번호가 다른 피자와 구분을 가능하게 한다. 이러한 '키' 속성은 플랫파일들 사이에서 연결자 역할을 수행한다. 왜냐하면 키는 유일한 값을 갖기 때문에 데이터베이스로부터 다양한 속성과 레코드를 추출할 수 있게 한다. 이러한 파일들은 다른 파일에 영향을 주지 않고 독립적으로 수정, 갱신, 검색될 수 있다.

관계형 데이터베이스 관리 시스템은 키와 링크가 활용되게 하는 일련의 새로운 데이터베이스 관리 명령어들을 포함하고 있다. 여기에는 다음의 명령어들이 포함된다 — (1) 연관연산(relate) : 공통된 키 속성을 가지는 2개의 플랫파일로부터 선택하는 것. (2) 조인(join) : 연관연산 결과물을 취하고 단일 데이터베이스로 병합하는 것. 그래서 관계형 데이터 모델은 레코드들과 속성들이 저장과 유지를 위해 다른 파일들 속에서 분리되는 것을 허용하지만, 키값에 의해 연결되어 있는 한 사용자들이 속성들과 레코드들을 조합할 수 있도록 허락한다. 조인은 하나의 개체를 위해 불필요한 수많은 하위 레코드들을 만들어 낼 수 있으므로 데이터베이스들을 조인할 때에는 주의해야 한다.

5.2 속성에 의한 검색

대부분 GIS는 패키지의 한 부분으로서 기본적인 관계형 데이터베이스 관리자를 포함하거나 데이터베이스 시스템들을 기반으로 하여 만들어진다. 그러므로 속성의 검색은 데이터베이스 관리 기능에 의해 이루어진다. 모든 DBMS는 기본적인 데이터 출력을 위한 기능을 포함하고 있다. 즉 데이터베이스는 모든 속성을 보여 주고, 모든 레코드를 속성과 함께 보여 주고, 존재하는 모든 데이터베이스를 보여 줄 수 있다. 또한 대부분의 GIS는 레코드들을 우리가 보고서 생성자에 의해 특정한 페이지 양식과 스타일을 가진 표준적인 형식으로 출력할 수 있도록 하고 있다. 만약 우리가 확인과 검증을 위해 데이터베이스를 종이로 출력하고자 한다면 여기에는 보고서 생성자(report generator)가 사용될 것이다.

실제로 데이터의 검색이 필요하다면, DBMS는 질의문과 같은 기능들을 지원해야 한다. 우리가 앞에서 살펴본 바와 같이, DBMS는 특정한 레코드를 찾을 수 있고 지도 제작을 위해 요구되는 부분 집합들을 쉽게 찾을 수 있도록 해 주는 데이터 질의의 충분한 기능을 제공해야 한다. 또한 우리는 때때로 속성값을 재정렬하거나 다시 입력하길 원할지도 모른다. 찾기(find)는 가장 기초적인 속성 검색 방법이다. 찾기는 보통 단일 레코드를 얻기 위해 사용된다. 예를 들어 우리는 '샌타바버라'라고 하는 레코드를 찾아야 할 경우가 있다. 속성값을 찾는 것은 검색(search) 또는 열람(browse)에 의해서 행해질 수 있다. 열람은 사용자가 필요한 것을 찾을 때까지 레코드들을 검색하고 각각을 표시한다. 정렬은 필드의 경우에는 알파벳순으로 또는 숫자인 경우에는 크기순으로 정리하여 출력할 수 있게 해 준다. 정렬을 통해 누락된 값을 처리할 수도 있고 처리하지 않을 수도 있으며, 누락된 값이 어디에 위치하는가를 파악할 수도 있다.

제한연산 기능은 사용자들이 속성의 값을 제한할 때 생성되는 전체 레코드 중에서 일부분을 검색할 수 있도록 해 준다. 예를 들어 우리는 1999년 12월 31일보다 최근 데이터이거나 또는 100,000명보다 많은 인구를 가진 도시를 검색하는 데 제한을 가할 수 있다. 셀렉트(select) 연산은 데이터베이스로부터 속성들을 '선택'하여 보다 적은 수의 선택된 속성값으로 구성된 새로운 데이터베이스를 만드는 기능을 가지고 있다. 우리는 보통 이것을 관계형 데이터베이스 시스템에서 레코드와 속성값들을 조인하는 데 사용한다. 제6장에서 계산(compute) 연산은 속성을 위해 값을 계산하거나 지정하고 혹은 속성값들에 대해 수학적 계산을 하는 데 사용된다. 우리는 또한 속성들에 다시 번호를 매길 수 있는데, 즉 이것은 우리의 요구사항에 대해서 값들을 바꿀 수 있다는 것을 의미한다. 우리는 하나의 속성에 대해 퍼센트로 환산할 수 있고 그 값들이 만약 50% 아래로 떨어지면 0으로 바꾸거나 50%보다 더 크면 1로 바꿀 수 있다. 그래서 우리는 또 다른 레이어와 함께 이진 조합을 만들어 낼 수 있다.

　명령어 구문을 사용하여 '주(states)'라고 불리는 주의 인구와 면적의 데이터베이스에서 우리는 새로운 '인구밀도'라는 속성을 생성하기 위해 계산할 수 있다.

```
compute in states population_density=population/area
<50 records in result>
```

이것은 우리가 상(3), 중(2), 그리고 하(1)로 기록할 수 있는 새로운 속성을 생성한다.

```
restrict in states where population_density > 1000
<20 records selected in result>

recode population_density = 3
<20 values recoded in result>

join result with states replace
<20 records changed in state>

restrict in states where population_density > 100
<12 records in result >

recode population_density = 2
<12 values changed in result>
join result with states replace
<12 records changed>

compute in states where population_density != 3 or 2
population_density = 1
<18 records changed>
```

이제 우리는 변환을 통해 새롭게 기록된 값을 가지고 자료를 분류할 수 있다.

```
list attribute in state population_density

<In database "state" attribute values for "population_density">
<1 18 records>
<2 12 records>
<3 20 records>
<no missing values>

sort result by population_density
<50 records in result>

replace state with result
<50 records changed>
```

위의 예에서, 명령어는 한 번에 하나의 명령어 행으로 주어지며, 원하는 결과를 얻기 위해 결합되어 사용된다. 많은 데이터베이스 시스템은 연산을 수행할 때 임시의 작업용 데이터 셋을 사용하는데[위의 예에서는 '결과(result)'] 필요한 경우 원래의 데이터베이스 상태로 돌아갈 수 있다. 많은 DBMS는 동일한 결과를 얻기 위해 메뉴, 질의어, 키워드 혹은 명령어들을 사용한다.

우리가 속성에 의한 검색에 대해 논의를 마치기 전에, 거리에 의한 검색을 위해 이 도구를 사용할 때 발생할 수 있는 문제점에 주목할 필요가 있다. 하나의 지점으로부터의 각 레코드의 거리를 계산하고자 할 때, 좌표가 평면좌표라는 가정하에서, 우리는 두 번의 뺄셈과 곱셈, 제곱, 합계, 그리고 제곱근 연산을 수행해야 한다. 이러한 데이터베이스 도구들은 광범위하게 사용되지만 우리의 지리적 검색에 있어서는 매우 부족한 도구일 수밖에 없을 것이다.

5.3 지리적 검색

속성을 검색할 때, 우리는 다음과 같은 검색과 검색 명령어들을 살펴보았다(속성 보이기, 레코드 보이기, 보고서 생성, 찾기, 열람, 검색, 정렬, 재기록, 제한연산, 계산). GIS에서 공간 데이터에 이 기능들을 적용하면, 일부 연산들은 동등한 형태로 가능하나 일부의 기능은 매우 복잡해진다. 우선 단순한 검색연산부터 살펴보자.

지도 데이터베이스에서 레코드는 사상을 나타낸다. 공간 데이터에 한정되는 특수한 속성들이 존재하고 이러한 속성들은 좌표와 측정값, 그리고 선과 다각형의 특성을 반영한다. 속성 보여 주기는 실제 좌표값, 선의 길이, 다각형의 면적과 같은 새로운 공간적 속성을 검사하는 것으로 구성된다. 이런 속성값들은 매우 유용하다는 사실에 주목하자. 5.2절의 예제에서처럼 이러한 속성값은 인구밀도 계산에서 사용된 면적의 기본 데이터로 활용할 수 있다. 공간적 속성들에 대해 적용되는 검색 기능은 공간사상에 대한 결과물을 도출한다. 예를 들면 우리는 특정한 길이보다 큰 모든 선분 또는 1헥타르 이상의 보다 큰 다각형을 찾아낼 수 있다.

공간적 맥락에서 모든 레코드를 보여 준다는 것은 모든 속성을 보여 주거나 지도 위에 있는 모든 사상을 화면출력 함을 뜻한다. 시각적으로 정보를 검색할 수 있도록 지도를 생성하는 것은 GIS 측면에서 볼 때 공간적 검색연산이라 할 수 있다. 만약 우리가 보고서 생성을 원한다면 라벨, 메타데이터, 범례 등이 포함된 지도 제작의 기준에 따라 최종 지도를 만드는 것이 이에 해당할 것이다.

열람 기능은 지도에서 강조하는 방식으로 진행된다. 우리는 특별한 사상에 대해 색상으로 코드화할 수 있다. 일부 GIS는 시각적 효과를 위해 사상을 깜빡일 수 있게 한다. 찾기 기능은 많은 GIS은 패키지에서 '확인' 혹은 위치 확인(locate)이라 불리는 기능으로, 마우스와 같은 일종의 포인팅 장치를 사용하여 사상을 가리키도록 하는 것이다. 사상이 선택되면 속성 데이터베이스로부터 개체의 속성을 검색할 수 있다(그림 5.5).

공간적 검색 — 지도를 열람하고 사상을 선택하는 것 — 은 매우 강력한 GIS의 기능이다. 특히 GIS가 휴대용 컴퓨터에서 운용되고 사용자의 휴대용 GPS 수신기에 의해 검색된 사상이 사용자 바로 앞에 있는 경우라면 더욱 그렇다. 또한 우리는 지도에서 단일 사상을 직접 가리킴으로써 대상물에 대해 검색할 수 있고, 사각형의 범위에 속하는 모든 사상을 검색하거나 화면에 스케치한 불규칙한 다각형으로 모든 사상을 검색할 수도 있다. 이와

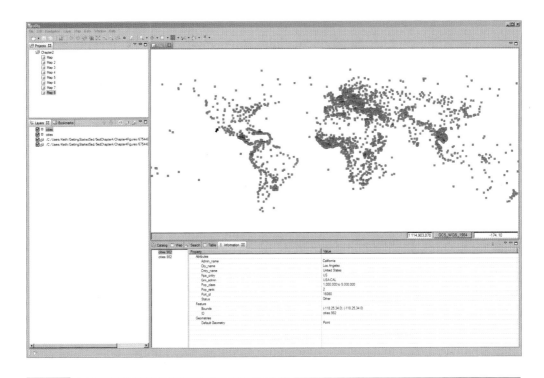

그림 5.5 글로벌 도시 데이터베이스로부터 로스앤젤레스를 선택을 위해 uDig GIS를 사용하였다.

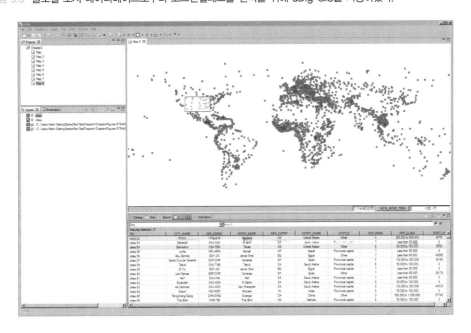

그림 5.6 검색 사각형에 의해 세계의 도시들을 추출하는 uDig GIS의 화면.

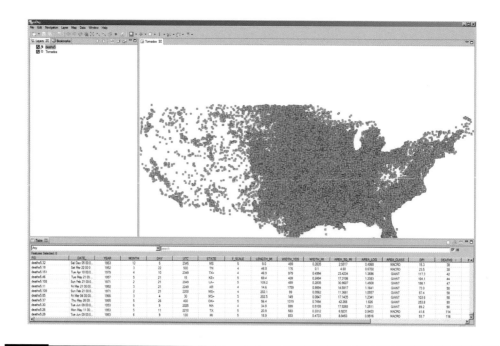

그림 5.7 정렬 기능. 미국에서 1950~2008년 사이에 토네이도가 발생한 빈도를 사망자 수의 순으로 정렬하고 5명 이상의 사망자를 표시한 지도. uDig를 사용한 예이다.

같은 검색 기능은 그림 5.6에 설명되어 있다.

정렬 기능은 공간적 차원에서는 구현이 어렵고 GIS에서는 대개 속성 분류로부터 나온 공간적 패턴을 탐색하는 것으로 이루어진다. 예를 들어 우리는 그림 5.7과 관련하여 미국에서 발생한 토네이도의 발생 빈도를 사망자 수에 따라 정렬할 수 있다. 이것과 유사한 것으로 속성의 재기록 기능이 있다. 5.2절의 예에서 우리는 재기록 기능을 통해 인구밀도의 값을 상, 중, 하로 변환했는데, 제7장에서처럼 인구밀도의 재기록 값에 의해 단계구분도나 음영지도를 만들 수 있다.

속성 조작, 재기록, 계산과 같은 작업은 어떤 사상을 화면출력하고 어떻게 화면출력이 될지를 수행한다. 예를 들어 우리는 5.2절에서 나온 인구밀도와 같은 새로운 속성을 계산하고 화면으로 출력할 수 있었다. 그러나 각 연산은 동일한 공간적 연산을 가진다. 개체들을 공간적으로 재기록하는 것, 즉 속성들의 범위를 변화시키는 것은 공간적 합성과 동일하다. 주변 또는 가장 영향력이 있는 인접 지역으로 배치함으로써 고립된 픽셀을 제거하는 것이 한 예이다.

계산은 공간적 맥락에서 거리, 길이, 면적 또는 체적 계산과 변환 등으로 수행될 수 있다. 예를 들어 우리는 가장 가까운 지점에 있는 개체와의 거리, 하천을 따라 계산된 누적 하류 거리 또는 도로망에 따른 여행 거리를 포함하고 있는 새로운 지도를 만들 수 있다. 이 새로운 지도는 더 복잡한 작업을 수행하기 위해 GIS 레이어와 함께 사용되거나 화면출력 될 수 있는데, 이것은 앞에서 최종 결과물을 얻기 위해 속성 질의 명령어(query command) 들을 결합한 것과 같다.

셀렉트와 조인이 마지막으로 남은 기능이다. 셀렉트는 특정한 속성을 추출하고 데이터 베이스의 너비를 줄이는 것을 의미한다. 셀렉트에 의해서 우리는 GIS 검색 기능에서 오직 특정 주제 또는 레이어를 사용할 수 있게 하거나 지도의 축척과 범위를 변경할 수 있다. 작은 지역을 집어내는 것, 하나의 카운티로 지형도 구역들을 합치는 것, 토지피복 범주를 수준 2에서 수준 1로 합치는 것(7개의 범주를 도시적 토지 이용 범주로 합치는 것), 전체 수계로부터 주요한 하천들만 뽑아내는 것, 광범위한 축척에서 묘사를 위해 지도상의 선을 일반화하는 것 등이 지리적 선택의 모든 예이다.

GIS 연산 중에서 가장 널리 사용되는 선택의 유형은 버퍼 기능인데, 지도의 일부분을 선택하거나 점, 선, 또는 면의 일정 거리 이내에 놓여 있는 사상들을 선택하는 것이다. 예를 들어 말라리아 희생자를 위해 서아프리카에서 병원으로부터 10km 이상 떨어진 마을로 검색을 제한하거나, 또는 여름별장을 위해 호수에서 200m 이내인 곳으로 검색을 제한 하는 것 등이 있다. 점 주변에서의 버퍼는 원형의 면을 형성하고, 선 주변에서 '지렁이 형상'을 형성한다. 그리고 면의 주위에서는 보다 넓은 지역을 형성한다(그림 5.8).

조인 기능은 피자 예제에서 다뤘던 것처럼 플랫파일에 걸쳐 있는 속성들을 결합한 데이 터베이스의 교차구성(cross-construction)이다. 지리적인 의미에서 이것은 지도 중첩 (overlay)이라 불린다. 지도 중첩에서 새로운 지도는 2개의 입력지도를 서로 공유하게끔 만들어진다. 지도에서 새롭게 생성된 모든 다각형은 속성 데이터베이스에서 새로운 속성 레코드를 갖는다. 이것은 지도 중첩이 그것을 만들기 위해 사용된 지역 둘 중 하나에 의 해 검색이 가능함을 의미한다. 우편번호와 중첩된 도시보건 구획도의 예를 살펴보자. 이 도시보건 구획도에서는 보건과 사고 등의 데이터를 인구, 민족성, 수입, 그리고 다른 여러 가지 변수와 조합하여 사용할 수 있게 한다. 우리는 지도 중첩 방법에 의해 지도 레이어 를 조인함으로써 심장병을 앓고 있는 사람들의 평균수입을 계산하거나, 특정 성인병 위험 에 노출되어 있는 사람들을 연령대별 그룹으로 산출할 수 있다. 예를 들어 그림 5.9에서

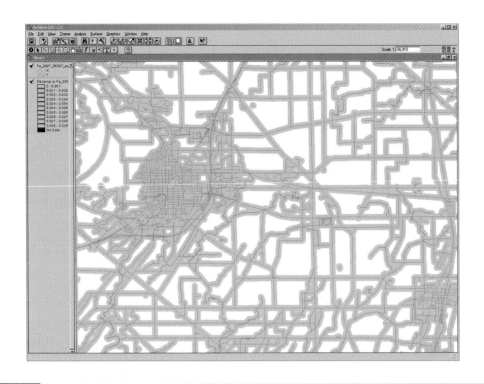

그림 5.8 위스콘신 주 도지 카운티 일부 지역의 TIGER 파일로부터 도로와 하천 주변의 버퍼 생성을 위한 ArcView 3.2의 사용.

는 고도값이 246m 이상인 지역 위에 놓인 그림 5.8(도로 또는 하천으로부터 100m 이내의 지역)과 같은 버퍼를 보여 주고 있다. 중첩을 만드는 것은 왼쪽의 범례에서 보여지는 것처럼 중간 결과물들을 만들었던 여러 가지 질의를 수행하는 것을 필요로 한다.

속성 데이터베이스 관리자는 순차적으로 복수의 연산들을 수행할 수 있는 능력을 가지고 있다. GIS 검색 기능도 이와 동일하다. 예를 들어 우리는 그림 5.9에서 중첩된 인구 데이터를 얻을 수 있고, 전화번호부로부터 위치가 참조되어 점 형태로 표현된 병원으로부터 계산된 거리를 다시 곱할 수 있다. 이를 통해 우리는 특정한 선거구에서 병원으로부터 멀리 떨어진 곳에 많은 인구가 있는 지역을 빨간색으로 표현해 낼 수 있다. 일부 지리적 질의는 명확하게 정의되는 속성 질의 기능에 잘 부합되지는 않는다. 지도는 동등한 해상도를 변경하여 비교하기 쉽도록 확대 또는 축소될 수 있다. 일부의 지리적 질의는 지리적 특성과 위상관계에 의해 검색될 수 있다.

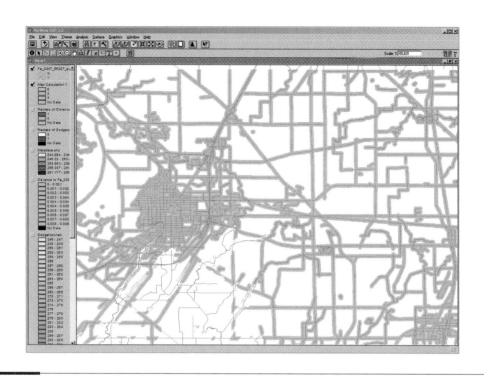

그림 5.9 그림 5.8과 동일한 지역으로 지도 중첩을 보여 주고 있다. 보라색으로 표현된 지역은 도로 또는 하천으로부터 100m 이내 지역이고 246m의 이상의 고도를 나타낸다.

지리적 검색은 점, 선, 면들의 관계에 의한 검색과 검사가 전부이다. 예를 들어 우리는 하나 이상의 지역 안에 포함된 모든 점을 선택할 수 있다. 그런 후 조인은 우리가 점 개체로부터 다각형 형태의 개체로 속성들을 지정할 수 있게 해 준다. 즉 기상대로부터 행정구역으로 날씨통계를 연결하는 것이 그 예이다. 전형적인 GIS 검색은 다각형 내의 점, 다각형 내의 선, 선에서의 점 거리 등이다. 만약 원유 저장탱크가 점이고 하천이 선이라면 이것은 분석적으로 굉장히 유용한 도구이다. 우리는 또한 중첩에서 레이어에 가중치를 줄 수 있다. 아마도 토지 적성 레이어를 합성하는 것은 초기 도시계획 설계자들이 중첩하여 지도를 제작했던 것과 같은 방식일 것이다. 가중치 방법에 의해 구축되는 또 다른 대중적인 GIS 레이어로는 공간 비용 레이어가 있는데, 이것은 레이어 조합과 거리 계산으로부터 만들어진다. 이 지도에서 최소 비용 지점은 좋은 비즈니스 위치이다.

마지막으로, 매우 구체적인 지리적 계산도 가능하다. 예를 들면 가시거리 계산, 즉 지도 상에서 한 장소로부터 볼 수 있는 가시 지역을 계산하는 것이다. 경사와 사면의 방향을 보여 주는 지도는 개발 적합성 또는 잠재적 홍수 지역을 평가하는 데 유용하게 사용될 수 있다. 또 도로 네트워크상에서 측정한 교통량은 교통정체를 예측하는 데 이용된다. 또는 지진 위험을 예측하기 위한 모델들의 결과물, 데이터를 가지고 예측값들을 병합하여 보여 주는 지도 등이 바로 지리적 계산의 예이다.

5.4 질의 인터페이스

데이터베이스 관리와 지리정보 관리는 사용자가 적절한 방식으로 데이터와 상호작용을 해야 한다는 공통점을 가지고 있다. 1세대 DBMS와 GIS는 단순히 일괄 작업 형태의 데이터 처리를 지원하는데, 이는 운영체제, 디스크의 물리적인 관리 등과 밀접하게 연관되어 있다. 이와 같은 유형의 상호작용은 모든 처리 과정이 미리 정의되어 있어야 하고, 파일은 한 번에 하나씩의 다른 명령들을 실행할 수 있도록 만들어졌던 펀치카드 시대의 기술에 기원을 두고 있다.

대화식 처리가 가능해짐에 따라 명령어 입력 방식은 데이터 질의를 위한 수단이 되었다. 명령어들은 DBMS의 통제하에서 한 번에 하나씩 컴퓨터에 입력되었고 소프트웨어는 한 번에 하나의 연산을 수행함으로써 응답을 했다. 많은 수의 GIS는 여전히 이러한 대화식 상호작용의 유형을 사용하거나 매크로의 사용을 허용하고 있다. 매크로(macro)는 한 번에 하나가 실행되는 명령을 포함하는 파일이다. 만약 매크로에서 오류가 탐지되면 실행은 중지될 수 있다. 그리고 오류를 해결하기 위해 파일은 수정된다.

일반적인 양식에서, 명령어는 변환(import), 중첩, 셀렉트와 같은 하나의 키워드와 선택적이거나 필수적인 매개변수로 구성되어 있다. 매개변수는 파일 이름, 작업과 관련된 수치값, 옵션의 이름, 혹은 허용되는 값 등이다. 대다수의 GIS 패키지는 매개변수들이 입력되지 않고 사용되지 않는 경우를 대비해서 디폴트(기본값)를 제공하는데, 이는 대부분이 명령에 매개변수 없이 반응할 수 있도록 매개변수의 목록을 제공한다. 대규모의 GIS 패키지는 여러 가지 방법에 의해 특정한 작업을 수행할 수 있도록 하며, 수백 또는 수천 개의 명령어를 가질 수 있다.

최근 대부분의 GIS 패키지는 윈도우즈나 X-윈도우 같은 운영체제에 의해 제공되는 WIMP(윈도우즈, 아이콘, 메뉴, 포인터) 인터페이스와 완벽히 통합되어 있다. 이제 선택사

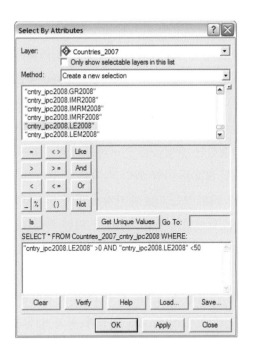

그림 5.10 ArcGIS 9.3을 사용한 질의의 예.

항들은 대부분 공통적으로 요구될 때 필수적인 매개변수를 제공하기 위해 사용자들에게 떠우는 메시지 창과 함께 메뉴에 의해 정해진다. 사용자 지정값들은 또한 때때로 슬라이더, 위젯, 그리고 다이얼과 같은 스크린 도구들, 리스트, 버튼 등에 의해서 설정될 수 있다. 윈도우에서 질의문이 구성되는 예는 그림 5.10에서 보여지고 있다.

또 다른 최근의 경향은 대부분의 GIS들이 반복적인 작업을 자동화하기 위해 언어 또는 매크로 도구를 포함하고 있다는 점이다. 예를 들어 ArcGIS의 Visual Basic for Application (VBA), MapInfo의 MapBasic, 그리고 과거 Arc/Info의 AML 등이다. 이들 언어는 경우에 따라 메뉴로 선택사항을 제시하는 그래픽 사용자 인터페이스(GUI)에 의해 대화식으로 처리할 수 있게 해 준다. 그러므로 어떠한 GIS 사용자도 이제는 프로그래머가 될 수 있으며, 나든 보는 사용자들을 위해 질의 도구를 가지고 자신의 특정한 작업을 수행할 수 있게 되었다. 훈련시간과 전문 인력이 제한적일 때, 대규모 GIS 운영에서 비숙련된 GIS 사용자를 위해 일상적인 질의문 혹은 단순한 데이터베이스 갱신과 같은 간단한 GIS 작업을 자동화할 수 있도록 GIS 분석가가 고용된다.

마지막으로, 모든 사용자가 관계형 데이터베이스에 표준 인터페이스로 사용할 수 있는 일련의 데이터베이스 대화식 명령어를 제공하고자 하는 노력들이 경주되어 왔다. 그 결과 구조화 질의어(Structured Query Language, SQL)가 비록 GIS에서는 상대적으로 덜하지만 일반적인 데이터베이스 관리에서는 가장 많이 사용되는 도구로 인정되어 왔다. 어떤 사람들은 대부분의 GIS 연산이 SQL에서 가능하다고 주장하고 있으나, 또 다른 한편에서는 공간 분야에서 그 기능을 확대하는 방법들을 연구하고 있다. DBMS 간의 차이점을 감안할 때 이것은 반가운 노력이다. SQL은 가끔 약간의 차이가 있지만 일반적으로 메뉴 인터페이스나 마법사 도구를 통해 거의 모든 GIS 패키지에 의해 지원된다.

대부분의 GIS는 일반적인 데이터 애플리케이션을 위한 속성 데이터베이스 기능들이 상용 시스템들에 비해 뒤떨어져 있다. 그러나 가장 최신의 인터페이스와 광범위한 매크로 지원과 윈도우 시스템은 비록 우리가 같은 방식으로 모든 GIS가 작동하지는 않지만 GIS들이 운영 형태가 유사하게 수렴된 방식으로 이끌고 있다. GIS 응용 프로그램이 다양하게 제공되고 있고 빠르게 발전하고 있지만, GIS 연산과 질의 방식의 표준화는 여전히 많은 시간을 필요로 한다.

그럼에도 불구하고, 매우 단순하고 빈번하게 사용되는 GIS 연산 또는 질의의 분류법은 Dana Tomlin의 연구로부터 이루어졌는데, 그는 언어에서의 동사에 GIS 연산을 비유하였다. 그는 다음과 같은 네 가지 유형, 즉 국부연산(locla), 구역연산(zonal), 초점연산(focal), 그리고 증분연산(incremental)으로 표현하였다(그림 5.11).

국부연산은 하나 이상의 레이어에 적용되는 함수에 의해 모든 지점에 대한 새로운 값을 계산한다. 구역연산은 다른 레이어에 있는 지점의 구역과 관련하여 기존의 레이어로부터 값을 얻어 모든 지점에 대한 새로운 값을 계산한다. 초점연산은 기존의 값, 거리 또는 인접한 지점의 방향 등으로 모든 지점에 대한 새로운 값을 계산한다. 마지막으로 증분연산은 1, 2, 3차원 지도에서 지점의 위치와 형태를 특징화하여 모든 지점에 대한 새로운 값을 계산한다. 이 네 가지 연산은 다양한 GIS 처리 단계와 그것들의 조합을 분류하기 위해 이용된다. 많은 GIS 패키지는 새로운 데이터 셋 혹은 갱신을 위해 반복적으로 사용되는 응용 프로그램을 위하여 처리 과정을 모델로 저장할 수 있다(그림 5.12). 지금까지 우리는 입력, 저장, 그리고 검색과 같은 GIS의 가장 기본적인 사항들에 대해 논의하였다. 많은 사람들이 GIS의 가장 큰 장점은 공간 분석에 있다고 말한다. 우리가 보았던 것처럼, 대부분의 GIS 연산들은 위치와 속성이 관련된 공간적인 변환으로 볼 수 있다. 연산들은 하나 이

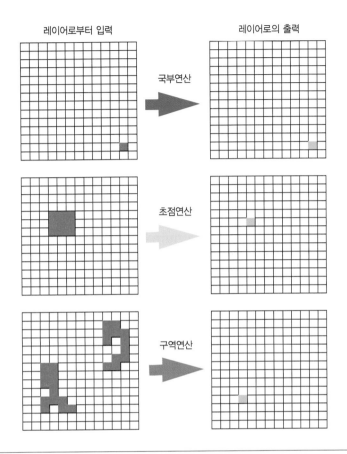

그림 5.11 Dana Tomlin의 지도대수에서 지도연산. 입력 데이터(격자 형태 레이어)의 GIS 변환은 다음의 함수에 의해 출력 격자값을 결정할 수 있다—(1) 동일 지점의 격자값(국부지점), (2) 인접한 격자값(초점지점), 또는 (3) 지역에 속한 격자값(구역지점). 증분연산은 격자 형태로 구성된 고도값으로부터 계산된 지형 경사도와 같이 공간적 형태에 기초하여 새로운 값을 계산하는 방법이다.

상의 지도 레이어를 입력해서 새로운 지도를 만들어 낸다. 새로이 생성된 이 지도들은 분석을 통해 문제 해결을 위해 사용된다. 다음 장에서 우리는 GIS 분석의 필수 사항들을 다루고자 한다. 실세계에서 GIS의 분석 기능을 사용하여 공간적 문제를 해결하는 사례는 무궁무진하다.

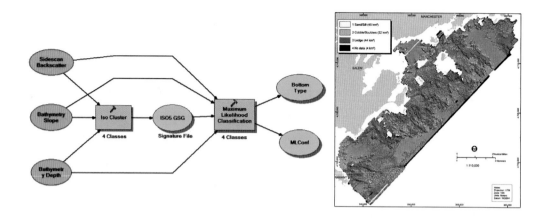

그림 5.12 질의 스크립트의 예. 깊이, 경사, 후방 산란파 입력자료를 보여 주고 지도 제작 과정을 보여 주고 있는 ESRI 모델 빌더에 의한 다변량 분석 방법.

출처 : USGS Open-File Report 2005-1293 High-Resolution Geologic Mapping of the Inner Continental Shelf: Nahant to Gloucester, Massachusetts by Walter A. Barnhardt, Brian D. Andrews, and Bradford Butman(2006).

학습 가이드

이 장의 핵심 내용

○ GIS는 다음의 질문에 대해 해답을 제시할 수 있다 : 무엇이 어디에 있는가? ○ 데이터베이스 혹은 지도로부터 사상에 대해 정보를 얻는 것을 정보 검색이라 한다. ○ 효율적인 검색은 데이터의 구조에 달려 있다. ○ GIS 데이터 구조는 속성 데이터 모델과 지도 데이터 모델을 필요로 한다. ○ GIS는 흔히 데이터베이스 관리 시스템을 포함하거나 공유한다. ○ DBMS는 컴퓨터와 정보과학의 유산이다. ○ DBMS는 데이터 사전을 정의하는 데이터 정의어를 포함하고 있다. ○ GIS 데이터 카탈로그는 여러 개의 파일, 레이어, 프로젝트 및 버전들을 관리할 수 있다. ○ DBMS는 정렬, 재배열, 부분집합화, 그리고 검색 등을 포함하는 속성 질의를 지원한다. ○ 질의는 사용자가 지도와 속성 데이터에 대해 서로 상호작용을 하는 방법이다. ○ 1세대 데이터베이스 관리자는 계층적인 구조로 구성되었지만, 지리학은 이러한 계층적 구조가 적용되기 어려운 다양한 경우가 존재한다. ○ 관계형 데이터베이스 관리는 데이터베이스 관리를 위한 표준으로 자리 잡았다. ○ 관계형 데이터베이스는 유일한 키 속성을 통해 필요할 때 서로 연관될 수 있는 다수의 플랫파일을 가질 수 있다. ○ 분리된 관계형 파일들을 갖는다는 것은 관리될 수 있다는 것을 의미한다. 즉 독립적으로 갱신될 수 있다. ○ 관계형 데이터베이스 관리자는 SQL을 통한 표준화된 공통의 명

령어를 가지고 있다. ○ 일부 명령어들은 예를 들어 조인과 셀렉트의 경우처럼 데이터베이스를 재구성하는 데 필요하다. ○ DBMS는 새로운 필드, 레코드, 그리고 데이터베이스를 생성하고 새로운 값을 계산하는 능력을 가지고 있다. ○ SQL과 다른 DBMS 연산자는 종종 공간 질의에 적합하지 않다. ○ GIS는 확인, 셀렉트, 재기록, 그리고 합병과 같은 관계형 질의에 대한 공간적으로 동등한 기능들을 가지고 있다. ○ 공간적 합병은 흔히 중첩이라고 한다. ○ 공간 셀렉트를 흔히 버퍼 연산이라고 한다. ○ 일부 지리적 질의는 위상적 관계, 즉 인접성과 거리와 같은 공간적 특성을 사용한다. ○ GIS 검색은 점, 선, 면 혹은 필드에 대한 값들은 상대적일 수 있다. ○ 일부 공간적 질의는 가시구역을 위한 수치고도 모델 검색과 같이 전체 지리적 공간을 모두 포함하기도 한다. ○ GIS는 보통 명령어 행, 메뉴 혹은 마법사 등을 통해 질의를 지원한다. ○ GIS의 강력한 기능은 순차적 혹은 레이어들 간의 질의로부터 나온다. ○ GIS는 프로그래밍 혹은 스크립트 언어를 통해 질의를 반복적으로 수행하는 도구들을 가지고 있다. ○ 대부분의 GIS는 SQL을 직접적으로 사용할 수 있다. ○ Tomlin은 GIS 연산과 질의를 국부연산, 초점연산, 구역연산, 그리고 증분연산으로 구분했다. ○ GIS 질의는 분석을 위한 것이다. ○ GIS는 동일한 결과를 얻기 위해 사용할 수 있는 다양한 방법을 가지고 있다.

학습 문제와 활동

기초적인 데이터베이스 관리

1. DBMS의 구성 요소에 대한 리스트를 만들어라. DBMS의 각 부분이 수행하는 특정한 작업은 무엇인가? 각 부분의 역할에 대해 간단한 요약을 제공하는 열을 테이블에 추가하라. 예를 들면 데이터 입력 모듈은 "사용자가 속성 데이터를 데이터베이스에 입력할 수 있도록 한다."와 같이 입력할 수 있다. 속성 데이터베이스와 지도 데이터베이스 간의 '보고서 생성'과 '지도 화면출력'과 같이 유사성을 표시할 수 있는 열을 테이블에 추가하라.

2. 이 장의 피자 예제와 같은 데이터베이스를 생성하기 위해 Microsoft의 Access나 MySQL 같은 데이터베이스 관리 시스템을 사용하라. 테이블이 만들어지면, 하나의 플랫파일을 만들기 위해 관계형 주인을 사용하라. 조인 생성 전후의 파일 크기가 얼마나 커졌는지 확인해 보라.

속성에 의한 검색

3. DBMS 사용자가 속성 검색에 활용할 수 있는 각 도구들을 열거하고 정의하라. 검색 유형 간의 차이는 무엇인가? 즉 찾기(find)와 열람(browse)의 차이는 무엇인가?

지리적 검색

4. 다음에 대해 지리적 검색이 가능한 도구는 무엇인가 : 점 사상, 선 사상, 혹은 면 사상? GIS에 사용될 복합 질의를 만들기 위해 이러한 검색 도구들이 어떻게 결합되어 사용될 수 있는가?

5. Tomlin의 네 가지 유형의 지도연산에 해당하는 GIS 질의 예제를 제시하라.

질의 인터페이스

6. GIS 사용자가 하나의 GIS 패키지에서 다른 GIS 패키지로 이동할 때 직면하게 되는 질의에 대한 사용자 인터페이스의 주요한 유형은 무엇인가?

참고문헌

Berry, J. K. (1993) *Beyond Mapping: Concepts, Algorithms and Issues in GIS*. Fort Collins, CO: GIS World.

Burrough, P. A. (1986) *Principles of Geographical Information Systems for Land Resources Assessment.* Oxford: Clarendon Press.

ESRI (1995) *Understanding GIS: The Arc/Info Method.* New York: Wiley.

Huxhold, W. E. (1991) *An Introduction to Urban Geographic Information Systems.* New York: Oxford University Press.

Peuquet, D. J. (1984) "A conceptual framework and comparison of spatial data models." *Cartographica,* vol. 21, no. 4, pp. 66–113.

Tomlin, C. D. (1990) *Geographic Information Systems and Cartographic Modeling.* Englewood Cliffs, NJ, Prentice-Hall.

Warboys, M. F. (1995) *GIS: A Computing Perspective.* London: Taylor and Francis.

주요 용어 정의

강조 방법(highlight) 성공적인 질의의 결과인 사상과 요소들을 GIS 사용자에게 알려 주는 방법.

갱신(update) 데이터의 일부분이나 전체를 새로운 데이터나 수정된 데이터로 교체하는 것.

검색(search) 레코드가 성공적으로 검색된 데이터베이스 질의.

검증(verification) 데이터베이스 내의 모든 레코드에 대한 속성값들이 정확한 값인지 확인하는 절차.

계산(compute) 새로운 속성의 값을 계산하기 위해 하나 혹은 그 이상의 속성값을 사용하는 데이터 관리 명령어.

계층적 데이터 모델(hierarchical data model) 완전히 포함되는 하위 집합과 많은 레이어 셋에 기반하는 속성 데이터 모델.

관계형 모델(relational model) 서로 상이한 구조를 가지고 있고 공통의 키 속성에 의해 연결된 레코드를 위한 다수의 플랫파일에 기반을 둔 데이터 모델.

구역연산(zonal) 하나 혹은 여러 레이어에서 새로운 격자값을 생성하기 위해 단일 범주 혹은 집합의 격자들을 사용하는 GIS 연산.

구조화 질의어(Structured Query Language, SQL) 관계형 데이터베이스 관리 시스템을 위한 표준언어 인터페이스.

국부연산(local) 하나 혹은 그 이상의 레이어에서 동일한 위치에 있는 격자값을 이용하여 새로운 격자값을 생성하기 위한 GIS 연산 또는 질의.

기본값(default) 사용자가 수정하지 않고 GIS가 사용자를 위해 제공하는 매개변수의 값 혹은 선택사항.

단계구분도(choropleth map) 지역 혹은 구역에 대한 수치 데이터를 (1) 범주에 따라 분류하고 (2) 지도에서 각 범주를 색채나 음영으로 표현하는 지도.

데이터 모델(data model) 정보 시스템에서 사용하기 위한 데이터 조직의 논리적 수단.

데이터 사전(data dictionary) 데이터 집합의 모든 속성에 대한 목록과 데이터 정의 단계에서 부여되는 속성값들의 모든 제약 조건을 모두 포함한 카탈로그. 값의 범위와 형태, 범주 목록, 유효값과 누락값, 필드의 넓이를 포함할 수 있음.

데이터 입력(data entry) 보통 속성 데이터와 같은 수치들을 컴퓨터에 입력하는 과정. 대부분의 데이터는 수동으로 입력되거나 네트워크, CD-ROM 등으로부터 획득하지만 필드 데이터는 GPS 수신기, 데이터 기록장치, 심지어 키보드를 통해 입력됨.

데이터 정의어(data definition language) 새로운 데이터베이스의 설정, 입력될 속성 개수의 명시, 속성의 데이터 유형과 길이, 사용자의 수정 권한 등을 정의하는 DBMS의 한 부분.

데이터베이스(database) 컴퓨터에 의해 접근 가능한 데이터들의 집합.

매개변수(parameter) GIS에 명령어를 실행하는 데 요구되는 숫자, 값, 문자열 또는 다른 값.

매크로(macro) 프로그램을 작성하고 수정하고 GIS 사용자 인터페이스에 제출하게 해 주는 명령언어 인터페이스.

메뉴(menu) 사용자가 이미 정의된 목록으로부터 선택하는 데 사용되는 사용자 인터페이스의 구성요소.

보고서 생성자(report generator) 데이터베이스에 있는 모든 레코드의 속성값의 목록을 만들어 주는 DBMS의 일부분.

복구(retrieval) 레코드들을 이전에 저장된 상태로 되돌릴 수 있는 데이터베이스 관리 시스템의 기능.

부분집합화(subsetting) 데이터의 일부분을 추출하는 것.

셀렉트(select) 데이터베이스에서 레코드들의 일부분을 추출하기 위해 설계된 DBMS 명령어.

속성(attribute) 개체에 대한 값이나 측정치들을 반영하는 숫자의 입력치. 속성은 레이블이나 범주 또는 숫자일 수 있음. 또한 날짜나 표준화된 값 또는 필드나 다른 측정치일 수 있음. 데이터가 수집되고 조직되는 항목. 테이블이나 데이터 파일의 열(column)에 해당함.

연관연산(relate) 물리적으로 데이터베이스가 저장되기보다는 사용자의 요구에 따라 키 속성을 통해 병합하여 데이터베이스를 재구성하는 연산.

열람(browse) 검색의 한 방법으로 적절한 항목이 발견될 때까지 반복적으로 레코드를 조사하는 방법.

위치 확인(locate) '확인(identify)' 참조.

일괄처리(batch) 상호작용의 방식으로 사용자가 직접 명령어를 보내지 않고 파일로부터 일련의 명령어를 컴퓨터에 보내는 방식.

재순서화(renumbering) 속성들의 순서나 범위를 바꾸기 위해 DBMS를 사용하는 것.

정렬(sort) 속성값의 순서에 따라 레코드들을 배열하는 것.

제한연산(restrict) 플랫파일로부터 속성의 일부분을 만들어 낼 수 있도록 주는 데이터베이스 관리 시스템 질의어의 한 부분.

조인(join) 연관되어 있지는 않지만 중복되는 데이터베이스의 레코드와 속성 모두를 병합하는 것.

중첩(overlay) 공간 점유에 기초하여 서로 공통적으로 정치된 지도를 결합하는 GIS 연산 또는 질의.

증분연산(incremental) 하나 혹은 그 이상의 레이어를 사용하여 새로운 레이어를 만들어 낼 때 각 격자의 값이 전체 격자에 대해 반복적으로 계산되는 GIS 연산 또는 질의. 전역연산으로 알려져 있음.

지리사상(feature) 경관의 일부를 구성하는 단일 실체.

지리적 검색(geographic search) 기본적으로 공간 특성을 사용하는 GIS에서의 찾기 연산.

질의(query) 사용자가 데이터베이스 관리 시스템이나 GIS를 통하여 데이터베이스에 요청하는 질문.

질의어(query language) 사용자가 질의문을 데이터베이스에 보낼 수 있도록 해 주는 DBMS의 일부분.

찾기(find) 단일 레코드 혹은 레코드들의 집합 또는 개체의 속성값을 찾는 데이터베이스 관리 연산.

초점연산(focal) 새로운 격자값을 만들어 내기 위해 하나 이상의 레이어에서 연산하고자 하는 격자에 인접하고 있는 격자로부터 자료를 사용하는 GIS 연산 혹은 질의.

키 속성(key attribute) 관계형 데이터베이스 파일들을 서로 연결해 주는 연관된 레코드들의 유일한 식별자.

파일(file) 컴퓨터 저장 장치 구조에서 논리적으로 한 장소에 함께 저장되는 데이터.

플랫파일(flat file) 숫자들의 조직을 위한 단순한 모델. 숫자들은 하나의 테이블로 구성되는데, 입력값은 변수로, 레코드는 행, 속성은 열로 구성됨.

확인(identify) 마우스와 같은 입력장치를 통해 지도상에서 직접적인 방법으로 지리사상을 찾는 방법.

DBMS(database management system, 데이터베이스 관리 시스템) GIS의 일부분으로, 속성을 포함하고 있는 파일들을 조작하고 사용하는 데 이용되는 도구들.

GIS 사람들

Mark Bosworth – 오리건 주 포틀랜드 메트로 GIS 분석 총괄 책임자

KC 당신의 업무에 대해서 좀 얘기해 주세요.

MB 저는 오리건 주의 포틀랜드에 있는 포틀랜드 메트로에서 GIS 분석가로 일하고 있습니다. 저는 최근에 수석 GIS 전문가가 되었는데, 그것은 관리 분야가 아닌 기술 분야의 전문가라는 의미입니다. 저는 일상을 GIS를 생각하며 보냅니다(Tomlinson 박사님께 감사드립니다!).

KC 포틀랜드 메트로는 어떤 곳입니까?

MB 메트로는 포틀랜드 도시 지역에서 일어나는 지역과 관련된 이슈들에 대한 책임을 지는 유일한 정부기구입니다. 기본적으로 토지 이용과 교통계획을 담당합니다(고형 폐기물 규제, 지역 휴양시설, 오리건 주 동물원 등과 같은 다양한 분야도 담당합니다). 우리는 나라에서 유일하게 선출된 지방 정부이며, 관할 지역은 25개 도시와 3개 카운티의 도시 지역에 이릅니다.

KC 어떤 종류의 GIS 소프트웨어를 사용하십니까?

MB 메트로는 1989년부터 ESRI의 고객이었습니다. 사실 우리의 고객은 수백 명 수준입니다. 우리는 ArcGIS와 함께 다양한 ESRI의 소프트웨어 솔루션을 사용합니다. ArcReader

와 ArcExplorer는 단순한 시각화 응용 프로그램을 위해 우리가 사용하는 대중적인 플랫폼입니다. 하지만 우리는 인터넷 매핑 응용 프로그램에서 활용도가 증가하고 있는 오픈소스 플랫폼을 포함해서 서로 다른 종류의 솔루션도 활용하고 있습니다.

KC 당신이 메트로에서의 업무를 위해 받았던 교육은 어떤 것이었습니까?

MB 제가 처음 메트로에 고용되었을 때, 메트로는 유닉스 워크스테이션들을 막 구매했었고 저의 시스템 관리 경험이 핵심적인 사항이었습니다. 그 이후로 우리는 엔터프라이즈 IT 환경으로 이전하였으며, 저는 공간 데이터, 분석 방법, 그리고 일반적인 수준에서의 IT 통합 이슈에 대한 경험에 의존하였습니다. 저는 지도 제작자로서의 특별한 재능은 없었지만 공간 프로세스에 대한 추론과 생각이 뛰어났습니다. 다행히 저는 전문적 재능을 갖춘 팀원들과 함께

일하게 되었습니다.

KC 다른 직원들은 어느 정도의 배경을 가지고 있습니까?

MB 우리는 우리 분야에서 다양한 배경을 갖추고 있고 이것은 제가 생각하기에 굉장한 장점입니다. 저는 제 학생들에게 "나는 나 자신을 한 가지밖에 모르는 조랑말이라고 생각한다."고 말합니다. 저의 학사와 석사 학위는 분석적 지도 제작과 GIS 분야에 관한 것이었는데, 저의 전문경력은 GIS에 집중되어 있습니다. 제가 가르치거나 GIS 분야로 오면서 함께 일했던 많은 사람들의 다양한 배경은 훌륭했습니다. 제가 함께 일하는 GIS 분야 사람들은 생물학, 임학, 지질학 전공자였고 심지어 구성원 중 한 명은 중세건축 분야 박사입니다. 이러한 점들이 때때로 얼마나 유용한지 안다면 아마 깜짝 놀랄 겁니다.

KC 메트로에서 GIS를 이용한 프로젝트의 예로는 어떤 것이 있습니까?

MB 메트로의 다양한 포트폴리오들을 보면 도시개발, 천연자원보호 및 재생, 교통 분석 등의 사업에 참여하고 있습니다. 우리 사

업의 대부분은 토지 이용과 계획에 대한 결정을 합니다. 그 예로 저는 성장이나 지역변화가 생존율이나 밀도에 주는 영향을 연구하기 위해 보건 분야의 전문가들과 함께 프로젝트를 하였습니다. 우리는 기존 조건을 분석하고 미래를 모델링하기 위해 GIS를 사용해 왔습니다.

KC   메트로의 성장경계는 무엇이고, 그것을 유지하기 위해서 메트로는 GIS와 관련된 어떠한 일을 합니까?

MB   도시성장경계(UGB)는 우리 지역의 도시 전반에 걸친 규제를 처리하는 기초 도구입니다. 그것은 농경지나 산림 지역으로부터 도시 형태의 개발 지역을 구분하는 관리상의 경계입니다. 그것은 30년간 우리 지역의 개발 형태를 정의하고 난개발을 방지하는 데 도움을 주었습니다. 우리의 GIS 프로

그램은 특히 도시성장경계 효과의 측정과 모니터링을 지원하기 위해 발족되었습니다. 우리는 지역적 규제와 비어 있는 땅의 목록을 유지하였고 그래서 우리 지역의 성장 용량을 이해할 수 있었습니다.

KC   공간 분석을 이용한 프로젝트의 예를 설명해 주시겠습니까?

MB   가장 최근에 우리는 보건과 물리적 활동이 개발된 환경에 미치는 영향을 연구하였습니다. 우리가 보다 자세하게 분석하려고 하는 것은 지난 20년 동안 종단면적으로 주민들의 이동에 따른 신체 건강과 공간 환경에 따른 상관관계의 회귀분석입니다. GIS는 토지 이용 특성과 인구, 도시 서비스, 그리고 총체적인 도시 형태뿐만 아니라 환승시설, 공원 및 다른 편의시설까지의 거리 등의 변수를 사용하여 환경을 정량화 하는 데 매우 효과적입니다.

KC   시각화를 위한 어떤 특별한 방법을 갖고 계신가요?

MB   우리는 우리가 갖고 있는 GIS 데이터를 이용하여 창의적으로 지도화할 수 있는 팀을 가지고 있습니다. 우리의 대중적인 결과물은 3차원 벽걸이용 지도인데, 이것은 3차원 안경에 적합한 색상체계로 지역을 표현하는 것입니다. 이것은 좀 저렴한 방법이지만 많이 이용되었습니다. 보다 최근에는 3차원 영역에서 LiDAR 데이터의 다양한 시각화 방법을 연구해 오고 있습니다. 빌딩과 기반시설물의 도시 환경과 수목, 식생, 그리고 지형과 같은 자연 환경 모두의 3차원 표현은 시각화를 위한 매우 흥미로

운 것들입니다.

KC 당신은 GIS에서 오픈소스 소프트웨어를 사용 하십니까? 사용한다면 어떻게 사용하십니까?

MB 우리는 오픈소스 소프트웨어에 기반한 제품을 많이 보유하고 있습니다. 특히 MapServer 소프트웨어를 이용하여 많은 웹 지도 서비스를 구축해 왔습니다. 그중 MapServer와 Google Maps API를 활용하여 만든 것이 www.bycycle.org입니다. 이 응용 시스템은 자전거 이용자들을 위한 경로를 제공해 주고 있으며, 이것은 Google Maps의 지도를 이용해 우리의 자전거 경로를 제공해 주고 있는 MapQuest와 유사합니다.

KC 메트로는 향후 10년간 어떠한 일을 할 거라고 생각합니까?

MB 저의 경험에서 보면 공간정보에 대한 접근과 처리 도구가 보다 손쉽게 이루어져 왔다고 확신할 수 있습니다. GIS 전문가 분야에서 사용되던 기술들은 이제 비전문가들도 사용이 가능해졌습니다. 이것은 GIS와 지리학 분야에 있어서 매우 바람직한 일입니다. 제가 생각하기에 우리 분야에서 10년 내에 보다 많은 흥미롭고 정교한 표현 기법과 시각화 기술이 증가할 것으로 보입니다. 몰입형 그리고 다차원적 시각화는 공간 데이터와 상호작용을 하는 데 있어 표준적인 방식으로 자리 잡을 것으로 예상되고, GIS는 앞으로 꾸준히 이러한 발전에 기여하게 될 것으로 생각됩니다.

KC 인터뷰에 응해 주셔서 대단히 감사합니다.

MB 감사합니다. 매우 즐거웠습니다.

제 6 장

GIS 분석

"나는 아이스하키 경기에서 퍽이 있던 곳이 아니라 퍽이 날아갈 곳으로 스케이팅한다."
Wayne Gretsky(캐나다의 전설적인 아이스하키 선수)의 성공의 비결을 묻는 인터뷰에서.

6.1 속성자료의 설명

우리가 이전의 장들에서 살펴본 것처럼, GIS는 크게 두 가지 부분으로 구성된다. 하나는 속성 부분이며, 나머지는 지도 부분이다. 속성자료는 일반적인 데이터베이스 관리 프로그램에 의해 관리되며 분석 과정에서 다른 통계정보와는 다른 유형을 가진다. 이 장에서는 자료의 작성과 관리에 대한 것으로부터 정보의 실질적인 이용에 대한 논의로 주제를 옮겨 가고자 한다. 숫자의 형태로 되어 있는 정보를 완벽히 이해하기 위해서는 지리자료가 체계적이면서 계량적으로 설명되어야 하며, 이를 위해서는 통계에 대한 이해가 필요하다.

이 부분이 GIS의 내용과 아무 관계가 없다고 한다면, 일반적인 정보 분석에서 사용하는 컴퓨터 통계 패키지와 비교하여 GIS가 특별하다고 할 수 없을 것이다.

GIS의 분석 기법이 특별한 이유는 지도와 연결된 속성자료를 다루기 때문이다. 우리가 생각할 수 있는 자료를 설명하고 있는 모든 통계치는 본질적으로 지리적 속성을 갖고 있다. 따라서 이 지리자료를 지도상에 표현하여 시각적 분석을 행할 수 있다. 이 장의 뒷부분에서 살펴보겠지만, 우리는 GIS를 통해 이를 더욱 쉽게 다룰 수 있다. 왜냐하면 우리가 이미 제2장에서 통계적 질의 과정에서 지리적 속성을 사용한 경험이 있기 때문이다. 즉 우리가 지리사상과 관계된 질문인 '어디에?'라는 물음에 덧붙여서 '왜 거기인가?'라는 질문을 할 수 있다. 우리는 이러한 질문에 대하여 뚜렷한 대답을 찾아낼 수 있으며, 질문에 대한 해답과 분석을 지도로 표현할 수 있다. 이 장에서 보여 주는 바와 같이, 어떤 문제를 해결하기 위하여 GIS 분석 기법을 사용한다는 것은 사용자의 입장에서 볼 때 엄청난 분석 능력이 부여됨을 의미한다.

이 장은 속성자료를 어떻게 설명하는지부터 시작한다. 그리고 히스토그램의 시각적 설명과 함께 평균에 대한 수학적 설명, 그리고 평균과의 차이에 대한 수학적 설명을 다룬다. 또한 이러한 단순한 수치가 2차원 공간 혹은 좌표 공간으로 확장될 때 사용되는 공간 속성에 대해서도 다룬다. 앞서 살펴본 바와 같이, 지도를 통한 통계적 설명은 숫자들이 보여 주는 결과를 지도상의 위치로 표현할 수 있도록 해 준다. 평균과 분산은 시각적으로, 그리고 지리적으로도 의미를 가지고 있다.

6.1.1 단일 속성에 대한 설명

제2장의 시작 부분으로 다시 돌아가서 데이터베이스의 기본 구조를 살펴보자. 이미 살펴본 바와 같이, 모든 자료는 테이블(table)의 형태로 구성되어 있다. 테이블의 행(row)은 레코드(record)이고, 테이블의 열(column)은 속성(attribute)이다. 각 속성마다 레코드는 속성값(value)을 가지고 있으며, 속성값은 문자나 숫자 등의 자료 유형으로 이루어져 있다. 예를 들어 '357'이라는 레코드에서 '날짜'라는 속성의 경우 속성값은 '7/7/2009'일 것이다. 여기서 속성값은 실제로는 세 가지 숫자(년, 월, 일)로 구성되어 있지만 데이터베이스의 운영 목적상 문자로 처리된다. GIS 데이터베이스가 되기 위해서는 조건이 하나 더 붙는데, 최소한 속성 하나는 반드시 지도와 연결되어야 한다. 가장 기초적인 수준에서 볼 때, 점은 동서 위치와 남북 위치라는 2개의 속성으로 표현된다. 이와 같은 간단한 경우부

터 시작해서, 지리자료는 우리가 공부한 바와 같이 점, 선, 면, 그리고 이들의 조합으로 이루어진 사상을 다루게 된다.

이 장에서는 지리 현상인 토네이도를 사례로 다루게 될 것이다. 이를 통해 미국에서 발생하는 토네이도 패턴에 대한 조사, 질의, 검증 및 설명에 필요한 각 단계와 토네이도에 의해 어떻게 사람이 죽거나 다치는지를 파악하고자 한다. 어느 연구에서나 연구 주제를 선정하고 자료 분석을 위한 문제를 설정하는 것은 연구에서 중요한 첫 번째 단계이다. 우리의 생명과 안전을 지키기 위한 계획을 수립하기 위해서는 토네이도에 의해 사람이 죽거나 다치는 원인이 무엇인가에 대하여 관심을 가져야 한다. 우리가 토네이도 경고 시스템을 수립하는 데 관여하고 있다고 가정하자. 또한 장기간으로 보았을 때 토네이도의 발생 빈도가 지구 온난화에 영향을 받았는지를 연구한다고 하자. 각각의 경우에서 자료의 분석 방법은 동일하다. 모두 시각적, 통계적으로 자료를 설명하는 것이다. 이러한 과정들은 문제를 해결하기 위하여 공식을 만들어 설명하는 데 도움을 주며, 나아가 어떻게 문제를 해결할 수 있는지를 알려 주기도 한다.

이 장에서 사용될 자료는 미국 국립해양대기청(NOAA)의 토네이도 데이터베이스 자료이다. 이들 자료는 인터넷 홈페이지 http://www.ncdc.noaa.gov/oa/climate/severe weather/tornadoes.html에서 찾을 수 있다. 자료의 포맷은 토네이도가 지상에 미친 영향에 기초하여 토네이도의 강도를 계산할 수 있도록 설계되어 있다. 토네이도의 크기와 종류에 대한 상세한 정보는 인터넷 홈페이지 http://www.nssl.noaa.gov/edu/safety/tornadoguide.html에서 찾을 수 있다.

표 6.1은 1950년 1월 1일부터 2006년 12월 31일까지 미국에서 발생한 토네이도에 대한 49,252개의 데이터 중에서 처음의 20개만을 나열한 것이다. 여기에는 비공간정보와 공간정보가 모두 담겨 있다. 예를 들어 비공간정보는 토네이도가 발생한 날짜와 시간, 토네이도 종류와 크기, 그리고 토네이도에 의해 죽은 사람과 다친 사람의 수 등이 있다. 공간정보는 토네이도가 발생한 미국의 주와 카운티, 토네이도 구름 기둥이 발생하고 소멸한 위치의 경도와 위도, 그리고 토네이도가 영향을 미친 영역의 길이와 폭에 대한 데이터 등이다.

그림 6.1은 모든 토네이도가 발생했던 위치를 보여 주는 지도로 uDig GIS를 이용하여 작성한 것이다. 그림에서와 같이 거대한 양의 자료가 단지 하나의 점으로만 표현되어 있다. 따라서 지도에서 동서 방향의 경향을 보이고 있기는 하지만, 무슨 일이 벌어졌는지 정확하게 알기는 어렵다. 자료 분석의 첫 번째 단계는 자료를 선택하거나 표본자료를 선정

표 6.1 토네이도 데이터베이스 중에서 20개 항목의 사례

DATE_	YEAR	MONTH	DAY	UTC	STATE	F_SCALE	LENGTH_N	WIDTH_YD	WIDTH_MI	AREA_SQ	AREA_LOG	AREA_CLA	DPI	DEATHS	INJURIES	TDLAT	TDLON	LIFTLAT	LIFTLON
1/3/1950	1950	1	3	1700	MO*	3	9.500	149	0.08470	0.80430	-0.09460	MESO	3.20	0	3	38.770	-90.220	38.830	-90.030
1/3/1950	1950	1	3	1755	IL	3	3.600	129	0.07330	0.26390	-0.57860	MESO	1.10	0	3	39.100	-89.300	39.120	-89.230
1/3/1950	1950	1	3	2200	OH	1	0.100	9	0.00510	0.00050	-3.29130	TRACE	0.00	0	1	40.880	-84.580	0.000	0.000
1/13/1950	1950	1	13	1125	AR	3	0.600	16	0.00910	0.00550	-2.26320	DECIMICRC	0.00	1	1	34.400	-94.370	0.000	0.000
1/26/1950	1950	1	26	130	MO	2	2.300	299	0.16990	0.39070	-0.40810	MESO	1.20	0	5	37.600	-90.680	37.630	-90.650
1/26/1950	1950	1	26	300	IL	2	0.100	99	0.05620	0.00560	-2.24990	DECIMICRC	0.00	0	0	41.170	-87.330	0.000	0.000
1/26/1950	1950	1	26	2400	TX	2	4.700	133	0.07560	0.35520	-0.44960	MESO	1.10	0	2	26.880	-98.120	26.880	-98.050
2/11/1950	1950	2	11	1910	TX	2	9.900	399	0.22670	2.24440	0.35110	MACRO	6.80	0	0	29.420	-95.250	29.520	-95.130
2/11/1950	1950	2	11	1949	TX	3	12.000	999	0.56760	6.81140	0.83320	MACRO	27.30	1	12	29.670	-95.050	29.830	-95.000
2/12/1950	1950	2	12	300	TX	2	4.600	99	0.05620	0.25870	-0.58710	MESO	0.80	0	5	32.350	-95.200	32.420	-95.200
2/12/1950	1950	2	12	555	TX	2	4.500	66	0.03750	0.16870	-0.77280	MESO	0.50	0	6	32.980	-94.630	33.000	-94.700
2/12/1950	1950	2	12	630	TX	2	8.000	833	0.47330	3.78640	0.57820	MACRO	11.40	1	8	33.330	-94.420	33.450	-94.420
2/12/1950	1950	2	12	715	TX	1	2.300	233	0.13240	0.30450	-0.51640	MESO	0.60	0	0	32.080	-98.350	32.100	-98.330
2/12/1950	1950	2	12	1210	TX	3	3.400	99	0.05620	0.19120	-0.71840	MESO	0.60	0	0	31.520	-96.550	31.570	-96.550
2/12/1950	1950	2	12	1757	TX	1	7.700	99	0.05620	0.43310	-0.36340	MESO	0.90	0	32	31.800	-94.200	31.880	-94.120
2/12/1950	1950	2	12	1800	MS	2	0.100	9	0.00510	0.00050	-3.29130	TRACE	0.00	3	2	34.600	-89.120	0.000	0.000
2/12/1950	1950	2	12	1800	MS	1	2.000	9	0.00510	0.01020	-1.99020	MICRO	0.00	0	0	34.600	-89.120	0.000	0.000
2/12/1950	1950	2	12	1800	TX	3	1.900	49	0.02780	0.05290	-1.27660	MICRO	0.20	0	3	15	31.900	-95.200	31.800	-94.180
2/12/1950	1950	2	12	1830	AR	2	0.100	99	0.05620	0.00560	-2.24990	DECIMICRC	0.00	0	0	34.480	-92.400	0.000	0.000
2/12/1950	1950	2	12	1900	LA	4	82.600	99	0.05620	4.64620	0.66710	MACRO	23.50	18	77	31.970	-94.000	33.000	-93.300

출처 : NOAA(http://www.ncdc.noaa.gov/oa/climate/severeweather/tonadoes.html).

하는 것이다. 우리가 실험할 자료의 경우, 인간에게 영향을 미친 경우만을 고려하면 되기 때문에 토네이도에 대한 전체 49,252개의 자료를 모두 사용할 필요는 없다. 토네이도에 의해 사람이 죽거나 다친 경우만을 선정하는 것이 더욱 좋을 것이다. 이렇게 되면 자료의 크기는 6,625개로 줄어들어 자료를 시각화하고 분석하기에 보다 적절한 크기가 된다.

그림 6.2는 토네이도에 의해 사람이 죽거나 다친 경우의 자료를 이용하여 토네이도 빈발(頻發) 기간에 발생한 토네이도와 그 밖의 기간에 발생한 토네이도로 나누어 그 크기를 표현한 지도이다. 대충 지도를 보더라도 복잡한 자료가 상당히 구조화된 시공간적 패턴으

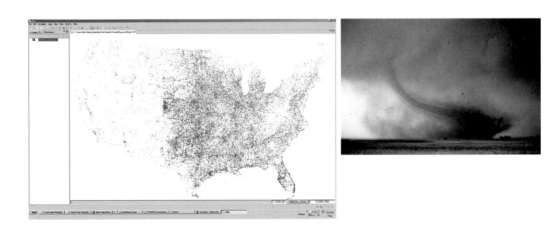

그림 6.1 왼쪽 : 미국에서 1950~2006년 동안의 토네이도 위치(uDig GIS로 지도 작성). 오른쪽 : 밧줄 모양의 토네이도.
출처 : NOAA.

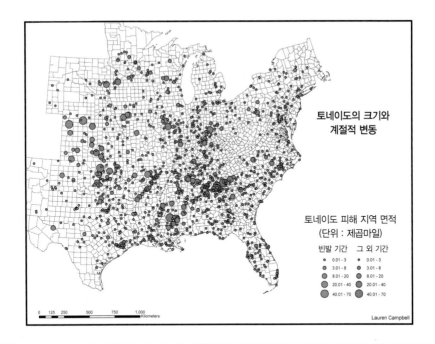

토네이도의 크기와
계절적 변동

토네이도 피해 지역 면적
(단위 : 제곱마일)

빈발 기간   그 외 기간

Lauren Campbell

그림 6.2 미국에서 1950~2006년 동안 사상자가 발생한 토네이도의 위치와 피해 지역 크기, 그리고 계절적 변동.

로 표현되고 있음을 알 수 있다. 공간 분석을 사용하여 그 뒤에 숨겨진 구조를 찾을 수 있을까? 이를 위해서는 우선 자료의 형태를 통계적, 시각적으로 파악하고, 우리가 측정하여 검증할 수 있도록 형태와 구조에 대한 가설을 설정해야 한다.

6.2 통계적 기술

자료의 파악을 위한 통계 기법을 사용하기에 앞서 여러 가지 그래픽 도구를 이용하여 탐색적으로 자료를 분석할 필요가 있다. 지금까지 비공간적인 자료를 시각적으로 표현하는 방법들이 대거 개발되어 왔다. 대부분의 경우 OpenOffice.org Calc와 같은 유명한 스프레드시트 프로그램이나 ViSta와 R, SAS, SPSS와 같은 소스가 공개된 통계 패키지에서 작동되고 있다. GIS 패키지의 경우 모든 그래프를 직접 작성하는 기능은 별로 없다. GeoVista Studio와 같은 몇몇 소프트웨어에 국한하여 지리자료를 대화식으로 탐색하는 기능이 있을 뿐이다.

6.2.1 통계 그래프

그림 6.3은 토네이도 데이터를 이용하여 여러 가지 속성을 한 번에 하나씩 다양한 그래프로 표현하고 있다. 토네이도의 강도와 같이 범주형 자료로 표현되는 자료도 있고, 숫자로 표현되는 자료도 있으며, 발생월과 같이 순환변수로 표현되는 경우도 있다. 각 유형마다 그에 적합한 그래프의 표현 방법도 다르다. 그림 6.3을 유심히 살펴보면, 사람이 죽거나 다친 토네이도 자료에서는 4월에 토네이도가 가장 빈번하게 발생함을 보여 주고 있으며, 넓은 지역보다 좁은 지역에서 가장 위험한 토네이도가 발생하고, 토네이도는 GMT 기준으로 자정에 가장 많이 발생하고, 대부분 토네이도의 등급은 강도가 매우 낮게 나타나고 있다. 그림에 있는 여러 가지 그래프 중에서 산포도(scatter plot)만이 하나의 변수와 다른

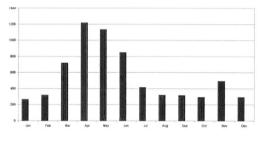
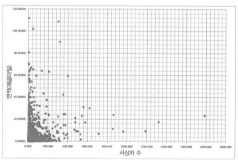
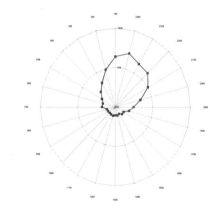
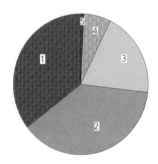

그림 6.3 토네이도 데이터의 통계 그래프들. 왼쪽 위 : 히스토그램 — 월별 토네이도 발생 빈도. 오른쪽 위 : 산포도 — 토네이도의 피해 면적과 사상자의 수. 왼쪽 아래 : 레이더 플롯 — 시각별 사상자가 발생한 토네이도 수(GMT에서 6시간 차이, 시간은 반시계 방향으로 표현). 오른쪽 아래 : 파이 차트 — 토네이도의 심각한 정도.

변수를 비교하여 표현하고 있다. 이 그래프를 더욱 깊숙이 살펴보면 모든 변수들 간의 관계를 찾아볼 수 있다. 이러한 상관성을 파악한 후 공간 분석을 사용하여 이들 관계 간의 지리적인 특성을 파악할 수 있을 것이다.

6.2.2 박스 플롯

비공간적인 통계 그래프 중에서 가장 오래된 기법 중 하나는 John Tukey(1977)에 의해 개발된 박스 플롯(box plot)이다. 박스 플롯은 숫자로 구성된 자료를 5개의 기술적 수치로 구분하여 그래픽으로 표현한 것이다. 5개의 수치는 (1) 최소값, (2) 제1사분위수, (3) 중앙 값(median), (4) 제3사분위수 (5) 최댓값이다. 박스 플롯을 통하여 어느 관측치가 나머지 수치에 비하여 이상치(outlier)인가를 가리킬 수 있으며, 분포 경향이 한 방향 혹은 다른 방향으로 왜곡되었는지도 알려 줄 수 있다.

이러한 수치들은 최댓값부터 최소값까지의 특성을 가진 자료의 분포 경향을 쉽게 반영하고 있다. 상하 2개의 양극단 표시가 최댓값과 최소값을 보여 주는 것이다. 중심선이 높을수록 범위는 더 커진다. 박스의 중심은 중앙값에 맞추어진다. 자료가 그 값에 따라 순위가 매겨져 있을 경우 이 선을 중심으로 자료의 반은 위에, 반은 아래에 위치한다. 이 수치는 자료가 비정상적으로 높거나 낮은 어떠한 값에도 영향을 받지 않는다. 마지막의 '박

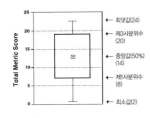
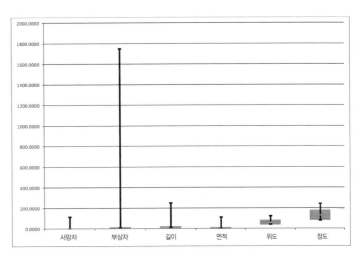

그림 6.4 박스 플롯. 왼쪽 : 정규분포한 자료의 경우 전형적인 박스 플롯. 오른쪽 : 어느 토네이도 데이터의 박스 플롯. 엑셀로 제작했다. 스크립트를 이용하여 GIS에서도 직접 박스 플롯을 만들 수 있다.

스'는 제1사분위수와 제3사분위수의 값을 높이로 이용한 사각형으로 표현된다. 즉 중앙값 위에 분포한 자료의 순위를 매겼을 때 제3사분위수는 이 자료를 반으로 나누어 표현되며, 중앙값 아래의 경우도 마찬가지로 표현된다. 따라서 자료의 절반이 그 값에 따라 박스 안에 표현된다. 물론 그림에 표현된 자료의 분포는 균일하거나 무작위적이지는 않으며, 이러한 대부분의 구조는 다음에서 다루어질 것이다.

6.2.3 평균과 분산, 표준편차

앞 절에서 소개하였던 중앙값은 속성자료를 순서대로 나열하였을 때 가장 가운데에 위치한 값을 표현한 것이다. 자료의 수가 홀수일 경우에는 하나의 값으로 나타낼 수 있지만, 자료의 수가 짝수일 경우에는 가운데 두 수 간의 평균이 필요하다. 예를 들어 {13, 3, 7, 6, 15, 1}이라는 자료가 있다고 하자. 이 자료를 순서대로 정리하면 {1, 3, 6, 7, 13, 15}가 된다. 자료의 수가 6개이기 때문에 6과 7의 평균을 취하여 6.5가 중앙값이 된다. 중앙값의 장점은 이상치에 영향을 받지 않는다는 것이다. 예를 들어 앞의 자료에서 15 대신에 115를 사용하더라도 중앙값은 그대로 같다. 중앙값은 전체 자료를 하나의 숫자로 표현하는 것이므로 '중앙 경향성 측정치'로 정의된다.

또 다른 중앙 경향성 측정치는 자료의 순서를 먼저 정리하지 않고도 계산될 수 있다. 이것이 평균이다. 평균을 계산하기 위해서는 단지 속성의 값들을 합산하여 자료의 개수로 나누어 주면 된다. 예를 들어 6,625개의 토네이도에서 4,783명이 죽었다고 할 경우, 평균은 0.721962이다. 따라서 토네이도 하나당 평균 사망자의 수는 0.721962라고 할 수 있다. 또한 토네이도에 의한 평균 부상자의 수는 12.3645이다. 물론 평균은 이상치의 영향을 받는다. 토네이도에 의한 사망자와 부상자의 중앙값은 각각 0과 3이다. 그림 6.5는 사망자와 부상자 자료를 히스토그램으로 표현한 것이다. 히스토그램은 가로축을 따라 간단한 막대 그래프로 표현한 것이다. 막대의 높이는 그 계급에 해당하는 속성자료의 개수이며, 막대 자체는 자료를 분류한 계급의 집합이다. 두 분포 모두 0에 가까운 방향으로 일그러져 있다. 이러한 경우 평균이나 중앙값 모두 중앙 경향을 보여 주는 측정치로 적합하지 않다.

이제 토네이도의 다른 속성값으로 토네이도가 발생한 날짜를 살펴보자. 이 경우 중앙값은 15이며 평균은 15.5093이다. 여기서는 중앙값과 평균 사이에 차이가 작다. 중앙값의 경우 31일이 홀수이기 때문에 정확한 수치가 나왔으며, 평균의 경우 중앙값보다 조금 상세히 표현되었다. 여기서 한 가지 요소를 주목할 필요가 있다. 이 자료의 히스토그램(그림 6.6)

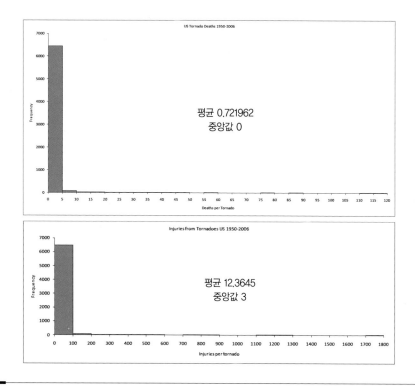

그림 6.5 미국에서 1950~2006년 동안 사상자를 발생시킨 6,625개의 토네이도와 관련된 사상자의 히스토그램. 이 자료의 분포는 편향되어 있음을 주의하라.

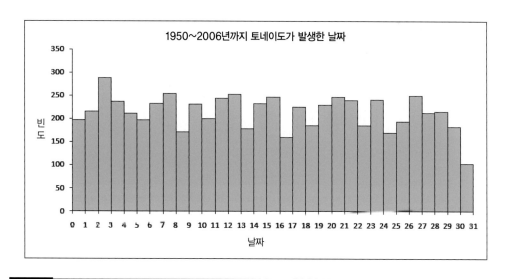

그림 6.6 미국에서 1950~2006년 동안 사상자를 낸 토네이도가 발생한 날짜.

에서 토네이도가 발생한 달의 마지막 날짜에서 그 빈도가 급격히 줄어든다는 것이다. 우리가 이미 아는 바와 같이 '9월은 30일까지'밖에 없다. 즉 1년 중 다섯 달(2월, 4월, 6월, 9월, 11월)이 31일이 없고, 한 달(2월)은 30일과 31일이 없으며, 4년에 세 번은 29일이 없다.

이 자료는 자료의 범위 전반에 걸쳐 매우 균등한 분포를 보이고 있다. 발생한 달의 마지막 날짜에 나타난 수치의 하락을 제외하면 토네이도가 발생한 달의 어느 날짜에서나 균등하게 발생할 수 있는 무작위 분포라고 가정할 수 있을 것이다. 그러나 자료의 분포에서 일부분 불균등성이 나타난다. 6,625개의 토네이도와 31일이 주어졌을 때, 각 날짜에서 평균 발생 빈도는 6,625/31 = 213.709라고 할 수 있다. 발생한 달의 3일에서는 다른 값보다 높은 값을 보이고 있으며 17일은 낮은 값을 보이고 있다. 문제는 이러한 높은 값과 낮은 값이 우연히 발생한 것인지 혹은 추가 분석이 필요할 정도로 중요한 값인지를 결정하는 것이다. 이러한 문제를 해결하기 위해서는 분포의 중앙 경향만을 보아서는 안 되며, 자료에서 변이가 얼마나 있는지를 파악해야 한다. 즉 평균으로부터 자료의 변이가 평균적으로 얼마나 되는가를 알아야 한다. 이러한 수치를 표준편차라고 한다. 이 값은 평균을 먼저 계산한 후, 각 값과 평균과의 차이를 계산한다. 이것은 그림 6.7에서 수직선으로 표현한 선의 길이와 같다.

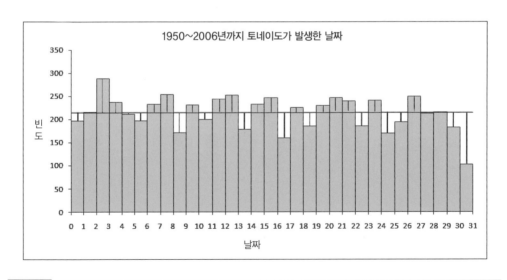

그림 6.7 토네이도가 발생한 달의 날짜. 수평의 검은 선은 월별 평균(213.7)이고 수직선은 평균으로부터의 차이이다. 어떤 자료는 선 위에 있으며, 어떤 자료는 선 아래에 있음을 주의하라.

토네이도의 발생 건수는 무작위성의 특성을 보이고 있어 평균보다 큰 날짜의 수와 평균보다 작은 날짜의 수가 비슷하다는 점에 주목하자. 평균과 각 자료의 차이를 계산할 때, 양수와 음수를 모두 다루어야 하기 때문에 뺄셈연산 후 제곱을 취한다. 음수의 경우 같은 값을 곱하기 때문에 항상 양수가 된다. 이 제곱값들은 합산되고 자료의 수로 나누어져 평균으로 계산된다. 그리고 원래 자료의 단위와 같도록 그 평균한 값에 다시 제곱근을 취한다. 이러한 과정은 스프레드시트나 통계 소프트웨어를 통해 수행될 수 있다(그림 6.8). 이러한 방법으로 제곱한 편차의 합이라는 하나의 주요한 통계치를 구할 수 있는데, 이를 총분산(variance)이라 한다.

이 자료에서 토네이도 발생일의 표준편차는 셋째 자리까지 반올림하여 36.115이다. 이

Day of the Month	Frequency	Freq. - Avg.	Squared
1	197	-16.70968	279.2134057
2	216	2.29032	5.245565702
3	288	74.29032	5519.051646
4	237	23.29032	542.4390057
5	211	-2.70968	7.342365702
6	197	-16.70968	279.2134057
7	232	18.29032	334.5358057
8	254	40.29032	1623.309886
9	171	-42.70968	1824.116766
10	231	17.29032	298.9551657
11	199	-14.70968	216.3746857
12	244	30.29032	917.5034857
13	253	39.29032	1543.729246
14	178	-35.70968	1275.181246
15	232	18.29032	334.5358057
16	247	33.29032	1108.245406
17	160	-53.70968	2884.729726
18	225	11.29032	127.4713257
19	186	-27.70968	767.8263657
20	229	15.29032	233.7938857
21	246	32.29032	1042.664766
22	240	26.29032	691.1809257
23	186	-27.70968	767.8263657
24	241	27.29032	744.7615657
25	169	-44.70968	1998.955486
26	194	-19.70968	388.4714857
27	249	35.29032	1245.406686
28	212	-1.70968	2.923005702
29	216	2.29032	5.245565702
30	183	-30.70968	943.0844457
31	102	-111.70968	12479.05261

Sum	6625	Sum of Squares	40432.3871
Mean	213.7096774	Mean square	1304.270552
		Standard deviation	36.11468609

그림 6.8 스프레드시트를 이용하여 토네이도가 발생한 달의 날짜에 대한 표준편차를 계산한 결과.

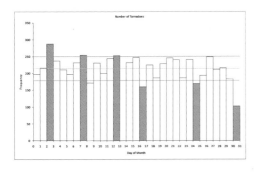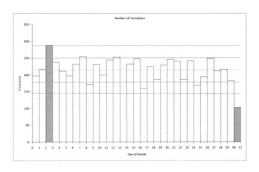

그림 6.9 1950~2006년 동안 사람에게 피해를 입힌 토네이도의 주별 날짜 히스토그램. 왼쪽 : 1표준편차 거리의 구역. 오른쪽 : 2표준편차 거리의 구역.

값을 평균 213.709에서 더하고 빼면 177.595~249.824까지의 범위를 구할 수 있다. 이러한 값들을 히스토그램에 표현할 수 있다(그림 6.9). 그 결과 주어진 범위를 벗어난 날이 며칠 되지 않는다는 점에 주목하라. 2표준편차의 수치를 사용할 경우에는 141.48~285.939의 범위가 계산된다. 이 범위를 적용할 경우 2개의 날짜만이 주어진 범위를 벗어나는데, 해당되는 날짜는 31일과 3일이다.

우리는 이미 앞부분에서 열두 달 중에서 일곱 달만이 31일이 있다는 점을 알고 있기 때문에 31일이 낮은 원인을 파악하였다. 3일에 비정상적으로 높은 수치가 나온 것은 물론 임의성 때문이다. 우리가 모르는 우연한 자연현상으로 토네이도가 매월 3일이 가장 위험하다고 할 수 있다. 31일의 자료가 2표준편차 범위의 아래보다 멀리 떨어져 있는 반면에 3일의 자료는 2표준편차 범위의 선에 매우 가까이 위치하고 있다. 이것이 어떤 의미가 있는지를 파악하기 위하여 주어진 수준에서 토네이도가 발생할 가능성을 예측할 필요가 있다.

6.2.4 통계 검정

알려진 분포를 사용할 때 표준편차의 특성을 이용하여 분포 곡선에서 어떠한 수치 사이에 있는 영역의 비율을 계산할 수 있으며, 이때 평균에서 표준편차를 더하고 뺀 범위를 이용한다. 표준분포 곡선으로는 '종형 곡선' 모양이라고 알려진 정규분포를 사용한다(그림 6.10). 이 곡선은 1733년에 Abraham de Moivre에 의해 처음 제시되었다.

우리가 분석하는 분포가 정규분포라고 가정하면, 곡선과 곡선의 면적을 계산하는 공식을 이용하여 어떠한 수치가 곡선의 내부나 외부에 임의로 위치할 확률을 계산할 수 있다.

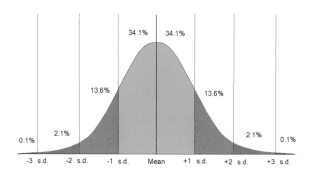

그림 6.10 정규 곡선 또는 종형 곡선, 가우스 분포. 그림의 퍼센트 비율은 각 표준편차 사이에 곡선의 아래에 있는 영역의 비율이다. 평균에서 1표준편차 거리는 68.27%이고, 2표준편차 거리는 95.45%, 3표준편차 거리는 99.73%이다.

그 일례로 발생월 3일의 경우 토네이도의 발생 빈도가 288인 자료를 들어 보자. 평균과의 차이는 74.29032이다. 이 값은 표준편차의 2.0571배에 해당하며, 이를 Z점수라 한다. 테이블이나 온라인 계산기를 이용하면 이 값은 정규분포 곡선에서 0.980157의 누적 면적을 나타낸다. 우연히 이 값보다 큰 값을 가질 확률은 1−0.980157 = 0.019843으로 2%에 미치지 않는다. 이 수치는 작은 값이지만 신뢰 수준을 넘지는 않으며, 지난 56년간 수천 건의 토네이도 자료와 관계될 경우 특히 그러하다. 반면에 발생월의 31일은 Z점수가 −3.09319로, 그 면적은 0.0009908이다. 이것은 1%의 10분의 1에 불과하다. 따라서 이 수치는 평균치 주위에서 우연히 발생한 변이가 아니라고 99.9% 확신할 수 있으며, 날짜가 적은 짧은 달이 이러한 차이를 설명하는 것이라고 할 수 있다.

이제 남은 두 가지 항목은 통계적 검증에 관한 것이다. 첫 번째는 그림 6.10의 영역에서 보이는 바와 같이 어떤 수치가 평균과 다른가를 검정하거나 혹은 평균으로부터 크거나 작은지를 검정하는 것이다. 두 번째는 우리가 분석하는 자료가 종형 곡선과 비교할 수 있는가에 대한 것이다. 완벽한 정규분포가 되기 위해서는 측정하는 자료의 수가 많아야 하며, 오차가 모두 무작위적이어야 한다. 또한 표본이 전체 '모집단' 또는 자료에서 모든 경우의 수치를 대표해야 한다. 토네이도 자료의 경우 토네이도에 의해 죽거나 다치지 않은 경우를 제외했기 때문에 수천 개의 자료를 버린 상태이다. 자료에서 토네이도 하나당 사상자 수와 같은 몇몇 변수는 왜곡되었다. 사망자와 부상자에 대해 과소 혹은 과대 보고되었을 가능성이 있으며, 부상자의 경우 대체로 과소 보고되었을 수 있기 때문에 통계를 사용할 때에는 매우 신중해야 한다.

전체 모집단의 표준편차를 찾는다는 것은 매우 어렵고 심지어 불가능하기까지 하다. 토네이도 자료의 경우에는 미국 역사 전체에 걸친 토네이도의 자료 테이블이 필요할 것이다. 표본을 이용하여 표준편차를 계산할 때에는 전체 모집단으로부터 표본이 임의적으로 추출되었다고 가정한다. 표본의 수가 적을수록 모집단의 표준편차로부터 수치가 편향될 수 있지만, 실제로는 이러한 점이 흔히 간과된다. 이를 보완하기 위하여, 분산을 계산할 때 측정값의 수로 n 대신에 $n-1$을 이용한다. 이러한 두 가지 표준편차를 각각 표본 표준편차와 모집단 표준편차라는 이름으로 구분하고 있다.

요약하면, 평균과 중앙값은 중심 경향을 보여 주는 좋은 통계치지만, 평균으로부터의 변이의 양 역시 측정할 필요가 있다. 표준편차를 계산함으로써 이론적인 정규분포 곡선과 자료의 수치를 비교할 수 있으며, 수치를 이용하여 확률을 함께 이용할 수 있다. 그러면 95%와 같은 확률 수준을 선택할 수 있으며, 이를 이용하여 어떤 수치가 우연히 발생한 것인가를 검정할 수 있다. 또한 이 수치가 나머지 다른 수치와 현격하게 다른지도 검정할 수 있고, 향후 어떠한 분석이 더 필요한가도 판단할 수 있다. 앞서의 사례에서 31일의 경우와 같은 자료에는 오차가 발생할 수 있으며, 이러한 경우 향후 면밀한 검토가 필요하다. 주어진 자료가 GIS 자료라면, 공간 분석을 적용하여 이러한 비정상적인 값이 지리공간상에서 어디에 위치하고 있는지를 파악할 수 있다.

6.3 공간적 기술 통계

앞의 절에서 단일 속성자료를 통계적으로 설명하는 방법에 대하여 살펴보았다. 공간자료를 다루는 데 있어 가장 우선적이면서 중요한 요인은 동서와 남북 위치라는 두 가지의 공간 측정치이다. 공간적 기술 통계에서는 이 두 가지 속성을 동시에 다루고 있다.

가장 간단하고 기본적인 방법은 위치자료에 공간적 설명을 부여하는 두 가지 속성을 반복하여 설명하는 것이다. 이러한 경우에 좌표를 이루는 동서와 남북의 수치가 각각 별개의 속성으로 이루어져 있다고 간주하고 이를 구분하여 다룬다. 하나의 속성을 설명할 때 최소값과 최댓값을 이용한 범위의 개념으로부터 시작했던 것과 마찬가지로, 좌표를 설명할 경우에도 첫 번째 점은 동서 방향의 최소값과 남북 방향의 최소값으로 설명되며, 두

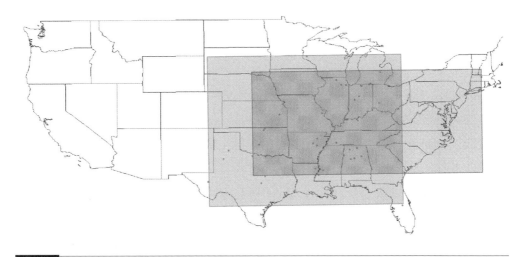

그림 6.11 공간적 설명으로서의 최소범위사각형. 빨간색 사각형은 20~39명의 사상자가 발생한 토네이도의 위치를 모두 포함한 영역이며, 보라색 사각형은 40명 이상의 사망자가 발생한 영역이다.

번째 점은 동서와 남북 방향의 최댓값으로 설명된다. 두 점을 이용하여 사각형을 정의할 수 있는데, 사각형의 변의 길이는 동서와 남북 방향의 범위를 나타내며, 사각형의 내부는 자료의 모든 지점을 포함하고 있다.

이것을 앞에서 다루었던 '최소범위사각형'이라 한다. 이것은 자료에서 동서 좌표를 순서대로 나열한 후 첫 번째와 마지막의 자료를 이용하여 구할 수 있으며, 남북 방향의 경우도 마찬가지로 구할 수 있다. 위치자료가 경위도 자료이거나 투영 변환될 자료일 경우에는 최소범위사각형을 작성할 때 매우 주의해야 한다. 최소범위사각형의 크기는 자료의 영역을 나타낸다. 서로 다른 자료를 비교할 때 최소범위사각형을 비교함으로써 영역의 차이를 확인할 수 있다. 많은 사상자를 발생시킨 토네이도의 최소범위사각형은 그림 6.11과 같다.

6.3.1 평균 중심점

앞 절에서 자료의 값을 합산하고 자료의 수로 나누어 속성의 평균을 계산하였다. 마찬가지로, 공간적 차원에서도 동서와 남북의 좌표 또는 경도와 위도라는 두 가지 속성을 대상으로 각각 평균을 계산할 수 있다. 예를 들어 토네이도가 발생하고 소멸했던 2개의 지점을 이용해 보자. 토네이도 발생 자료의 경우 자료의 양이 많지만, 소멸 자료의 경우는 별로 없다. 이러한 경우에는 단지 계산에서 제외한다. 평균을 계산한 결과 토네이도 발생 지점의 평균은 미주리 주의 패스콜라(Pascola, 36.275484, -89.839066)이며, 토네이도 소멸 지점의 평균은 미주리 주의 파마(Parma, 36.609759, -89.779371)이다. 두 지역 모두 유명한 뉴마드리드 곡류천과 가까이 있으며, 도북에서 9.84° 방향으로 37.492km 떨어져 있다. 토네이도의 평균점이 북동쪽에 있다는 사실은 미국 중서부의 일반적인 폭풍우 경로를 전반적으로 설명하는 데 적합하다. 두 평균점은 그림 6.12와 같다.

(x, y) 좌표의 두 평균은 점을 형성하며, 이는 실제 지리적 위치를 가지게 된다. 이러한 점의 지리적 명칭을 **평균 중심점**(mean center)이라 한다. 이 점을 또한 중심(centroid)이라고도 하는데, 지리적 분포를 표현할 때 사용된다. 점의 집합을 표현하기 위하여 중심을 선택하는 하나의 방법으로 중심점을 사용한다. 점이나 선, 면 사상 역시 여러 가지 방법을 이용하여 중심을 나타낼 수 있다. 평균 중심점은 중앙값 중심점보다 이상치 좌표의 영향을 더 많이 받는다.

그림 6.13은 노스다코타 주의 럭비(Rugby)에 있는 장소로, 북미의 지리적 중심임을 표현하고 있다. 사진에 보이는 탑은 멋진 조형물이기에 주위 식당은 아마도 이곳을 찾는 관광객들 덕택에 영업을 할 수 있겠지만, 몇 개의 점들로 형성되는 중심점과는 달리 대륙

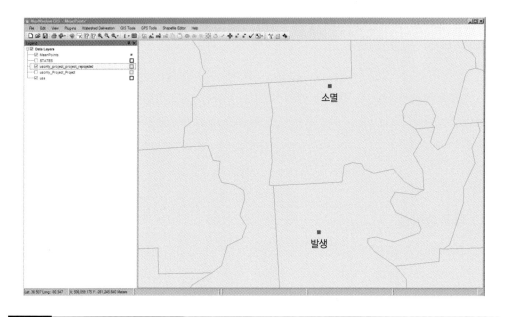

그림 6.12 토네이도 발생과 소멸 지점의 평균점. MapWindow GIS에서 표현했다.

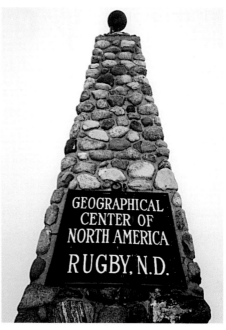

그림 6.13 노스다코타 주의 럭비에 있는 북미의 지리 중심 조형물.
출처 : Colette Flanagan 촬영.

전체로 볼 때는 하나가 아니라 여러 개의 중심점을 가질 수도 있다. 예를 들어 모든 해안선으로부터 가장 멀리 떨어져 있는 점일 수도 있고, 해안선을 이루는 모든 점의 중심점일 수도 있으며, 최소범위사각형의 중심점일 수도 있다. 혹은 북미 내부에서 그려지는 가장 큰 원의 중심일 수도 있다. 세계 연감에서는 북미의 지리적 중심점이 럭비가 아니라 노스다코타 주의 발타에서 서쪽으로 10km 떨어진 피어스 카운티(48° 10′N, 100° 10′W)라고 되어 있다. 또한 평균 중심점의 계산은 지도 투영법, 데이텀, 그리고 기준 타원체에 따라 달라진다. 이 지점에 방문하여 표식을 살펴본 결과 럭비가 중심이라고 정의한 북미의 범위에 멕시코, 알래스카, 그린란드나 하와이를 포함했는지 여부도 불분명하다. 분명한 것은 이러한 유형의 조형물을 설치하기에 좋은 어떤 장소가 있다는 것이다.

6.3.2 표준 거리

앞 절에서 표준편차를 계산한 것처럼 x와 y 좌표의 표준편차도 계산할 수 있다. 이렇게 하기 위해서는 거리가 투영되는 경우에만 의미가 있다는 점을 고려해야 한다. 위도와의 코사인 함수를 이용하여 경도 1° 간의 거리를 간단히 조정할 수는 있다. 이것은 지구가 구형이 아니라는 점을 미처 파악하지 못한 것이므로, 간단한 수학으로 처리할 수는 없다. 적도에서 위도 1°와 경도 1°의 거리는 111.319km이다. 토네이도의 예로 다시 돌아와서, 각 발생 지점과 평균과의 차이를 계산하고, 이를 제곱한 후 6,625개 토네이도 기록에 대한 평균을 구할 수 있다. x와 y 좌표의 평균 제곱을 더하고, 그 결과에 제곱근을 취한다. 이러한 수치가 완성되어 표준편차가 아닌 **표준 거리**(standard distance) 839.9km를 구한다. 이것은 매우 큰 거리이므로 전체 토네이도 분포는 평균 중심점으로부터 매우 산재해 있다는 것을 알 수 있다. GIS 소프트웨어에 따라 평균 중심점, 표준 거리, 그리고 기타 중심점 통계를 계산할 수 있는 스크립트가 내장되어 있기도 하다.

6.3.3 최근린 통계

평균 중심점과 표준 거리의 측정 결과 1950년 이후 미국에서 위험한 토네이도의 분포는 미주리 주 동부에 중심을 가지고 있고, 북북동 방향을 가지고 있으며, 중심점으로부터 매우 넓게 분포되어 있다고 할 수 있다. 그러나 이러한 분포의 근본적인 특징은 무엇인가? 균등한 분포인가, 군집되어 있는가? 이를 밝힐 하나의 방법이 공간 분포의 특성인 최근린 통계를 측정하는 것이다. 이 측정법은 지리학이나 인접 학문에서 널리 사용되어 왔다.

R이라고 하는 최근린 통계치는 두 밀도의 비율이다. 첫째로, 점들을 구분하고 밀도를 계산하기 위한 다각형을 설정해야 한다. 토네이도 자료의 경우 아래 48개 주의 경계선을 사용하였으며, 6,532개의 점이 그 안에 포함되었다. 어떤 GIS에서는 다각형 대신에 모든 점이 포함되는 convex hull을 이용하는 알고리즘도 제공하고 있다.

다음으로, 면적을 점의 수로 나누어 공간에서 점의 기대 밀도 혹은 평균 밀도를 계산한다. 이것을 거리로 환산하기 위하여 제곱근을 취한 후, 평균 간격이 양방향을 가지기 때문에 2로 나눈다. 이 값이 최근린 통계치의 분모로 이용된다. 분자를 구하기 위해서 최근린 거리의 관측값을 계산한다. 즉 각 점마다 나머지 어느 점이 가장 가까운지 결정한 후, 이들과의 거리를 누적하여 더하고 그 값을 점의 수로 나눈다. 따라서 R 값은 최근린 거리의 관측값 평균을 기대 거리로 나눈 값과 같다. 점들이 너무 가까이 모여 있어 관측 거리가 작다면, 공식의 분자가 0에 가까워지며 R 값은 매우 작게 된다. 점들이 가능한 한 멀리 있다면 R 값은 최대 2.15의 값을 가진다. 점들이 규칙적인 격자에 있다면 R은 2.0이 되며,

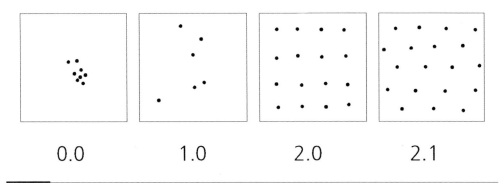

0.0   1.0   2.0   2.1

그림 6.14 최근린 통계 R의 한계값.

분포가 임의적일 경우에 R 값은 1.0이 된다. 이러한 여러 가지 값이 그림 6.14에 표현되어 있다.

ArcGIS의 최근린 분석 확장 모듈(http://arcscripts.esri.com/details.asp?dbid=11427)과 같은 GIS 스크립트를 이용하거나 기본 GIS 도구를 이용하면 점 분포를 파악하기 위한 R 값을 계산할 수 있다. 분석할 영역이 넓을 경우에는 정적 투영법을 이용할 것인지 국지적 거리나 방향을 유지할 것인지에 대한 고려가 있어야 한다. 이러한 스크립트를 이용하여 미국의 경계선 내에 포함된 6,532개의 점을 대상으로 최근린 통계치를 구한 결과 $R =$ 0.72218이 계산되었다. 이 수치는 어느 정도 임의적 분포를 나타낸다고 할 수 있으나, 군집 분포와 확연히 다르다고 결론지을 수는 없다. 따라서 이 자료의 분포는 무리를 이루었다고 설명하는 것이 가장 좋은 표현일 것이다. 이 자료의 점과 지도는 그림 6.15에 표현되어 있다.

6.3.4 지리사상과 통계

우리는 제2장에서 지리사상은 지도에서의 차원에 따라 점, 선, 면으로 분류된다고 배웠다. 이들을 각각 설명하기 위해서 사상들을 지리좌표로 표현하여 담고 있는 디지털 파일로부터 직접 공간적 특징을 측정한다. 제6장을 시작할 때 우리는 토네이도의 위치라는 점들을 사용하였는데, 그 이유는 점이 가장 설명하기 편리한 사상 유형이기 때문이다. 지리사상들을 설명하기 위하여 지금까지 계량적인 측정 방법을 사용해 왔지만, 사상의 배열은 대부분 말로 설명하고 있다.

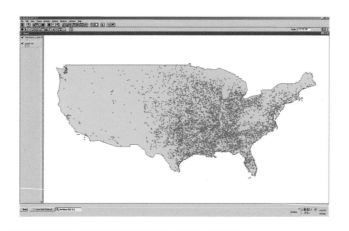

그림 6.15 최근린 스크립트를 적용한 ArcView 3.2의 결과. 스크립트는 폴리곤과 점 레이어를 이용하여 R과 그 밖의 수치를 계산한다. 사상자가 발생한 토네이도의 경우 $R=0.722$로 계산되었다.

예를 들어 점의 경우에는 무리를 지었다, 희박하다, 고르지 못하다, 무작위적이다, 균등하다, 모두 같다, 산재되어 있다, 군집되어 있다, 무차별적이다, 흩어져 있다 등으로 표현할 수 있다. 패턴의 경우 규칙적이다, 조각조각 있다, 반복적이다, 소용돌이 모양이다 등으로 표현된다. 모양은 둥글다, 타원형이다, 장방형이다, 스위스 치즈를 닮았다 등으로 표현된다. 이러한 것을 수치로 표현하는 지표들을 찾아내야 한다. 최소범위사각형, 평균 중심점, 그리고 표준 거리와 최근린 통계 측정치들은 점들의 분포를 설명하는 데 매우 효과적이다. 그러나 보다 높은 차원의 사상을 위해서는 이보다 더 복잡한 측정값이 필요하다.

선은 점의 수, 선의 길이, 시작점에서 끝점과의 거리, 선분 하나의 평균 길이, 그리고 선의 방향 등을 가지고 있다. 선을 설명하는 데 이용되는 방법 중 하나가 실제 선의 길이와 시작점에서 끝점과의 거리의 비율로 표현한 것인데, 이를 직선 지수(straightness index)라 한다. 직선의 경우 이 값은 1이 된다. 미시시피 강의 경우 이 값은 매우 큰 수일 것이다. 방향은 북쪽(혹은 선의 전반적 '경향')으로부터 시계 방향의 각도로 표현된다. 그러나 이 값은 구부러졌거나 굴곡이 많은 선의 경우에는 매우 큰 변이를 나타낼 것이다.

면은 더욱 설명하기 어렵다. GIS에서 가장 간단한 측정값은 평방미터의 면적, 경계선의 길이, 경계선을 이루는 점의 수, 다각형 내 고립 도형의 수, 그리고 가장 긴 축의 길이를 그와 직각인 축의 길이로 나눈 연장률(elongation) 등이 있다. 또한 최소범위사각형의 면적을 사상의 면적으로 나눈 공간점유 지수(space-filling index)가 있는데, 가장 클 경우

1의 값을 가진다. 면 사상이 서로 인접해 있으면 그 수를 셀 수도 있으며, 혹은 이웃한 영역과 공유하고 있는 경계선의 평균 길이를 구할 수도 있다. 이러한 모든 수치들이 GIS를 통해 쉽게 구할 수 있는 것은 아니다. 가끔은 다단계의 처리 과정을 거쳐 속성 데이터베이스에서 생성되거나 계산된 정보를 지도에 표현해야 한다. 모든 GIS에서는 연산 처리기에서 사용되는 계산 명령어를 사용하는데, 이를 이용하여 다음과 같은 수학적 연산을 수행할 수 있다.

```
COMPUTE ATTR5 = (ATTR2 + ATTR3) / ATTR4
```

그러나 측정한 각각의 값은 다른 통계치를 계산하기 위한 하나의 중간 단계이다. 예를 들어 구역별로 하천의 길이를 킬로미터로 측정하고, 구역의 면적을 평방 킬로미터로 측정한 후, 하천의 밀도를 평방 킬로미터당 하천의 미터로 표현하여 데이터베이스의 새로운 속성으로 만든다. 이러한 계산값은 유용한 자료가 될 수 있기 때문에 GIS에서 구역별로 지도화된다. GIS에서 면적을 이용한 계산은 너무나 흔하기 때문에 많은 GIS 패키지에서는 자료가 생성될 때마다 사용자의 요구와 상관없이 면적을 계산하여 속성값으로 저장하고 있다.

6.4 공간 분석

지리사상을 표현할 때 숫자를 이용하는 것은 편리하다. 그러나 제2장에서 언급하였듯이 지리적 분석의 목적은 수집된 지리사상들 간의 관계를 검토하는 것이며, 지도상에 표현된 실세계 현상들을 묘사할 때 이러한 관계를 이용하는 것이다. 제2장에서 언급한 것처럼 지리적 속성으로는 크기, 분포, 패턴, 연결성, 근린성, 모양, 축척, 방향이 있다.

각 공간관계들은 다음과 같은 세 가지 근본적인 질문을 필요로 한다 — (1) 두 지도를 어떻게 비교해야 하는가? (2) 하나의 지역 또는 GIS 자료에서 지리적 속성들의 변화를 어떻게 묘사/분석할 수 있는가? (3) 공간 분석에 활용하기 위해 배운 것들을 어떻게 사용할 수 있을 것이며 이를 통해 어떻게 과거와 현재, 미래의 시리적 변화를 예측할 수 있는가? 세 번째 질문은 지도상에서 두 지점(A와 B) 간의 최적 경로를 선택하는 것처럼 아주 간단할 수도 있고, 도시의 크기, 모양, 발달 등을 토대로 도시 성장을 모델링하는 것처럼 매우 복잡할 수도 있다. GIS는 이러한 간단한 분석부터 복잡한 분석까지 다양한 기능을 제공한다. 지도를 비교할 때, 여러 장의 지도를 하나의 좌표계로 일치시키고 중첩하여 하나의 복합(composite) 데이터를 만든다. 이를 지도 중첩 분석이라 한다. 이 절에서는 공간 모델에 대한 논의와 함께 이들 모델의 구축, 평가, 활용에 GIS가 어떻게 기여하는지를 살펴보고, 지도 중첩의 사례를 소개한다.

6.4.1 분석 사례 : 미국의 토네이도 사상자 분석

기술적 통계 기법 전체를 설명하는 것은 이 책의 범위를 넘어서기 때문에 간략히 다루기로 한다. 그러나 단순한 지리적 분포로부터 시작해서 추정과 관련한 몇몇 논의에 이르기까지의 두 가지 지리 분석 문제를 다룰 것이다.

이 장을 시작할 때 처음 제시했던 연구 과제로 돌아가 보자. 1950~2006년 사이에 미국에서 토네이도에 의해 죽거나 다친 사람들의 분포에 대해 언급하였다. 지금까지 우리가 살펴보아 왔던 정보들은 유용하지만, 이들은 우리가 알고자 하는 '왜 거기인가?'에 대한 바른 답은 아니다. 이를 설명하기 위해, 한편으로는 토네이도의 원인, 기상학적 교란, 폭풍우 시스템, 해수 온도 등에 대해 학습해 볼 수 있다. 지구 온난화가 폭풍우의 강도를 증가시키고 있는지, 따라서 토네이도가 자주 발생하는지에 대하여 탐구할 수도 있다. 탐구의 방향이 이러한 쪽으로 흘러가더라도 GIS는 여전히 가치 있는 도구가 되겠지만, 이를 통해서는 토네이도가 어디서 왜 발생하는지에 대한 정보를 얻는 데 그칠 것이다. 이와는 달리 우리는 토네이도에 의해 왜 사람들이 죽거나 다치는지를 살펴볼 것이며, 이를 위해 사람과 이들의 거주지 정보를 담고 있는 미국 통계국의 자료를 이용할 것이다.

토네이도에 의한 재해를 인간 사회의 입장에서 분석하고자 할 때 두 가지 문제에 직면하게 된다. 첫째, 인간에 대한 정보는 주, 카운티, 대도시 통계권역, 트랙이나 블록 등과 같은 통계적인 집계구 단위로 수집된다는 것이다. 따라서 점으로 표현되는 모든 토네이도의 발생(혹은 소멸) 자료에 대해 인구자료를 담고 있는 면 사상을 다루어야 하는 문제가 발생한다. 이에 대해, 인구자료를 담고 있는 면 사상을 찾기 위하여 토네이도의 착륙지점만을 이용할 것인지를 지체없이 결정해야 한다. 또한 대응되는 인구자료로는 카운티 수준의 센서스 자료를 선택해야 한다. 물론 실제로는 토네이도가 카운티 경계를 가로질러 지나간다. 이와 같이 가정을 단순화하는 것은 어느 종류의 자료 분석에서도 대부분 필요한 과정이다. 이 과정은 작지만 앞으로 결과에 미칠 영향이 매우 클 수도 있기 때문에 이러한 결정을 하게 된 이유를 잘 설명하고 기록으로 남겨야 한다. 다음으로, 시간적 문제를 만나게 된다. 미국 통계국에서는 0으로 끝나는 10년 단위마다 센서스를 시행하고 있다. 따라서 분석에 사용될 자료는 1950, 1960, 1970, 1980, 1990, 그리고 2000년 센서스이다. 이 자료를 모두 사용하는 것은 어려운 문제이므로, 1990~2006년 사이에 토네이도에 의한 사상자 자료만을 선택하여 사용하기로 한다. 이때 2000년 센서스 자료가 어느 정도 시기가 지났지만, 그대로 사용할 수밖에 없다. 여기서도 분석에 앞서 가정을 단순화하는 과정이 필요하며, 그에 대한 해명 역시 필요하다.

　어떠한 요인들이 토네이도에 의한 사상자 수를 설명할 수 있을까? 1990년부터 토네이도가 자주 발생하는 대부분의 지역에서 조기 경보 시스템이 설치되어 왔다. 여기에는 라디오, TV, 기타 경고 미디어, 일기예보, 사이렌 망과 같은 비상 방송망이 포함되어 있다. 많은 사람들이 이러한 경고에 대응할 수도 있지만 그렇지 못할 수도 있다. 어떠한 사회적 집단이 대응할 가능성이 가장 낮을까? 정보의 접근이 제한된 곳에서 토네이도에 의해 죽거나 다친 사람들이 많이 발생할 것이라는 가정을 할 수 있다. 이들은 라디오나 TV를 가지고 있지 않거나, 영어를 알아듣지 못하거나, 혹은 노인이기 때문일 것이다. 이러한 패턴을 나타낼 수 있는 센서스 항목이 65세 이상의 인구 비율, 여성이 가장인 가구에서 자녀의 수, 최근에 이민 온 사람의 비율, 임대한 가구의 비율 등이다. 또한 원자료의 수가 영향을 미칠 수 있으므로, 가구 수와 총 인구수를 함께 수집하였다. 이들 항목을 ArcGIS를 이용하여 지도화하였다(그림 6.16~6.19). 분석에서 가장 중요한 단계가 센서스 자료로부터 일대다 관계로 병합하여 카운티별로 구조화된 테이블을 만들고 여기에 토네이도 정보를 담는 것이다. GIS 소프트웨어에서 포인트-인-폴리곤 기법을 이용하여 각 토네이도가 어느 카운티에 해당되는지를 결정할 수 있기 때문에 이러한 병합을 수행할 수 있다. 이러한 과정을 거쳐 2,749개의 토네이도 정보를 담은 최종 자료를 마련하였다. 또한 지리학적으로 연속된 영역을 다루는 것이 필요하므로 토네이도가 없는 몇몇 카운티도 함께 포함하였다. 이 기간 동안 토네이도에 의해 사상자가 없는 주들은 제외하였다.

　지리적 속성별로 자료에 대한 질문들을 제기할 수 있는데, 그중 몇 가지는 다음과 같다.

크기(size) : 대부분의 분포는 영향을 받은 전체 시역을 나타낸다. 주 내부에서 낮은 값들은 틈새로 간주한다. 각각의 주마다 반복해서 분석해야 하는가? 혹은 전체 영역에 대해 한 번만 분석하는가?

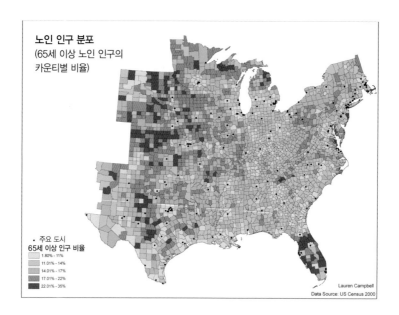

그림 6.16 2000년 센서스에서 65세 이상 인구의 비율. 주요 도시의 위치도 함께 표현되었다. 지도는 ArcGIS 9.3을 이용하여 Lauren Campbell이 제작하였다.

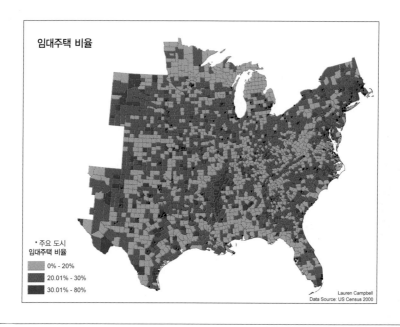

그림 6.17 2000년 센서스에서 임대주택의 비율. ArcGIS 9.3을 이용하여 Lauren Campbell이 제작하였다.

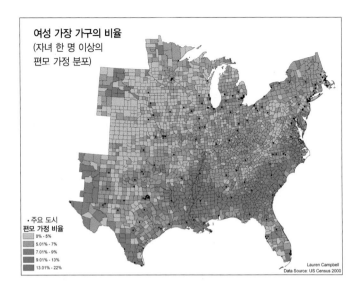

그림 6.18 2000년 센서스에서 카운티별로 여성이 가장인 가구의 비율. ArcGIS 9.3을 이용해 Lauren Campbell이 제작하였다.

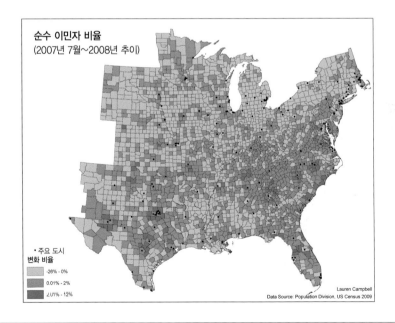

그림 6.19 카운티 인구에서 순수 이민자의 비율. 미국 통계국에서 2008~2009년의 예측치. ArcGIS 9.3을 이용하여 Lauren Campbell이 제작하였다.

분포(distribution) : 분포는 도시의 위치와 어떤 관계를 보이고 있다. 도시 대 농촌으로 구조화하여 분석해야 하는가? 또한 미시시피 밸리와 뉴잉글랜드에 있는 임대주택 자료와 같이 지역적으로 정점을 나타내는 경우가 있다. 이러한 것들은 별도로 분석해야 하는가?

패턴(pattern) : 각 지도에서 무리를 짓는 특성을 보이지만 지역적 패턴은 보이지 않는다. 예를 들면 이민자 수는 북쪽과 서쪽 영역에서는 음의 관계를 보인다.

연결성(contiguity) : 도시 주위에서 도넛 형태와 비슷한 패턴을 보인다. 도심과의 거리를 분석에 포함해야 하는가?

근린성(neighborhood) : 도시에서 농촌으로 뚜렷한 기울기를 보이며, 약간은 주 전체의 경향을 보인다. 거리를 역시 포함해야 하는가?

모양(shape) : 어떤 경우에는 주 내부가 주의 경계보다 더 낮은 경향이 있다. 주 경계선과의 거리를 포함해야 하는가?

축척(scale) : 도시 주위의 경우나 주 내부의 경우, 그리고 전체 대륙을 가로지를 경우 모두 다른 패턴이 나타난다. 서로 다른 공간 단위(주 단위와 센서스 트랙 등)를 사용하면서 같은 분석 방법을 적용할 수 있는가?

방향(orientation) : 지도에서 높은 지점과 낮은 지점 사이가 고속도로의 진행 방향을 따라 선으로 연결되어 있는가? 이것이 분석과 관계가 있는가?

여러 가지 많은 통계 모델이 토네이도와 그에 대한 인구 분포의 패턴을 분석하기 위하여 사용될 수 있다. 다음에는 다중 회귀 모델이라는 기법을 이용할 것이다. 이 기법은 많은 GIS 소프트웨어와 통계 패키지, 그리고 기본적인 스프레드시트 패키지에서도 수행될 수 있다. 모델의 목표는 우리가 선택한 변수들이 토네이도의 사상자 수와 어떠한 관계가 있는가를 검증하는 것이며, 그 다음에는 모델 설명력의 강도를 검정하여 모델이 적절한 결과를 낼 때까지 조정하는 것이다. 마지막은 연구 과제에 대하여 모델이 설명하는 부분과 그렇지 못한 부분을 파악하는 것이다.

6.4.2 공간 모델의 검정

토네이도에 의한 사상자의 수와 가설을 반영하기 위해 선정한 센서스 변수 간에 통계적인 관계가 있는가? 앞에서 사상자의 수는 조기 경보 시스템에 접근하지 못하는 취약점으로 인해 위험에 노출된 사람들의 수로 설명할 수 있다고 가정하였다. 이러한 취약점은 임대주택의 비율, 노인의 비율, 그리고 이민자와 부양 자녀의 비율로 반영될 수 있다고 가정하였다. 이것을 수학적으로 표현하면, 토네이도에 의한 사상자의 수 T를 인구 P, 임대주택 R, 부양 자녀 C, 노인 인구 E, 그리고 이민자 수 M과의 함수 $f(\ )$로 표현할 수 있다. 그 다음에 토네이도의 심각한 정도를 고려해야 한다. 토네이도의 심각한 정도는 두 가지 방법으로 측정되는데, 잠재 파괴력 지수(Destructive Potential Index, D)와 토네이도 강도를 나타내는 후지타 등급(Fujita Scale of Tornado Severity)으로 표현한 위력(F)이다.

$$T = f(P, R, C, E, M, D, F) \tag{6.1}$$

이 관계를 나타내는 가장 간단한 형태는 선형 관계이다. 중학교 수학에서 사용하였던 직선의 방정식 $y = a + bx$를 기억할 것이다. y는 종속변수라고 하는데, 그 값이 공식의 오른쪽 항에서 계산된 결과에 달려 있고 그 값을 예측하고자 하기 때문이다. 독립변수 x는 우리가 측정한 값이다. b는 직선의 기울기를 나타낸다. 마지막으로 a는 y절편을 나타낸다. y절편은 $x = 0$일 때 y의 값이다.

여기서 직선식과의 차이는 하나가 아니라 7개의 관계를 가지고 있다는 것이다. 그렇지만 선형 모델은 동일하다. 회귀 분석은 데이터가 선형 모델에 가장 적합한 선을 계산하는 것이다. 이때 최소 제곱법을 사용한다. 최소 제곱법이란 자료의 값과 종속변수의 차원에서 선형 모델의 값과의 차이를 제곱하여 더한 총합을 최소화하는 선형 공식을 찾는 것이다. 2개 변수의 직선식의 경우 이것은 선으로부터의 수직 거리가 된다. 변수가 많을 경우 선형 모델은 다차원으로 확대되지만, 최소 제곱법의 원리는 동일하게 적용된다.

그러나 여기서 문제가 있다. 위에서 살펴본 바와 같이, 통계적 관계에 대한 가설 검정은 정규분포한 모집단으로부터 임의로 선택된 표본자료를 사용한다고 가정할 경우에만 성립된다. 토네이도 자료를 사전 분석한 결과를 보면 이 가정에 해당되지 않는다. 또한 우리가 소개한 새로운 변수에 대해서도 동일한 문제의 소지가 있다. 따라서 각 변수들이 종형 곡선을 가진 정규분포를 비슷하게 따르는지에 대하여 우선적으로 조사할 필요가 있다. 변수들의 몇몇 히스토그램을 그림 6.20에 나타냈다. 변수들이 정규분포를 가지는지에 대해 검정하는 방법은 왜도(skew), 첨도(kurtosis), 그리고 Kolmogorov-Smirnov 검정 등 여러 가지가 있다. 다른 방법은 $P-P$ 플롯(probability-probability plot)이 있는데 이것은 실제 분포한 누적분포와 정규분포 곡선에서 예측한 값을 산포도로 나타낸 것이다. 이 방법

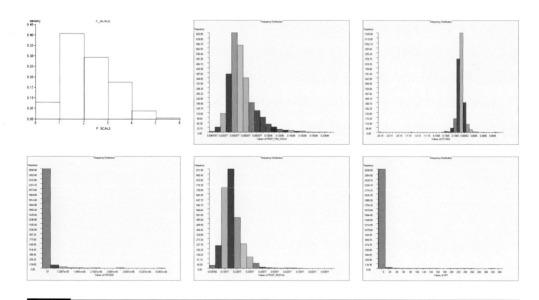

그림 6.20 토네이도 데이터의 히스토그램들. 왼쪽 위부터 F(후지타 등급), 자녀가 있는 여성이 가장인 가구의 비율, 최근 이민자 비율, 2000년 인구 센서스, 임대주택 비율, 잠재 파괴력 지수이다.

은 우수하긴 하지만 히스토그램을 면밀하게 파악해야 한다.

정규분포가 아닌 경우는 회귀분석 모델에서 가정하는 오차의 정규분포 가정에 위배되는 것이다. 그 해결책은 변수를 변환하여 분포에서 한쪽 끝을 늘리는 방법으로 정규 패턴에 보다 가깝게 만드는 것이다. 물론 이 방법은 모델을 조금 더 이해하기 어렵게 만들 수 있다는 위험을 가지고 있다. 대표적인 변환 방법은 제곱근, 로그 변환, 사인/코사인 변환 등이 있다. 여기서 사용되는 자료의 경우 다음의 변환 방법이 분포에 적용되었다. 변수를 변환하여 히스토그램에 영향을 미친 결과의 예는 그림 6.21과 같다.

$$sqrt(T) = f(ln(P),\ R,\ C,\ E,\ M,\ sqrt(D),\ F) \tag{6.2}$$

후지타 등급(F)은 보퍼트 풍력 계급(Beaufort wind scale)과 유사하다. 이 변수는 $0 \sim 5$의 값을 가지는데, 0은 최대 풍속이 시속 $40 \sim 72$마일(나뭇가지와 굴뚝이 부러지는 정도)을 나타내며, 5는 최대 풍속이 시속 $261 \sim 318$마일(집이 송두리째 들리고 차가 300피트 날려가는 정도)이다(http://www.nssl.noaa.gov/users/brooks/public_html/tornado 참조). 잠재

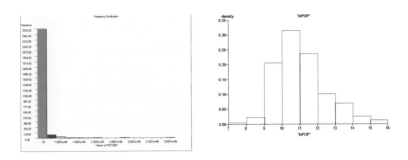

그림 6.21 왼쪽 : 토네이도가 강타한 카운티 인구의 원래 히스토그램. 오른쪽 : 자연 로그로 변환한 후의 변화.

파괴력 지수는 더욱 복잡한 값을 가지는데(Thompson & Vescio, 1998), 토네이도 지상 궤적의 길이와 폭을 계산하고, 발생한 모든 토네이도의 합을 계산한다. 잠재 파괴력 지수 DPI는 다음과 같이 구할 수 있다.

$$DPI = \overset{n}{\underset{i=1}{\bullet}} a_i \qquad (F_i + 1) \qquad\qquad (6.3)$$

여기서 n은 토네이도의 수이고, a는 각 토네이도에 의한 피해 면적(경로의 길이와 평균 폭을 곱한 값)이며, F는 각 토네이도의 최대 후지타 등급 비율이다. DPI 값은 F와 관계가 있기 때문에 두 변수를 함께 사용할 경우 어느 정도의 자기상관 또는 변수 간의 연계성을 예상하고 있어야 한다.

데이터베이스 관점에서 보면, 점 사상의 토네이도 데이터를 하나의 테이블에서 토네이도에 따라 구조화된 카운티별 센서스 자료와 합쳐야 한다. 이러한 작업은 또 다른 오류를 발생시킬 수 있다. 서로 다른 공간자료를 사용하면서 토네이도가 나타난 곳에 따라 서로 다른 공간 단위(카운티, 지상 궤적, 점)가 사용되기 때문이다. 어떤 경우에는 점 사상에 고유한 식별자가 없어서 합치는 작업이 이루어지지 못하는 수도 있다. 결국 전체를 대표하는 표본으로 606개의 토네이도 자료만을 이용하였다.

다중회귀분석을 계산하기 위하여 오픈소스 프로그램인 스미스의 통계 패키지(Smith's Statistical Package)(http://www.economics.pomona.edu/StatSite/SSP.html)를 이용하였다. 입력파일은 ArcView 3.2에서 작성된 DBF 파일을 읽어 OpenOffice.org *calc*를 적용한 후, 쉼표로 분리된 파일(*csv*)로 저장하여 SSP의 입력자료를 작성하였다.

$$sqrt(T) = -2.8935 + 0.2956\ ln(P) - 3.0334\ R + 13.0316\ C + 0.1717\ E + 0.2466\ M$$
$$+ 0.0164\ sqrt(D) + 0.9491\ F \tag{6.4}$$

전반적인 회귀분석 결과식은 식 (6.4)와 같다. 여기서 예측치의 표준오차는 1.855이며, 결정계수 r 제곱값은 0.3271로서, 보정 자유도는 0.3192이다. 결정계수는 회귀식을 설명하는 분산의 비율이다. 이 값은 자유도(변수와 자료 수의 함수)로 조정되어야 한다. 하나의 변수를 추가하면 순전히 우연에 의해 설명되는 경우가 있기 때문이다. 토네이도 사상자의 분포를 모형화한 결과를 다시 원자료의 단위로 재변환한 결과는 그림 6.22와 같다.

통계적 결과는 반드시 해석이 필요하다. 수식의 설명력에 각 변수가 기여하는 정도는 계수의 부호와 표준오차로 주어진다. t-검정 값은 계수를 표준오차로 나눈 값이다. 이 값이 2를 넘으면 유의한 값인데, P 값은 앞에서 다룬 유의성 검정에서 단측 검정을 할 때 종형 곡선상에서 이 검정값의 외부에 해당하는 면적이다. 회귀분석의 결과에서 세 가지 내용에 주목할 필요가 있다. 첫째로, 회귀분석에서 노인 인구의 비율이 회귀식에 강하게 영향을 미치지 않았다(t 값이 0.0751). 둘째로, 사상자의 수가 임대주택에 많을 것이라는 예상은 틀렸다. 실제로는 반대의 경우가 많았다. 임대주택에 살고 있는 사람의 비율이 높은 지역에서 사상자의 수가 더 적었으며, 그 결과는 유의 수준 5%(1%는 아님)에서 통계적으로 확인되었다. 마지막으로, 통계적으로 유의성이 있는 관계를 보여 주기 위해 사용한 변수들이 전체 분산의 33% 정도만을 설명할 따름이었다. 따라서 이 모형은 토네이도의 사상자를 설명하기엔 부족하였다. 2개의 변수 E와 R을 제외하고 다시 회귀 모델을 적용한

변수명	계수	표준오차	t 값	단측 P 값
절편	-2.8935	0.8994	3.2171	0.0007
ln(P)(인구)	0.2956	0.0691	4.2766	0.0000
R(임대주택)	-3.0334	1.4540	2.0862	0.0187
C(자녀가 있는 여성이 가장인 가구)	13.0316	3.5894	3.6306	0.0002
E(65세 이상 노인 인구 비율)	0.1717	2.2865	0.0751	0.4701
M(최근 이민자 비율)	0.2466	0.0815	3.0271	0.0013
D(잠재 파괴력 지수)	0.0164	0.0029	5.6465	0.0000
F(후지타 등급)	0.9491	0.0848	11.1981	0.0000

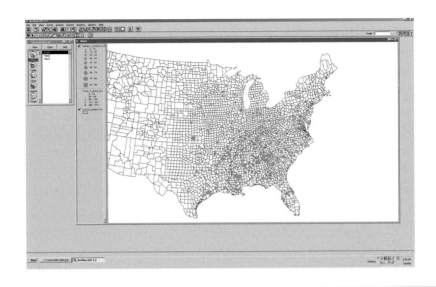

그림 6.22 식 6.4에 의해 다중회귀를 적용한 결과 1990~2006년 동안의 토네이도에 의한 사상자 분포. ArcView 3.2로 작성하였다.

결과 조정된 r 제곱값은 0.2794로 오히려 줄어들었다.

6.4.3 잔차 지도화

공간관계를 심도 있게 이해하기 위한 일반적인 방법은 분석에 사용하고 있는 모델로부터 각 관측값들과의 편차의 양을 확인하는 것이다. 단순회귀의 경우, 독립변수 x 값을 회귀식 $y = a + bx$에 적용하면 산포도에서 직선값(y 또는 종속변수)의 위 또는 아래에 위치한 양(차이)을 구할 수 있다(그림 6.23). 이 값들을 모두 합치면 0이 되는데, 이는 6.1절에서 속성을 설명할 때 평균으로부터의 편차를 조사한 경우와 마찬가지이다.

이러한 편차를 잔차(residuals)라고 부른다. 각 자료는 지리적 영역을 가지듯이 각 관측치는 잔차를 갖는다. 또한 컴퓨터의 명령어나 GIS, 스프레드시트, 또는 데이터베이스 관리 프로그램을 이용하여 각 경우마다 잔차를 계산할 수 있다. 다중회귀의 경우 식 (6.4) 같은 회귀식으로부터 수치를 직접 계산할 수 있다. 여기에다 실제 수치를 빼면 잔차가 계산된다. 우리는 종속변수 T(토네이도에 의한 사상자 수)의 값을 변환했으므로, 예측값과 실제값을 우선 역변환한 후 그 다음에 뺄셈식을 적용한다. 그 결과를 지도로 나타내면 그림 6.24와 같다.

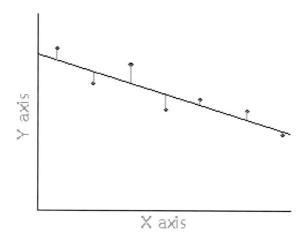

그림 6.23 관측값으로부터 도출한 선형 회귀선. 독립변수로부터 알려진 값을 이용하여 예측값 y를 계산하고, 이 수치와 실제값과의 차이를 잔차로 계산한다.

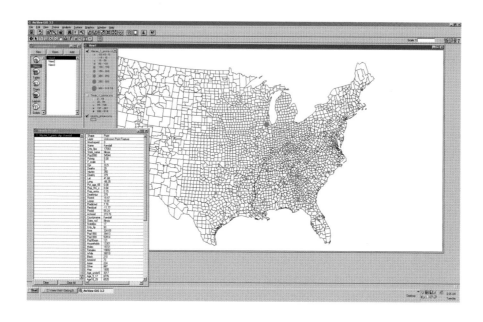

그림 6.24 다중회귀를 이용한 토네이도에 의한 사상자의 회귀 잔차 지도. 표시한 부분이 1990년 8월 28일 발생하여 29명이 사망하고 350명이 다친 일리노이 주 켄들 지역으로, 회귀분석에 의해 매우 과소측정되었다.

결과지도 역시 약간의 해석이 필요하다. 첫 번째 주목할 점은 음의 잔차(모델에서 사상자의 수를 과다 추정한 경우)가 양의 수(사상자의 수가 과소 추정된 경우)보다 훨씬 많다는 것이다. 여기에는 두 가지 해석이 있을 수 있다. 첫째는 종속변수가 편향(사상자의 수가 적은 경우가 많은 경우보다 많음)되어 있기 때문에 모델에서 사상자 규모의 하한선이 상한선보다 더 적합할 수 있다는 것이다. 둘째는 r 제곱값이 의미하는 것처럼 모델이 단순히 분산의 3분의 1만을 반영하고 있어서 사상자의 수를 증가시키는 또 다른 요인이 있을 수 있다는 것이다. 아직까지 이것은 완전히 모델화되지 않은 분석이다. 6.4.1절에 어떤 요인들을 추가할 것인가가 고려되어야 한다. 물론 토네이도 발생은 예측이 매우 힘들기 때문에 예측 과정에서 모든 변이를 설명할 수 있는 모형을 만들기는 어렵다.

여기서 사용한 예를 통해서 우리는 다음과 같은 몇 가지 교훈을 얻을 수 있다. 첫째, 공간 분석은 과학적 분석 방법을 그대로 따르고 있다. 우리는 관심이 있는 속성을 그려 보고 나서 비공간적 방법(예 : 히스토그램)과 공간적 방법(예 : 지도)을 통해 그 특성을 살핀다. 지리적 속성들이 그 자료의 분포 형태에 영향을 주는지, 또한 그 속성들이 그러한 분포를 설명할 수 있는지 살펴보게 된다. 그리고 나서 지리적 관계를 나타내는 모델을 형성한다. 위의 경우에서는 토네이도에 의한 사상자 수와 사회적 요인, 토네이도 위력 요인과의 관계를 다중회귀 모델로 나타내었다.

다음에는 모델을 검증하게 되는데, 일반적으로 모델과 사용된 자료 간의 적합도(goodness of fit)를 측정한다. 통계적으로는 관계에 대한 가설을 세우고, 반대되는 귀무가설을 설정한 후, 검증 결과에 따라 귀무가설을 수용하거나 기각하게 된다. 이러한 방법은 일반적으로 정규분포에 따른 확률분포를 사용하는데, 통계적으로 95% 또는 99% 등과 같은 확률값으로 그 가설을 수용 또는 기각하게 된다. 이 경우에는 모델이 통계적으로는 유의하지만, 사상자의 수를 잘 예측하지 못하기 때문에 향후 보완 조사가 필요하다.

공간 분석은 여기서 한 걸음 더 나아간다. 지리적으로 왜 그 모델이 잘 맞는지 또는 그렇지 못한지를 설명하려고 한다. 만약 적합도가 적절하지 못하다면 다른 모델을 선택하거나, 문제의 지리적 범위(축척이나 영역)를 변경하거나, 좀 더 많은 자료를 모델에 추가하게 되는데, 이에 따라 모델은 점점 복잡해진다. 물론 과학에 있어서 단순한 모델이 복잡한 모델보다 바람직하지만, 복잡한 모델을 사용해서 자료의 특성을 잘 설명한다면 이를 받아들일 수 있을 것이다.

마지막으로, 모든 분석에서 선택 과정과 선택된 변수들에 대하여 정당화하는 과정이 필요하다. 토네이도 자료의 경우, 가장 많은 사상자를 냈던 자료(오클라호마에서 1999년 5월 3일 발생하여 36명이 사망하고 583명이 다친 자료)를 제외하였다. 서로 다른 자료원 으로부터 수집된 정보들을 취합해야 함은 물론, 서로 다른 공간 단위들을 선정, 비교하였 다. 자료의 변환 과정을 거쳐 분석한 결과를 지도로 해석하였다. 이러한 과정을 거쳤음에 도 모델은 겨우 토네이도 사상자 수의 3분의 1만을 설명할 수 있었다. 그러면 이런 모델 의 용도는 무엇인가? 한마디로, 그 대답은 예측력이다.

6.4.4 예측

모델을 사용하는 마지막 단계는 자료의 설명보다 한 단계 더 나아가 예측하는 것이다. 이 상적으로 보면 지리적 속성들은 지도화 자체로 이미 설명적인 요소를 갖고 있으며, 이를 통해 앞으로의 연구 방향을 어느 정도 제시해 준다. 예를 들어 어떤 질병을 분석한 결과 그 질병이 한 구역에 집중되어 있다면, 그 분포 형태는 하나의 발생원을 가진 군집형으로 서 그곳을 중심으로 외부로 확산될 것이라 추정할 수 있다. 이러한 모델을 검증한다는 것 은 질병에 걸린 사람들의 표본을 찾고 그들 모두가 하나의 원인 구역에서 감염되었음을 보이면 될 것이다. 그 원인 구역에 대한 전면적인 질병 치료가 그 질병을 소탕할 수 있는 최상의 전략이 될 것이다.

　이제 토네이도의 사례로 돌아와 예측을 좀 더 면밀히 살펴보자. 그림 6.22와 같이 회귀 식을 이용하여 토네이도에 의한 사망자 수를 예측하는 지도를 만들 수 있다. 이것을 실험 에 의해 검증하기는 매우 어렵다는 점은 확실하다. 그러나 다른 자료를 이용하여 모델을 쉽게 검증할 수 있다. 이전이나 이후 시기의 자료를 이용하여 같은 모델이, 예를 들면 1950년대 자료에도 잘 적용되는지를 알아볼 수 있다. 또한 분석할 때 제외하였던 다른 지 역, 예를 들면 캐나다나 멕시코 지도를 모형에 적용하여 검사할 수도 있다. 분명히 모형은 분석력에 있어 지리적 제약을 가지고 있으며, 이 점은 검증되고 설명되어야 한다. 만약 모 형이 지리적 차이를 가지고 있다면, 이 역시 매우 흥미로운 결과일 것이다. 중력을 포함하 여 지구상의 거의 모든 현상들이 지리 공간에 따라 어느 정도 편차를 보인다. 만약 이러 한 공간적 차이가 존재하지 않는다면, 지리학은 독립된 학문 분과로 존재하지 않을 것이 며, GIS가 스프레드시트 프로그램보다 더 낫다고 할 수 없을 것이다! 비록 공간 분석을 목 적으로 하지 않더라도, 자료의 지도화는 지리적 특징을 시각적으로 설명하기 위한 충분한 가치가 있는 것이다.

GIS의 사용이 일반화되고 지리적 설명이 자원관리에서 더욱 가치를 가지게 됨에 따라, 지리 분석가들은 공간관계를 설명할 수 있는 GIS 자료를 찾는 데 점점 더 많은 시간을 투자하고 있다. 이러한 지리적 탐색 방법은 아직 확실히 검증되지 않은 모든 현상을 분석해야 하기 때문에 많은 연구가 필요하다. 이것이 바로 GIS가 왜 고고학, 인구학, 역학, 마케팅 등에서 급속히 수용되고 있는지를 설명하고 있다. 이러한 분야들에서 과학자들은 고성능 망원경처럼 정보와 자료에 대한 지도학과 GIS의 통합적 원리라는 렌즈 없이는 볼 수 없는 관계들을 GIS를 통해 살펴볼 수 있기 때문이다. 자료를 시각적으로 살펴볼 수 있다는 것을 처음으로 접할 때의 놀라움이 바로 GIS를 사용하게 된 사람들의 일반적인 경험이다. 지난 세기에 미국과 세계를 지도화한 탐험가들처럼 오늘날의 GIS 전문가들은 표면적으로는 보이지 않지만 올바른 시각과 적합한 도구를 통해 볼 수 있는 새로운 지리적 세계를 지도화하고 있다.

그러나 공간적 관계를 찾는 데 있어서 GIS 분석가들은 대체로 독자적으로 작업한다. 탐색 도구들은 최근에서야 GIS에 통합되었다. 지도학에서는 디자인 순환이라는 과정이 지도 디자인에 자주 사용된다. 지도가 사양에 따라 제작된 후, 디지털 지도학 도구들을 이용하여 디자인을 점차 개선하면서 최상의 디자인에 도달할 때까지 반복한다. 물론 모든 개선사항들이 성공하는 것은 아니다. 많은 부분에서 잘못된 결과가 나타나기도 한다. 그럼에도 불구하고 시행착오(trial and error)는 지도를 개선하는 데 중요한 절차이다.

이러한 과정이 GIS에서도 자주 사용된다. 전형적인 GIS 분석은 광범위한 데이터 수집, 지도 입력, 데이터 구조화, 데이터 검색과 지도 표현, 그리고 여기서 강조되고 있는 데이터에 대한 설명과 분석 과정이다. 다음 단계인 예측, 설명, 그리고 의사결정과 계획에 이들을 적용하는 것이 GIS의 궁극적인 목적이다. 그러나 공간관계를 파악하지 않고서는 이러한 결과물들은 의미가 없으며, 이 경우 GIS는 정보 관리 도구로서의 잠재력을 갖추고 있다고 할 수 없을 것이다. 오히려 역으로, 분석에 따른 강력한 문제 제기를 통하여 공간관계의 탐색이 유도된다.

GIS 공간관계를 탐색하는 순환 과정은 앞에서 언급한 것처럼 데이터 형성, 검토, 가설 형성, 가설 검증, 모델링, 시리적 설닝, 예측, 그리고 모델의 한계를 섬토하는 과정으로 이루어져 있다. 이것이 바로 GIS의 본질이자 유연성이며, 이에 따라 시행착오와 탐색적 시각화 과정을 효과적으로 활용할 수 있다. 이러한 처리 과정에서 가장 많이 사용되는 GIS 요소가 속성들을 선택하고 재조정하는(예를 들면 관계형 조인과 연관연산) 데이터 관리자,

분석한 내용의 중간 결과 또는 최종 결과를 나타낼 수 있는 지도 출력 모듈, 그리고 GIS
의 한 부분 또는 그 이상의 기능을 가진 계산과 통계 도구들이다. 이 중 몇몇은 매우 향상
된 성능을 갖추고 있지만 많은 GIS 패키지에서는 이러한 부분들이 아직도 단순한 수준에
서 제공되고 있다. 많은 경우에서 이용되고 있는 공간 분석 도구들은 사용자가 제작한 스
크립트나 추가 모듈, 확장 모듈 등이며, 이들을 어떻게 찾아서 설치하느냐가 쟁점이 되기
도 한다.

　최근에 추가된 GIS 기능 중 하나는 분포와 관계들이 시간에 따라 어떻게 변하는지를
조사하는 것이다. 시간을 GIS에 통합하는 것은 그리 간단한 일이 아니다. 각각의 데이터
속성과 그에 따른 지도는 하나의 시점에서 가장 잘 해석되기 때문이다. 그럼에도 불구하
고 속성과 지도 모두가 실제로는 지속적으로 변화하고 있으며, 이들이 나타내는 지리적
현상 역시 실제로는 매우 다양하게 변화하고 있다. 심지어 지형과 같은 명백히 안정적인
속성조차도 채굴, 침식, 화산 활동 등의 영향을 받는다. 또한 위성 영상과 같은 단순한 지
역 범위의 자료도 다른 시간에 작성된 타일이나 지도를 조합하여 만들어진다.

　자료가 존재하는 서로 다른 두 시점의 데이터는 간단히 비교될 수 있다. 하지만 많은
인문사회 데이터들은 센서스의 경우와 같이 10년 또는 5년에 한 번 수집되기 때문에 이러
한 시간 간격보다 더 빠르게 나타나는 변화 양상은 관측할 수 없다. 수치나 지도를 통해
두 시점을 비교함으로써 얻을 수 있는 것은 단 하나의 변화량에 불과하다. 예를 들어 비
슷한 축척에서 지리 영역이 동일하다는 가정하에, 2개의 위성영상을 이용하여 두 시기 간
에 변화한 지역을 지도화할 수 있다. 이 결과물은 변화의 방향, 예를 들어 습지의 확장 혹
은 손실과 변화량을 파악할 수는 있으나 변화율을 파악할 수는 없다. 변화율을 측정하기
위해서는 적어도 세 장 이상의 영상이나 지도가 필요하다(그림 6.25).

　시간적으로 민감한 지리적 분포를 파악하기 위한 가장 효과적인 도구는 애니메이션이
다(Peterson, 1995). 애니메이션을 통해 GIS 사용자들은 지리적 현상의 변화를 파악할 수
있다. GIS에 관한 한 애니메이션은 중요한 과학적 표현의 핵심이다. 지리적 시스템의 동
적인 변화를 파악하는 것이 그 형태를 파악하는 것보다 얻을 수 있는 것이 훨씬 많기 때
문이다. 예를 들어 체스 게임 중 서로 다른 세 시점에서 순간적으로 말판을 보았다고 가
정하자. 말판의 전반적인 형태는 변화가 없지만, 몇 개의 말은 그 위치를 바꾸었거나 말판
위에서 아예 사라져 버렸을 것이다.

　더 많은 '프레임(frame)'을 연속적으로 넣으면 모든 움직임을 볼 수 있는 단계에 도달

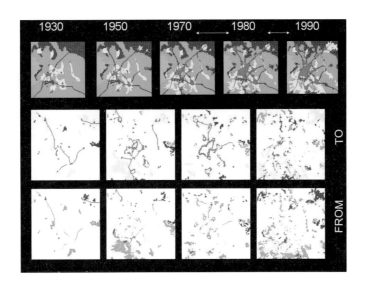

그림 6.25 토지 이용의 가설 데이터(SLEUTH 토지 이용 변화 모델의 테스트 자료). 그림의 윗부분에서는 시간의 변화에 따른 토지 이용을 보여 주고 있고, 아래는 각 기간별로 토지 이용이 어떻게 변화하였는지를 색상으로 보여 주고 있다.

하며, 나아가 체스 말들이 움직이는 규칙도 파악할 수 있다. 결국 많은 수의 프레임을 이용하여 단지 게임의 규칙뿐만 아니라 게임을 하는 사람의 상태, 전략, 게임의 전반적인 흐름 등도 알 수 있다. 공간에서 과장과 축소가 있는 것처럼 시간에서도 적당한 해상도에 도달하기 위해 '실제' 시간보다 빠르게 혹은 느리게 바꿀 수 있다. 때때로 프레임을 데이터의 시점 사이에 추가하여 변화가 나타나는 정도를 부드럽게 만들기도 하는데, 이 과정을 '트위닝(tweening)'이라고 한다. 지도학적 애니메이션에 대한 상세한 정보는 Slocum 등(2009)의 저서 제21장에 수록되어 있다.

그림 6.26은 지진의 전 지구적인 분포를 표현하고 있는데, USGS에서 GIS를 통해 만들어진 애니메이션으로부터 몇 개의 개별 프레임을 추출한 것이다. 당연히, 정적인 교과서로는 연속된 시간의 역동적인 특징을 표현할 수 없다. 이 사례에 대한 애니메이션 동영상은 http://earthquake.usgs.gov/eqcenter/recenteqsanim/world.php에서 볼 수 있다.

6.4.5 지도 중첩의 사례

GIS에서 가장 오래전부터 이용되어 왔으면서 가장 간단한 분석 방법이 지도 중첩이다. 지

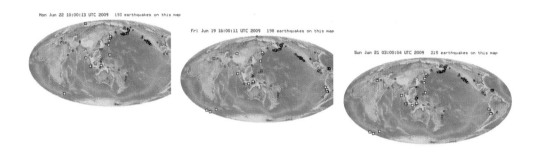

그림 6.26 세계 지진의 애니메이션 연속 자료.
출처 : USGS(http://earthquake.usgs.gov/eqcenter/recenteqsanim/world.php).

도 중첩은 서로 다른 주제의 지도들을 좌표와 축척의 일치를 통해 서로 다른 정보를 연결하여 좀 더 복잡한 주제의 지도를 만들거나 공간적인 연결성을 보여 주는 과정이다. 이 과정은 이미 앞에서 여러 번 다루어졌는데, 중첩되는 지도들은 반드시 공간적 범위와 지도 투영법, 그리고 데이텀이 일치해야 하고, 또한 비교할 수 있는 입도(granularity)(즉 화소든 폴리곤이든 간에 그 공간적 단위가 거의 같은 크기)를 가지고 있어야 하며 특히 지도 대수(map algebra)를 사용할 경우에 래스터 격자의 크기와 해상도가 동일해야 한다.

GIS의 힘은 바로 중첩 분석 과정에서 좌표들을 처리할 수 있다는 것이다. 주제도들을 준비하고 처리하는 것은 전적으로 GIS 분석가의 몫이다. 가장 단순한 형태로서, GIS 레이어들을 모두 부울린 지도로 변환한 후 중첩하고, 선택 기준을 만족하는 지역만을 남기고 지도 공간을 걸러내는 것이다. 이 방법이 앞 장들에서 이미 살펴본 단순한 중첩 분석의 경우이며, 투명 지도를 중첩하고 투명지의 일부분을 지우면서 행하는 방법을 GIS로 구현한 것이다. 이러한 방법들은 대부분 지난 20세기 초반에 이미 고안된 것들이다.

지도 중첩의 한 방법으로, 공통된 지리적 단위를 만들어 내기 위해 모든 입력 레이어들을 대상으로 교집합 연산(intersect)을 적용하는 방법이 있다. 지도 대수에서는 래스터가 이러한 역할을 한다. 그런 다음 속성들이 하부 지역들로 전달되며, 더욱 많은 단위들이 생성될 때마다 속성 테이블은 점점 길어지게 된다. 벡터를 이용한 지도 중첩은 슬리버 폴리곤(sliver polygon)과 같은 많은 문제를 수반하고 있음을 이미 논의하였다. 지도 중첩법을 맹목적으로 사용하면 아주 작은 슬리버 폴리곤들에게도 속성이 입력되어 그 다음 분석에 전가될 수 있다. 이러한 문제를 해결할 수 있는 방법은 우선 각 레이어에서 최종 결과 지도에 나타날 수 있는 계층의 수를 가능한 줄이는 것이다. 이 방법을 사용하기 위해서는 각 레이어마다 선택적인 검색을 이용하면 될 것이다. 세 번째 중첩 방법은 입력된 레이어의 모든 값들을 수용할 수 있는 공통적인 단위를 찾는 것이다. 저자가 참여했던 한 GIS 프로젝트에서는 사용된 모든 GIS 레이어를 화폐 단위로 변환하고 이를 합성하여 해양 GIS에서 GIS 레이어가 서로 호환되지 않는 문제를 해결하였다. 물론 이 방법이 항상 가능한 것은 아니며, 보다 일반적인 방법은 각 레이어별로 절대적 중요도가 아닌 상대적 중요도에 따라 미리 정해진 가중치를 부여하여 중첩하는 것이다.

예를 들어 그림 6.27~6.30은 태양 에너지를 생산할 수 있는 대규모 장소들을 선정할 때 고려되는 요소들에 대한 세계지도를 나타내고 있다. 사용된 정보들은 인터넷으로 검색, 다운로드한 후 ESRI의 ArcView 3.2로 처리하였다. 따라서 ArcView의 투영법 마법사 모듈을 이용하여 지도 레이어들을 공통적인 지도 투영법으로 위치를 등록하고 변환하였다. 사용된 레이어들은 태양 에너지 전력에 대한 예상 수요와 공급에 관련되는 것들이다. 공급 측면에서는 태양 복사량, 평균 구름의 양, 지형 등에 관한 지도들을 레이어로 이용하였다. 수요 측면에서는 세계 인구 레이어를 이용하여 최종 결과물에 버퍼 지역을 설정하고, 주요 인구 집중 지역과 가까운 곳에 시설의 입지를 제한하고자 하였다.

중첩에 대한 연습 과제는 특정한 범위를 이용해서 각 레이어들을 부울린 지도로 변환하는 GIS 질의(query) 기능으로 구성되어 있다. 그림 6.27에서 단위 미터당 200W 이상인

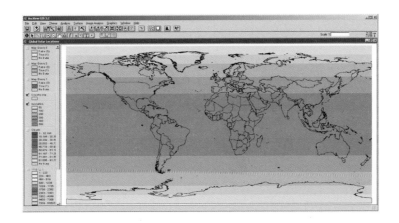

그림 6.27 태양 발전소의 중첩 연습 사례. ArcView 3.2로 지구상의 일사량을 제작하였다. Robert Christopherson의 Geosystems에서 발췌.

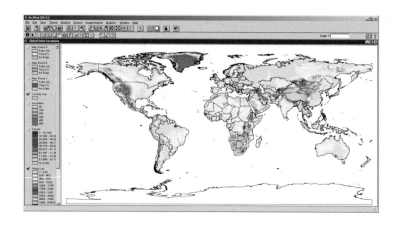

그림 6.28 태양 발전소의 중첩 연습 사례. 세계의 지형.
출처 : USGS의 GTOPO30.

지역을 분리하는 질의, 그림 6.29에서 평균 운량(雲量)이 65, 70, 75% 미만인 세 가지 수준으로 분리하는 질의, 그리고 그림 6.28에서 고도가 5,000피트(1,524m)보다 낮은 지역을 분리하는 질의 등이 필요하다. 이러한 기준이 적용되는 이유는, 고도가 높아 대기 밀도가 낮은 지역에서 유입되는 태양 에너지가 비록 많긴 하지만, 대규모 시설물들은 비교적 낮고 평탄한 지역에 만들어져야 하기 때문이다. 여기에 인구 밀도가 제곱킬로미터당 50명

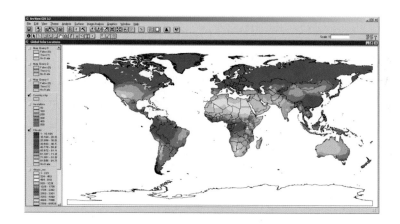

그림 6.29 태양 발전소의 중첩 연습 사례. 지구상의 평균 운량.
출처 : UNEP Grid.

그림 6.30 태양 발전소의 중첩 연습 사례. 세계 인구 밀도.
출처 : NCGIA.

이상인 지역을 선택해서 결합시킨다(그림 6.30). 결과 지도는 대규모 태양 에너지 생산에 적합한 가장 넓은 지역들을 나타내게 되는데, 미국 남서부, 칠레 북부, 남아프리카, 아프리카 사하라 사막의 가장자리, 아라비아 반도, 그리고 파키스탄 등이 여기에 해당한다(그림 6.31). 구름의 범위와 관련하여 서로 다른 세 가지 기준을 사용하여 분석한 결과, 중첩 분석과 관련된 두 가지 쟁점이 나타났다. 첫째는 분류 기준이 주관적이기 때문에 GIS를 통해 문제를 해결할 때 상대적인 중요도를 반영하기 위해 가중치를 사용할 필요가 있다는 것이다. 예를 들어 태양 발전소의 입지를 선정하는 데 있어서 고도보다는 일사량이 10배 또는 그 이상으로 중요할 수도 있다. 이는 각 이진 레이어, 즉 각 구성 요소에 가중치를 곱하여 적용할 수 있다. 각 구성 요소에 대한 가중치 값의 합은 1이 된다. 이렇게 가중치가 곱해진 레이어들을 합하여 결과를 생성할 수 있다. 최종 결과 지도는 입지에 결정적인 영향을 미치는 요인과 그 중요도를 반영한다. 물론 가중치를 선정하는 것은 아주 복잡한 과정이다.

둘째, 위의 경우에서 산출된 후보 지역은 운량이라는 단지 하나의 레이어에 의해 큰 영향을 받는다. 이것이 최종 결과 지도를 작성할 때 세 기지의 운량 수준을 이용하였던 이유이다. 지도 중첩 분석 과정에서 이러한 가장 민감한 또는 결정적인 레이어는 다른 레이어들의 기여 정도를 최소화하게 되고 최종 결과에서 불필요하게 만들어 버릴 수도 있다. 이러한 레이어의 민감도는 결과에 대한 이해를 위해 특히 중요한 것이다. 종종 간단한 검

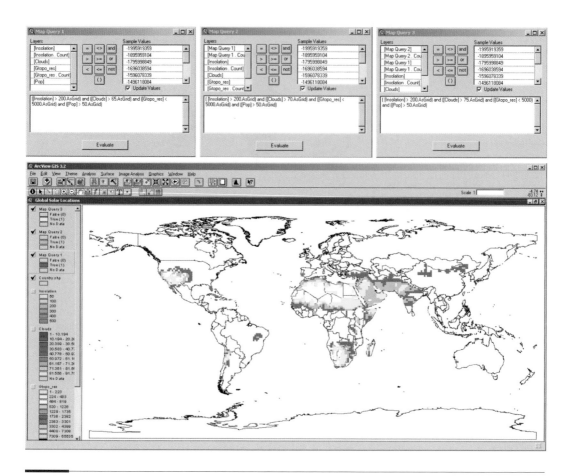

그림 6.31 지도 중첩 연습의 결과. 지구상에서 태양 발전소 건설에 적합한 지점들. 지도의 윗부분은 적합지를 선정하기 위한 질의 윈도우이다. 그림 6.27~6.31은 Jeff Hemphill과 Westerly Miller에 의해 제작되었다.

사를 통해서도 이러한 결정적인 레이어를 찾아낼 수 있다. 몇몇 연구들은 레이어들을 퍼지(fuzzy) 데이터로 간주하는데, 이는 요소들을 연속면으로 생각하여 결합하고 결과 지도에 오차의 범위도 포함하는 것이다. 분석에 영향을 주는 또 다른 중요한 요소는 오차의 확산에 관한 것이다. 예를 들어 각각의 입력 레이어들의 일반화 정도가 서로 다른 경우에, 중첩 분석과 결과물을 제작하는 과정에서 오차가 확산되어 최종 결과에 어떠한 영향을 미치는가 하는 것이다.

지도 중첩은 GIS 분석의 가장 일반적인 형태 중 하나이다. 버퍼나 거리 변환 등을 사용하여 매우 세련된 분석들을 할 수 있다. 이러한 방법은 계획 분야에서 광범위하게 적용되고 있으며, 특히 화재 모델링부터 서식지 적합도 분석에 이르기까지 다양한 GIS 응용 분야에서 점점 더 많이 사용되고 있다.

6.4.6 GIS와 공간 분석 도구들

GIS의 초기에는 GIS 소프트웨어들이 실질적인 분석 도구들을 포함하지 못했기 때문에 많은 비판을 받았다. 앞에서 살펴본 것처럼 설명을 위한 기본적인 도구로는 산술 계산과 통계가 있으며 모델링을 위한 도구들은 모델이나 공식들을 시스템에 입력하는 것까지를 포함한다. 대부분의 모델은 네트워크에서의 흐름, 2차원 또는 3차원 공간상의 산포(dispersion), 계층적 확산(diffusion), 버퍼에 따라 결정된 가중치를 바탕으로 한 확률 모델 등이 있다. 이러한 종류의 모델은 검색 도구들, 즉 중첩, 버퍼링, 공간 연산자들을 응용하여 GIS에서 관리할 수 있다. 그렇지만 가끔은 매우 간단한 모델도 GIS 사용자 인터페이스에서 상당히 긴 단계를 거쳐야 해결되는 경우도 있다.

대부분의 GIS 패키지에서는 매크로의 경우, 혹은 일련의 연산들을 모델의 일부에 포함하는 경우와 같이 여러 가지 연산을 묶어서 이용하는 기능이 있다. 예를 들면 ESRI의 ArcGIS에서는 반복되는 과정을 그래픽 모델로 작성하는 도구인 모델 빌더(model builder)를 내장하고 있다. 비록 이것이 통상적인 분석과는 거리가 있지만, 탐색적 GIS 데이터 분석은 여전히 학문의 진수라 할 수 있다. 많은 연산들이 데이터베이스 관리자만으로 수행될 수 있고 여기에 가끔 GIS 사용자들은 데이터베이스 관리자에서 사용했던 데이터를 마이크로소프트 엑셀과 같은 스프레드시트나 혹은 SAS(Statistical Analysis System), SPSS(Statistical Package for the Social Sciences) 등과 같은 표준 통계 패키지로 보내서 분석하기도 한다. 앞에서 살펴본 것처럼, GIS 분석을 이용할 때 R과 같은 오픈소스나 셰어웨어(shareware) 도구를 사용하는 것이 점차 대중화되고 있다.

대부분의 GIS 분석가들은 GIS 작업 중 분석 단계에서 통계와 GIS 도구들을 함께 사용한다. 비공간적인 그래프인 산포도와 히스토그램 등을 그리는 기능은 통계 패키지로 사용하면 훨씬 간단하다. 통계 패키지의 사용이 널리 받아들여져 있고 많은 과학자들과 연구자들이 그 사용법에 친숙하다는 점을 감안할 때, 이 두 가지의 결합을 통한 문제 해결이 가장 좋은 방법이 될 것으로 보인다. GIS와 통계 패키지 사이에서 서로 데이터가 쉽게 호환될 수 있도록 함으로써, GIS 패키지에서 통계 분석에 필요한 많은 기능들이 중복되는 것을 방지할 수 있다.

요약하면, GIS의 가장 강력한 힘 중 하나는 수치적 통계 설명이 가능하고, 모델링, 분석, 예측 등으로 논리를 확대할 수 있는 조직적인 틀로 실세계 데이터를 수용할 수 있다는 것이다. 이는 데이터에 대한 조사 및 사고와 함께 데이터를 지리적으로 이해하는 다리의 역할을 하는 중요한 과정이다. 우리는 이 장의 시작 부분에서 탐색적 통계 그래프와 지도를 통하여 GIS 데이터를 시각적으로 파악함으로써 매우 많은 정보와 지식을 얻을 수 있다는 점을 파악하였다.

이러한 자료의 이해는 GIS에 의해 심화된다. 이는 기본적인 지리적 속성이 각인된 지리 사상들 사이에 나타나는 지리적 상호작용과 그 표현 방법을 이해하지 않고는 많은 현상을 간단히 이해할 수도, 예측할 수도 없기 때문이다. 불행히도, 대부분의 GIS 패키지들은 매우 기본적인 공간 분석 도구만을 포함하고 있다. 그러나 GIS 사용자들은 이미 스크립트와 표준 통계 소프트웨어에 익숙해져 있으며, 전통적인 지리학의 범위를 넘어 다양한 응용 분야에서 새로운 모델을 개발하는 과정에 GIS가 크게 기여하고 있다.

학습 가이드

이 장의 핵심 내용

○ 공간 분석은 지리적 현상을 설명하기 위하여 조사하고, 질의하고, 검사하고, 실험하는 것이다. ○ 분석 과정은 문제 제기, 가설, 자료 순으로 진행되며, 비공간적 통계와 공간적 그래픽 설명으로 시작한다. ○ 시각적 탐색은 연구문제를 설정하는 데 도움이 된다. ○ 속성을 표현하기 위한 탐색적 시각 도구로는 박스 플롯, 히스토그램, 산포도, 레이더 플롯, 파이 차트 등이 있다. ○ 박스 플롯은 다섯 가지 수치를 표현한다. ○ 중앙 경향의 측정이란 많은 자료를 요약하여 하나의 수치로 표현하는 것이다. ○ 중앙값은 순위로 정리된 분포에서 한가운데의 값이다. ○ 평균은 자료 수치의 합을 자료의 개수로 나눈 것이다. ○ 중앙 경향의 측정은 예외 값의 영향을 받는다. ○ 표준편차는 평균으로부터의 차이의 평균이다. ○ 평균으로부터의 차이를 제곱하여 더한 합계를 총분산이라 한다. ○ Z점수는 평균으로부터 표준편차의 값이 놓인 수치이다. ○ 이론적인 정규분포는 종형 곡선을 따르며, 주어진 Z점수를 넘어서는 수치의 확률을 계산할 때 이용된다. ○ 완전한 정규분포는 오차가 임의적이며 모집단이 크다는 것을 의미한다. ○ 표본이 작을수록 표준편차를 과소평가하게 된다. ○ 공간적인 설명은 x와 y 좌표를 동시에 요약하는 것이다. ○ x와 y의 평균이 평균 중심점이 되며, 정규화된 표준편차가 표준 거리이다. ○ 평균 중심점(mean center)은 중심(centroid)이 되기도

하지만 반드시 중심이 평균 중심점이 되지는 않는다. ○ 점 분포의 최근린 통계는 점들 간의 최소 거리의 측정치를 예측 간격으로 나눈 것이다. ○ R 값의 범위는 0(군집)부터 1(임의적), 2(규칙적 간격), 2.15(삼각형 간격)까지 있으며 GIS에서 스크립트로 계산된다. ○ 그 밖에 선과 면을 대상으로 측정할 수 있으며, 대부분은 여러 단계의 계산이 필요하다. ○ 공간관계와 관련한 쟁점은 지도 비교, 공간 변이, 그리고 공간 모델링과 예측 등이 있다. ○ 공간 분석은 언제나 가정을 단순화하는 과정이 필요하며, 이는 반드시 정당화되어야 한다. ○ 공간 모델은 통계적으로 검증할 수 있는 지리적 관계를 형성한다. ○ 간단한 공간 모델은 다변량 선형 모델로, 다중 최소 제곱 회귀변환을 이용하여 검증할 수 있다. ○ 분석 방법은 변수들이 정규분포하였다고 가정하기 때문에 약간의 변환 과정이 필요하다. ○ 회귀분석은 종속변수의 차원에서 선형 모델로부터 변이의 제곱합을 최소화하는 것이다. ○ 모델은 각 변수의 유의성과 그의 적합도를 이용하여 검정될 수 있다. ○ 모델에서 예측치와 관측치를 뺀 값으로 잔차를 만드는데, 이 잔차를 지도화하고 분석하게 된다. ○ 공간 모델에서는 반드시 가정, 오차, 그리고 적합성 부족 등이 파악되어야 한다. ○ 오차를 파악하는 것은 모델을 개선시키는 것이다. ○ 시간적인 변이는 GIS에서 파악하기 힘들다. 두 시기의 변화를 측정할 수 있으며, 세 시기의 자료를 이용해서 변화율을 구할 수 있다. ○ 애니메이션은 변화를 파악하는 효과적인 방법이다. ○ 중첩 분석은 공간 분석의 단순한 형태이다. ○ 레이어들은 동일하거나 중요도에 따라 가중치가 부여된다. ○ GIS 소프트웨어는 데이터베이스, 스프레드시트, 통계 소프트웨어 도구 등의 도움을 필요로 하며, 그 결과를 표현하기 위하여 다시 GIS를 이용한다. ○ 탐색적 공간 분석은 학문의 진수라 할 수 있다.

학습 문제와 활동

속성자료의 설명

1. 10개의 숫자를 나열하고 평균과 중앙값을 어린이도 계산할 수 있도록 단계별 절차를 설명하라. 11개의 숫자를 이용할 경우에는 앞의 설명을 변경하라. 그 숫자들이 의미하는 바를 한 문단으로 설명하라.

2. 공간 분석이 통계 분석과 관계가 있으면서도 서로 다른 이유를 설명하라. 하나의 예를 들어 보라.

3. 1:24,000의 USGS 지도와 같이 하나의 지도로부터 일련의 고도점이나 강, 숲 지역 등의 객체 그룹을 복사하라. 차원에 따라 분류된 각 사상의 기본적인 지리적 사상을 특성화하기 위하여 우리가 알고 있는 측정 방법을 모두 나열하라. 어떤 측정 방법들이 계산하

기 가장 쉬우며 왜 그러한지 설명하라.

통계적 기술

4. GIS에 있어서 분석과 관련되는 과학적 조사의 단계들을 흐름도로 그려라. 분석을 시작하기 전에 필요한 것은 무엇인가? 분석을 성공하면 무엇을 얻게 되는가? 흐름도에서 무엇이 흐름을 방해하는가?

5. 여러분이 선택한 아무 데이터나 이용하여 박스 플롯과 산포도, 그리고 히스토그램을 작성하라. 우리가 이용하는 GIS 이외에 어떤 도구가 필요한가?

6. 선의 길이나 폴리곤의 면적을 (1) 벡터 GIS와 (2) 래스터 GIS에서는 각각 어떻게 계산할 수 있는가? 왜 서로 다른 결과가 나타날 것으로 생각하는가?

7. 여러분이 선택한 어떤 속성자료를 이용하여 최소, 최대, 중앙값, 평균, 그리고 표준편차를 계산하라. 이제 두 번째 속성의 통계치를 다시 계산하고, 처음의 결과와 비교하라.

공간적 기술 통계

8. GIS를 이용하여 최소범위사각형과 점 자료의 평균 중심점를 그려 보라.

9. 최근린 통계 스크립트를 다운로드하여 적용하라. 이를 이용하여 GIS 시스템에서 가지고 있는 점 분포를 검정하라. 여기서 구한 높은 값과 낮은 값이 어떠한 작용을 하는가?

10. GIS를 이용하여 2개의 속성 혹은 그 밖의 변환 기법을 이용하여 새로운 속성값을 계산하라. 그 결과를 지도로 나타내 보라.

공간 분석

11. 식생 유형과 상태, 토양, 하천, 지형, 바람의 방향에 대한 레이어들로 구성된 GIS 데이터 셋을 이용하여 산불의 위험도를 나타내는 모델을 디자인하라. 어떻게 모델을 검증할 수 있는가?

12. GIS를 사용해서 카운티와 같은 다각형 구획과 지형도를 중첩하라. 사용 가능한 방법을 이용해 각 구역별로 고도값들에 대한 분산 또는 표준편차를 계산하고 지도화하라. 지도에 나타난 분포를 설명하라.

13. NOAA에서 토네이도 데이터를 다운로드하고 이 장에서 설명한 분석 기법을 다시 적용하라. 토네이도에 의한 사상자를 더욱 잘 설명하는 모델을 만들 수 있는가?

14. 여러분의 지역에 이 장에서 설명한 태양 에너지 분석 기법을 다시 적용하라. 태양 에너지 발전을 위해 가장 적합한 장소는 어디인가? 태양 발전소를 위하여 하나의 연속된 지역은 얼마나 넓어야 하는가?

참고문헌

Ashley, W. S. (2007) Spatial and temporal analysis of tornado fatalities in the United States: 1880–2005. *Weather Forecasting*, 22, 1214–1228.

Campbell, J. (2000) *Map Use and Analysis*, 4 ed. Boston, MA: McGraw-Hill.

Earickson, R. and Harlin, J. (1994) *Geographic Measurement and Quantitative Analysis*. New York: Macmillan.

Peterson, M. P. (1995) *Interactive and Animated Cartography*. Upper Saddle River, NJ: Prentice Hall.

Slocum, T. A., McMaster, R. B., Kessler, F. C. and Howard, H. H. (2009) *Thematic Cartography and Geovisualization*. 3ed. Upper Saddle River, NJ: Pearson Education.

The World Almanac and Book of Facts. New York: Pharos Books. Published annually.

Thompson, R. L., and Vescio, M. D. (1998) The Destruction Potential Index—a method for comparing tornado days. Preprints, 19th Conf. Severe Local Storms, Amer. Meteor. Soc., Minneapolis, 280–282.

Tukey, J. W. (1977) "Box-and-Whisker Plots." In *Exploratory Data Analysis*. Reading, MA: Addison-Wesley, pp. 39–43.

Unwin, D. (1981) *Introductory Spatial Analysis*. London: Methuen.

주요 용어 정의

가설(hypothesis) 통계적 검증을 목적으로 표현된 데이터에 대한 가정.

결측치(missing value) 속성값들 중에서 분실했거나 적용할 수 없거나 또는 문제가 있는 것으로 표시하여 산술적 계산에서 제외되는 값.

계산 명령어(compute command) 데이터베이스 관리자에서 속성값으로 덧셈, 뺄셈, 곱셈과 같은 기초적인 산술 계산을 하거나 속성값을 결합하기 위한 명령어.

귀무가설(null hypothesis) 가설로 정해지는 것과 정반대의 표현으로, 이것을 기각할 것으로 상정하여 원래의 가설을 증명함.

기대 오차(expected error) 측정 단위에서 하나의 표준편차.

다중회귀(multiple regression) 여러 변수 간의 관계를 파악하기 위한 최소 제곱 방법.

단위(units) 속성에서 값의 증가량에 대한 표준화된 측정치.

데이터 극한값(data extremes) 속성의 최고값과 최저값으로, 순서에 따라 정렬한 후 처음과 마지막에 해당하는 값.

독립변수(independent variable) 어떤 모델을 나

타내는 등식의 우항에 있는 변수로, 그 값은 다른 상수나 변수로부터 독립적임.

레코드(record) 　데이터베이스에서 전체 속성값에 대한 수치의 집합으로, 데이터 테이블에서 행에 해당함.

모델(model) 　속성 간의 관계를 나타내는 이론적 분포. 공간 모델은 식과 같은 형태에 의해 결정되는 예측 지리 분포임.

모집단(population) 　측정치의 표본을 추출하기 위한 전체 자료.

박스 플롯(box plot) 　5개의 요약 숫자(최소값, 1사분위수, 중앙값, 3사분위수, 최댓값)를 이용하여 자료의 유형을 그래픽으로 표현하는 간단한 방법.

방위각(bearing) 　방향을 도 단위의 각도로 표현하는 방법으로 북쪽을 0으로 하고 시계 방향으로 360°로 표현.

범위(range) 　속성의 단위에서 최댓값에서 최소값을 뺀 것.

분산(variance) 　숫자 간의 차이에 대한 총량. 분산은 모든 측정치에서 평균과의 차이를 제곱하여 합한 후, 1을 뺀 값으로 나눈 값임.

분석(analysis) 　가설을 바탕으로 데이터의 구조를 검사하고 검증하는 과학적 조사 단계.

선형관계(linear relationship) 　두 변수 사이의 직선관계로 독립변수에 기울기를 곱하고 상수를 더하여 종속변수와의 관계를 표현함.

속성(attribute) 　수집되고 조사되는 하나의 항목. 테이블이나 데이터 파일에서 열에 해당함.

예측(prediction) 　측정이 이루어지는 범위를 넘어서는 정보를 제공하는 모델의 능력.

오차 범위(error band) 　평균 측정과 같은 추정치로부터 양측(+, -)으로 하나의 표준오차에 해당하는 경계의 폭.

임의성(random) 　식별할 수 있는 구조나 반복이 없는 상태.

잔차(residual) 　종속변수의 관측값에서 모델에 의한 예측값을 뺄셈 연산하였을 때 남은 양을 종속변수의 단위로 표현한 값.

적합도(goodness of fit) 　실제 데이터와 모델의 통계적 유사성으로, 모델의 적합한 정도와 강도로 표현.

절편(intercept) 　독립변수가 0일 때 종속변수의 값.

정규분포(normal distribution) 　평균으로부터 주어진 분산만큼 대칭적인 측정값들의 분포.

정규화(normalize) 　표본의 크기와 같이, 통계의 왜곡에 미치는 영향을 제거하는 것.

정렬(sort) 　레코드의 속성을 그 값에 따라 순서대로 나열하는 과정.

종속변수(dependent variable) 　공식에서 등호 왼쪽에 할당되는 변수로, 그 값이 다른 변수들이나 상수의 값에 의해 결정됨.

종형 곡선(bell curve) 　정규분포의 일반적인 형태.

중심(centroid) 　지리사상을 표현하기 위해 사상의 중심에 위치하는 점.

중앙값(median) 　속성 데이터를 순서대로 정렬하였을 때 중간에 위치하는 값.

최근린 통계(nearest neighbor statistic) 　점으로부터 가장 가까운 이웃점 간에 측정한 거리 평균을 예측 평균 간격으로 나눈 통계치.

최소 제곱(least squares) 　모델을 최적화하는 통계적 방법으로 데이터와 모델의 추정값 사이에 편차의 제곱합을 최소화하는 방법.

최소범위사각형(bounding rectangle) 　좌표 공간

에서 하나의 사상 또는 사상들의 집합에 의해 정의되는 사각형으로 두 가지 방향 각각에서 최댓값과 최소값으로 정해짐.

테이블(table) 분석과 시각화를 위해 속성과 레코드를 행과 열로 정리한 것.

평균 중심점(mean center) 점 데이터에서 데이터의 평균을 좌표로 나타낸 점.

평균(mean) 속성의 대표값으로 모든 속성값의 합을 측정치의 수로 나눈 값.

표본(sample) 측정을 위해 모집단에서 추출한 부분집합.

표준 거리(standard distance) 표준편차를 2차원적으로 표현한 것으로, 정규화된 거리는 점집합에서 동서와 남북 방향의 표준편차로부터 작성됨.

표준편차(standard deviation) 어떤 집합의 값에 평균으로부터 편차의 양을 표준화하여 측정한 값. 평균으로부터의 편차의 평균.

히스토그램(histogram) 한 속성에서 값의 표본을 그래픽으로 표현하는 것으로, 속성의 각 그룹이나 클래스 값들에 대한 레코드 빈도를 높이로 하는 막대그래프를 사용.

Pearson 상관계수(Pearson's product moment correlation coefficient) 적합도의 측정값으로, 두 변수 간 공분산의 제곱합을 독립변수에서 분산의 합으로 나눈 값. 제곱이 되면 결정계수나 r 제곱값이 되며, 그 값은 검증하고자 하는 모델을 설명하는 변수의 비율 또는 퍼센트(%)를 나타냄.

r 제곱(r-squared) 결정계수의 일반적 표현.

Z 점수(Z-score) 속성의 평균으로부터 속성의 값을 나타내는 표준편차의 수치.

GIS 사람들

Anne Girardin — 아프가니스탄 AMIS 데이터베이스 관리 전문가

KC 안녕하세요. 사진에서 어디에 계십니까?

AG 저는 사진에서 가운데에 있습니다. 지적 측량을 하기 위해 토털 스테이션을 쓰는 법을 동료에게 가르쳐 주고 있습니다.

KC 현재 직장에서 하시는 일은 무엇이고, GIS 는 어떻게 이용하십니까?

AG 여러 가지 직책이 있습니다. 원래 프랑스 공인 토지 측량사(France Chartered Land Surveyor)이고 대부분 지리 데이터 관리를 하고 있습니다. 여러 가지 형태의 회사와도 일하고 있는데, 고고학이나 이동통신 분야에서는 지리 마케팅 상담가로, 지금은

TomTom으로 바뀐 TeleAtlas의 내비게이션 분야에서는 공정 엔지니어와 데이터베이스 품질 프로젝트 관리자로 일하고 있습니다. 저는 프랑스에서 하수도망을 측량하고 지도화하는 일을 했습니다. 지금 아프가니스탄에서는 도시의 도로명 주소 시범 프로젝트(Pilot Urban Street Addressing Project)와 USAID/LTERA(Land Titling and Economic Restructuring in Afghanistan : 아프가니스탄 토지 정리 및 경제 재건 프로젝트)의 하나로 토지를 정리하는 작업을 하고 있습니다. 이 프로젝트는 토지 사용권을 보장하고 경제 성장을 지원하기 위한 것입니다. 최근에는 사회 기간시설인 AIMS에서 일하고 있습니다. 이런 모든 활동에서 GIS는 기본적인 작업인데, 이는 위치를 기반으로 하는 작업이기 때문입니다. 토지를 더욱 잘 관리하고 사람들에게 서비스를 제공하기 위해서는 사람의 위치와 기간시설의 위치, 그리고 이들 간의 연결이 모든 유형의 정보들에게서 공통적인 요소가 됩니다.

KC 아프가니스탄 정보 관리 서비스(Afghanistan Information Management Service, AIMS)가 무엇입니까? 그리고 이 프로그램에서 어떠한 역할을 하고 계십니까?

AG AIMS 프로젝트는 아프가니스탄 정부에서 정보를 관리하는 기능을 구축하고, 정보 관리 서비스를 아프가니스탄의 각 기관들에게 배포하고 있습니다. AIMS는 정보 관리 시스템을 관리하기 위하여 정부 차원에서 적합한 기술들을 구축하고자 합니다.

AIMS의 목표는 정부 내에서 특별한 정보 시스템을 관리하기 위한 기능이 존재할 경우, 이러한 활동들로부터 벗어나는 것입니다. 저는 데이터 관리 전문가이고, 저의 주요 업무는 여러 가지 유형의 데이터를 조직하여 데이터 모델(Data Model)로 만드는 것입니다. 이 프로젝트의 목적은 도로 건설, 학교 보수, 병원 보수 및 관리 등과 같은 사회기간시설을 지속적으로 감시하고 평가하는 소프트웨어를 개발하는 것입니다. 우리는 우리가 가진 자료를 이용하여 지도를 제작할 수 있으며, 그 밖에 인구 밀도나 소득과 같은 정보를 이용한 지도도 만들 수 있습니다. 또한 경제 성장과 같은 분석도 하고 있습니다.

KC GIS 분야에서 어떤 교육을 받으셨습니까?

AG 프랑스 르망(Le Mans)에 있는 l'Ecole Superieure des Geometres et Topographes에서 토지 측량과 지도 제작 분야로 석사 학위를 받았습니다. ESGT의 프로그램은 대략 수학, 물리, 프랑스어, 영어 등의 일반 과목 20%, 측지, 지형 측량, 사진 측량, GIS 등 토지 측량 과목 20%, 도시와 촌락 계획 20%, 민법, 토지 사용권, 규정, 재판 시스템과 같은 법학 과목 20%, 전산과학 20%로 구성되어 있습니다. 우리는 Map

Info를 이용하여 GIS를 사용하는 방법과 비공간 자료를 포함하여 자료를 모델링하는 방법을 모두 배웠습니다. GIS를 활용하여 도시와 촌락의 계획 분야에 대한 실습을 해야만 했거든요.

KC 석사 학위를 받은 이후에 GIS 분야에서 일하게 된 이유는 무엇입니까?

AG 1998년에 아직 학생일 때 샌디에이고에서 열린 ESRI 사용자 연례모임에 참석했는데, 그때 GIS의 세계에 눈뜨게 되었습니다. 뉴욕 시의 교통을 지도화하는 것으로부터 남미의 콘도르 서식지를 분석하는 것까지 모든 분야에 걸친 GIS의 무궁무진한 기능을 보고 마음을 열게 되었습니다.

KC 지금 하고 계신 일들을 매일 매일의 사례를 들어 설명해 주십시오.

AG 서로 다른 기관에서 다루고 있는 프로젝트와 정보들의 유형을 분석합니다. 이 데이터를 개념 데이터 모델(Conceptual Data Model)로 변환시킵니다. 지도화 표준을 개발하고 이를 아프가니스탄이나 다른 고객

들이 요구하는 대로 맞추어 주는 일을 합니다. 우리는 데이터 모델을 소프트웨어 개발자에게 배포하고 있습니다. 또한 데이터가 정확하게 수행되고 소프트웨어와 통합되는지를 확인하는 업무도 맡고 있습니다.

KC 이제 GIS를 공부하기 시작하는 학생들에게 알려 주고 싶은 것은 무엇입니까?

AG 그것은 학생들이 무엇을 하고자 하는지에 달려 있습니다. 기술자가 되고 싶다면 GIS 소프트웨어의 기능들에 초점을 맞추라고 강력히 권하고 싶습니다. 공학자가 되고 싶다면, GIS 소프트웨어의 기능들을 물론 간과해선 안 되겠지만, 모델링의 측면에 초점을 맞추라고 하고 싶습니다.

KC 감사합니다.

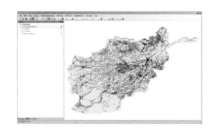

제 7 장

지형 모델링

나는 겨울과 가을을 좋아한다. 이 시기에 우리는 자연경관의 기본 바탕인 외로움, 즉 겨울의 죽은 느낌을 맛보게 된다.
그 아래에서 우리는 무엇인가 볼 수 있지만 전체적인 것은 볼 수 없다.

Andrew Wyeth

7.1 연속면과 사상

이전의 장들에서 지리학에서의 두 가지 서로 다른 GIS 모델, 즉 점, 선, 면 사상들과 지리 공간을 살펴보았다. 연속면(field)은 지리 공간에서의 불연속 모델과는 차이가 있다. 불연속 모델은 배경이 없는 객체들의 집합을 가정하고 있다. 또한 객체들과 이들의 속성들로 세상을 완벽하게 묘사할 수 있다고 가정하며 지도상에서 점, 선, 면으로 나타낸다. 만약 하나의 속성, 즉 하나의 주제나 연속면을 대상으로 하는 지리 공간상의 모든 점을 평가해야 하거나 측정해야 할 경우에는 다른 모델이 필요하다. 속성값은 단순하고 우리가 이미 알고 있는 값이지만, 연속면에 대해 측정해야 할 대상은 바로 그 분포에 관한 정보이다.

우리가 직접 접할 수 있는 사례로 지표 온도가 있다. 온도를 기상 관측소에만 나타내는 것 또는 미국에서 카운티별로 평균한 값으로 나타내는 것은 별로 의미가 없다. 대신 지표 온도를 연속면 변수로 사용하면 공간상에서 연속적으로 변화하는 값을 표현할 수 있다. 기상 관측소 등의 특정한 지점에서 값을 측정하고 그 주변 지역으로 서서히 변화함을 가정하여 지도상의 전체 공간을 채울 수 있다. 기상 관측소 두 곳에서 각각 10℃와 20℃를 기록했다고 가정하자. 그런 다음 첫 번째 측정소에서 두 번째 측정소로 곧바로 움직인다고 가정하자. 그러면 처음의 측정소로부터 이동하는 거리에 따라 높은 값과 낮은 값의 차이를 그 거리로 나눈 값만큼 온도가 증가하는 것으로 생각할 수 있다. 두 측정소를 연결하는 길을 따라 각 지점에 대해 실제 온도는 주변 지역의 온도와 그 온도들이 측정된 곳으로부터의 거리에 따라 결정된다.

이제 수백 개의 측정소를 생각해 보자. 어떤 한곳의 온도에 대한 가장 쉬운 추정 방법은 전체 온도의 평균일 것이다. 모든 측정값이 어떤 방식으로든 그곳의 온도에 영향을 미칠 것이다. 특히 가까운 곳의 온도가 멀리 있는 곳의 온도보다 더 많은 영향을 줄 것이다. 일정한 거리가 되면 특정한 곳의 온도의 영향력은 다른 곳에 거의 영향을 미치지 못할 정도로 줄어들게 될 것이다. 예를 들어 런던의 온도는 LA의 온도에 전혀 영향을 주지 못한다. 이러한 속성, 즉 가까운 것들이 멀리 있는 것들보다 더 유사하다는 것을 공간적 자기상관이라 한다. 이러한 속성은 직관적인 것 같지만 지리학자인 Waldo Tobler에 의해 처음 소개되었고 따라서 'Tobler의 제1법칙'이라 부른다(Sui, 2004).

수치 지형에 대한 논의로 이동하기 전에 연속면에 대한 이론을 하나 더 살펴보자. 온도의 사례로 다시 가서 한 집 내부의 상세한 온도 지도는 방과 방 사이에 또는 하나의 방 안에서 온풍구로부터 거리가 멀어짐에 따라서 공간적 자기상관을 보여 줄 수 있다. 하지만 특정한 좁은 지역(주로 사각형 형태)에 대해 온도가 주변 지역보다 (난로, 온수기, 연소기 등에 의해) 급격히 높거나 또는 (냉방기구, 냉장고, 냉동고 등에 의해) 급격히 낮을 수 있다. 한 도시의 열 지도를 생각해 보자. 서로 다른 토지 이용이 나타나는 가장자리에 온도가 단절되어 나타날 수 있다(그림 7.1). 이러한 단절은 부드럽고 규칙적으로 변화하는 연속면상에서 습곡과 같이 갑자기 변하는 것으로 여겨질 수 있다. 이러한 특징은 연속면 모델이 사상 모델(feature model)에 비해 좋지 못한 점이다. 지형에 있어서 이러한 단절 지물들로 절벽, 능선, 하천, 돌출부, 동굴 등이 있다.

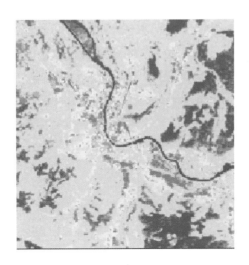

그림 7.1 *Landsat 7* 위성의 열 밴드로 된 도시 이미지. 따뜻한 지역은 붉은색, 추운 지역은 푸른색으로 나타나 있다.
출처 : NASA.

지형 또는 지표 형태는 우리가 살고 있는 지리적 연속면이다. 지리학의 대부분은 직간 접적으로 지형에 의해 구성되어 있다. 산은 행정 경계를 형성하고, 강은 도시를 나누며, 분수계는 물을 제공하고, 사면 경사는 농작물을 심을 수 있을지, 나아가 건물을 세울 수 있을지를 결정한다. 지형은 바로 2차원 지도를 3차원 정보로 만드는 지표 속성이다. 수치 지형을 이용해 GIS는 사면 분석에서부터 가시권 분석까지 땅의 형태에 관한 무수히 많은 계산들을 수행할 수 있다.

7.2 지형 데이터 구조

제3장에서 지도를 GIS에 저장할 수 있는 다양한 방법을 살펴보았다. 지형은 지역의 가장 상층 표면, 즉 연속면을 다루기 때문에 데이터 구조에 있어서 약간의 차이가 있다. 지형에 있어서 우리는 지표 고도를 다루는 것이지 지표 이래에 있는 웅덩이나 동굴을 다루는 것은 아니다. 앞서 언급한 단절물들과 지형 표면의 연속성, 그리고 이 외의 어떠한 표면의 형태든지 이러한 것들은 어떻게 표면으로부터 표본을 추출하느냐의 문제이며, 나아가 그 데이터를 어떻게 GIS에 저장하느냐의 문제이다. 제3장에서 모든 지리적 데이터를 컴퓨터

에 숫자로 저장할 수 있는 방법에 대해 또한 살펴보았다. 사상 모델은 지리적 객체를 잘 표현할 수 있었고 래스터나 그리드 모델은 연속면을 잘 표현할 수 있었다. 그렇다면 지형에 대해서는 어떨까? 이 장에서는 지형을 저장하고 표현할 수 있는 구조에 대해서 살펴볼 것이다. 이 중 일부분은 이미 언급했으나 지금부터는 수치 지형을 처리하는 데 있어서 그 영향 또한 살펴볼 것이다.

7.2.1 점과 배치

연속면을 그리는 가장 간단한 방법은 점(point) 위치에 대해 데이터 값을 기록하는 것이다. 앞서 언급한 온도의 예에서, 온도계로 온도를 기록하는 동안 GPS로 그 위치를 기록할 수 있다. 결과를 곧바로 GIS로 표현할 수 있는데, 측정된 속성과 위치를 바로 지오코딩을 통해 저장할 수 있다. 실제로는 GPS가 이미 온도계의 위치와 고도를 기록하고 있게 된다. 이 점은 (x, y, z)의 형태이며 x와 y는 위치를, z는 고도를 나타낸다. 특히 z값을 위해 기준면이 필요하다. GPS는 일반적으로 WGS84 데이텀을 사용하여 높이를 계산한다.

몇 개의 점만으로는 표면의 형태에 대해 알 수 없다. 따라서 대부분의 GIS는 내삽 기능을 제공한다. 내삽에 있어서 우선은 경위도와 같은 표본 추출을 위한 틀을 만들고, 알고 있는 값으로부터 틀 내부의 각 그리드의 중심값에 대해 '내삽'을 수행한다(그림 7.2). 표본이 드물게 분포하는 원인은 다음과 같은 여러 가지 이유가 있다 — 천공(drilling)을 하는

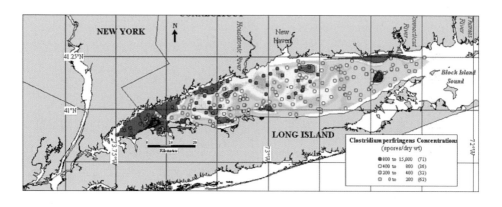

그림 7.2 롱아일랜드 해협 퇴적층에 있는 하수 관련 곰팡이(spores)의 분포. 표면은 표시된 표본 위치에서 수집된 점들을 내삽한 것이다.
출처 : USGS Open-File Report 00-304.

데는 많은 비용이 소요되며, 희귀 식물종들을 찾기가 쉽지 않다. 데이터들이 고고학의 발굴을 통한 발견과 같이 어렵게 구해지는 경우도 있다. 내삽을 통해서 값을 구하고 저장하는 표본 틀의 그리드 중심 또는 교차점을 배치(posting)라고 한다. 어떠한 형태의 배치도 가능하나 그리드와 같은 규칙적인 배치가 지역 전체를 포함할 수 있도록 해 준다. 때로는 배치된 값들이 실제 측정된 표본일 경우가 있는데, 이 값들의 분포에 대해서는 수정이나 변형을 할 수 없다. 일반적으로 원격탐사 결과가 여기에 해당한다. 표본점들의 밀도가 높을 때 표면에 대해 과도한 표본 추출을 한 것이고 규칙적인 배치나 주변 값들의 평균을 통해 점 집합에서 일부를 추출할 필요가 있다.

　GIS에서 내삽하는 방법은 여러 가지가 있다. 많은 GIS 패키지는 거리 역비례 가중치법(inverse distance weighting, IDW)이라 불리는 보편적인 방법을 포함하고 있다. 이 방법에서는 우선 배치 방법을 정하고 한 관측값에 대해 이웃하는 모든 값들을 찾는 것으로 시작하는데, 종종 이웃을 정의하는 범위가 주어지기도 한다. 그런 다음 이 검색된 점들로부터 거리에 역비례하여 가중치를 주어 배치된 값들을 계산하며, 가중치의 제곱을 사용하기도 한다. 그러고 나서 배치점의 내삽값들은 이웃값들로부터의 거리에 역비례한 가중치를 준 고도값들의 합이 된다(그림 7.3). 이때 중요한 점은 이웃에 있는 점들이 내삽되는 값에 가장 큰 영향을 준다는 것이다. 이 방법은 자료값이 높은 점들에 대해 독립된 봉우리 형태가 생겨나도록 한다.

　또 다른 방법으로 내삽을 최적화하기 위해 통계적 이론을 사용하는 것이 있다. 크리깅(kriging)이라 불리는 이 방법은 본래 금광에서 금맥의 분포를 분석하기 위해 적용되었던 것으로 국지적인 변수에 대한 수학적 이론에 바탕을 둔 것이다. 여기서 국지적 변수는 공간 변화를 경향(drift) 또는 구조(structure), 임의적이지만 공간적으로 상관관계가 있는 부분, 그리고 임의적 오차(noise) 등으로 구분한다. 크리깅을 통한 내삽은 몇 단계로 구분된다. 첫째, 경향이 추정된다. 둘째, 값들의 변동과 거리 사이의 관계를 계산하고 통계적 모델로 나타낸다. 마지막으로 그 모델을 통해 각 점들의 내삽값을 추정한다. 크리깅은 데이터 값을 직접적으로 관통하는 표면을 생성하기 때문에, 그리고 각 내삽값들에 대한 분산 추정치를 생성하기 때문에 통계적으로 선호되고 있다. 하지만 서로 다른 내삽법들은 매우 상이한 결과를 낳을 수 있다(그림 7.4).

　점 집합에 기초한 보편적인 지형 데이터의 한 형태가 LiDAR(Light Detection and Ranging)이다. 이 데이터는 항공기나 삼각 측량기로 측정할 수 있다. 측정 도구에서 출발

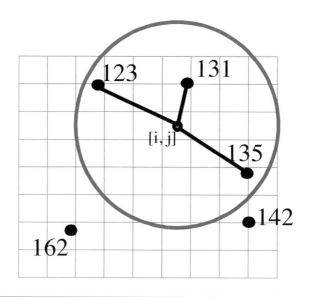

그림 7.3 내삽. 그림에서 주변의 알고 있는 고도점들(붉은 원)을 사용해 그리드 [i, j]의 값을 추정하고 있다. 거리 역비례 가중치법을 통해 알고 있는 고도값(123, 131, 135)을 [i, j]로부터의 거리에 반비례하여 가중치를 부여하고, 그 합으로 [i, j] 위치의 미지의 값을 추정한다. 이러한 방법을 반복함으로써 전체 그리드 값들을 계산할 수 있다.

한 빛이 땅에 반사되어 돌아오는 짧은 시간으로 높이를 측정한다. 빛의 주파수가 매우 짧기 때문에 매우 많은 수의 점을 수집할 수 있다. 몇몇 점들은 호수나 지붕처럼 동일한 표

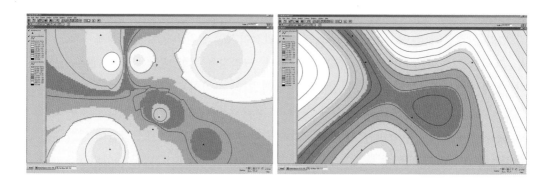

그림 7.4 ArcView 3.2를 사용하여 동일한 고도점(검은 삼각형)들로부터 내삽된 서로 다른 표면들. 왼쪽 : 거리 역비례 제곱 가중치로 주변의 5점을 이용한 방법. 오른쪽 : Spline 내삽으로 주변의 12점을 사용하고 0.1의 가중치를 준 방법. 결과 데이터의 범위와 패턴이 다름을 주목하라.

그림 7.5 노스캐롤라이나 일부 지역에 대한 구체적인 LiDAR 이미지. 점 집합에서 점들의 구체적인 위치를 오른쪽 그림에서 볼 수 있다.

면으로부터 반사되어 온다. 또 다른 몇몇 점들은 식생과 같은 것들을 통과하게 된다. 결과는 지표에서 반사된 점 집합이 된다. 점들의 위치는 빛의 주파수, 비행기로부터 측정 각도, 지표 형태 및 기타 요소들에 달려 있으며 따라서 점들은 불규칙적으로 분포한다. 소프트웨어를 이용하면 지표의 상부 및 하부를 추출할 수 있고 결과의 지표 모델은 상당한 정확도와 신뢰도를 갖는다. 점 집합의 사례를 그림 7.5에서 볼 수 있다.

7.2.2 등고선

지형을 나타내는 가장 오래된 방법 중 하나는 등고선(contour)을 사용하는 것이다. 등고선은 동일한 고도점들을 연결한 선이다. 등고선 간격은 연속한 등고선 사이의 높이의 차이를 말하는 것으로 일반적으로 2m, 5m, 또는 20피트처럼 올림한 숫자를 쓴다. 해석을 돕기 위해 등고선을 그리는 규칙이 있는데, 특히 등고선이 조밀하게 모여 있는 곳에 필요하다. 해석을 돕기 위해 기준이 되는 등고선은 두터운 선으로 함몰 지역을 나타내기 위해서 함몰된 방향으로 직교하는 짧은 선들을 사용하거나 서식지를 나타내기 위해 사선들을 사용한다.

다행히도 대부분의 GIS 패키지는 자동화된 등고선 생성 방법을 제공한다. 가시적인 측면(예 : 평평한 정도, 선의 굵기 등)은 사용자에 의해 정해진다. 대부분의 GIS는 여러 형태

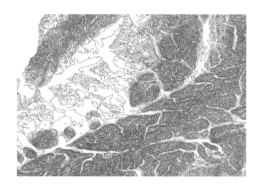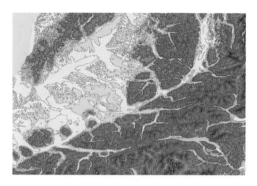

그림 7.6 뉴질랜드의 남섬 일부에 대한 등고선도. 소프트웨어는 ArcView 3.2와 GlobalMapper를 사용하였다
출처 : SRTM.

의 지형 시각화 방법들 위에 등고선을 그리거나, 등고선 사이를 채색하는 등 다양한 방법으로 지형을 표현한다. 그림 7.6에서 몇몇 사례를 볼 수 있다.

GIS의 데이터 구조 측면에서, 등고선은 지표를 묘사하는 것으로서 지형을 일정한 높이 간격으로 연속적인 2차원 선으로 나타낸 것인데, 논리적으로는 노드(node)를 연결한 단순한 벡터이다. 등고선은 서로 교차하지 않기 때문에 단순한 위상 구조를 사용하여 쉽게 그릴 수 있다. 지형 데이터 구조로서 등고선은 지형 경관의 결정적인 사상들을 포함하기에는 충분하지 않다. 전통적인 지도가 등고선을 포함하고 있기 때문에 등고선이 자주 사용되며, 종이지도상에서 갈색과 같이 서로 다른 색으로 등고선을 구분하여 사용하기도 한다. 이러한 지도들은 쉽게 스캔할 수 있고 스캔된 등고선은 쉽게 벡터화될 수 있다. 등고선 위에 고도값을 써 넣는 것은 여러 가지 문제를 야기하지만 간격이 충분히 넓은 경우에는 등고선 값을 사용하는 것이 매우 신뢰도가 높고 정확한 지형 데이터를 만들 수 있으며, 특히 지도가 원격탐사 등에서 생성된 DEM보다 더 세밀한 경우에 그러하다. 등고선으로부터 제작한 수치 지형 자료는 간혹 입력자료로 사용된 등고선 고도값에 대해 통계적 편향을 보여 주기도 한다. GIS에서 사용되는 다양한 지형자료의 저장 방법들 중 등고선이 아마도 가장 작은 파일 크기를 가질 것이다.

7.2.3 불규칙 삼각망(TIN)

불규칙 삼각망(triangulated irregular network, TIN)은 이미 제3장에서도 소개된 바 있다.

TIN은 점과 선의 형태와 그리드(격자)로 구성된 DEM을 연결하는 중간 형태로 사용되기도 한다. TIN은 논리적인 면에서 매우 튼튼한 구조이다. 이는 지형에서 단절적인 대상물을 나타낼 수 있도록 고도점들을 선택할 수 있기 때문이다. 정상, 하천, 계곡, 단층선을 나타내는 점들은 매우 중요한 점들로 지형의 뼈대가 되는 것들이다. 이러한 뼈대들이 지형을 경사면이나 분수계와 같은 부분으로 분리하는 데 근거가 되는 봉우리, 저지대, 고갯마루, 하천, 계곡 등의 형태를 나타내는 망(network)이 된다.

TIN은 GPS에서 수집된 점들처럼 지형의 일부를 나타내는 점들의 집합이다. TIN은 그 점들을 연결한 일련의 삼각형으로 구성되는데, 그 삼각형으로 전체 지형을 나타낸다. 특히 대상 지역의 가장자리에 점들이 있다면 삼각형으로 전체 지역을 나타낼 수 있다. 지표상의 점들은 노드, 즉 삼각형의 변에 존재하는 점이거나 아니면 삼각형의 내부에 존재하는 점이다.

물론 점들로 삼각형을 구성하는 여러 가지 방법이 있지만 TIN은 Delaunay 삼각법(그림 7.7)이라는 특정한 방법에 의해 만들어진다. Delaunay 삼각법은 각 삼각형의 외접원 내부에 또 다른 점이 존재하지 않도록 삼각형을 만드는 방법이다. 다시 말해 Delaunay 삼각형의 세 점을 지나는 외접원을 그렸을 때 그 내부에 어떠한 교점도 포함하지 않는다는 것이다. 그 결과는 삼각형의 내각 중 가장 작은 내각을 최대화하여 좁고 긴 형태의 삼각형을

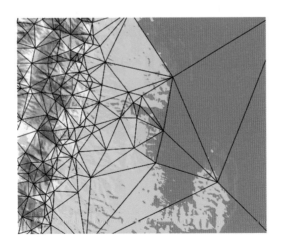

그림 7.7 Delaunay 삼각법을 이용한 TIN. LandSerf 소프트웨어를 이용해 캘리포니아 샌타바버라의 30m DEM을 TIN으로 변환한 것이다.

출처 : 저자.

만들지 않는 매우 특별한 방법(한 가지 경우만 예외)이다. 이 방법은 1934년 Boris Delaunay에 의해 개발된 것으로 대부분의 GIS 패키지에서 적용하고 있으며 사용자가 미처 알지 못할 수도 있지만 등고선을 만드는 중간 단계에서 사용되고 있다.

일단 지표가 TIN으로 분할되면 이것을 삼각형의 집합으로 처리할 수 있다. 접선이나 완만한 지표에 대해 삼각형의 변들에 잘 맞도록 하는 여러 가지 방법이 있다. 이 중 한 방법으로 대부분의 TIN 방법들은 하천, 계곡, 도로, 건물 등을 나타내는 점들을 의도적으로 포함하고 있다. 결과적으로 TIN을 이용한 지도나 분석들이 상당히 정확할 수 있다. 특히 TIN은 용적을 계산해야 하는 분야에 자주 사용되는데, 그 예로 충전채광법(cut-and-fill) 등의 계산이 필요할 때 사용된다. 또한 TIN은 지표의 시계 분석에 유용하며, 색조로 표현되는 면들을 신속하게 처리하도록 설계된 컴퓨터 그래픽 시스템과도 잘 연동된다.

7.2.4 수치고도 모델

앞의 제3장에서 수치고도 모델도 살펴보았다. 지표에 대한 그리드 형태의 표현에 대해 몇 가지 용어가 혼용되고 있다. 수치고도 모델(Digital Elevation Model, DEM)은 고도값을 저장하는 셀을 규칙적인 그리드(경위도상에서 동일한 거리를 갖는 정사각형)로 나타낸 것이다. 이러한 고도값들은 WGS84나 NAD83과 같은 기준 데이텀을 바탕으로 한다. 고도값의 형태로는 파일의 크기를 작게 하기 위해 어림수로 하여 정수로 나타내거나 소수로 나타낼 수 있다. 소수로 나타낼 경우에 그리드(grid) 혹은 격자(lattice)라고 부르기도 한다. 수직 해상도(vertical resolution)를 높이기 위해서 데시미터(1/10m)를 소수점 없이 정수로 표현하는 방법으로 고도 단위를 바꾸기도 한다. 따라서 DEM은 두 가지 해상도를 갖는데, 셀의 크기를 나타내는 지표상의 수평 해상도(예 : 10m)와 수직 해상도(예 : 1m)가 있다.

DEM에 저장된 고도값들은 지표의 고도값들이다. 전통적으로 지도 제작에 있어서 (표면 유출이나 범람 등을 나타내기 위해) 지표 위 사상들의 고도값들은 사용되지 않았다. 이러한 사상에는 식생과 같은 자연적인 것들과 건물과 같은 인위적인 것들이 포함된다. 호수나 저수지 등에 대해서는 수면의 고도값을 사용한다. 몇몇 경우에 건물의 높이나 호수의 깊이 같은 사상의 실제 고도가 필요할 경우가 있다. 이러한 모델을 수치 지형 모델(Digital Terrain Model, DTM)이라고 한다. 이와는 달리 비행기를 이용해 지면과 나무나 건물 등 사상들의 높이만을 실측해야 할 경우가 있다. LiDAR 측량에서 첫 번째 반사값으로 만들어지는 것과 같은 그러한 모델을 지표 모델(surface model)이라 한다. 이러한 지표 모델은 3차원 모델링이나 시뮬레이션에 사용된다.

DEM은 x, y, z 차원의 해상도를 갖는다. DEM은 투영된 지도 공간을 나타내기 때문에 해상도는 상수값(예 : 1km)일 수도 있고 변동되는 값(예 : 3초)일 수도 있다. (x, y) 공간이 투영되어 있기 때문에 z 방향으로 데이텀 또한 고려해야 하며 이를 위해 재투영이 요구될 수도 있다. DEM에 대해서 그리드의 범위(extent)를 알아야 하며 이는 그리드의 배열을 구성하는 행과 열의 숫자로 저장된다. 그리드는 메타데이터도 필요로 하는데, 그리드 배열의 네 모서리에 해당하는 경위도 정보를 메타데이터로 저장한다. DEM을 재배열하거나 재투영함으로써 화소(pixel)의 손실이나 중복을 야기할 수도 있음을 명심해야 한다. GIS 자료 처리 과정에서 손상된 화소가 발생한 경우에는 해당 화소 주변의 값으로(평균 등으로) 내삽하여 채울 수 있다. 하지만 이 과정에서 의도하지 않은 결과가 나타날 수 있는데, 예를 들어 호수나 해안선의 날카로운 경계가 완만하게 바뀔 수도 있다.

DEM에 있어서 또 다른 문제는 모자이킹을 할 때 발생한다(그림 7.8). 투영법과 좌표체

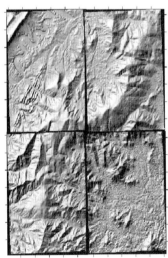
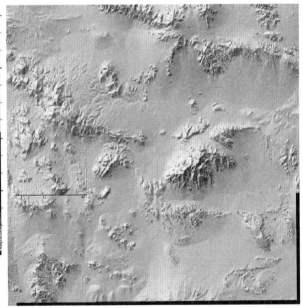

그림 7.8 DEM 모자이크의 몇 가지 보편적인 문제점. 왼쪽 : UTM 좌표계와 경위도 사분면을 사용하는 데 따른 데이터 손실 문제. 오른쪽 : 모자이크 이후에 DEM 경계 지역에 배경이 포함되는 문제.
출처 : U.S Army TEC : USGS.

계에 따라 이웃한 그리드들이 정확히 일치할 수도 있고 손실이나 경계 화소들 간에 중복된 슬리버가 발생할 수도 있다. 이상적으로, DEM 자료는 연속적인 지표 현상을 표현하기 때문에 모자이크 효과가 나타나지 않도록 연결될 수 있다. 하지만 실제로는 작은 오류들과 표준좌표 이동 등으로 인해 DEM에서 접합선들이 나타날 수 있다. 또 다른 큰 문제는 DEM에 강, 능선, 호수 경계, 해안선 등의 경관 사상들을 등록할 때 발생한다. 많은 DEM들이 정확한 측정을 할 수 있는 LiDAR 이전에 만들어져 현재 상당히 일반화되어 있다. 예를 들어 30m DEM 자료를 통해서는 산봉우리나 하천 바닥의 실제 위치를 거의 알 수 없다. 몇몇 경우에, SRTM(Shuttle Radar Topographic Mapping) 데이터에서 그러한 것처럼 호수, 하구, 해양 지역을 평탄화하기 위해 또 다른 수체(water body) 데이터를 사용하려는 지속적인 시도들이 수행되었다. 이러한 방법이 하천이나 또 다른 사상에 대해도 사용되는데 이를 버닝(burning)이라고 부른다. 이렇듯 어떤 DEM을 사용하느냐에 따라 지형 표면이 건물, 하천, 물 사상 등의 다른 지도 레이어와 얼마나 조화를 잘 이루는지 결정된다고 볼 수 있다.

　　DEM 데이터는 현재 충분한 양이 축적되어 있다. 극 지역을 제외한 전 세계 지역에 대해 90m 해상도의 STRM 자료(http://www2.jpl.nasa.gov/srtm/)가 있다. NOAA는 전 세계 지형과 수심에 대한 상당한 양의 데이터를 생산하였고, 이를 국립 지구물리데이터센터(National Geophysical Data Center, NGDC)(http://www.ngdc.noaa.gov/mgg/bathymetry/relief.html)를 통해 제공하고 있으며, DEM 찾기 포털(그림 7.9)을 지원하고 있다. 미국에서 국가지도뷰어(National Map Viewer)(http://nmviewogc.cr.usgs.gov/viewer.htm)는 미국에 대한 DEM 자료를 제공하는데, 여기에는 오래된 30m DEM, 10m 국가 고도 데이터베이스, 그리고 몇몇 지역에 대한 높은 해상도의 LiDAR 자료가 포함되어 있다(그림 7.10). 전국 규모에서는 6, 1, 1/3, 1/9초의 경위도에 해당하는 자료들이 이용 가능하다. 고도점들과 수심에 대한 데이터는 USGS 연속 데이터 서버를 통해 검색하여 다운로드할 수 있다. 다양한 DEM 데이터 포털을 이용하는 뚜렷한 장점으로, 다운로드한 지형 자료 대부분은 투영법과 데이텀에 대한 메타데이터를 포함하고 있어서 GIS 시스템으로 입력될 때 자동적으로 인식된다. 이렇게 되면 추가적인 편집, 모자이크, 또 그 외의 여러 가지 후속 작업이 쉽게 수행된다.

　　세계 규모의 90m SRTM 데이터를 보완하기 위해 NASA의 테라(Terra) 위성에 탑재된 Japanese Advanced Spaceborne Thermal Emission and Reflection Radiometer 또는 애스

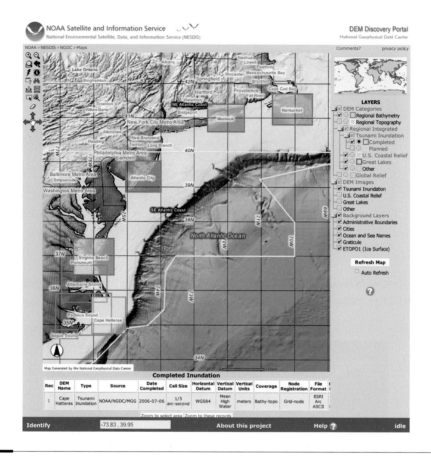

그림 7.9 NOAA의 DEM 찾기 포털로 www.ngdc.noaa.gov에서 확인 가능하다.

터(Aster)라는 장비에 의해 수집된 약 130만 장의 개별 입체 이미지로부터 세계 수치고도 모델이 만들어졌다. 즉 NASA와 일본 경제무역산업성(Ministry of Economy, Trade and Industry, METI)의 협력으로 세계 DEM(global DEM, GDEM)이 제작되었다. GDEM 데이터는 북위 83°에서 남위 83°에 이르는 지역을 30m 해상도로 표현하며 세계 육지 DEM의 제작 범위를 99%까지 확장하였다(그림 7.11). 데이터 사용자들은 애스터 세계 수치고도 모델을 https://wist.echo.nasa.gov/~wist/api/imswelcome에서 1° 간격(tile)으로 다운로드 할 수 있다.

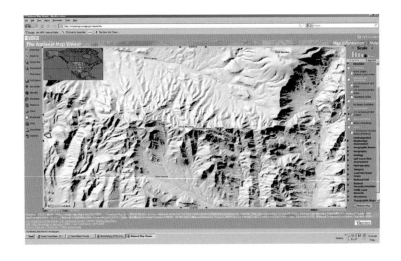

그림 7.10 국가지도뷰어에서 수치고도 데이터 찾기. 네바다 주의 유카(Yucca) 산 지역으로 1/3초 DEM을 음영 기법으로 나타낸 것이다.

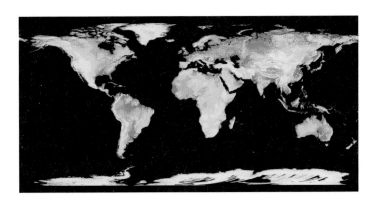

그림 7.11 NASA/METI의 애스터(Aster) 자료로 전 세계를 볼 수 있는 GDEM 데이터. 저고도 지역은 보라색, 중고도 지역은 녹색과 노란색, 높은 고도 지역은 오렌지색, 빨간색, 흰색으로 나타난다. http://www.nasa.gov/topics/earth/features/20090629.html을 참조하라.

7.2.5 체적 모델과 복셀

복셀[(Voxels, volumetric pixel(체적 격자)]은 체적을 기본값으로 하는데 x, y, z로 구성되는 셀로 3차원 공간상의 규칙적인 그리드의 체적값을 표현한다. 이것은 이미지의 화소와 DEM의 그리드 셀에 대한 3차원에 대응하는 것이다. 복셀은 GIS 내에서 시각화나 자료의 분석을 위해 자주 사용된다. 화소가 그러했듯이 개별 복셀들이 좌표정보를 갖고 있지는 않으며 위치정보가 3차원 모델이나 틀 속에 내재되어 있다.

복셀 지형은 일반적으로 게임이나 시뮬레이션에 사용된다. 가장 일반적으로는 복셀 지형은 돌출부, 동굴, 아치, 기타 3D 지형지물을 표현할 수 있기 때문에 고도 모델을 대신해서 사용되고 있다(그림 7.12). DEM이나 지표 모델은 표면의 각 지점에 대해 하나의 고도값만 저장할 수 있기 때문에 와지 형태의 지형지물을 표현하는 것이 불가능하다. 다양한 GIS 응용 분야, 즉 위치공학(site engineering), 건물 모델링, 지구물리학, 지하지질학(sub-surface geology), 해양과학, 지하수 수문학(ground water hydrology) 등에 있어서는 지형 표현을 위한 수단으로서의 복셀이 필수적이다.

GIS는 복셀에 대해 제한적인 기능을 갖고 있으며, 일반적으로는 3D 묘사를 위해 사용한다. 많은 GIS 패키지는 Google Earth나 다른 지오브라우저들에서 3D 보기를 위해 데이터를 KML 스크립트로 변환해 주는 기능을 제공한다(그림 7.13). GIS와 유사한 몇몇 전문 소프트웨어들은 지하 데이터나 다른 3D 정보에 대해 실질적인 3D 묘사를 가능하게 한다. ESRI의 ArcGIS ArcScene 같은 추가 프로그램(Add-ons)이나 확장자는 TIN이나 DEM으로 저장된 표면을 3D로 묘사하는 동영상을 만들고 사용자가 조작할 수 있는 기능을 제공한다(그림 7.14). 웹상에 지도를 올리고 지도를 조작할 수 있게 하기 위한 표준이 있는 것처럼, 웹 브라우저나 확장자를 통해 조작할 수 있도록 3D 모델을 만드는 방법 또한 존재한

그림 7.12 C4 그래픽 엔진(www.terathon.com/c4engine)을 사용해 복셀 데이터로부터 생성된 동굴과 돌출부를 포함하는 지형으로 삼각형 그물망, 각 꼭지점(vertex)에 대한 삼면 투영, 울퉁불퉁한 질감, 갈라진 틈에 대한 주변과의 맞물림(occlusion)으로 표현한 것. Eric Lengyel에 의해 제작된 이미지이다.

 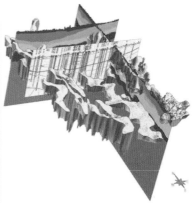

그림 7.13 서로 다른 가시화 패키지로 표현된 GIS 3D 데이터. 왼쪽 : Google Earth에서 나타난 샌타바버라대학교 (UCSB)의 이론 물리를 위한 캐블리(Kavli) 연구소(Google Sketchup으로 제작함). 오른쪽 : 3D 지구물리학 데이터.

출처 : USGS.

그림 7.14 서던캘리포니아 만의 두 청상아리(Mako Shark)의 경로를 ESRI의 ArcScene 3D로 돌출부와 함몰부 데이 터를 표현한 것.

출처 : http://www.nmfs.noaa.gov/gis/how/inventory/descriptive/stock2.htm.

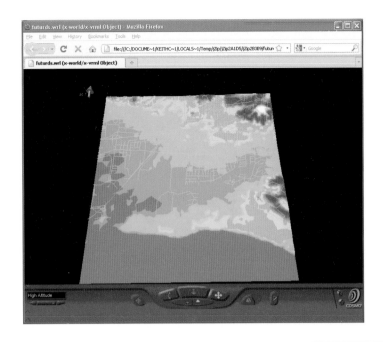

그림 7.15 CosmoPlayer와 Mozilla Firefox 웹브라우저를 통해 본 캘리포니아 골레타 지역의 GeoVRML 3D 모델.
출처 : 저자.

다. 그러한 3D 표준으로 가상현실 표현 언어(Virtual Reality Mark-up Language, VRML)가 있다. 그 확장자인 GeoVRML은 웹 인터페이스를 통해 지도를 보거나, 확대하거나, 위치를 이동하거나 회전하는 기능을 제공한다. 몇몇 GIS 소프트웨어들은 GeoVRML 포맷을 직접 GIS 자료로 처리하여 온라인상에서 3D 브라우징이 가능하도록 한다. 그림 7.15는 GeoVRML 브라우저상에서의 3D 모델을 사례로 보여 주고 있다.

7.3 지형 묘사

7.3.1 등고선도 제작

GIS에서 사용하는 지표자료를 저장하는 방법이 다양하듯이, 지도학에서도 지표의 형태를 묘사하고 표현하는 여러 가지 방법이 제안되어 왔다. 일반적으로, 지도상의 최고 고도와 최저 고도점들처럼 고도정보를 검색할 수 있도록 지도를 만드는 방법과 지표 형태를 전체적으로 해석할 수 있도록 하기 위해 가시적인 심상을 형성하는 방법으로 나눌 수 있다. 다시 말해 이 저장 방법들을 계량적 방법과 가시적 방법으로 명명할 수 있다. 가장 간단한 형태의 계량적 방법은 등고선을 활용하는 것이다. 등고선은 지표상에서 같은 고도점들을 연결한 선들이다. 등고선의 고도들은 기초 고도로부터 일정한 간격으로 증가하면서 고도점들을 선택하게 되는데, 전체적으로 지표의 형태를 볼 수 있도록 지도상에 충분한 등고선을 형성할 수 있도록 선택한다. 간격이 너무 작으면 지도가 등고선으로 뒤덮여 버릴 것이다. 또한 너무 크다면 지형을 충분히 표현하지 못하게 된다(그림 7.16). 등고선과 더불어 등고선 사이의 지역을 일련의 색으로 표현할 수도 있다. 그림 7.16에서 표준 지도책에서 사용되는 일련의 색들을 볼 수 있다.

　등고선은 정형화된 규칙을 따른다. 등고선은 지도의 가장자리까지 구불구불하게 지표를 표현하거나, 시작점으로 되돌아와 만나는 폐곡선(closed loop)을 형성하기도 한다. 등고선들은 서로 교차하거나 지도상에서 갑자기 없어져서 끊어지는 경우는 없다. 함몰 지역을 나타내는 등고선은 등고선과 90° 방향의 음영선(hatch)을 낮은 쪽 방향으로 그려 넣어서 표현한다. 기준 등고선들은 종종 그 고도를 표시하는데, 기준선들 사이의 중간선들보다는 두터운 선들을 사용한다. 경사가 거의 없는 지역을 나타내기 위해 보완적인 사선들

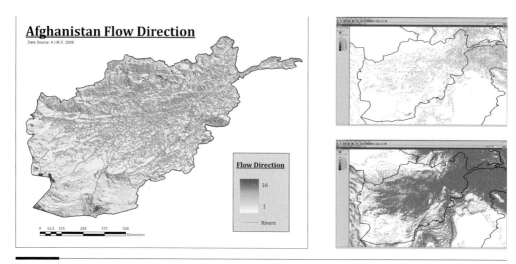

그림 7.16　아프가니스탄의 지형을 등고선으로 표현한 것. Michael Titgemeyer에 의해 제작된 지도이다. 왼쪽 : 고도에 따른 음영을 이용한 것으로 일련의 색으로 등고선 사이를 채운 것. 오른쪽 : 동일한 지형을 나타내는 1,000m 이상(매우 적음, 위)과 100m 이하(매우 많음, 아래)에 대한 등고선도.

을 이용한 등고선으로 표현하기도 한다. 이러한 규칙을 모두 수용하고 있는 GIS는 거의 없다. 그러나 대부분의 GIS는 음영 기법 등과 같은 지형 표현 방법들 위에 등고선을 올려 놓을 수 있는 기능을 제공하고 있다.

7.3.2 음영 기법과 음영 기복 지도들

수작업으로 지도를 제작하던 시기부터 지도학에는 지형을 3차원으로 묘사하기 위해 음영화하는 오랜 전통이 있다. 컴퓨터가 도입되기 전까지 이러한 음영화 방법은 너무 많은 노력이 소모되어 자주 사용되지 못했다. 오늘날 지도에 인위적인 음영 기법(hillshading)이나 음영 기복(shaded relief)을 넣는 것은 일반화되었고, 이는 대부분의 GIS 패키지에 이러한 방법들이 포함되어 있기 때문에 가능한 것이다. 음영 기법을 만드는 데는 빛의 입사각을 계산하기 위해 TIN의 한 면이나 또는 DEM의 셀을 사용한다. 이때 빛은 하나의 방향(방위각)과 고도각(천장각)에서 오는 것으로 가정한다. 만약 TIN의 한 면의 수선(normal, 면의 중심에서 90° 각을 갖는 벡터)이 빛의 방향을 가리키고 있다면 그 면이나 DEM의 셀은 밝게 나타날 것이다. 만약 면의 수선이 빛의 방향과 멀어지거나 90°가 된다면 그 면은 어둡게 나타날 것이다. 밝고 어두운 정도가 비례적으로 지정되어 전체 이미지의 밝고 어두운 정도가 전체적으로 균형을 이루도록 만들기도 한다. 그 결과 음영 기법 지형도(그림 7.17)가 만들어진다. 단순한 음영 기법은 별로 효과적이지 않을 수도 있다. 음영 기법 효과를 내기 위해 여러 개의 빛의 원천을 사용하는 것도 가능한데, 이는 강조 효과를 위해, 음영에 대조 효과를 주기 위해, 산마루나 계곡을 나타내는 선들을 추가하기 위해, 그리고 개별 제작된 음영 기법들을 활용하기 위해서이다. 다른 방법들은 경사 관련 음영과 비선형 음영 단계, 또는 효과를 향상하기 위해 색상을 사용하는 것이다. 이러한 음영 기복 지도들은 일반적으로 기본도(reference map)에서 적용되며, 특히 지형 구조에 대한 정보를 강조하는 지도들에서는 더욱 중요하게 사용된다. 기본적인 GIS보다는 지형 지도화를 위한 전문 패키지들에서 좀 더 개별화된 효과를 갖는 것이 일반적이다. 3차원 모델들에 지형 자체로부터의 그림자나 반사들도 포함될 수 있다.

7.3.3 원근법을 이용한 뷰

3차원 보기를 통해 지표상 또는 공간상에 조망점을 컴퓨터에 만들 수 있다. 이러한 이미지 뷰를 만든다는 것은 어떤 관전 포인트로부터 보이는 지역과 그렇지 않은 지역을 계산한다

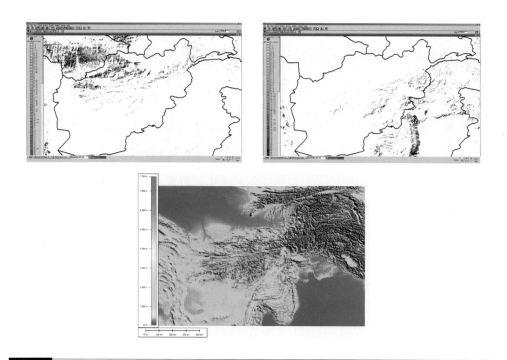

그림 7.17 음영 기법과 음영 기복의 변형들. 아프가니스탄 DEM을 이용하였다. 위 : ArcView 3.2에서 315°(왼쪽) 방위각을 이용한 음영 기복 그림과 135°(오른쪽) 방위각을 이용한 음영 기복 그림. 아래 : GlobalMapper를 이용하여 대비 확장과 색 배열로 혼합 음영 기법을 이용한 그림.

는 것이다. 이것은 대부분 시선 추적(ray-tracing)을 통해 가능한데, 지표의 모든 지점으로부터 가상의 시선을 그려서 시선이 카메라나 관전 포인트에 도달하기 전에 어떤 지역에서 차단되는지를 살펴보는 것이다. 원근법을 이용한 뷰에서는 DEM, 복셀, TIN 등을 공간 계산의 틀로 사용하게 되는데, 가시 지역에 대해서는 표면을 나타내기 위해 색상을 사용할 수 있다. 가장 많이 사용되는 지표 색상 모델들로는 위성 이미지, 항공사진, 음영 기복 이미지 등이 있다. 원근법을 이용한 뷰(perspective view)를 사용하는 데 있어서 중요한 점은 지표면이 가시적 공간들로 채워지는지의 여부이며, 반드시 '출발점'과 함께 나타나야 한다. 또한 지형기복의 과장 정도도 매우 결정적인 요소이다. 1:1의 수직 수평 비율로 표현된 지형은 위에서 보면 거의 평평하게 보이므로 기복을 과장해서 표현하는 것이 일반적이다(그림 7.18).

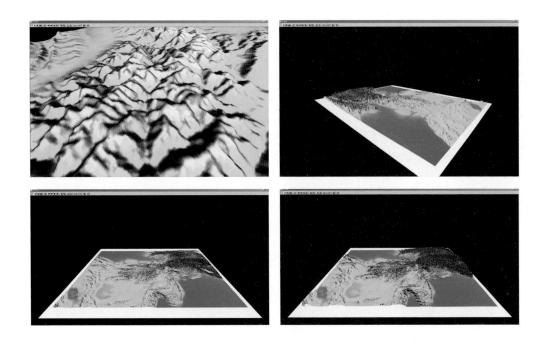

그림 7.18 원근법 보기의 여러 가지 형태. 왼쪽 위 : 지역 내부의 보기로 경계선 불필요. 오른쪽 위 : 시점의 회전. 왼쪽 아래 : 지형 과장에 1:1 비율 적용. 오른쪽 아래 : 10배로 지형 과장. GlobalMapper를 이용한 이미지들이다.

7.3.4 움직임(movement), 조종 비행(fly-by), 통과 비행(fly-through)

일단 원근법에 의한 뷰가 GIS에 만들어지면 관전 포인트에 따라 여러 개의 프레임을 만들 수 있고 이러한 프레임을 연결하여 동영상이나 애니메이션을 만들 수 있다. World Wide Web에서 다양한 사례를 살펴볼 수 있는데, Google Earth의 지오브라우저가 이러한 개념을 바탕으로 한 것이며 TV의 일기예보에서도 흔히 사용되고 있다. 전문 소프트웨어나 ESRI의 ArcScene과 같은 GIS 확장자 등에서는 비행 경로를 그려 넣고 시선 각도와 함께 지표상의 특정 고도를 지정할 수 있는 기능을 제공한다. 또 다른 애니메이션 배열로는 하나의 뷰를 유지하지만 줌인을 하거나 지형 위를 비행하는 것, 거리와 시선 각도는 유지하지만 지표면은 한 지점을 중심으로 회전하도록 하는 것, 또는 원근법에 의한 뷰를 표현하거나 단증선과 같은 사상을 따라가기 위해 지형으로 이동하거나 그 주변으로 이동하는 것을 포함한다.

3차원 배열을 만들기 위해 GIS를 사용하면 시간이 많이 소요될 수 있지만 그 결과는 매우 효과적이다. 애니메이션은 GIS로부터의 결과를 전달하기에 매우 효과적인 방법이다.

7.3.5 3차원 지형 지도화

항공기나 지상 스캐닝에서 LiDAR를 사용하여 고도점 좌표들을 생산할 수 있으며, 이것으로 지형 경관 3차원 모델의 근간이 되는 디지털 지형 모델을 생산할 수 있다. 미국의 많은 주들을 비롯해서 USGS나 연방재난관리청(FEMA) 같은 정부기관들은 최근에 항공 LiDAR를 이용해서 DEM을 갱신하기 위해 많은 재원을 할애하고 있다. 지상 LiDAR는 세밀한 지도 제작과 공학적 응용 분야들에서 점차 보편화되고 있다. 그림 7.19는 미국의 샌타바버라대학교의 건물들을 지상 LiDAR로 스캐닝한 점들을 보여 주고 있다. 지상 LiDAR와 동시에 찍은 디지털 사진을 3차원 측량 결과 위에 덧씌우면 실제 건물의 가상적 형상을 제작

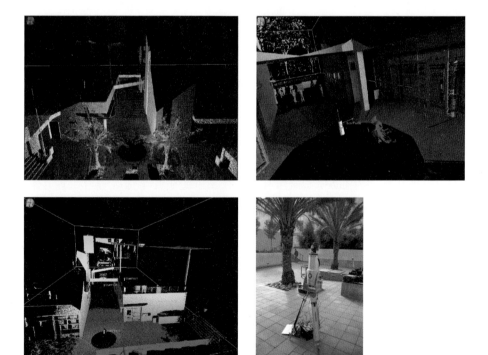

그림 7.19 ㅣ UCSB 캠퍼스의 과학 및 공학 건물에 대한 LiDAR 스캔. 왼쪽 위 : 초기 점 집합. 오른쪽 위 : 디지털 카메라에서 여러 가지 색으로 보이는 점 집합. 움직이는 사람에 주목하라. 왼쪽 아래 : 거리에 따라 서로 다른 색을 갖는 데이터. 오른쪽 아래 : 지형 LiDAR 스캔을 이용한 것.
출처 : Jerome Ripley 촬영, Bodo Bookhagen 스캔.

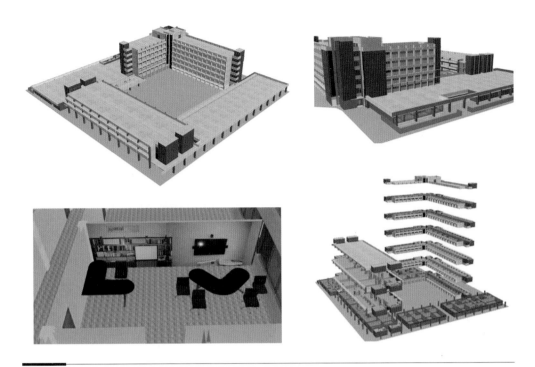

그림 7.20 샌타바버라대학교 펠퍼스 빌딩의 3D 묘사로, 돌출법과 건물의 층별 설계 및 디지털 사진을 추가하고, 건물 내부에 대한 묘사를 포함하고 있다. 이는 2008년 봄, 지리학 176C 프로젝트의 데이터로 Cheyne Hadley, Doug Carreiro, Scott Prindle, Paul Muse에 의해 제작된 이미지들이다.

할 수 있다.

나아가 건물 내부에 대한 3차원 모델을 만들려면 추가적인 노력이 필요하다. 건물 내부의 3차원 수치 모델은 사진학에서 묘사되는 층별 구조를 디지타이징하거나 측량된 자료를 바탕으로 3차원 모델링 도구를 이용해 직접 그려서 만들 수 있다. 비슷한 방법으로 3차원 모델을 이용해 파이프, 하수도, 전력선 등의 지상 시설물을 나타낼 수도 있다. 이러한 3차원 모델은 GIS, 시각화 패키지, CAD 디자인 등과 연계하여 아주 강력한 기능을 제공할 수 있다. 샌타바버라대학교에서의 두 번째 사례를 그림 7.20에서 볼 수 있다.

7.4 지형 분석

GIS가 수치고도나 지형 데이터를 읽고 보여 주는 다양한 기능을 갖고 있지만 GIS 기능 중 가장 중요한 것은 바로 분석을 수행하는 것이다. GIS가 학문적인 방법으로서 큰 힘을 갖는 것은 바로 지형(다른 여러 응용 분야도 포함)에 대한 공간 분석 능력 때문이다. 이 점은 기본 지형도가 주어졌을 때 생성해 낼 수 있는 여러 파생 지형들의 일부분만으로도 설명이 가능하다.

7.4.1 경사도와 지형 단면

도로나 강 또는 x 축이나 y 축을 따라 지형을 가로질러 이동할 때 우리는 이동한 지역을 따라 지형 단면선(profile)을 만들 수 있다. 많은 GIS 패키지는 두 점 사이의 직선이나 축을 따라 지표 고도를 보여 주는 지형 단면선을 만들어 보여 줄 수 있다. 여러분이 등산을 하거나 조깅을 할 때 그 경로에 대한 고도와 경사를 보여 주는 기능이라고 생각해 볼 수 있을 것이다. 이런 지도들은 일반적으로 지리학, 지질학, 고고학 등에서 사용된다. 그림 7.21이 그 사례를 보여 주고 있다. 경사도는 등고선도에서 계산될 수 있다. 등고선의 간격이 좁으면 경사가 급한 것을 나타낸다.

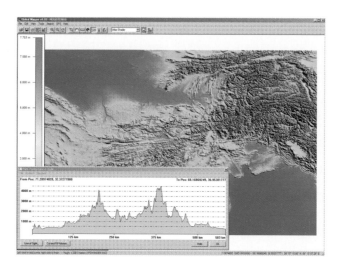

그림 7.21 GlobalMapper 소프트웨어에서의 아프가니스탄 지형도로, 단면도 선(노란색)을 만들고 그 결과 지형 단면을 보여 주고 있다.

그림 7.22 아프가니스탄 지형. 왼쪽 : Quantum GIS에서 계산된 경사. 오른쪽 : ArcView 3.2에서 계산된 사면.

7.4.2 경사와 향

수학에서처럼 고도를 x와 y의 연속면 함수라고 하면, 그 면은 경사나 경사도를 가지고 있다고 생각할 수 있다. TIN의 한 면에서 경사는 그 양(가파른 정도)과 방향(또는 향)을 갖는다. DEM에서는 어떤 경사(slope)와 향(aspect)을 사용하는지, 그리고 어떻게 계산하는지가 중요하다. 이를 위해 일반적으로 중심 셀의 8개 주변 셀들을 평가하여 최대 경사를 이루는 셀과의 경사값과 방향을 계산한다. 대부분의 GIS는 지형의 경사와 향에 대한 지도를 새로이 만들 수 있는 기능을 보유하고 있다. 이러한 값들은 여러 개의 계층이나 혹은 연속된 음영(shade)을 이용해 나타낼 수 있다(그림 7.22). 경사 계층 지도는 도시 계획과 교통공학에서 보편화된 방법이다. 좀 더 심화된 분석에 대한 예를 들자면, 우리는 GIS를 통해 30% 이상의 경사도를 갖는 곳, 즉 사태가 일어날 수 있는 곳을 계산할 수 있다. 이와 유사하게, 산지에서 봄에 눈사태를 일으킬 수 있는 북향의 경사를 갖는 곳들을 찾을 수도 있다.

7.4.3 기본적인 지형 통계

경사나 사면은 지형에서 계산할 수 있는 수많은 국지적 값들 중 두 가지 사례이다. GIS에서 자주 계산되는 또 다른 값으로 경사 곡률(굴곡도, curvature)이 있다. 굴곡도 값은 지형 사면의 경사값인 것으로 수학에서 보자면 2차 도함수(derivative)에 해당하며 경사나 사면의 특정한 방향으로의 변화율을 나타낸다. 굴곡도에는 두 가지가 있는데 등고선을 따라 사면의 변화율을 나타내는 평면 굴곡도(plan curvature)와 급경사를 따라 생성되는 유선을 따라 경사의 변화율을 나타내는 지형 단면 굴곡도(profile curvature)가 그것이다. 평면 굴곡도는 지형적 접합과 분할 또는 물이 지표를 흐르면서 모이는 특성을 측정하는 반면, 단면 굴곡도는 잠재적 경사도의 변화율을 측정한다. 세 번째로, Mitasova와 Hofierka (1993)에 의해 제안된 접선 굴곡도(tangential curvature)가 있는데, 이는 평탄한 지역을 더 잘 설명할 수 있어서 물 흐름의 분기나 접합을 연구하기에 평면 굴곡도보다 더 적합하다. 접선 굴곡도는 흐름 방향과 표면으로부터 수직인 경사면에 대해 접선을 이루고 있다 (Wilson & Gallant, 1996).

  경사에 대한 또 다른 기본적인 설명으로는 유출 방향(flow direction)이 있다(그림 7.23). 이를 계산하는 데는 여러 가지 방법이 있으며 이 모든 방법에서 물의 흐름은 발원하는 셀의 중심에서 시작해 유출하는 지점으로 이동함을 가정하고 있다. 그 지점이 다른

그림 7.23 왼쪽 위 : 세콰이어 국유림의 일부 — 수치 지형. 오른쪽 위 : 하향 유출 방향. 왼쪽 아래 : 단면 굴곡률. 오른쪽 아래 : 하향 유출 축적. 이 이미지들은 LandSerf(www.landserf.org)를 이용해 만들어졌다.

셀이어야 하는지 또는 여러 개의 셀이 될 수 있는지는 유출 축적(flow accumulation)이라는 매개변수 설정을 위해 매우 중요하다. 이것은 DEM의 각 셀에서 물의 흐름에 있어 상류에 해당하는 셀들의 값들을 모두 더한 값이 된다. 이 값이 아주 작거나 0이라면 그 셀은 분수계(watershed)에 있어서 가장자리, 즉 산의 정상이나 능선에 해당한다. 반면에 이 값이 매우 크다면 하천체계의 중심에 있는 지점이 된다. 하천의 유출 지점에 가까워질수록 더 큰 값을 갖게 될 것이다. 그림 7.23은 GIS로 이 값들을 계산하는 것을 보여 주고 있다. 이 값들은 바로 GIS를 사용해 DEM으로부터 하천 유역을 추출하는 과정을 보여 주는 것으로 매우 유용한 변환을 보여 준다.

7.4.4 지형 사상 추출

비록 지표에서 지형을 보면 복잡하고 변화가 심하지만 위상학적 관점에서 보면 지형은 단순한 패턴을 나타낸다. 극단적으로 본다면 지형은 최고점과 최저점, 즉 봉우리(peaks)와 함몰 지역(pits)을 갖는다. 국지적 봉우리들에서 0의 경사도를 갖는 지점들을 연결한 것을 능선이라 부른다. 반대로 함몰 지역에서 시작해 저지대들을 연결한 선들은 배수계(drainage)나 하천을 나타낸다. 말 안장의 움푹 들어간 중앙 지점을 연상하게 하는 고갯마루(saddle point)는 능선과 배수계가 만나는 곳으로 국지적 최고점이면서 동시에 최저 지점이다. 지표상의 이러한 선들을 연결하여 형성된 네트워크를 지형 골격(terrain skeleton) 또는 지표 네트워크(surface network)라고 부른다. 이러한 네트워크는 Warntz에 의해 지리학에서 처음 설명되었다(Warntz & Waters, 1975).

유출 축적을 이용하면 0에 가까운 값들(능선)과 높은 값들(하천)을 찾을 수 있다. GIS를 사용하면 고해상도에서 이 값들을 계산할 때 단절되었던 지역들에 대해 좀 더 완화된 지표, 즉 저해상도에서 동일한 값을 계산함으로써 단절된 지역들을 연결하여 계산할 수 있다. 결과는 지형 사상을 보여 주는 래스터 또는 벡터 지도가 된다. 이로부터 봉우리, 구덩이, 고갯마루 등도 추출할 수 있다.

그림 7.24는 그림 7.23에서 보여 준 데이터에 대한 처리 과정을 보여 주고 있다. 서로 다른 GIS 패키지들은 지형 골격을 여러 방향으로 추출할 수 있게 한다. 지형 골격 주줄에서는 GRASS가 가장 뛰어난 것 같다. 일단 지형 골격이 추출되면 배수 유역과 분수계의 경계가 또한 만들어질 수 있다. 이러한 지역들은 지표 유출, 범람, 침식 등과 관련된 분석과 지도 제작에 필수적이다. 그림 7.25는 이러한 지형 사상들이 하나의 분수계나 전체 카

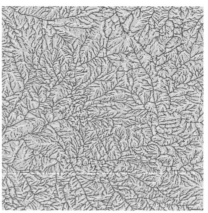

그림 7.24 세콰이어 국유림 지역의 DEM에서 추출된 지형 사상들. 왼쪽 : 음영 기법. 오른쪽 : 지형 사상. 하천은 푸른색, 능선은 노란색, 봉우리는 붉은색, 고갯마루는 녹색이다.

운티에 대해 어떻게 배수계를 추정할 수 있는지 보여 준다.

일단 하천 네트워크가 추출되면 수행될 수 있는 분석의 사례로 Strahler의 하천 차수를 이용하여 하천의 지류들을 분류하는 것이 있다. 이 체계상에서 시작 지점에 있는 모든 지류들을 1차로 한다. 같은 차수의 지류들이 만나면 그 차수를 한 등급 증가시킨다. 하천 차수가 고도, 배수 유역, 경사, 굴곡도 등과 어떻게 관련되어 있는지를 알기 위해 흔히 배수체계를

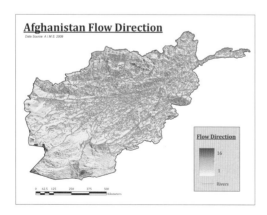
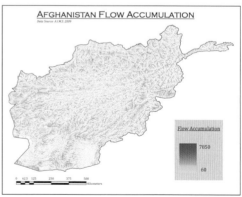

그림 7.25 왼쪽 : 아프가니스탄의 SRTM 수치 지형에서 계산한 유출 방향. 중첩된 것은 AIMS 데이터베이스에서 가져온 벡터 배수계이다. 오른쪽 : 계산된 유출 축적으로 수치상으로 계산된 배수계를 보여 주고 있다.

출처 : Michael Titgemeyer.

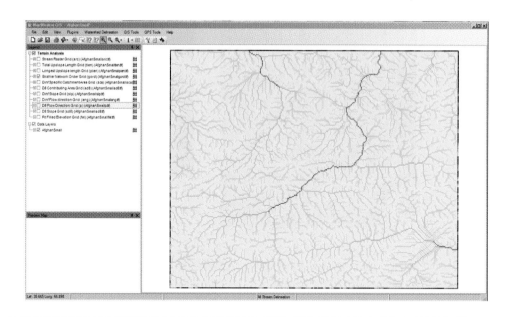

그림 7.26 Map Window GIS상에서 TAUDem을 사용해 아프가니스탄 DEM으로부터 계산된 Strahler의 하천 순위. 어두운 하천일수록 Strahler 순위는 높다.

분석하기도 한다. 하천 차수를 일단 계산하고 나면 그 값은 각 지류의 속성값으로 차후의 분석을 위해 저장된다. 그림 7.26은 Strahler 차수를 추출하는 사례를 보여 주고 있다.

7.4.5 시계와 가시권

지형의 기복 형태는 매우 다양하지만 그 변화는 각각 특별한 의미를 지닌다. 특정한 고도의 두 지점 간에 벡터(연결선)를 그릴 수 있고, 그 벡터가 지형과 교차하는지 알 수 있다. 만약 그 연결선이 지형과 교차한다면 그 선의 한쪽에 있는 사람이 다른 쪽에 있는 사물을 볼 수 없을 것이고 그 반대도 마찬가지일 것이다. 이러한 속성을 시계(intervisibility)라고 한다. 일정한 거리를 두고서라면 지구의 곡면이나 또 다른 요소들 때문에 시야의 범위에 제한을 받게 될 것이다. 만약 한 지점에서 주변으로의 모든 시계를 계산할 수 있다면 이렇게 형성된 지역을 우리는 가시권(viewshed)이라 할 수 있다. 가시권 내의 모든 지점들은 바로 그 지역에서 볼 수 있는 곳들이다(그림 7.27).

가시권을 계산하기에 좋은 지역들로는 산 정상, 휴대전화 송신탑, 라디오 송신기 등이 있다. 그런 다음 가시권은 산 정상의 빛을 볼 수 있는 장소들이나 혹은 수신기의 서비스

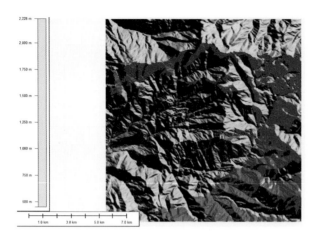
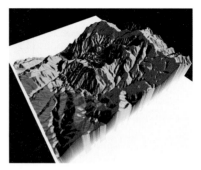

그림 7.27 세콰이어 국유림의 DEM. 지도 중앙에 있는 봉우리의 오른쪽으로부터 보이는 모든 지역은 붉은색으로 나타내진다. Global Mapper로 만들어진 이미지.

를 제공받을 수 있는 장소들이 될 것이다. 가시권은 고속도로나 스키장을 어떻게 계획해야 할지 또는 어떤 집에서 바다나 주요 지형지물을 볼 수 있는지 알기 위해 사용될 수 있다. 군사용 목적으로 가시권을 통해 도로상의 차량이 어떤 지역으로부터 잘 노출되는지 확인할 수 있다. 가시권은 GIS를 사용하여 계획이나 의사결정을 하는 데 아주 중요한 레이어로 사용되기도 한다.

후반부에서는 주로 지형 변화에 대해 논의했는데 대부분 그리드 자료 형태에 대한 것이었다. 논의한 많은 방법은 그리드상에서 잘 적용되며 어느 정도는 점들로도 잘 수행된다. 시계 계산과 같은 몇몇 경우에서는 컴퓨터의 부하를 고려해야 한다. 이러한 경우에는 TIN 같은 다른 데이터 구조를 지형에서 추출하고 DEM 전체 지역에 대해 계산을 수행할 필요가 있는지 고려해야 한다. 시계나 조망을 위해 정확한 스카이라인(지형과 하늘이 맞닿은 선)이 필요하다면 세밀한 TIN이 DEM보다 나을 것이다. 지금까지 지형 데이터를 처리하기 위한 수단으로 다양한 데이터 구조, 시각화, 그리고 분석 방법들을 살펴보았다. 이 장에서는 지표에 대해 중점적으로 살펴보았지만, 이러한 분석 방법들이 해저 지형 (bathymetric surface)이나 또는 GIS상에서 계산할 수 있는 어떠한 형태의 연속면에도 적용될 수 있다.

학습 가이드

이 장의 핵심 내용

○ GIS에서 연속되는 변수들에 대해 지표 모델이나 연속면 모델을 사용할 수 있다. ○ 야외(field)에서 표본으로 조사된 어떤 값들, 예를 들어 기상 관측소에서 측정된 지표 온도값들은 연속되는 것으로 가정한다. ○ 어떤 지역에서의 값들은 주변값들과 매우 유사하다. ○ 일정 정도의 거리가 되면 야외 조사값의 영향력이 0이 된다. ○ 공간적 자기상관은 Tobler의 제1법칙, 즉 가까이 있는 것들은 멀리 있는 것들보다 더 유사하다는 것으로 요약된다. ○ 지형과 같은 표면들은 분리나 단절 지물들을 갖게 된다. ○ 지형 단절물로는 절벽, 능선, 하천, 돌출부, 동굴 등이 있다. ○ GIS는 지형으로부터 분석에 필요한 다양한 파생 데이터를 만들 수 있다. ○ 대부분의 GIS는 단지 지형의 표면에 대해서만 처리하는데, 이 데이터들은 특정 위치들에 대한 표본 데이터이다. ○ 단순한 지형 모델로는 고도점들을 기록하고 이러한 점들을 규칙적인 배열로 내삽한 것이 있다. ○ 만약 표본 수가 너무 적으면 내삽을 해야 하고 표본 수가 너무 많으면 점들을 일반화해야 한다. ○ 두 가지 일반적인 내삽 방법으로는 거리 역비례 가중치법과 크리깅이 있다. ○ LiDAR는 지형 지도화의 일반적인 방법으로 고밀도의 고도점들을 생성한다. ○ 등고선은 몇 세기 동안 지표를 나타내기 위해 사용되어 왔으며, 동일한 고도점들을 연결한 선이다. ○ 대부분의 GIS는 자동화된 등고선 생성 기능을 지원한다. ○ 등고선으로부터 추출된 DEM은 고도에 있어서 편향을 보여 준다. ○ TIN은 지형 모델에 결정적인 점들을 포함할 수 있는 장점을 가지고 있다. ○ TIN은 Delaunay 삼각망에 의해 표본 고도점들을 연결한 것이다. ○ TIN은 용적 계산과 등고선 제작에 유리하다. ○ DEM 그리드는 공간적 범위, 수직 및 수평 해상도를 갖는다. ○ DTM은 지형에서 추출된 DEM에 건물과 나무 등과 같은 지형지물의 높이도 포함한 것이다. ○ DEM은 재투영되거나 모자이크 될 때 문제가 생길 수 있다. ○ 저해상도 DEM과 정확도가 낮은 DEM은 지도상의 다른 지형지물과 잘 맞지 않게 된다. ○ 다양한 DEM 데이터를 인터넷에서 구할 수 있다. ○ 복셀은 시각화와 모델링을 위한 3차원 셀이다. ○ 복셀은 지표상의 단절물들을 표현할 수 있다. ○ GIS는 3차원 모델을 처리하기 위해 특별한 확장 도구를 필요로 한다. ○ GIS에서 3차원 모델링의 표준은 GeoVRML이다. ○ 지도학은 지표를 나타내기 위해 다양한 수단을 사용하는데, 등고선, 고도에 따른 색상, 음영 기법, 음영 기복, 원근법을 이용한 뷰, 애니메이션, 3차원 시각화 등을 포함한다. ○ LiDAR의 점 데이터는 사실적 3차원 모델을 형성할 수 있을 만큼 매우 정밀하다. ○ 3차원 모델들은 GIS, CAD, 시각화 패키지 등과 잘 결합된다. ○ 지형 분석은 지형의 2차원 단면을 계산하는 것으로부터 시작된다. ○ 대부분의 GIS는 지표 경사와 사면을 계산할 수 있다. ○ 많은 GIS들

이 기본적인 지형 변수들, 즉 경사각, 평면 굴곡도, 단면 굴곡도, 접선 굴곡도, 하향 유출, 하향 유출 축적 등을 계산할 수 있다. ○ 지형 변수들을 통해 지표 네트워크, 능선, 하천, 중요 지점들을 계산할 수 있다. ○ 이들을 결합하여 배수계와 분수계를 생성할 수 있다. ○ GIS는 지표상에서 시계와 가시권을 계산할 수 있다. ○ 가시권과 분수계는 계획 및 다양한 GIS 분석을 위해 유용하다. ○ 지표에 사용된 이러한 특성들은 해저 지형과 여러 가상 지표에도 동일하게 적용된다.

학습 문제와 활동

연속면과 사상

1. 사상이라기보다는 연속면이라고 여겨지는 지리적인 속성들을 나열하라(예 : 인구 밀도, 질병률, 기후 데이터 등). 어떤 지형 데이터 모델이 GIS에서 이러한 속성들을 처리하기에 가장 접합한지 결정하라.

2. 대기오염률 같은 특정한 연속면에서 기대되는 공간 단절물들에는 어떤 것들이 있는지 생각해 보라. 단절의 원인은 무엇인가? 그것들을 GIS에서 어떻게 처리할 수 있는가?

지형 데이터 구조

3. 특정한 지리적 공간변수를 선정하고 이 장에서 논의한 다양한 지형 데이터 모델들 각각에 대해 공간을 설명하는 데 있어서 장점과 단점을 생각해 보라. 특별한 작업을 위해 어떤 모델이 최고 또는 최악인가?

4. TIN 모델상에서는 어떤 지형 응용과 변형이 쉽고 효과적인가?

5. 지형 데이터를 고도점들로 저장하는 방법의 장단점은 무엇인가? 실제 지표로부터 고도점들이 너무 많게 혹은 너무 적게 추출되었다면 그 결과는 어떠할지 생각해 보라.

지형 묘사

6. 산이나 언덕을 보기에 적합한 선택 지역에 대해 USGS의 연속면 데이터 서버에서 가능한 한 최고의 해상도로 DEM을 추출하라. 특정한 GIS를 선정하고 이 장에서 논의한 지형 표현 방법들 즉 등고선, 음영 기복, 원근법을 이용한 뷰 등 가능한 한 많은 방법을 이용해 지형을 표현하라. (1) 어떤 방법이 고도 등 지형의 수치적 특성을 가장 잘 표현하는가? (2) 어떤 방법이 지형의 원근적 이미지를 가장 잘 표현하는가?

7. GIS의 디지타이징을 이용해서 수치 등고선도로부터 가능한 많은 점들을 추출하고 각

각에 대해 그 고도를 입력하라. 그런 다음 그 표본점들을 거리 역비례 가중치법과 크리깅으로 내삽하라. 지도상의 등고선을 생성하는 데 사용한 원래의 DEM으로부터 해당 지역을 추출하라. 내삽한 결과와 DEM 추출물이 어떠한 차이를 보이는가?

지형 분석

8. 이 장에서 간단히 살펴본 다양한 기본적인 지형변수들에 대해 조사해 보라. 각 변수들이 나타내고 있는 지형 속성은 무엇인가? 답을 얻기 위해 책과 논문들을 살펴보아야 할 것이다.

9. 가시권 지도들은 어떤 응용 분야에 사용할 수 있는가? 가능한 한 종합적인 목록을 만들어라. DEM의 고도오차가 각 응용 분야에 어떤 영향을 미치는가?

참고문헌

Chu, T. H.and Tsai, T.H. (1995) Comparison of accuracy and algorithms of slope and aspect measures from DEM, *in Proceedings of GIS AM/FM ASIA '95*, pp. 21-24, Bangkok.

Jenson, S. and Domingue, J. (1988) Extracting Topographic Structure from Digital Elevation Data for Geographic Information System Analysis. *Photogrammetric Engineering and Remote Sensing*, Vol. 54, No. 11, pp. 1593–1600.

Moore, I. D., Grayson, R. B. and Ladson, A. R. (1991) Digital terrain modeling: A review of hydrological, geomorphological, and ecological applications. *Hydrological Processes*, Vol. 5, pp. 3–30.

Rodriguez, E., Morris, C. S. and Belz, J. E. (2006) A global assessment of the SRTM performance, *Photogrammetric Engineering and Remote Sensing*, vol. 72, no3, pp. 249-260.

Sui, D. Z. (2004) Tobler's First Law of Geography: A Big Idea for a Small World? *Annals of the Association of American Geographers*. 94(2): 269–277.

Warntz, W. and Waters, N. (1975) Network Representations of Critical Elements of Pressure Surfaces. *Geographical Review*, Vol. 65, No. 4, pp. 476–492.

Wilson, J. P. and Gallant, J. C. (2000). *Terrain Analysis. Principles and Applications*. New York: J. Wiley.

주요 용어 정의

가시권(viewshed) 한 지점에서 직접 보이는 주변 모든 지역을 포함하는 지표상의 공간.

거리 역비례 가중치법(inverse distance weighting) 알고 있는 점들로부터 미지의 점까지의 거리에 반비례하도록 가중치를 주어서 내삽하는 방법.

격자(lattice) 지표상에서 값을 갖는 특정한 범위의 격자.

경사 굴곡도(slope curvature) 지표의 2차 파생 속성으로 최대 경사도를 따라서 최대 경사면과 접하는 평면으로부터 계산되는 것으로 경사면의 경사도로 계산되는 값. 평면 굴곡도는 등고선을 따라 사면의 변화율을 계산한 값. 지형 단면 굴곡도는 급경사를 이루는 선을 따라 그 변화율을 계산한 값. 접합 굴곡도는 흐름의 방향과 지표의 방향 모두에 대해 수직인 사면으로 계산되는 값임.

경사(slope) 지표를 나타내는 선형식에서 곱의 상수값으로 고도의 증가율.

경사도(gradient) 선형 관계에서 곱에 사용하는 상수값으로 직선의 증가율을 나타내며, 경사(slope)라고도 함.

고갯마루(saddle point) 여러 방향에 대해 국지적으로 최저인 동시에 최고인 지표상의 지점.

고도(elevation) 참조좌표 기준으로부터의 수직 높이로 미터나 피트 등의 단위를 사용함.

고도점(spot elevation) 육지상의 특정 지점에서 측량된 높이 또는 고도.

공간적 자기상관(spatial autocorrelation) 공간상에서 변수들의 값과 자신의 값의 관계.

그리드(grid) 하나의 값을 갖는 동일한 크기의 셀들의 2차원 배열로 구성되는 논리적 지도 데이터 구조.

그리드 셀(grid cell) 사각형 그리드 형태의 셀.

기복(relief) 지형에 있어서 최고점에서 최저점을 뺀 값.

기준 데이텀(reference datum) 지표의 3차원 고도에 대해 기준이 되는 수준.

내삽(interpolation) 일련의 알고 있는 점들에서 미지의 점들의 값을 추정하는 방법.

높이(height) 기준 데이텀으로부터의 수직 거리.

능선(ridgeline) 지표상 봉우리와 봉우리 또는 봉우리와 고갯마루를 연결하는 최고점들의 연결선.

등고선(contour line) 지표상의 동일한 고도점들을 연결한 선.

등고선 간격(contour interval) 등고선도상에서 연속되는 등고선들 간의 고도 차이.

등고선도(contour map) 지표상의 고도에 대한 등치선도.

등치선도(isoline map) 동일한 점들을 연결하는 연속선들을 포함하는 지도.

래스터(raster) 지도를 위해 그리드 셀을 사용하는 데이터 구조.

모자이킹(mosaicing) DEM 등에 대해 분리된 여러 개의 이웃하는 지역들을 하나로 결합하는 것.

배치(posting) 지표상의 규칙적인 표본 추출과 내삽의 틀이 되는 점들.

버닝(burning) 하천의 바닥 등과 같이 배수와 관련된 사상들의 위치에 대해 그 사상을 좀 더 정확하게 묘사하기 위해 수치 고도값을 인위적으로 낮추는 것.

복셀(voxel) 3차원 공간의 규칙적인 그리드 값을 나타내는 부피 단위 요소.

봉우리(peak) 지표상에서 최고점.

불규칙 삼각망(TIN) 고도 등의 지표상의 속성을 저장하기 위한 벡터 데이터 구조.

사면(aspect) 경사면의 방향. 주로 최대 경사면의 방향.

수계 유역(drainage basin) 지표 유출수가 강, 호수, 저수지, 하구, 습지, 바다, 대양 등으로 흘러 나가는 지역.

수계(watershed) 하나의 강이나 하천과 그 지천들에 의해 형성되는 배수계.

수심(sounding) 해양 지형에서 특정 지점에서 측량된 깊이.

수치 지형 모델(digital terrain model) 빌딩이나 식생 등의 지리사상을 포함하는 지표 모델.

수치고도 모델(DEM) 래스터 형태의 수치값들의 배열.

시계(intervisibility) 어떤 지점에서 다른 지점이나 사물을 볼 수 있는지에 대한 속성.

시선 추적(ray-tracing) 이미지상에서 빛의 경로를 추적하는 기술로 지표와 교차하는지를 확인하기 위해 사용할 수 있음.

연속(seamless) 기울어짐, 중첩에 의한 차이, 일반화 등에 의한 효과를 제거한 연속 데이터.

연속면 변수(field variable) 공간상에서 연속적인 지리 속성값.

음영 기법(hillshading) 높은 지형에 대해 음영 효과를 사용하는 것으로 저고도의 태양이 있을 때처럼 지표의 높낮이가 표현될 수 있도록 하는 것.

음영 기복(shaded relief) 음영 기법 및 여러 기능을 이용해 지표의 형태를 가시적으로 묘사한 것.

점 집합(point cloud) 공간상의 특정한 지점들 (x, y, z)에 대해 측정한 점들의 집합.

정점(summit) 국지적으로 최고점을 나타내는 말로, 지형에 있어서는 산과 같은 것을 지칭함.

조종 비행(fly-by) 수치 지형 모델로 만들어진 애니메이션으로 사용자의 눈의 위치가 지표를 가로지르거나 이동해 갈 수 있도록 한 것.

지오브라우저(geobrowser) 이동, 확대, 움직임 등을 통해 온라인상의 지리적 공간과 가시적으로 상호작용할 수 있는 웹브라우저.

지표(surface) 지도상에서 묘사될 수 있는 연속적으로 측정 가능한 지리적 현상의 공간적 분포.

지표 네트워크(surface network) 지표상의 모든 봉우리, 구덩이, 고갯마루들을 연결하는 선들의 네트워크.

지표 단절물(surface discontinuity) 지표상의 점, 선, 면으로 절벽처럼 공간적 자기상관이 순간적으로 적용되지 않는 것.

지표 모델(surface model) 지리적 연속면의 속성을 가정한 표면 모델.

지표 측면(surface facet) 그리드의 셀이나 TIN의 측면처럼 지표의 한 부분을 나타내는 분할면.

지표 표본(surface sample) 지표상에서 추출된 표본 고도점.

지표의 수선(surface normal) 지표상의 한 점에서 최대 경사에 대한 접합면 또는 최대 경사의 사면에 대해 90° 방향의 벡터.

지형(terrain) 지표의 형태를 나타내는 3차원.

지형 골격(terrain skeleton)　지표 사상, 즉 단절물, 배수선, 능선 등을 포함하는 지표상의 네트워크.

지형 과장(terrain exaggeration)　지형 표현에 있어서 x, y 평면에 대한 높이(z) 값을 조절하는 것.

지형 단면(profile)　표본 지형에 대한 3차원 수직 단면으로 지형의 형태를 보여 줌.

지형 묘사(terrain representation)　지형 기복에 대한 지도학적 묘사 방법.

지형학(topography)　지표의 형태나 사상 및 그 해석을 조사하고 지도화하는 것.

충전채광법(cut-and-fill)　도로를 따라 표면을 평탄하게 하거나 부피의 정도를 높이고 낮추기 위해 정보를 계산하고 관리하는 방법.

크리깅(kriging)　주변의 관측값으로 미지의 값을 내삽을 통해 계산하는 지리통계학적 기술.

통과 비행(fly-through)　수치 지형 모델로 만들어진 애니메이션으로 사용자의 수평선이 지표의 사면으로 채워진 것.

하향 유출(downslope flow)　지표상에서 지표수의 방향과 하향 축적.

해저 측량(bathymetry)　물속의 지형에 해당하는 것으로 호수나 대양 바닥에 대한 3차원 수심에 대한 조사.

Delaunay 삼각법(Delaunay triangulation)　일련의 불규칙적인 점들을 연결하는 삼각형으로 공간을 최적으로 분할하는 방법.

GeoVRML　VRML의 확장자로 실세계의 좌표를 설명하는 데 사용할 수 있음.

KML(Keyhole Markup Language)　XML을 기반으로 해서 인터넷상의 2차원 지도나 3차원 지구 탐색기 등에서 지리적 해석이나 가시화를 위해 사용되는 언어.

LiDAR　빛에 의한 탐사(detection) 및 탐지(ranging).

SRTM(Shuttle Radar Topography Mission)　항공기 탑재 LiDAR를 지형도 제작에 이용하는 것으로 지구에 대한 최상의 수치 지형 데이터베이스를 만드는 것.

Tobler의 제1법칙(Tobler's First Law)　모든 것은 다른 모든 것과 관련이 있는데 가까운 것들이 멀리 있는 것들보다 더 관련이 깊다는 의미.

VRML　웹상의 3차원 모델을 나타내기 위한 국제표준화기구(ISO)의 표준 중 하나.

GIS 사람들

Brian G. Lees, 호주 캔버라 뉴사우스웨일스대학교 호주 방위사관학교 지리학과 교수, 학과장

KC GIS 작업을 위해서 당신은 어떤 공부들을 했습니까?

BL 이전에 저는 영국의 왕실공군사관학교 (Royal Air Force, RAF)에서 항법사 교육을 받았습니다. 항법사 훈련은 투영법, 측지학 등을 포함하는 지도학, 기후학, 고등수학 등을 포함합니다. 이러한 교육이 상당한 기초가 되었어요. RAF를 졸업하고 나서 Air Survey에서 일하게 되었는데, 호주 국립지리원을 위해 고정밀도 항공사진 제작, 지구물리학적 탐사, 초기 레이더를 이용한 원격탐사 등의 임무를 수행했습니다. 광산업이 불경기가 되었을 때 저는 대학으로 가게 되었습니다. 저는 시드니대학교의 (우등) 문학사 학위를 포함해 박사 학위를 가지고 있습니다. 석사 논문은 해안 퇴적

물의 역학에 대한 것이며 박사 학위는 대륙붕 퇴적물의 역학에 대한 것입니다. 심리학을 통해 통계학의 기초를 쌓았고 인지역학과 인식론에 대한 많은 경험을 얻을 수 있었습니다. 자연지리학에서 집에 설치할 수 있는 전자장비로 해안 파대(surf zone) 장비를 설치할 수 있는 전산기 제어 기술을 습득할 수 있었습니다.

KC 어떻게 GIS에 관심을 갖게 되었으며 GIS의 어떤 분야에 대해 전문적인 경력을 쌓으셨습니까?

BL 1985년에 호주 국립대학교 지리학과에 자리를 잡았습니다. 그곳에서 제가 가르치기로 했던 지형학뿐만 아니라 원격탐사와 GIS도 가르쳤습니다. 저는 키올로아 (Kioloa)에 있는 야외 조사 장비를 관리하는 데 함께하였습니다. 이러한 과목들을 초기에는 계산기와 제도용 필름상에 격자화된 자료들을 이용하여 가르쳤습니다. 1년 만에 GIMMS(에든버러대학교에서 개발한 벡터를 기반으로 하는 지도학 소프트웨어)와 Dana Tomlin의 MAP 분석 패키지를 사용해 가르치게 되었습니다. 이후 저는 GIS를 많이 사용해서 지형학, 지형 측량학, 침식 모델링, 수문학 등을 가르치기 시작했습니다. 당연히 키올로아 주변과 그 토지 관리에 대해 교육용 데이터와 연습문제를 만들게 되었습니다. 이러한 과정을

통해 토지 피복 모델링, 의사 지원, 데이터 융합에 대한 전문성을 갖게 되었습니다. 이러한 모델들의 오차의 원인에 대한 관심을 통해 DEM과 DTM의 오차에 대한 좀 더 깊은 검토를 할 수 있었습니다.

KC 호주 학생들은 GIS를 이용해 어떤 일을 주로 합니까?

BL 대부분의 호주 대학교의 지리학, 측지학, 고고학, 지리학, 역학, 공학, 환경과학 분야에서 GIS를 가르치고 있습니다. 아마도 유럽보다는 토지 피복도 제작을 좀 더 강조하고 있는 듯한데, 호주에서의 복합적인 활동들은 미국과 유사한 듯합니다.

KC 당신이 편집장으로 있는 *International Journal of GIScience* 학술지가 전 세계의 GIS 연구에 어떤 역할을 하는지 간략하게 설명해 주시면 좋겠습니다.

BL IJGISc는 지리정보학 분야에 있어서 최초이자 가장 오래된 학술지입니다. 이 학술지는 컴퓨터 지도화와 GIS의 창시자 중 한 사람인 에든버러대학교의 Terry Coppock에 의해 창간되었습니다. 1994년에 Peter Fisher가 이어받았고 2007년까지 편집장을 역임했으며 그 후 제가 그 역할을 하고 있습니다. 우리가 게재하고 있는 논문의 수가 꾸준히 증가하고 있으며, 제출되는 글의 수가 증가하는 비율에 맞추어서 2010년에 다시 게재 논문 수를 늘릴 계획입니다. 학술지의 성장은 그 분야에서의 활동 수준을 정확히 반영하는 것입니다. 우리는 우리 학술지가 분야에서 만들어지는 최고의 연구들을 반영하도록 해서 그것이 지속적으로 의의를 갖도록 할 것입니다. 이 학술지는 얼마 되지 않는 진정한 국제 학술지들 중 하나입니다. 이를 나타내듯이 우리 학술지의 유럽 편집장, 아시아 편집장, 미주 편집장 모두가 매우 바쁩니다.

KC 지형 분석에 있어서 어떤 연구들을 수행하였습니까? 호주에서 지형 분석 전문가들은 어떤 연구를 수행하고 있습니까?

BL 토지 피복과 지형학적 과정 모델링을 강조한 교육 및 연구와 함께 당연히 지형 측량학과 수문 모델링에 관심을 갖고 있습니다. 이와 함께 토지 황폐화와 건조 지역 염분 모델링도 관심을 갖고 있습니다. 이러한 것은 호주 국립대학교(ANU)의 성향에 영향을 받은 것으로, Ian Moore, Mike Hutchinson, Andy Skidmore, John Gallant가 연구하고 있습니다. 저 또한 학생들과 함께 서식지와 토지 피복 모델링, 건조 지역의 염분 예측, 토지 황폐화 등에서 오류의 원인을 찾아 왔고 입력변수들을 개선해 오고 있습니다. DEM은 이러한 모든 연구에 있어서 기본적인 것이므로 DEM 생산을 향상하고 모델링에 사용되는 지형변수를 평가하는 데 많은 시간을 할애하고 있습니다. 호주에서는 물 부족, 건조 지역 염분 등이 심각한 문제이기 때문에 당연히 이러한 문제들을 해결하기 위해 호주의 많은 연구자들이 연구를 수행하고 있습니다. 이러한 모든 연구들을 통해 또 다른 문제를 해결할 수도 있는데, 아무런 관련이 없는 것 같지만 실제로는 관련이 있음이 확인되었으며, 도시 내에서의 범죄 위험도를 모델링하는 연구를 예로 들 수 있습니다.

KC 처음으로 GIS 수업을 듣는 학생을 위해 충고 한마디 해 주시겠습니까?

BL GISc를 배우는 것은 조금 달라요. 입문하는 데 많은 시간과 지적 노력이 필요합니다. 그렇지만 GIS 기술은 여러분이 흥미로운 문제들을 해결할 수 있게 해 주는 것이기에 충분한 가치로 보상할 것입니다. 여러분은 선택과 실수를 통해서만 배울 수

있습니다.

KC 보충하시고 싶으신 말씀이 있으시면 부탁드립니다.

BL 저의 가장 큰 실수 중 하나는, 그 첫 GIS 수업 이후로 취업까지 5년의 시간적 여유가 있다고 판단한 점입니다. 정말 어리석은 생각이었습니다.

KC 대단히 감사합니다.

제 8 장

지도 제작과 GIS

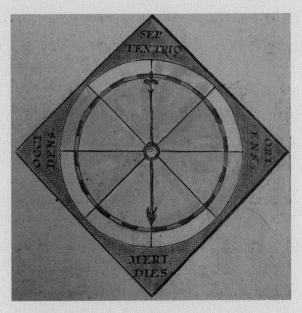

"메르카토르가 말한 북극, 적도, 열대, 지대, 자오선이란 게 대체 뭐람?"
이렇게 종치기가 외치자 선원이 퉁명스레 대답했다.
"그냥 옛날부터 있던 표시일 뿐이야!"
Lewis Carroll(The Hunting of the Snark)

8.1 지도의 구성

지도는 실세계의 지리적 사상들을 작은 기호로 표현함으로써 공간적 현상을 이해하고 서
로 의사소통하기 위한 도구이다. 일반적으로 GIS를 활용할 때 지도는 공간정보의 창고와
같은 역할을 한다. 지도를 자료원으로 활용하여 GIS는 필요한 정보를 추출하거나 복잡한
공간분석 과정을 거쳐 새로운 정보를 생산하여 최종적인 단계에서 전혀 다른 지도를 탄
생시킨다. GIS에서 지도는 정보 획득을 위한 과정에서 화면에 잠시 표시되는 경우라면 한
시적으로 존재하지만 의사결정을 위한 최종 결과물로서 그림이나 보고서를 대체하는 경

우라면 파일과 출력물로 남겨진다.

제2장에서 살펴본 바와 같이, 우리가 GIS의 한 요소로 지도를 정확하게 만들기 위해서는 GIS를 탄생시킨 지도학적 근원에 대해 검토해 보아야 한다. 지도는 시각적 구조를 갖고 있다. 따라서 영어 문장을 이해하는 데 영문법이 필요하듯이 지도를 제대로 활용하기 위해서는 지도만의 시각적 문법을 익혀야 한다. 이 단원에서는 지도를 이해하는 데 필수적인 요소에 대해 설명하고 있다. 즉 지도를 표현하기 위해 GIS에서 이용되는 방법을 간략히 설명하고, GIS 자료에 포함된 특성—공간적 특성과 속성적 특성—에 따라 생성할 수 있는 지도의 종류와 그 선택 방법을 기술한다. 그리고 적절한 지도기호를 선택하기 위해 지도학자가 개발한 규칙과 이 규칙을 이용하여 효과적인 지도를 구성하기 위해서 사용하는 지도 디자인에 대해서도 다루고 있다.

지도는 일련의 공간적 현상을 표현하고자 특정한 구조를 내포하고 있으며, 이러한 구조는 지도를 표현하는 매체에 따라 다양하다. 일반적으로 GIS는 지도를 종이보다는 컴퓨터 모니터를 통해 표현한다. 컴퓨터를 통한 지도 제작이 가능해지면서 최근 지도학 분야에서 지도가 표현매체에 상당히 의존적이라는 사실이 부각되기 시작하였다. 이것이 GIS가 중요하게 고려되고 있는 이유이다.

우선 우리는 지도를 표현할 때 사용되는 용어에 대해서 정의해야 할 필요가 있다. 그림 8.1은 지도학적 요소(cartographic elements)를 보여 준다. 지도학적 요소는 지도 제작 구조 중 하나이다. 약간의 예외는 있을 수 있지만 되도록 모든 지도학적 요소를 표현해야 한다. 지도를 구성하는 두 가지 기본적인 부분은 도형(figure)과 배경(ground)이다. 도형은 지상 좌표체계(ground coordinate)에 의해 참조된 지도요소를 일컫는 것으로, 지도자료의 몸통이라고 할 수 있다. 지도는 지도 레이아웃에 정의된 위치인 면 좌표(page coordinate)를 통해 그 위치가 표현된다. 격자선(graticule)이나 격자무늬(grid), 방위(north arrow)를 참조하여 사용자는 지도에서 두 가지 좌표체계를 연계할 수 있다. 범례에 표시된 기호와 글자는 지도에 표시된 기호를 의미 있는 단어로 변환해 주는 역할을 한다.

경계(border)는 지도의 도곽선(neat line) 외부에 위치하는 표현매체(종이나 컴퓨터 화면 등)의 일부이다(그림 8.1). 상황에 따라서는 저작권, 지도학자의 이름, 날짜 등과 같은 추가적인 정보를 제공한다. 도곽선은 정사각형의 시각적 틀로서 지도 안에서 굵은 선 혹은 두 줄의 선으로 표현된다. 디자인적 관점에서 도곽선은 센티미터 혹은 인치와 같은 단위를 통해 면 좌표의 기초를 제공한다.

그림 8.1 지도는 지도학적 요소들의 집합이다. 이것은 제목, 도곽선, 축척, 범례, 참조 자료, 근원, 그리고 다른 중요한 요소들을 포함하고 있다.

출처 : Michael Titgemeyer.

글자정보(text information)는 지도요소에서 필수적인 부분이며 글자가 없는 지도는 완벽할 수 없다. 글자정보에는 제목(지도의 주제와 느낌을 담은 단어로 표현된), 장소 이름과 범례, 제작정보, 축척이 포함된다. 축척은 공간의 좌표체계와 지도로 표시되는 면 공간 간의 비율적 관계를 표시한 것이다. 축척정보는 주로 글자 혹은 그래픽 기호로 표시된다. 지명은 지도 공간 내에서 연관된 도형 혹은 기호에 따라 엄격한 배치의 규칙을 따라야 한다. 점, 선, 면 사상들의 배치 규칙이 다르며, 지명과 기호들이 서로 중첩되었을 때 이를 해결하는 규칙 또한 존재한다. 몇몇 규칙은 그림 8.2를 통해 확인할 수 있다.

마지막으로 삽입도(inset)는 지도를 지리적 상황에 맞게 배치하거나 주 지도의 축척보다는 자세한 수준으로 흥미 있는 지역을 표현하기 위해서 확대하거나 단순하게 디자인한 지도이다. 삽입지도 역시 상당히 일반하되고 많은 요소들이 생략되었다 하더라도 지도학적 요소를 갖추고 있어야 한다. 또한 주 지도와 삽입지도와의 혼동을 피하기 위해서 삽입지도는 도형과 배경이 쉽게 구분될 수 있도록 한다. 이런 원칙이 지켜지지 않은 지도를 볼 경우 알래스카를 샌디에이고에서 떨어진 작은 섬으로 착각할 수 있다.

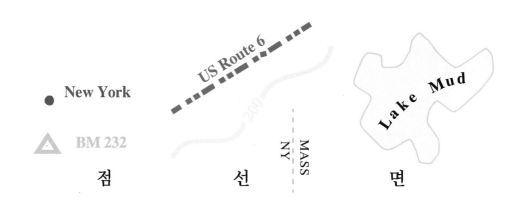

그림 8.2 지도의 레이블 배치 관례. 점 : 중첩되지 않게 오른쪽 위에 배치한다. 선 : 만약 굽은 강이라면 선의 방향을 따른다. 글자는 지도의 왼쪽에서 위로, 지도의 오른쪽에서 아래로 읽어야 한다. 면 : 사상의 모양을 따라서 완만한 곡선이거나 수직으로 표현한다.

8.2 지도 유형의 선택

3,000년이 넘는 지도학의 역사에서 지도학자들은 자료를 다양한 방법으로 지도에 표현하고자 노력했다. 그중 한 가지 방법이 지리학적 관점에 따라 공간적 사상을 보여 주는 것

그림 8.3 참조지도. CIA World Factbook에 들어 있는 아프가니스탄을 보여 주고 있다.
출처 : https://www.cia.gov/library/publications/the-world-factbook/.

인데, 점 지도, 선 지도, 면 지도, 나아가 3차원 지도가 이에 해당한다. 또한 지도는 일반도(general purpose maps)와 주제도(thematic maps)로 구분되는데, 전자의 경우는 다양한 목적을 위해 공통적으로 활용될 수 있는 지리사상들을 동시에 표시하는 데 반해 후자의 경우는 특정한 한두 가지 주제나 정보를 담고 있다. 이 절에서 우리는 지도의 유형에 대해서 살펴보고자 한다. 기본 개요(outline) 혹은 참조지도(그림 8.3)는 지도자료의 가장 간단한 속성을 보여 준다. 대륙과 해양의 이름이 적힌 세계백지도(world outline map)가 대표적인 사례이다. 보통 지형, 하천, 경계, 도로, 마을을 포함하는 사상의 집합체를 보여 주는 일반 참조지도는 지형도(topographic map)(그림 8.4)라 불린다. 지형도는 일반적으로 GIS 지도 레이어의 참조정보로 이용된다. 점묘도(dot map)(그림 8.5)는 지리적 사상들의 위치를 표시하기 위해서 점들을 이용하며, 기본 지도 위에 인구와 같은 분포를 보여

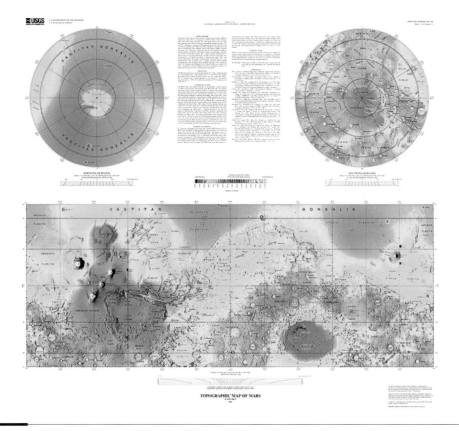

그림 8.4 지형도. USGS에 의해 제작된 달의 지형도를 보여 주고 있다.
출처 : http://wrgis.wr.usgs.gov/open-file/of02-282/. 투영법을 기술함.

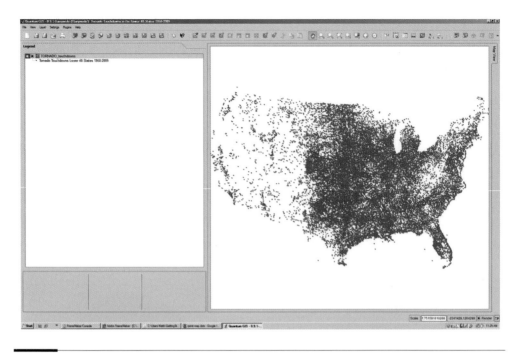

그림 8.5 점묘도. 사례는 1950~2006년까지 미국에 48개의 토네이도가 지나간 지점의 위치. 지도는 Quantum GIS 소프트웨어를 통해 제작하였다.

준다. 그림 기호 지도(picture symbol map)(그림 8.6)는 토네이도로 인한 사망자나 부상자 같은 점 사상을 표현할 때 해골 모양과 같은 의미 있는 기호를 사용한다. 도형 표현도 (graduated symbol map)(그림 8.7)는 공간적 사상들이 가지는 값에 따라 기호의 크기를 다양하게 표현한다는 점을 제외하고는 그림 기호 지도와 같다. 원형 기호는 크기에 따라 구분된 등급으로 그룹화할 수 있으며, 이러한 지도를 단계적 기호 지도(graded symbol map)라고 한다. 일반적으로 원, 정사각형, 정삼각형, 음영이 표현되는 구형 모형과 같은 기하학적 기호를 이용한다.

네트워크 지도는 속성들과 연결된 선의 집합을 보여 준다. 지하철 지도, 항공로 지도, 하천 지도가 이에 해당한다. 유선도(flow map)(그림 8.8)는 네트워크 지도와 유사하지만 항공 교통량과 하천 시스템에서의 물의 양과 같은 속성값을 선의 굵기를 통해 표현한다는 점에서 차이가 있으며, 흐름의 방향은 화살표를 이용하여 표시할 수 있다.

단계구분도(choropleth map)는 단위 지역(예 : 시 · 도, 읍, 면, 동)이 갖고 있는 속성값

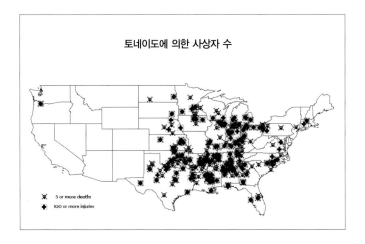

그림 8.6 그림 기호 혹은 도해(iconographic) 지도. QGIS 소프트웨어를 통해 제작하였다.

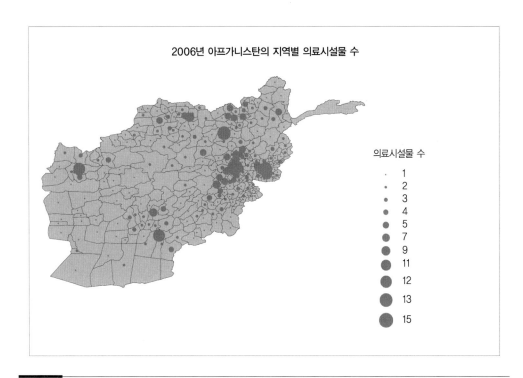

그림 8.7 도형표현도. ArcView 3.2를 통해 제작하였다. 원은 비율적으로 혹은 그룹으로 표현되었다(단계적 기호 지도). 작은 원은 큰 원에 중첩되어야 한다.

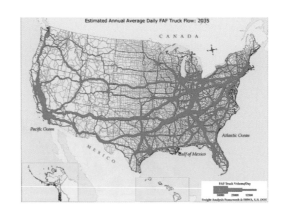

을 등급에 따라 분류하고 등급별로 음영이나 색을 달리 설정하여 표시하는 대표적인 주
제도이다(그림 8.9). 대부분 GIS 패키지에서는 이런 종류의 지도를 만들 수 있다. 단계구
분도는 총합이나 숫자를 비율 또는 밀도로 표준화하여 표현하는 경우에 이용된다는 점을
명심해야 한다. 만약 그렇지 않고 절대치를 그래픽 기호의 크기로 바로 비례하여 표시하
면 공간적 패턴이 왜곡될 수 있다. 등급화되지 않은 단계구분도는 등급을 단계나 결과로

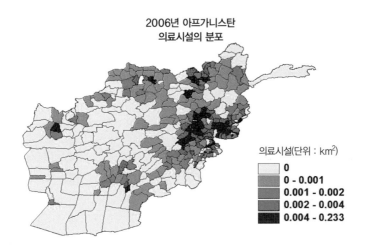

그림 8.9 단계구분도. 지역적 차이의 합계인 값을 구분하고 음영 효과를 주었다. ArcView 3.2를 이용하여 만들었다.

구분하기보다는 연속적인 톤(tone)이나 색상을 사용한다는 것이다. 정성적 면 지도(area qualitative map)(그림 8.10)는 지역을 간단하게 하나의 색이나 패턴을 통해 표현한다. 지질도(geological map)에서 암석 종류를 색으로 구분하고 원격탐사에서 사용되는 영상 분류를 통해 토지 이용 등급을 나누는 것이 대표적인 사례이다.

지역의 자료를 묘사하는 다른 방법은 지역 사상들의 속성 크기에 따라 비례적으로 실제 지도를 왜곡시키는 것이다. 카토그램(cartogram)이라고 불리는 이러한 지도는 도표가 많이 포함되어 있다. 카토그램는 여러 가지 방법으로 표현할 수 있는데, 크기는 왜곡되지만 비연속적인 모양과 위상관계는 유지된다(그림 8.11). 통계지도는 일반적으로 특별한 소프트웨어를 사용하거나 GIS에서 스크립트(script)를 이용하여 만들 수 있다. 카토그램을 볼 수 있는 곳 중 하나가 NCGIA의 Cartogram Central 웹사이트이다(http://www.ncgia.ucsb.edu/projects/Cartogram_Central).

3차원 또는 입체자료(volumetric data)는 다양한 방법으로 표현될 수 있다. 비연속적인 자료는 보통 블록 형태의 단계적 통계면(그림 8.12)으로 표현된다. 표준 등치선도(그림 8.13)는 같은 값을 가지는 점을 선으로 연결한 지도이다. 표면의 연속성은 급변점이 부드럽게 변하는 것을 가정하며, 등고선 지도의 특별한 기준과 간격을 통해서 동일한 지형을 표현한다. 표준 등치선도를 변형한 것이 측고지도(hypsometric map)로 이 지도는 등고선

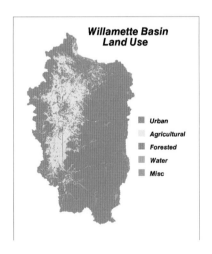

그림 8.10 토지 이용도, 정성적 면 지도의 예. 색들이 지역의 다른 유형들에 할당된다.
출처 : USGS NAWQA program, based on GIRAS land use data.

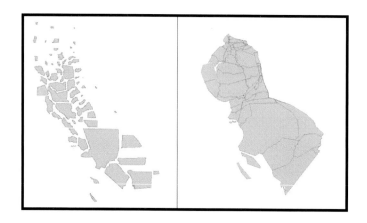

그림 8.11 카토그램. 캘리포니아 카운티의 인구 대비 지역 비율을 표현하였다. 왼쪽 : 비연속적인 통계지도. 오른쪽 : 연속적인 통계지도. 지도는 Steve Demers에 의해 제작되었다.
출처 : Cartogram Central(NCGIA, USGS).

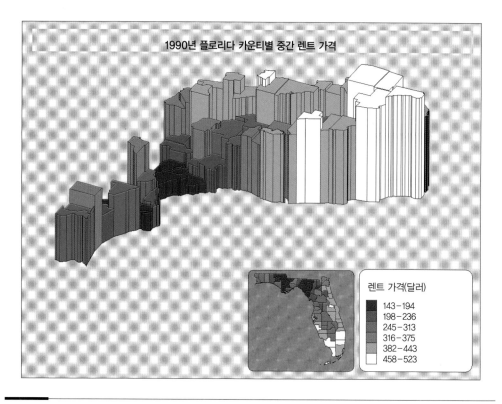

그림 8.12 단계적 통계면 지도. 3차원 방법을 이용하여 표면의 높이를 자료의 값에 따라 비율적으로 표현하였다. 지도는 Golden Software의 MapViewer 5를 통해 제작하였다.

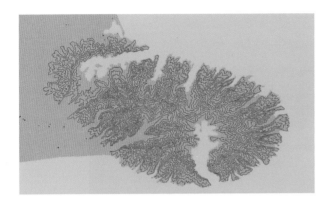

그림 8.13 등치선(등고선)도. 보이는 지역은 SRTM 수치고도 자료에 있는 뉴질랜드의 남섬 부분이다. 지도는 ArcView 3.2를 통해 제작하였다.

사이의 간격을 연속적인 색으로 표현한다.

3차원 투시 효과를 보이기 위해서 격자 모형의 그물망 지도(그림 8.14)가 활용되기도 한다. 이 방법은 영상이나 음영지도(shaded map)를 단순히 격자로 표현하기보다는 3차원 효과나 현실감(그림 8.15)을 표현하기 위해 표면을 주름지게 표시한다. 이 방법은 종종 애

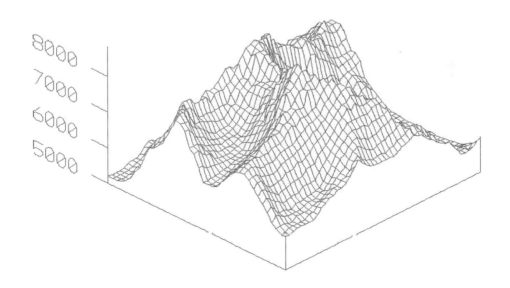

그림 8.14 3차원 그물망의 모습. 에베레스트 산의 정상 지역이다.

출처 : Analytical and Computer Cartography, 2ed. by the author.

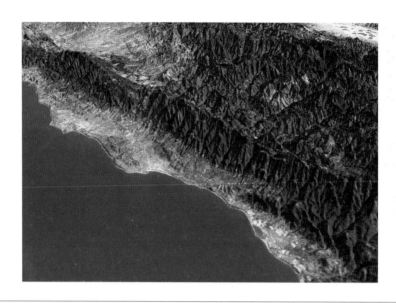

그림 8.15   현실적인 조망 관점. 영상은 USGS DEM 데이터에 포함된 Landsat Thematic mapper 자료이다.
출처 : Martin Herold and Jeff Hemphill.

니메이션에서도 이용된다. 지형도에서는 컴퓨터를 통해 모의 음영 기법(그림 8.16)으로 표현하고, 지표면은 갈색 계통의 색이나 다른 여러 색들로 표현한다. 이 방법을 변형한 것이 채색한 등고선(illuminated contour)으로 음영 알고리즘을 등고선에 적용한 것이다. 끝에서 두 번째(penultimate)의 지도 유형은 하나의 값을 한 색상의 음영이나 단색 격자로 묘사하는 영상지도로 고려된다(그림 8.17). 위성 영상 지도와 정사사진지도(orthophoto map)가 이러한 분류에 속한다.

최근 다방면에서 유용하게 쓰이는 지도는 단순히 한 가지 속성만을 표현하는 것이 아니라 점, 선, 면과 지명, 사상에 레이블이 덧붙여진 기호들까지 표현하고 있다. 각기 다른 주제는 색상과 기호의 종류에 따라 구분되며 이 방식은 지형도와 유사하다. 또한 점차적으로 다른 종류의 지도에서 이용된 디자인 방식이 지형도에 적용되고 있다. 예를 들면 음영 기복(shaded relief)이 들어간 영상 지도가 대표적이다(그림 8.18).

지금까지 다양한 지도의 종류에 대해서 알아보았다. GIS 이용자는 GIS 자료들의 특징을 잘 나타낼 수 있는 방법을 생각해야 한다. 이 책의 앞에서 우리는 지도의 사상들을 점, 선, 면, 그리고 크기로 분류한 바 있다. GIS에서의 지도자료가 가지는 특징은 활용 방식에

그림 8.16 음영 기복 기법. 이러한 경우에 색상들은 모의 음영 기법에 갈색 계통의 색을 추가한다. Globalmapper 소프트웨어를 사용해 제작하였다.

따라 명확하게 다르다. 예를 들어 3차원적 위치는 위도, 경도, 고도를 필요로 한다. 또한 속성정보의 종류에 따라 지도 제작 방법이 달라진다.

그림 8.19는 이 단원에서 다루어진 지도 제작 방법들을 공간 사상의 차원에 따라 구분

그림 8.17 영상 지도. 컬러 수치 정사영상지도로, 캘리포니아 주 샌프란시스코 부분을 보여 주고 있다.
출처 : USGS.

그림 8.18 지형도. 점, 선, 면, 그리고 크기 지도는 글자와 함께 보여져야 한다. 영상 지도들은 표준 USGS 지형도에 융합되었다.

해 놓은 것이다. 이는 지도의 유형은 단순히 그림으로 표현되는 차이가 아니라 속성들이 가지는 본질의 차이에 따른다는 점을 명확하게 말해 준다. 예를 들면 참조지도에서 도시는 점 정보와 도시의 이름이라는 글자 속성을 가지고 있다. 비례 원 지도(proportional circle map)는 모든 점의 속성이 정수 혹은 부동소수점 수(floating-point number)로 이루어져야 한다. 단계구분도에서는 부동소수점의 수가 음영 카테고리에 따라 그룹으로 분류되어야 하는데 이러한 자료의 조건은 그림 8.19에서 설명하고 있다.

지도 제작 방법의 선택에서 일반적으로 일어나는 실수는 비율이나 퍼센트 대신 인구규모와 같은 절대적 수치값 자료를 표현하기 위해 단계구분도를 선택하는 것이다. [대신에 비례 도형 구분도(proportional symbol mapping) 제작은 면의 중심점을 이용해야 한다.] 왜냐하면 넓은 면적은 단순히 크게 보이는 지리적 규모 때문에 실제 자료값에 관계없이 시각적으로 높게(혹은 많게) 보이기 때문이다. 그리고 속성을 분류하는 방법을 결정하거나 기호화(그림 8.20)를 위해서 지나친 세부 분류는 필요하지 않다. 대부분의 문제는 지도 디자인의 문제이며 8.3절에서 다루었다.

	사상의 표현	범주적 속성	수의 속성
점	점묘도 그림 기호 지도	도형 표현도	비례 도형 구분도
선	네트워크 지도	기호계층지도 (예 : 주요/이류 도로)	유선도
면	정성적 면 지도	단계구분도	통계지도
크기	음영 기복도 조망 관점 영상지도		단계적인 통계적 표면 지도 등치선도

그림 8.19 속성의 유형과 사상의 차원에 의해 분류된 지도의 유형.

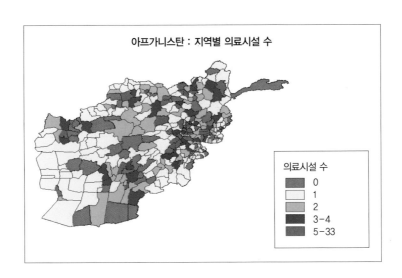

그림 8.20 GIS에서 지도 기호화의 오류는 흔히 발생한다. 이 지도는 제목이 너무 작고, 색채의 배합은 채도나 명도가 아닌 색조에 따라 다르다. 또한 자료는 지역이나 인구에 의해 가중치가 적용되지 않은 합계이며, 범례의 크기가 너무 크고, 축척이나 참조할 격자선이 없다.

8.3 지도 디자인

지도 제작 과정에서 가장 마지막 단계는 GIS 자료를 지도 디자인에 따라 변환하는 것이다. 우리가 선택할 수 있는 기호와 서체, 색깔, 선의 굵기 등은 무한히 많다는 것을 알아야 한다. 가장 좋은 디자인을 선택하는 것은 지도의 효과에 있어 엄청난 차이를 만들 수 있다. 만약 지도가 효과적으로 정보를 전달하고 있다면, 이는 GIS 이용자들의 많은 노력에 기인한다고 볼 수 있다.

8.3.1 지도 디자인 기초

지도 디자인의 특징은 지도 제작가 선택한 지도 유형에 맞게 디자인이 미리 결정된다는 것이다. 주로 디자인 단계는 지도 제작을 위해 지도학적 요소들 간의 균형과 효과적 조합을 이끄는 작업에 해당된다. 지도 디자인, 기호, 그리고 색상대비는 시행착오적 상호작용이 요구되는 디자인 순환고리(design loop)라 불린다. GIS는 지도를 제작하고, 수정하고, 재제작하는 도구를 제공함으로써 이러한 과정을 가능하게 만든다.

지도요소를 정확한 위치에 배치하는 것은 중요하다. 요소들의 배치는 보통 세 가지 방법 중 하나에 의해 이루어진다. 첫째, GIS에서 일차적으로 지도를 그린 다음, 그래픽 디자인 프로그램을 이용하여 지도 디자인 절차에 따라 지도와 상호작용하는 과정을 거친다. 둘째, GIS를 통해 지도요소를 지도 안의 특정한 위치로 옮기는 것이다. 이것은 GIS의 명령을 수정함으로써 이루어진다. 이 방법은 지도 디자인 절차(또는 루프)를 여러 번 오가야 하는 난점 때문에 다른 방법들에 비해 효과적이지 못하다. 셋째, 일반적인 GIS 소프트웨어 패키지를 이용하는 방법이다. 위와 같은 소프트웨어들은 전문가적 디자인 소프트웨어의 도구(tool)들을 이용하는 것은 아니지만 다양한 그래픽 수정 도구를 포함한 레이아웃 모드를 지원하고 있다.

여러 지도학적 연구에서는 지도의 시각적 균형과 단순화를 위해 무엇보다 조화와 명료성에 초점을 두어야 한다고 기술하고 있다(그림 8.21). 이는 경험과 미적 감각으로부터 나온 것이다. GIS의 초보자들을 위해서 MacEachren(1994), Dent(1996), Slocum(2009), Krygier와 Wood(2005)는 지도학자들의 지도 디자인에 대한 경험을 연구 결과로 제공하고 있다.

글자는 중요한 디자인 요소이다. 지도에서 글자는 분명하고 바르며 간결해야 하고, 단

제목 위치

제목 위치

그림 8.21 레이아웃의 선택을 통해 시각적 균형 맞추기. 지도 전체의 레이아웃은 시각적으로 균형을 맞추어야 하며, 왼쪽과 오른쪽, 위아래가 대칭이 되어야 한다.

어 역시 하나의 그래픽 요소로서 다루어져야 한다. 지도의 제목이나 범례 레이블을 만드는 것은 쉬운 과정이지만, 매우 작게 혹은 크게 만들게 되면 지도를 읽는 사람들의 시선을 불편하게 만들 수 있다. 따라서 지도의 글자는 조심스럽게 수정해야 한다. 그럼에도 불구하고 최종 수정 단계의 지도조차도 오탈자나 잘못된 외국어 철자를 많이 포함할 수 있다.

지도요소들의 균형을 맞추기 위해 유념해야 할 점들이 있다. 먼저 기호들의 집합(선의 넓이, 색, 서체 등)이 선택될 때 지도요소들의 '가중치'가 변화할 수 있다는 점이다. 둘째, 요소들이 시각적인 계층 안에서 상호 조화를 이루어야 한다는 점이다. 특히 어떤 요소들은 이러한 계층을 좀 더 효과적으로 하기 위해서 과장시키는 효과를 이용하는데, 이는 다른 요소들보다 자연적으로 두드러져 보일 수 있다는 특징이 있다. 마지막으로 모든 요소들이 조화를 이루면 전체적으로 지도가 간결하게 보이는 시각적 효과를 얻을 수 있다(그림 8.22).

8.3.2 패턴과 색

지도 디자인에서 기호화는 지도학자들에 의해 세부적으로 연구되어 왔다. 어떤 기호화 방법은 특정한 지도의 유형 혹은 지도자료의 유형과 서로 맞지 않는다. 예를 들어 일반화된 컴퓨터에서 수천 가지 색의 표현이 가능할수록 단계구분도에서 색의 오용은 더 빈번하게 나타난다. 단계구분도는 일반적으로 값을 표현할 때 음영, 패턴, 혹은 색의 강도를 통해

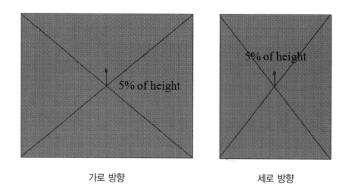

가로 방향   세로 방향

그림 8.22 지도의 시각적 중심점. 지도 사용자는 지도의 기하학적 중심점보다 약간 위쪽에 중심을 두는 것을 선호한다.

표현을 하지만, 색상을 통해서 표현하지는 않는다. 그러므로 밝은 노란색에서 오렌지색으로 점진적으로 색을 변화시키는 방식은 바람직한 반면에 무지개와 같이 빨간색에서 파란색으로 다양한 색상을 동원해 표시하는 것은 바람직하지 않다.

단색을 이용하는 경우에도 유사한 방법이 적용된다. 음영의 순서는 어두움에서 밝음으로 표현하고, 어두움은 보통 낮음을 의미하고 밝음은 보통 높음을 의미한다. 흰색과 검은색은 음영의 명암이 될 수 있으며, 지도에서는 결과적으로 명확한 표현이 된다. 또 다른 방법은 패턴이다. 음영과 점 패턴 등의 조합은 지도를 읽는 데 있어 혼란을 줄 수 있다. 대등하지 않은 패턴의 조합은 눈의 혼란을 유발할 수 있어 바람직하지 않다. 이러한 시각적 변화는 그림 8.23에서 보여 주고 있다.

일반도에서도 색의 균형은 필수적이다. 컴퓨터에서 표시되는 색은 눈의 영향을 받지 않는 순수한 색상이 사용되어야 하고, 가능하면 채도가 낮은 색상이 지도 제작에 더 적합하다. 또한 지도학적 규칙 혹은 관행을 따라야 하는데, 배경의 색상은 보통 흰색, 갈색이나 청록색을 사용하고 검은색이나 밝은 파란색은 사용하지 않는다. 등고선은 보통 갈색으로 표현하고, 수계 사상들은 청록색으로, 도로는 빨간색으로, 식생이나 숲은 녹색으로 표현한다. 만약 관행을 따르지 않을 경우 지도를 읽는 데 혼란을 가져오게 된다. 예를 들어 물을 녹색으로 표현하고, 땅을 청록색으로 표현한다고 상상해 보자. 지도의 색상은 배경이 흰색인지 검은색인지에 따라 전혀 다르게 보이기도 하며, 심지어 상이한 모니터와 플로터상에서도 차이를 보인다.

색은 복잡한 시각적 변수이다. 색상은 종종 빨간색, 녹색, 파란색의 조합(RGB)으로 표

그림 8.23 　사상의 시각적 조합과 디자인에 영향을 미치는 시각적 변수. 왼쪽에서 오른쪽 : 선의 두께, 패턴, 음영, 색조, 외곽선.

현되거나 색상, 채도, 명도(HSI)로 표현된다. 이러한 값들은 하드웨어의 장치(예 : 8비트의 색상체계에서는 RGB의 개별적인 값의 256×256×256의 조합으로부터 총 256개의 색상이 허용된다)에 따라 결정되거나 0과 1 사이의 HSI의 십진수로 결정된다. 예를 들면 RGB에서는 갈색의 중간색(mid-gray)은 [128, 128, 128]의 값으로 대응된다. RGB 값은 모니터에서 방출하는 형광체 색의 정도인 반면에, HSI는 인간이 지각하는 색에 가깝다.

색상(hue)은 가시광선 스펙트럼의 끝인 장파장의 빨간색부터 반대편 끝인 파란색까지 빛의 파장에 대응한다. 채도(saturation)는 표현 지역 대비 색의 양을 나타낸다. 명도(intensity)는 조명 효과 혹은 색의 밝기 정도이다(그림 8.24). 지도학적 관행에 따르면 색상은 등급으로, 채도 혹은 명도는 수치값으로 할당한다. 동시대비라고 알려진 현상은 몇몇 색상이 지도에서 병렬로 나타날 때, 눈에 의해서 혼동 혹은 왜곡되어 인식되는 것을 말한다. 또한 사람의 눈이 색상대비를 인식하는 능력은 색상에 따라서 큰 차이를 보이는데, 빨간색과 파란색의 경우 가장 큰 식별력을 보이고 노란색과 파란색의 경우 가장 낮게 나타난다. 펜실베이니아주립대학교의 Cynthia Brewer에 의해 개발된 온라인 도구인 ColorBrewer(Brewer, 2003)는 특별히 단계구분도 제작과 같은 정량적인 속성의 변화를 색으로 표시할 때 유용하다. 특히 온라인 도구를 활용해 직관적으로 색의 조합을 고려하여 색을 선택하기 때문에 그만큼 많은 장점을 갖는다(그림 8.25).

일반적으로 GIS에서는 공간자료를 편집할 수 있는 소프트웨어 도구를 활용하여 인터넷에 표시하거나 종이에 인쇄하는 지도를 만든다. 이 같은 소프트웨어 도구들에는 GIS(예 :

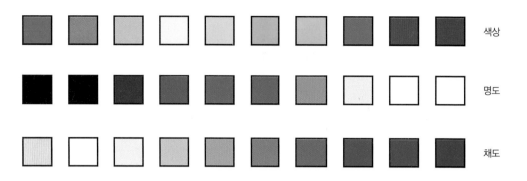

그림 8.24 색의 차원. 대부분 GIS 패키지는 색상, 채도, 명도의 조절을 허용하지만, 정도의 수를 변화시키는 것은 허용하지 않는다.

Avenza, ArcPress, Star-Apic's Mercator)의 기능이 포함되며, Macromedia Freehand, Adobe Illustrator나 Adobe Photoshop과 같은 전문적인 그래픽 디자인 패키지에도 그 결과물이 호환된다. 한편 애니메이션 효과 혹은 3차원 시각화를 위해서는 다른 패키지와 프로그래밍 언어가 필요하다. 이러한 패키지에 대한 설명은 GIS 기초의 수준을 넘어서는 것이지만, 지도 디자인을 위한 GIS 인터페이스에는 분명히 한계가 존재하기 때문에 이와 같

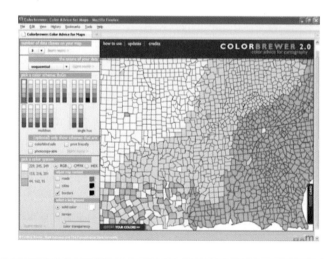

그림 8.25 GIS 지도를 위한 색 디자인 조언자인 ColorBrewer를 캡처한 화면. 온라인 주소는 http://www.personal.psu.edu/cab38/ColorBrewer/ColorBrewer.html이다. ColorBrewer는 펜실베이니아주립대학교의 Cynthia Brewer에 의해 제작되었다.

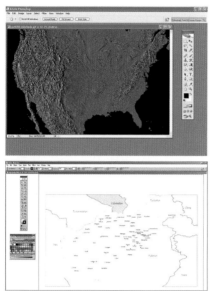

그림 8.26 선택된 도구는 지도를 제작하고 만들기 위한 능력이 추가되었다.

은 시각화 프로그램을 통한 해결 방법이 반드시 필요하다(그림 8.26).

8.4 요약

지도 디자인은 복잡한 과정이다. 좋은 디자인은 규범을 지켜야 하며, 지도요소와 디자인 이라는 순환고리를 염두에 두어야 한다. 그리고 정확한 기호와 지도 형태 결정 및 실행, 시각적인 균형을 필요로 한다. 지도요소와 디자인에 대한 고려 없이는 효과적인 지도를 만들 수 없다. 만약 지도가 복잡한 GIS 과정의 결과라면, 좋은 디자인은 지도를 해석하는 사람들에게 더 중요한 영향을 미친다. 우리가 보아 왔듯이 지도학과 GIS는 밀접한 관계가 있다. GIS 과정 안에서 지도를 만드는 것은 거의 생각이 필요 없는 반면에, 지도를 사용하는 것은 GIS와 다른 과학적 관점과 비교를 해야 하며, 특히 지도는 의사결정이나 GIS 사용자들에게 근본적으로 시각적 효과를 주기 때문에 중요한 단계이다. 마지막 단계에서 세부사항에 대해 조금만 더 추가적인 공을 들인다면 최종 GIS 결과물의 질을 크게 개선할 수 있고, GIS 적용 과정에서 사용된 모든 정보 흐름이 전문적이고 완성도도 높았다는 인상을 줄 수 있다.

학습 가이드

이 장의 핵심 내용

○ 지도는 실세계의 지리적 사상들에 대한 축소된 공간에서의 기호를 통한 도해식 표현으로 정의될 수 있다. ○ GIS 지도는 결과의 확인 혹은 질의에 대한 답을 위해 사용되어 일시적일 수 있으며, 영구적인 특징을 가진 지리학적 생산물이다. ○ GIS 지도는 지도 디자인에 대한 지식을 반영한다. ○ 지도는 시각적 문법이나 최고의 디자인을 위한 구조를 가진다. ○ 지도의 선택은 자료의 속성과 특징에 의해 결정된다. ○ 지도는 기본적인 지도학적 요소의 집합 — 도곽선, 축척, 경계, 도형, 배경, 레이블, 삽입지도, 제작정보, 범례, 제목 — 을 가진다. ○ 도형은 도면상의 좌표가 아닌 지표 좌표체계로 표현된다. ○ 지도 글자, 특히 레이블은 공간 사상들의 차원과 지도의 속성에 따라 특별한 배치 규칙을 따른다. ○ 각각의 지도들은 주제와 목적, 차원이 다르다. ○ GIS 소프트웨어에서의 점 지도의 유형은 점묘도, 그림 기호 지도, 도형 표현도이다. ○ GIS에서 선 지도의 유형은 네트워크 지도와 유선도를 포함한다. ○ GIS를 통해 제작이 가능한, 크기를 표현하는 지도의 유형은 등치선도, 측고지도, 그물망 지도, 현실적인 조망지도, 음영 기복 지도이다. ○ GIS 지도 디자인은 디자인 순환고리를 이용한다. ○ 좋은 지도 디자인은 도곽선과 함께 균형 있게 배열된 지도요소를 포함하고 있다. ○ 시각적인 균형은 기호의 가중치에 의존하며, 가중치는 시각적 계층과 요소의 위치이다. ○ 기호는 지도학적인 규범을 따른다. ○ 색상은 RGB나 HSI 값에 의해 자세히 기록되는 복잡한 시각적 변수이다. ○ GIS 디자인은 지도 유형의 부정확한 선택과 기호화의 오류를 포함한다. ○ 소프트웨어 패키지는 GIS 레이어를 사용하여 전문적 용도의 지도를 생성해 낸다. ○ 복잡한 분석 과정을 통해 작성된 GIS 지도의 경우, 지도를 이해하기 위해서는 적절한 지도 디자인이 필수적이다. ○ 지도 제작을 통해 GIS는 정보 관리에 대한 다른 일반적인 접근법과 구분된다. GIS를 통해 생산되는 최종 지도의 질을 높이기 위해서는 추가적인 노력을 기울여야 한다.

학습 문제와 활동

지도의 구성

1. 신문이나 잡지에서 찾아낸 지도를 이용하여 그림 8.1에 나온 지도의 요소와 레이블을 확인해 보라. 누락된 요소가 있는가? 누락된 요소가 있다면, 어떠한 요소를 추가하면

지도를 향상시킬 수 있겠는가?

2. USGS에서 출간된 지도나 벽 지도(wall map), 도로 지도, 혹은 아틀라스 지도와 같은 일반 참조지도를 이용하여 점, 선, 면 사상들의 레이블 배치를 확인해 보라. 이러한 예들은 지도 배치의 규칙을 어기고 있는가? 지도학자들은 레이블과 사상의 이름들이 조밀하게 중첩되어 있는 지역의 문제를 어떻게 해결해야 하는가?

3. 지도의 경계와 도곽선의 외곽에서 발견되는 이러한 6개의 항목을 찾고 이름을 적어 보라.

지도 유형의 선택

4. 8.2절에 나온 다른 유형의 지도 목록을 만들어라. 사상들의 차원에 따른 분류가 옳음을 증명하라. 어떤 지도 유형이 교차되어 있는가? 이러한 예들을 찾을 수 있는가?

5. 단계구분도에서 자료를 안정적으로 표현하기 위한 조건을 만들어라.

지도 디자인

6. 지도를 만들기 위해 GIS를 이용할 때 GIS의 초보자가 잊지 말아야 할 세 가지 간단한 규칙에 대해서 서술하라.

7. 단계구분도를 만들 때 잊지 말아야 할 디자인 이슈는 무엇인가?

8. 그림 8.21의 제목에는 잘못된 레이블이 첨부되어 있다. 당신은 다른 오류를 찾을 수 있는가? 이 책의 다른 그림에 존재하는 오류를 찾을 수 있는가?

9. GIS에 대한 문서들을 읽고, 8.2절에 표기된 지도 유형의 목록과 소프트웨어에서 제작이 가능한 지도 유형의 목록을 비교해 보라. 자료 속성의 차원과 지도 유형의 부분집합과 일치하는가?

10. GIS 시스템에서 새로운 지도를 초기값으로 열어 보라. 지도를 출력하고, 여러분이 이 단원에서 획득한 지식을 이용하여 지도의 디자인을 비평해 보라.

11. GIS 패키지를 이용하여 간단한 단계구분도를 그려 보라. 단계구분도 자료의 계급 분류를 도와주는 것은 어떠한 도구인가? GIS 패키지를 통해 단계구분도를 제작할 때, 비율척도나 퍼센트와 같은 값의 이용이 가능한가? 색상, 음영, 혹은 지도의 레이아웃의 선택을 위한 안내서가 있는가? 새로운 지도학자를 가르치기 위한 시스템에 대한 문서는 어떻게 되어야 하는가?

12. GIS를 통하여 같은 자료로 두 가지 다른 지도를 만들어라. 하나는 자료의 차이점을 부각시키는 디자인이고, 다른 하나는 자료의 차이점을 감추는 디자인이다. 제작이 완료된 지도를 여러분의 친구나 동료들에게 보여 주고 분포에 대해서 물어보라. 기호의 선택에 의해 표현된 자료에 대해 어떠한 의견을 갖는가? 이러한 과정을 같은 자료로 갈색 톤이나 음영, 혹은 빨간색이나 초록색의 두 가지 기호를 이용해서 반복해 보라.

13. 지형도 혹은 당신이 선택한 지도를 이용하여 지도의 레이블 위치를 분석해 보라. 지도학 교과서를 통해 레이블 배치에 대한 전통적인 지도학적 규칙을 확인해 보라. GIS 시스템은 레이블의 배치를 바꿀 수 있는가?

참고문헌

Brewer, C. A., Hatchard, G. W. and Harrower, M. A. (2003) ColorBrewer in Print: A Catalog of Color Schemes for Maps. *Cartographic and Geographic Information Systems*. vol. 30. no. 1, pp. 5–32.

Dent, B. D. (1996) *Cartography: Thematic Map Design*, 4th ed. Dubuque, IO: Wm. C. Brown.

Imhof, E. (1975) "Positioning names on maps," *The American Cartographer*, vol 2, pp. 128–144.

Krygier, J. and Wood, D. (2005) *Making maps: A visual guide to map design for GIS*. New York: Guilford.

MacEachren, A. M. (1994) *SOME Truth with Maps: A Primer on Symbolization and Design.* Washington, DC: Association of American Geographers Resource Publications in Geography.

Robinson, A. H., Sale, R. D., Morrison, J. L., and Muehrcke, P. C. (1984) *Elements of Cartography*, 5th ed. New York: Wiley.

Slocum, T. A., McMaster, R. M., Kessler, F. C. and Howard, H. H. (2009) *Thematic Cartography and Geovisualization* (3 ed.) Upper Saddle River, NJ: Prentice Hall.

주요 용어 정의

경계(border) 도곽선과 지도에서 표현하는 영역, 혹은 매체의 모서리 안에서 표현되는 영역. 종종 경계 안에 정보를 표현할 수도 있지만 보통은 공백으로 남겨짐.

그림 기호 지도(picture symbol map) 사상의 형태를 보여 주기 위한, 점의 단순화된 그림이나 기하학적 다이어그램을 사용하는 지도의 형태. 예를 들어 참조지도에서는 공항을 작은 비행기로 표현하고, 피크닉 지역은 피크닉 탁자의 도표로 표현함.

그물망 지도(gridded fishnet map) 평행의 x, y축이나 보는 사람의 축으로 표면을 3차원적으로 표현한 지도이고, 그물망이 전경에 따라서 높게 보임.

기호(symbol) 지도에서 지리적 사상의 추상적인 그래픽 표현.

기호화(symbolization) 지도정보를 시각적 표현으로 변환하기 위한 방법들의 집합체.

네트워크 지도(network map) 도로, 지하철 노선, 파이프선 혹은 항공의 연결선과 같은 네트워크를 연결한 주제를 표현하는 지도.

단계구분도(choropleth map) 단위 지역에 관한 정량적 자료를 특정한 계급으로 분류하고 이를 계급에 따라 음영, 패턴, 색 효과를 두어 표시하는 지도.

단계적 통계면(stepped statistical surface) 지역의 외관을 값이 증가함에 따라 높은 비율로 표현하여 뚜렷한 외형을 보여 주는 지도 유형. 지역은 비율적인 값에 따라 기둥의 높이로 표현됨.

도곽선(neat line) 지도에서 시각적으로 능동적인 부분으로, 틀의 모양을 하고 있는 선.

도형 표현도(graduated symbol map) 점이나 지역의 중심의 속성을 표현하기 위한 기하학적 기호의 크기는 지도 유형에 따라 다양함. 예를 들면 도시는 지역의 인구를 비율적으로 원으로 표현하거나, 조사 구역은 구역 안에서 대표적인 점을 파이 차트로 표현할 수 있음.

도형(figure) 면 레이아웃 좌표보다는 지도의 좌표체계를 참조하며, 지도 이용자들의 시선의 중심이 되는 지도의 부분. 도형은 배경에 반대됨.

동시대비(simultaneous contrast) 두 가지 색상이 같이 위치했을 때 지각적으로 반대적인 색상의 경향으로, 예를 들면 빨간색과 초록색.

등고선 간격(contour interval) 등고선 지도에서의 계속되는 등고선 사이의 미터 혹은 피트와 같은 측정 단위의 수직적 차이.

등고선도(contour map) 지표면상의 지형 고도를 표시하기 위한 등치선 지도.

등치선도(isoline map) 개별적인 값을 연속적인 선으로 연결한 지도.

디자인 순환고리(design loop) GIS 지도를 만들고, 디자인을 실험하고, 향상시키는 반복적인 과정이며, 사용자가 만족하는 좋은 디자인이 생길 때까지 지도를 반복적으로 수정하기 위한 과정, 즉 디지털 백지도 생성 → 지도 디자인 → 지도 개량 → 재작성 과정의 순환.

레이블 배치 규칙(label placement rules) 지도학자들이 지도의 글자 혹은 지명, 사상들의 레이블을 추가할 때 사용하는 규칙. 어떤 규칙은 지도 전체에 통용될 수 있지만, 어떠한 규칙은 점, 선, 면의 사상에 따라 특별함. 좋은 디자인의 지도는 레이블 배치 규칙을 따르고 있으며 이러한 규칙을 이용함에 따라 레이블이 서로 겹치는 것과 같은 레이블의 충돌을 제거함.

레이블(label) 지도학적 요소 중 글자 요소로서, 등고선 지도에서 높이와 같이 사상의 정보를 추가하기 위한 기호.

면 좌표(page coordinates) 좌표체계 값의 집합체로, 지도에서 지도요소의 배치에 이용되고, 지도 표현의 배경의 외형보다는 지도의 외형에 이용됨. 면 좌표체계는 A4와 같이 규격이 표준화된 종이의 왼쪽 구석에서부터의 길이임.

명도(intensity) 단위 지역 대비 생략되거나 반사된 빛의 양. 지도에서 높은 명도는 밝게 표현됨.

명확성(clarity) 지도의 이용자가 지도의 내용을 오류 없이 이해하게 하기 위한 방법으로, 절대적 영의 값을 이용한 기호화의 시각적 표현.

모의 음영 기복 지도(simulated hillshaded map) 높아지는 지형의 음영 효과를 나타내는 지도로, 컴퓨터에 의해 제작됨. 땅의 표면은 자연적인 태양각에 따라 다르게 표현됨.

배경(ground) 그림 안에 있는 사상이 아닌 지도의 일부분. 이러한 지역은 이웃한 지역과 해양 등을 포함함. 배경은 시각적 계층에 있어서 그림에 비해 떨어짐.

범례(legend) 지도 사용자들이 그래픽 지도의 기호를 해석하기 위한 지도 요소로서, 주로 글자를 사용함.

삽입지도(inset) 상대적인 위치를 보여 주기 위해, 축소하거나 자세히 보여 주기 위해 확대한 지도 안의 지도. 삽입지도는 축척과 경위선과 같이 지도학적 요소에 포함됨.

색상 균형(color balance) 지도 안에서 색상들 사이에 동시대비 효과를 회피함으로써 시각적 조화를 이루는 것.

색상(hue) 지도의 표면으로부터 반사되거나 생략된, 빛의 파장에 의해 정의된 색.

서체(fonts) 구두점과 숫자와 같은 특수한 문자를 포함하고 영어 혹은 다른 언어들을 일치하는 디자인으로 표현하는 것.

선의 굵기(line thickness) 지도에서 표현되는 두께로 밀리미터, 인치나 다른 단위를 이용함.

시각의 중심점(visual center) 눈은 정사각형 지도에서의 위치상으로 기하학적 중심보다 약 5% 위를 중심으로 지각함.

시각적 계층 구조(visual hierarchy) 보는 사람에 따라서 중요성이 증가함에 따라 시각적으로 배열하는 지도학적 요소의 지각적 구조.

영구인 지도(permanent map) GIS 과정에서 영구적인 최종 생산물로서의 사용을 위해 디자인된 지도.

영상 지도(image map) 기능적으로 추가된 지도 요소로, 영상은 배경으로 이용됨. 영상은 항공사진, 위성 영상, 스캔된 영상이 될 수 있음. 영상지도의 요소는 보통 격자, 기호, 축척, 투영법 등임.

유선도(flow map) 선의 네트워크 지도는 선의 두께로 비율적인 변화를 보여 주고 교통량이나 물의 흐름의 양을 표현하며, 선택적으로 흐름의 방향을 화살표로 표현을 함.

임시적 지도(temporary map) GIS 과정에서 중간적 생산물로서의 지도 디자인이며, 일반적인 지도 디자인 과정에 종속되지 않음.

점묘도(dot map) 공간적 밀도 패턴을 보여 주기 위하여 지리공간 사상들의 존재를 점을 통해서 보여 주는 지도.

정사사진지도(orthophoto map) 영상 지도는 지형적으로 혹은 다른 효과들이 정확한 항공사진임. USGS에 의해 만들어진 1:12,000 축척은 지도 제작 프로그램의 특별한 형태임.

정성적 면 지도(area qualitative map) 지도에 지역과 지리적 등급의 존재를 보여 주는 지도의 형태. 색상, 패턴, 음영이 주로 이용되고, 지질도, 토양도, 토지 이용도 등이 그 예임.

제작정보(credits) 지도의 신뢰도를 확인하기 위해 표시하는 자료원, 원작자, 지도의 소유권, 관련된 일자, 그리고 참고자료 등을 일컬음.

조화(harmony) 지도의 요소와 속성은 전체적으로 미적인 균형이 있어야 함.

지도(map) 지도는 실세계의 지리적 사상들에 대한 부분을 축소된 공간 안에서의 기호를 통한 도해식 표현으로 정의될 수 있음.

지도 디자인(map design) 어떻게 지도의 요소들을 표현할 것인가, 어떻게 기호의 색을 선택할 것인가, 어떻게 지도를 현실과 같이 만들어 낼 것인가와 관련된 선택의 집합체. 지도학적 지식과 경험 효과를 높이기 위한 적용의 과정임.

지도 유형(map type) 지도학적 방법이나 특별한 형태의 자료를 이용하여 지도를 만들기 위한 표현기술의 집합체 중 하나. 자료의 속성과 차원에 따라 적합한 지도의 형태를 결정함.

지도 제목(map title) 글자는 지도의 적용 범위와 내용을 확인함. 제목은 일반적으로 주요한 지도 요소로서, 지도의 내용이나 지도의 주제를 표현함.

지도학적 관례(cartographic convention) 일반적으로 알려진 지도학적 관례. 예를 들어 물은 세계지도에서 청록색이나 밝은 파란색으로 표현됨.

지도학적 요소(cartographic elements) 지도를 이루고 있는 기본적인 구성 요소로 도곽선, 범례, 축척, 타이틀, 그림 등이 있음.

지명(place-name) 원형 기호 옆의 글자로서 도시 지역과 같은 기호 곁에 위치하며, 사상을 글자와 연결시키는 지도의 글자 요소.

지형도(topographic map) 사상들의 제한적인 집합을 보여 주며, 고도 혹은 지세에 대한 정보를 최소한으로 포함하고 있는 지도의 형태. 등고선 지도가 그 예임. 지형도는 일반적으로 길을 찾을 때 혹은 참조지도로 이용됨.

참조지도(reference map) 일반화 수준이 높은 지도 유형은 사상의 일반적인 공간적 속성을 보여 주기 위해 디자인됨. 세계지도, 도로지도, 아틀라스 지도, 스케치 지도들이 그 예임. 자료와 속성들이 제한적으로 표현되며, 길을 찾는 데 주로 이용됨. 참조지도의 지도학적 배경은 GIS에서의 기본 레이어 혹은 틀임.

채도(saturation) 단위 지역 대비 색의 양. 지각적으로 높은 채도의 색상은 화려하거나 짙은 반면에 낮은 채도의 색상은 색이 흐리거나 파스텔과 같이 보임.

축척(scale) 지도의 표현적 부분으로, 숫자로써 대표적인 부분값을 표현하거나 그림으로써 사상의 축척을 보여 줌. 일반적으로 지도에서 선은 1킬로미터나 1마일과 같이 땅 위에서 동등한 숫자의 길이로 분류됨.

측고지도(hypsometric map) 연속되는 등고선 사이의 공간들을 연속적인 색으로 채운 지형도이며, 보통 노란색에서 갈색을 통한 초록색으로 변화를 줌.

현실적인 투시도(realistic perspective map) 전망과 지형적 표면 전체에 색상이나 음영 이미지를 통해 표현하는 3차원의 지도.

HSI 색상체계로, 각각 색상과 채도와 명암의 값임.

RGB 빨간색, 녹색, 파란색으로 구성된 채도의 특별한 체계.

GIS 사람들

Mamata Akella, ESRI

KC 어떻게 지리학과 GIS에 관심을 갖게 되었습니까?

MA 여동생으로부터 워싱턴 D.C.의 세계보존협회(Conservation International)에서 하는 일에 대한 이야기를 듣고, 몇몇 글들에 대해 읽은 후에 지리학과 GIS에 관심이 생겼습니다.

KC 당신도 세계보존협회에서 일하는 것입니까? 거기에서 당신의 지위는 무엇입니까?

MA GIS를 통해 7개국의 주요 화재 발생 지역을 모니터링하고, 안데스 산맥의 구름과 숲을 위성 영상을 통해 확인하는 일을 합니다.

KC 당신이 대학교의 GIS 과정에서 배운 것들은 무엇입니까?

MA GIS에 대한 모든 지식을 배웠습니다. 그리고 많은 다른 관점에 대해 알게 되었습니다. 그리고 우리가 단지 눈앞에 있는 것만을 볼 것이 아니라, 상자 밖의 것을 보는 방법을 가르쳐야 한다는 것을 깨달았습니다. 또한 계속 그러한 방법에 대해 의문을 갖고, 획득한 자료를 어떻게 이해해야 하는가를 가르쳐야 한다고 깨달았습니다.

KC GIS는 이론이나 응용 중 무엇에 좀 더 가깝습니까?

MA 저는 이론에 좀 더 가깝다고 하겠습니다. 이론은 자료의 구성 등에 대해서 더욱 잘 이해시켜 줍니다. 제가 상수도국(Water District)에서 일하고 있었을 때 많은 것들을 배웠습니다.

KC 상수도국에서의 당신의 역할에 대해서 간략하게 말해 주십시오.

MA 상수도국의 Geo Database에 대해 약 6개월간 GIS 인턴으로 일을 했습니다. 그들은 종이지도의 모든 것을 변환하려고 하고 있었습니다. 당시 종이지도의 정보를 GIS로 불러들였고, GIS의 수역 네트워크를 가지고 있게 되었습니다. 그러나 여전히 많은 것들이 정확하지 않았고 저는 그것들을 정확하게 수정하는 작업을 하였습니다. 후에 저는 현장에서 지도를 사용하는 사람들을 위해서 보다 유용한 지도를 만들었습니다.

KC 당신이 학생이었을 때 겪었던 특별한 경험은 무엇이었습니까?

MA 제가 생각하기에 특별한 경험은 인구와 환경적 요인들을 중첩하여 LA 지역에서 결핵과 심장마비가 발생할 잠재 지역을 찾았던 것입니다. 그때 우리는 실제 사례와 비교했고, 예측한 지역은 꽤 좋은 결과를 얻었습니다. 이는 매우 흥미로운 일로, 우리는 모든 자료를 GIS를 통해 수집, 구축, 정리하여 자료의 처리가 매우 정확하였습니다. 그 자료는 LA 지역에서 약 800 조사 구역이 넘었습니다.

KC 당신이 GIS를 잘할 수 있도록 준비하는 데 도움이 되었던 수업이나 경험은 무엇입니까?

MA GIS는 도구입니다. 그러나 어떻게 도구를 적용하는지, 우리가 지리와 환경을 이해하기 위해서 GIS를 어떻게 이용할 수 있는지 이해해야 합니다. 저는 환경적 자연 재해 수업에서 많은 것을 배웠습니다. 그 수업에서 제가 보고 다루었던 것들을 GIS와 어떻게 연결시켜야 할지를 배웠습니다. 이는 단지 도구로서가 아니라, 실제적으로 지도가 보여 주는 것에 대해서 생각하게 만듭니다.

KC 당신은 졸업 후 어떠한 일을 할 것입니까? 그때도 GIS는 필요합니까?

MA 대학원에 갈 생각입니다. 그리고 GIS도 필요할 것입니다. 지도학과 지리적 시각화에 대해 공부할 계획을 세우고 있습니다. 이것들은 모두 GIS의 영역에 포함되는 것들이죠.

KC 올 가을에 GIS 수업을 처음 듣는 학생들에게 어떤 조언을 해 주고 싶습니까?

MA 절대 실험에 대해서 겁먹지 마세요. 모두 가치 있는 일입니다. 소프트웨어를 사용하는 방법에 대해서 알아 두는 것은 정말 좋은 일입니다. 당신의 가능성과 당신이 할 수 있는 일은 무한히 많고 전 세계의 다양한 분야에 적용시킬 수 있습니다.

KC 감사합니다.

주 : Mamata는 펜실베이니아주립대학교에서 Pennsylvania Cancer Atlas 일을 하고, Cynthia Brewer 박사의 조교로서 USGS의 지형도를 재편집하는 일을 하면서 2008년에 지리학 석사를 마쳤다. 그녀의 논문 주제는 첫 번째 반응자의 응급 지도 기호의 이해를 실험하는 것에 초점을 맞추었다. Mamata는 2008년 10월에 ESRI에 입사하였다.

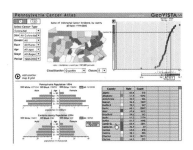

제 **9** 장

GIS 소프트웨어

당신의 선택권을 실현 가능해 보이거나 합리적으로 보이는 것들에 국한한다면,
당신은 자신이 진실로 원하는 것으로부터 멀어지고, 결국 남는 일은 타협일 뿐이다.
Robert Fritz

9.1 GIS 소프트웨어의 진화

GIS 사용자는 가장 먼저 어떤 소프트웨어를 사용할 것인지 결정해야 한다. 기존의 GIS 시스템이 이미 설치되어 있다고 해도, 다른 시스템이 훨씬 빠르고, 좋고, 값싸고, 사용하기 쉬울 뿐 아니라 실제 업무에 적합할 수도 있다. 이 장은 적절한 GIS 소프트웨어를 선택할 수 있도록 관련 지식을 제공한다. GIS 소프트웨어 선택에 관한 성공, 실패 사례를 통하여 배울 것이 많이 있다. 대표적인 것은 Tomlinson과 Boyle(1981), Day(1981)가 작성한 초창기 GIS에 대한 논문들에서 볼 수 있다. 최근의 흐름은 오픈소스 GIS를 통해 쉽게 GIS를 접할 수 있다는 것이다. 교육된 소비자는 최선의 GIS 사용자이며, GIS의 옹호자이자 전도자가 될 수 있다. 이 장은 특정 GIS 소프트웨어의 구입과 사용을 제시하는 것이 아니라 스스로 소프트웨어를 선택할 수 있도록 지원하는 것에 의미가 있다.

좋은 교육은 역사를 공부하는 것에서 시작한다. 제1장에서는 지리정보과학의 기원의 관점에서 GIS의 역사를 전반적으로 살펴보았다. 특정 소프트웨어를 언급하지 않고 GIS 역사를 설명하기는 어렵기에, 이 장에서는 GIS 소프트웨어의 발달에 대해 구체적으로 살펴볼 것이다.

9.1.1 GIS의 유전자

GIS 소프트웨어는 어느 날 갑자기 마술처럼 생긴 것이 아니다. GIS는 수십 년 동안 급격히 진화하면서 발전한 것이다. 제1장에서 살펴본 것처럼 GIS의 학문적 조상은 지리학의 공간 분석론, 계량 혁명, 지도학의 기술적 발전에서 시작되었다.

초창기 GIS의 주목할 만한 성과는 1979년 세계 지리학 대회(International Geographical Congress)에서 발표된 국제적 소프트웨어 조사이다(Marble, 1980). 이 국제 조사는 1970년대 1세대 소프트웨어의 지리자료 프로세싱의 현황을 3권으로 기술하고 있다(Brassel, 1977). 최초의 GIS 소프트웨어는 FORTRAN 프로그램으로 작성되었으며, 디지타이징, 자료 변환, 플로터 출력, 투영법 변환, 통계 분석 등의 기능이 모듈별로 되어 있어 GIS 분석가는 최종 지도 작성을 위해 일련의 작업을 개별적으로 해야 했다.

초기 컴퓨터 지도 제작 시스템(computer mapping system)에는 이미 다양한 GIS 기능이 포함되어 있었다. 캔자스 지질조사국에서 개발된 SURFACE II에는 점-면 변환, 내삽, 면 추출, 등고선 매핑 등의 기능이 있으며, CALFORM은 주제도를 만들 수 있는 패키지를 포함하고 있고, 하버드 대학 컴퓨터 그래픽과 공간분석을 위한 연구소에서 만든 SYMAP은 메인프레임에서 작동되면서 도트 프린터 출력을 지원하였다. CIA의 CAM은 World Data Bank의 자료를 다양한 투영법의 지도로 만드는 기능이 있다.

한편 1980년대 VisiCalc가 개발한 최초의 스프레드시트 프로그램은 현재 소프트웨어 기능에 버금가는 자료 저장, 관리, 계산 기능이 포함되었다. VisiCalc는 기존의 보고서 형태보다 효과적인 스프레드시트로 자료를 표현할 수 있어 현재의 SPSS, SAS, R 등의 통계 소프트웨어가 가진 그래픽 기능의 기원이 되었다.

또한 GIS의 유전자는 데이터베이스 관리 시스템에서도 찾을 수 있다. 초창기 데이터베이스 관리 시스템은 계층형 및 관계형 자료 모델을 지원하였다. 관계형 데이터베이스 시스템은 1970년대 초반에 시작되어 기록 관리와 마이크로 컴퓨터 시스템의 산업 표준이 되었다(Samet, 1990).

9.1.2 초창기 GIS

1970년대 후반까지 GIS 시스템은 개별 소프트웨어들로 구성되었고 점차 관계형 데이터베이스 시스템과 지도 출력 프로그램들이 통합되기 시작했다. 특정 제조사들의 하드웨어 장비에 적용되던 제한 요건은 지속적인 시스템 업데이트로 점차 완화되었다. Unix 같은 운영체제 표준, GKS, PHIGS 및 X-윈도우 같은 컴퓨터 그래픽 표준에 종속적인 기기 특성은 점차 사라지게 되었지만 그 일부는 여전히 남아 있다. 이는 초창기 GIS에 보편적으로 나타나는 모습이다.

초창기 GIS 시스템 중 하나인 캐나다 지리정보시스템(CGIS)은 자원관리 시스템으로서 지리참조(georeferencing), 지오코딩 및 데이터베이스 관리 기능들이 개별 모듈이 아닌 단일 사용자 인터페이스로 구성된 소프트웨어 패키지이다. 초창기 GIS 시스템은 단순한 텍스트 기반 인터페이스로, 사용자는 스크립트 언어 혹은 프롬프트 명령어로 한 줄씩 입력해야 했다. GIS 소프트웨어의 기능이 발전하면서도 기존 사용자들에게 친숙한 텍스트 기반 인터페이스가 오랫동안 유지되어 왔다.

2세대 GIS 시스템에는 WIMP 인터페이스(윈도우즈, 아이콘, 메뉴 및 포인터)와 같은 그래픽 사용자 인터페이스(GUI)가 도입되었다. 윈도우즈 개념은 운영체제의 기본적인 속성으로 표준화되고 있다. 1세대 GIS 소프트웨어들이 개별 윈도우 형태를 사용한 데 비해, X-윈도우, MS 윈도우 같은 윈도우 시스템이 보급되면서 그래픽 사용자 인터페이스가 보편화되었다. 또한 GIS 시스템에서 개발자들에게 API(Applications Programming Interface)를 제공하게 되었다.

전형적인 GIS 소프트웨어는 팝업 메뉴, 풀다운(pull-down) 및 풀라이트(pull-right) 메뉴 등으로 표현되며 트랙볼, 마우스 등으로 선택하는 기능을 제공한다. 또한 전형적인 GIS는 데이터베이스 및 지도창을 겹쳐 보여 주는 다중 윈도우 환경을 지원한다. 다중 윈도우 환경에서 백그라운드로 동작하는 윈도우는 아이콘 혹은 작은 그림으로 표현된다.

9.2 GIS 및 운영체제

초창기 GIS 시스템이 설치된 초기 운영체제는 매우 단순하였다. GIS 시스템은 IBM의 메인프레임 운영체제, 마이크로소프트의 MS-DOS, DEC의 VMS 같은 운영체제에 종속적이었으나, 기술 발전에 따라 점차 다양한 그래픽 사용자 인터페이스로 대체되었다.

마이크로컴퓨터 환경의 GUI에는 Mac OS-X, 윈도우 XP, Vista, 윈도우 7같은 운영체제들이 있다. 애플의 매킨토시에서 시작된 GUI는 마이크로컴퓨터 운영체제의 핵심이 되었으며, 일부 X-윈도우 표준도 여전히 남아 있다. 이와 같은 운영체제는 멀티태스킹(여러 워크세션을 동시에 수행), 기기 독립성(윈도우 환경에서 인쇄 및 화면 폰트 지원), 네트워크 기능들이 추가되면서 발전하고 있다.

이와 같은 기능들이 추가되면서 기존의 유닉스 같은 워크스테이션 환경은 점차 축소되었다. 유닉스는 단순하면서도 효율적인 중앙 집중 시스템이다. 유닉스는 통합적인 네트워크의 완벽 지원, X-윈도우 같은 GUI를 지원하는 대표적인 워크스테이션 환경이다. Mac OS-X, 리눅스의 X를 비롯한 X-윈도우는 선도적인 GUI이다. 유닉스 시스템에서 사용자는 목적에 따라 GUI를 전환할 수 있다. Xt, Xview, X-윈도우 라이브러리(Xlib) 같은 GUI 프로그래밍 툴킷이 X-윈도우 배급판에 포함되어 있다.

한편 유닉스 시스템 및 GUI 시스템은 리눅스 같은 공개 소프트웨어를 포함한 마이크로컴퓨터를 완벽하게 지원한다. GNU(Not UNIX) 같은 공개 소프트웨어 정신은 GIS 소프트웨어에도 적용되어 인터넷 환경에서 Java에 기반한 지리자료 등으로 확산되었다.

GIS 시스템은 컴퓨터 프로그램들의 집합체로 볼 수 있으며, 컴퓨터 프로그래밍 기술 발전에 따라 진화되어 왔다. 개발자들은 1960년대 Pascal, Algol 및 FORTRAN 같은 컴퓨터 프로그래밍 언어로 분할정복(divide-and-conquer) 알고리즘으로 시스템을 개발하였다. 분할정복 알고리즘은 주어진 문제를 작은 사례로 나누어 각각의 작은 문제들을 해결하는 프로그래밍 방법이다. 코드 재사용(code reuse) 방식이 처음 적용된 것이 서브루틴 라이브러리(subroutine library)이다. 수많은 공개 라이브러리들을 지금도 많은 개발자들이 사용하면서 GIS 시스템을 발전시키고 있다. 1970년대와 1980년대 GIS 소프트웨어들은 명령어 입력(command-line) 형식의 인터페이스로 개발되었다. 특히 유닉스는 GRASS로 대표되는 텍스트 중심의 소프트웨어 개발 환경으로 선호되었다. 최신의 GIS 시스템에서도 숙련된 사용자는 GUI보다 명령어 입력 인터페이스에서 훨씬 효율적으로 작업할 수 있다.

텍스트 방식은 스크립트 작성에 효과적이기 때문에 ESRI의 비주얼 베이직(Visual Basic) 개발 환경 지원 같은 프로그래밍 방식에 영향을 주었다. 객체지향 프로그래밍 패러다임으로의 변화에 따라 GIS 시스템에서도 레이어(layer), 사상(feature), 지오데이터베이스(geodatabase) 등의 개념이 등장하였다. 그러나 최근의 GIS 소프트웨어는 마이크로소프트의 윈도우즈나 Google Maps의 경우처럼 GUI 환경이 대부분이다. 한편 최근 오픈소스 및 매쉬업 방식이 부각되면서 전통적인 스크립트 방식이 재조명되고 있다.

9.3 GIS의 기능 범위

GIS 시스템은 무엇을 할 수 있는가에 따라 정의된다. GIS의 기능적 정의는 GIS가 담고 있는 기능들을 나타내기 때문에 GIS의 활용 분야로 볼 수 있다. GIS마다 최소한의 기능들을 제시하고 각 GIS 패키지가 해당 기준을 충족하는지 판단할 수 있다. GIS 기능에 대한 종합적인 평가는 적합한 GIS를 선택하는 데 매우 중요한 절차인데, GIS 시스템이 주어진 문제에 맞는 요건을 충족하지 못하면 그 GIS는 아무 해결책을 제시하지 못할 것이다. 반대로, 사용 목적에 비해 GIS의 기능이 너무 많으면 시스템이 매우 복잡해지게 되며, 이는 곧 닭 잡는 데 소 잡는 칼을 쓰는 격이 된다.

이전 장에서 우리는 Albrecht가 GIS 기본 연산 기능들을 몇 개의 제한된 작업군으로 구분하고 있음을 살펴보았다. GIS 기능은 그림 9.1에서 보듯이 최소한의 연산 기능에 입력 및 출력 기능이 추가되었다. 이 중 대다수 연산 기능들은 보다 더 단순한 기능들을 조합하여 만들 수 있다. 더 단순화하여 유형화된 연산들은 Dueker의 GIS 정의에서 요약된 기능들과 많이 부합한다.

Dueker의 GIS 정의처럼 GIS의 기능 범위는 데이터 획득, 저장, 관리, 검색(retrieval), 분석, 표현의 범주로 나눌 수 있다. 이와 같은 6개 범주는 GIS 소프트웨어에 필수적인 기능들이다.

9.3.1 데이터 획득

제4장에서 본 것처럼, 지도를 컴퓨터에 입력하는 것은 GIS의 최초 단계이다. 스캐닝 및 지도 디지타이징 입력 작업에서 지오코딩은 필수적이다. GIS 시스템은 특정 포맷뿐 아니

Basic Operation Type ▼	Task ▼	Task2 ▼	Task3 ▼	Task4 ▼
Ingest data	Across formats	Convert	Reproject	
Measurement	Location	Distance/angle	Length/area	
Search	Interpolation	Thematic search	Spatial Search	(Re-)Classification
Location analysis	Buffer	Corridor	Overlay	Theissen/Voronoi
Terrain Analysis	Slope/Aspect	Catchments	Drainage/Networks	Viewshed
Distribution/Neighborhood	Cost/Diffusion/Spread	Proximity	Nearest Neighbor	
Spatial Analysis	Multivariate	Pattern/Dispersion	Centrality/Connectedness	Shape
Display maps	Map types	Data types		

그림 9.1 GIS의 기능 구분. 저자의 허락하에 그림을 수정하였다.
출처 : Albrecht, 1996.

라 다양한 자료 포맷을 지원해야 한다. 예를 들어 기본 지도(outline map)는 AutoCAD의 DXF 포맷파일로 사용할 수 있어야 한다. GIS 소프트웨어는 도형정보는 DXF 포맷으로, 속성정보는 데이터베이스 포맷인 DBF 및 ASCII 포맷으로 사용할 수 있어야 한다. GIS 소프트웨어에서 입력 포맷이 제한된 경우에는 GlobalMapper(www.globalmapper.com) 같은 좌표 변환 소프트웨어로 자료를 변환하여 사용해야 한다.

GIS의 데이터 입력에는 사전 준비 작업이 필요하다. 디지타이징 작업 이전에 지도를 정리해야 한다. 스캐닝을 할 때 지도는 깨끗하고, 접혀 있지 않으며, 낙서가 없이 평판에 고정되어 있어야 한다. 지도를 수작업으로 디지타이징하는 경우에는 적절한 크기로 잘라내야 한다. 특히 GIS 소프트웨어에 그림 9.2와 같은 모자이크 기능이 없으면 디지타이저 태블릿에 지도의 위치와 좌표를 관리할 수 있는 기준점(control point)을 지정해야 한다. 일부 소프트웨어에서는 디지타이징 오류를 감지하고 줄일 수 있는 편집 기능을 지원한다.

제4장에서 본 것처럼, 지도 입력 작업에서 편집 기능이 매우 중요하다. GIS에는 패키지 혹은 모듈 형태의 편집 기능들이 있다. 벡터자료의 경우에는 점과 선을 지우거나 추가할 수 있는 편집 기능이 기본이며, 편집된 점의 스냅 기능, 슬리버의 편집 기능이 중요하다. 래스터 자료의 경우에는 선택된 서브셋(subset)의 그리드 편집 기능이 중요하다.

편집의 핵심적인 기능은 다음과 같다 — (1) 노드 스냅(node snapping) : 라인의 끝점과 같이 특정 지점을 찾아주는 기능, (2) 융합(dissolving) : 중복된 경계나 불필요한 선을 자동/수동으로 제거하는 기능(그림 9.3), (3) 모자이크(mosaic, zipping) : 인접한 지도의 중복된 경계를 연속된 선으로 변경하는 기능(그림 9.2). 예를 들어 이 기능들은 두 장의 지도에 공통으로 표시되는 도로정보를 중복되지 않도록 통합하는 기능이 있다.

지도 편집의 주요한 기능 중 하나는 지도 일반화(map generalization)이다. 디지타이징

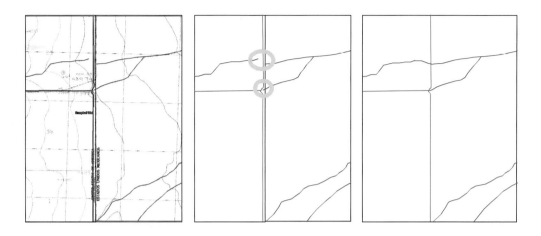

그림 9.2 모자이크 기능. 왼쪽 : 두 지도가 건천을 표시하고 있으나 국경 표시 차이가 있음. 가운데 : 지도 경계를 통합하면서 노드는 'zip' 코드에 맞춤. 오른쪽 : 연속된 사상과 경계가 표현된 모자이크 지도.

출처 : NM-Mexico Border on Campbell Well USGS Quadrange.

이나 스캐닝 작업에서 흔히 실제 지도에 필요한 것보다 많은 점들이 생성된다. 불필요한 많은 점 때문에 지리사상이 복잡해지고 처리 속도가 느려진다. 많은 GIS 소프트웨어들은 표현하고자 하는 사상의 상세 정도를 사용자가 결정할 수 있도록 해 준다. 대부분의 경우, 점 사이의 최소 간격을 유지한 채 일정 거리 이내에 있는 점들이 하나의 점으로 대표적으로 표현되도록 일반화된다(그림 9.4).

점 사상의 경우, 동일 좌표에 중복된 점들을 제거하는 기능이 있다. 그리고 선을 구성하는 점의 숫자를 감소시키는 알고리즘을 적용한 선 일반화(line generalization) 기능도

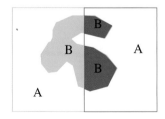
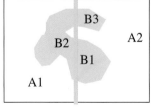
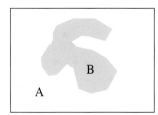

그림 9.3 융합 단계. 왼쪽 : 인접한 두 지도는 하나의 사상을 표현하는데, 지도 경계로 구분되어 있다. 가운데 : 속성 및 그림자료는 'B' 값으로 3개로 구분되어 표현되었다. 오른쪽 : 융합 후 경계는 지워지고, 3개의 'B' 값은 단일 사상으로 기록되어 전체 경계가 통합되었다.

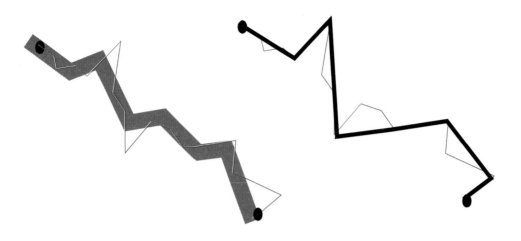

그림 9.4 지도 *일반화*. '퍼지 임계치(fuzzy tolerance)'라 불리는 버퍼 밴드를 따라 점의 수를 줄인다. 이 방법은 지도 축척의 차이로 인한 슬리버 같은 오류를 제거할 수 있다.

있다. 선을 따라 매 n번째(n은 2, 3 등의 숫자가 됨) 점을 추출하는 일반적 방법은 Douglas-Peuker 점 소거법과 같은 일반화 기법에 의한 것이다. Douglas-Peuker 알고리즘은 보존해야 할 점을 선정하기 위해 선의 직교 방향으로 점을 이동시킨다(그림 9.5). 면 사상의 경우 클럼핑(clumping)으로 합쳐지면서 감소된다. 속성정보도 계층을 통합(join)하는 일반화로 감소할 수 있다. www.mapshaper.org는 지도 일반화에 대해 잘 설명하고

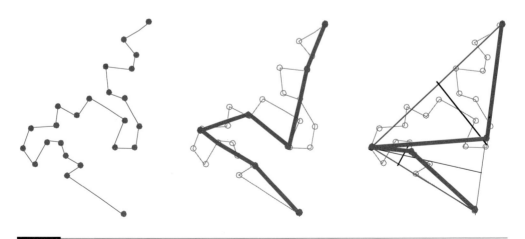

그림 9.5 *선 일반화* 방법. 왼쪽 그림의 선에서 매 n번째 점을 추출(resample)하거나(가운데 그림), 노드 사이의 가장 먼 점을 반복적으로 추출(오른쪽 그림)하거나, Douglas-Peuker 알고리즘으로 최소 거리까지 선을 재분할한다.

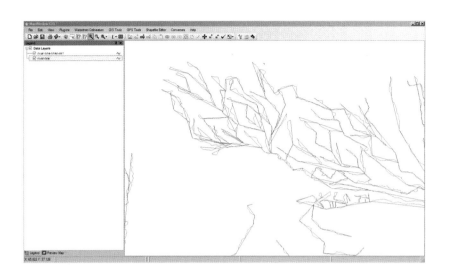

그림 9.6 아프가니스탄 강의 일반화 사례. Douglas-Peuker 알고리즘을 이용하여 파란색 선에서 빨간색 선으로 점의 97%가 감소하였다.

있다. 예를 들어 그림 9.6은 아프가니스탄의 강 레이어에 대해 Douglas-Peuker 알고리즘을 이용하여 253,480개의 점 사상을 3%로 줄여 표현하고 있다. 이처럼 일반화는 다양한 지리적 축척을 오가는 자료들을 서로 결합하거나 시각적으로 표현할 때 필수적이다.

GIS 소프트웨어에는 공간 및 속성정보의 유효성과 특성을 확인할 수 있는 기능이 있어야 한다. 속성을 검증하는 것은 데이터베이스 관리자에서 주관하게 된다. 데이터베이스 시스템은 명시적인 자료 정의 및 제한 규정을 데이터 사전에 저장하여 관리하게 된다. 자료 검증은 대부분 데이터 입력 시기에 자료의 형태, 범위 등이 적절한가를 확인하면서 이루어진다. 예를 들어 퍼센트 단위의 속성은 문자를 포함하지 않아야 하고 100 이하의 수치만을 나타내야 한다.

보다 더 힘든 일은 지도자료의 검토 과정이다. 일부 소프트웨어는 위상 구조화(topological structuring) 기능을 지원하지 않으며, 지도에 대한 아무 제한 규정이 없다. 어떤 경우에는 자료의 범위만 확인한다. 예를 들어 모든 그리드 셀은 0~255의 범위 안에 있어야 한다. 이런 종류의 소프트웨어는 속성값과 그에 따른 공간자료가 상호 부합되는지 제대로 확인할 수 없다. 예를 들어 지도에서 면 사상이 서로 겹치거나 빈 공간으로 방치되어서는 안 된다. 서로 다른 축척의 지도들이 입력되거나 상이한 정확도를 가진 자료원으로부터 취득될 경우에 이러한 오류는 흔히 나타날 수 있다.

위상 기능은 노드가 제대로 연결되었는지, 전체 지도가 오류 없이 폴리곤으로 폐합되었는지 자동적으로 검사하는 기능이다. 또한 자동 위상 정리, 노드 이동, 중복 선 제거, 폴리곤 폐합, 슬리버 제거 등의 기능이 있다. 일부 소프트웨어는 오류를 검출하고 사용자가 에디터로 제거할 것인지 확인하고, 일부는 사용자의 확인 없이 자동적으로 수정한다. Map Window GIS의 '편집 기능(Check and Clean Up)'은 단일 사상으로 정리될 때까지 특정 거리 안의 근접한 점 사상을 제거한다(그림 9.7). 사용자들은 삭제 범위에 따라 중요한 점 사상이 제거되거나 좌표가 이동될 수 있으므로 자동 정리 기능의 사용을 주의해야 한다. 또한 GIS 소프트웨어는 GPS 자료, COGO(coordinate geometry) 측량자료 및 위성 영상자료들을 처리할 수 있다. GIS 소프트웨어이면서 영상 처리 시스템의 기능을 가진 소프트웨어로는 IDRISI, GRASS, ERDAS 등이 있다. 대부분의 GIS 소프트웨어는 래스터 자료를 처리할 수 있지만, 상대적으로 낮은 수준의 영상 처리 기능을 가진다.

지오코딩 기능은 원자료에서 좌표계, 데이텀(datum), 투영법 등의 참조체계를 가진 지도로 변환하는 것이다. 자료는 일반적으로 특정 기준점에 따라 투영 방정식으로 변환된다. 래스터 자료는 지오코딩을 할 수 없다. GIS 소프트웨어에서 투영 방정식이 아니라 투영법이 필요한 경우 어파인(Affine) 변환을 사용하는 경우가 많다. 어파인 변환은 평면 기하(plane geometry) 방식이다. 평면 기하는 축 변환이나 지도 회전, 원점 이동 등으로 좌

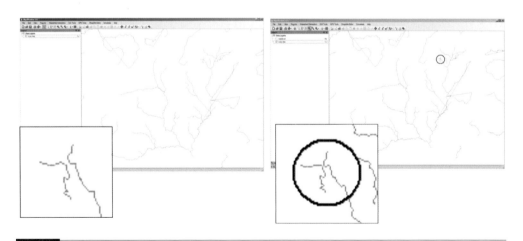

그림 9.7 Map Window GIS의 '정리 기능'으로 아프가니스탄의 강 레이어를 단순화한다. 오른쪽 : 원자료. 왼쪽 : 0.0005단위 주변의 모든 점 사상 제거. 직선 구간은 하천 유역을 의미한다. 원형으로 확대된 지역의 연결성이 감소한 것을 확인할 수 있다.

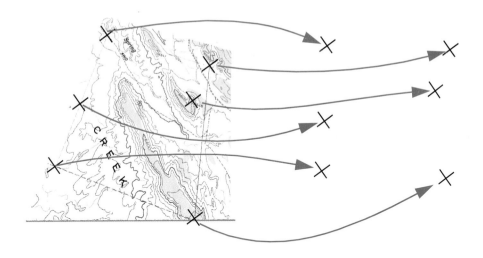

그림 9.8 *러버 쉬팅.* 항공사진이나 스캔 지도처럼 좌표체계가 없는 지도는 다른 지도와 병합하기 위해 왜곡된다. 러버 쉬팅은 두 지도에서 동일 사상이나 위치를 보이는 기준점을 이용하여 두 지도의 좌표체계가 통계적으로 일치하도록 지도를 조절하는 것을 의미한다.

표를 추출한다. 확실한 기준점이 없는 경우, 특히 한 레이어는 지도자료인 반면 다른 하나는 이미지 또는 사진인 경우에는 지도를 통계적으로 좌표화시켜야 한다. 이러한 통계 기법을 러버 쉬팅(rubber sheeting) 혹은 워핑(warping)이라고 한다(그림 9.8).

9.3.2 데이터 저장

데이터 저장은 전통적으로 저장 공간의 문제가 중요한 고려사항이다. 대용량, 저비용 저장기술 발전과 플래시 드라이브 같은 고밀도 저장 장치 개발로 저장 공간의 문제는 대부분 완화된 데 비해, 최근에는 자료 접근성에 강조점이 주어지고 있다. 자료 접근성은 최근 World Wied Web 같은 인터넷 환경과 분산 처리 기술로 해결되고 있다. 분산 처리 환경에서는 자료가 인터넷으로 원격 관리되고 저장될 수 있으며, 클라이언트 환경으로 디스플레이될 수 있다. 이 때문에 GIS 소프트웨어는 자료에 대한 자료라는 의미를 가진 메타데이터 개념을 사용한다. 메타데이터는 단일 프로젝트에서 개별적인 엔티티(cntity)들을 관리하고, 복수 프로젝트를 다양한 버전으로 관리할 때 사용된다. 또한 메타데이터는 온라인 클리어링하우스에서 자료를 공통 포맷으로 저장하고 검색할 수 있도록 지원한다. 그림 9.9의 USGS의 Global Explorer, NASA의 지구 변화 탐지(Global Change Master

그림 9.9   미국 정부의 지리정보 인터넷 포털. 왼쪽 위 : USGS Global Explorer(http://edcsns17.cr.usgs.gov/Earth
          Explorer, 오른쪽 위 : NASA의 지구 변화 탐지(http://gcmd.nasa.gov, 왼쪽 아래 : Geospatial One Stop
          (http://gos2.geodata.gov/wps/portal/gos).

Directory), 미국 Geospatial One Stop 등이 메타데이터 이용의 대표적인 사례이다. 공통
라이브러리에 저장된 데이터베이스의 메타데이터를 표준화하여 자료를 온라인 및 오프라
인에서 검색할 수 있다. 이러한 국가공간정보기반(National Spatial Data Infrastructure)은
국가 간 협력으로 전 지구적 공간정보 기반으로 발전하고 있다. 한편 민간 부분에서는
ESRI의 Geography Network(www.geographynetwork.com)나 OpenStreetMap(www.
openstreetmap.org)와 같은 형태로 발전하고 있다.

   최근의 중요한 이슈 중 하나는 소프트웨어의 사용자 친화성(user-friendliness)이다. 모
든 GIS 소프트웨어는 텍스트 명령어 방식과 그래픽 사용자 인터페이스(GUI)를 지원한다.
일괄처리(batching) 명령 방식을 지원하지 않는 GUI는 오히려 숙련된 사용자에게 불편한

측면이 있다. 사용자는 일괄처리 방식으로 별도의 작업을 할 수 있고, 반복적인 작업을 처리할 수 있다. GIS 소프트웨어에는 GIS 기능을 조절하여 사용할 수 있는 프로그래밍 언어 기능이 지원된다. 사용자는 프로그래밍 기능으로 고유 기능을 만들거나, 자동 반복 작업을 하거나, 새로운 기능을 추가할 수 있다. 프로그래밍 기능은 일반적으로 매크로나 명령어 방식, 비주얼 베이직 또는 C++ 같은 기존 프로그래밍 언어를 지원한다. 최근에는 그림 9.10의 ArcGIS Model Builder와 같은 그래픽 프로그래밍 방식으로 작업 흐름을 플로 다이어그램(flow diagram)으로 저장하거나, 다이어그램에서 직접 기능을 수행할 수 있다.

이전보다 완화되긴 했지만 자료 저장의 문제는 여전히 중요한 제한 요인이다. 마이크로컴퓨터 기반의 GIS 시스템은 자료를 제외하고도 수십 메가바이트 정도를 차지하고, 워크스테이션 수준에서는 수백 메가바이트의 저장 공간을 요한다. 최근에는 자료들이 고해상도, 다중 레이어, 상세 분류화되면서 기가바이트 단위로 그 저장 규모가 확장되고 있다. 이 때문에 다중 해상도 자료의 지원뿐 아니라 자료 압축 기능도 중요하게 고려되어야 한다. 자료 압축 문제는 자료 분할이나 JPEG, run-length 인코딩, 쿼드트리(quadtrees) 같은 압축 포맷 지원 등으로 해결되고 있다.

사용자 관점에서 중요한 것은 소프트웨어의 도움말 같은 사용자 지원 기능이다. 유닉스

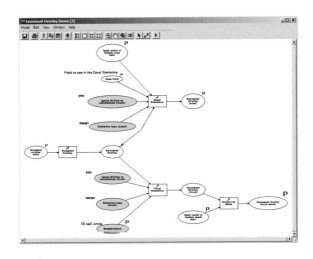

그림 9.10　ArcGIS Model Builder의 매크로 처리. 사례는 USGS의 PI Jason J. Rohweder가 쓴 'Acadia National Park Landscape Scale Conservation and Easement Planning' 보고서이다.

출처 : http://www.umesc.usgs.gov/management/dss/anp_easement.html.

환경의 온라인 매뉴얼이나 윈도우 도움말 같은 환경에서 하이퍼텍스트 기능, 혹은 통합된 하이퍼텍스트 온라인 도움말 기능은 초급 사용자뿐 아니라 고급 사용자에게도 유용하다. 고급 사용자의 경우 상시 도움말 기능보다 필요한 경우에만 지원하는 것이 필요하다.

자료 포맷 지원은 인터넷과 같은 공공 도메인에서 자료 교환에 유용하다. GIS 소프트웨어는 DEM, GIF, TIFF, JPEG, EPS(Encapsulated PostScript) 같은 래스터 자료뿐 아니라 TIGER, HPGL, DXF, PostScript, KML 같은 벡터자료를 지원해야 한다. 최근의 소프트웨어들은 GML, GeoPDF 같은 XML 기반의 웹페이지를 지원하고 있어 검색 가능한 자료 포맷 지원이 강화되고 있다.

3차원 자료의 경우, 많은 소프트웨어들이 TIN 포맷만 지원하고 있다. 일부는 쿼드트리 같은 그리드 방식의 래스터 자료만 지원하여 다른 자료들을 변환하여 사용해야 한다. 일부 소프트웨어는 독자적인 자료 포맷을 사용하는 경우도 있다. 자료 형식 중 중요한 이슈는 래스터와 벡터 간의 자료 변환이다. GPS 자료, 위성 영상 등의 다중 소스를 사용하는 경우 자료 통합을 위해 변환 기능은 필수적이다. 일반적으로 벡터에서 래스터 변환은 수월한 편이지만 래스터에서 벡터 변환은 복잡하고 오류 발생 가능성이 높다.

GIS 소프트웨어는 표준 교환 포맷(standard exchange format)을 지원해야 한다. 국내 및 국제 수준에서 SDTS(Spatial Data Transfer Standard)나 DIGEST 같은 다양한 교환 표준이 개발되었다. 교환 표준은 연방기관의 주도하에 GIS 시스템 간의 자료 교환을 촉진하였으며, 많은 GIS 소프트웨어들이 교환 표준을 지원하게 되었다. 최근에는 OGC(Open Geospatial Consortium, http://www.opengeospatial.org)가 주도하는 개방형 GIS 표준으로 인해 GIS의 상호 운용성이 증가하고 있다. 많은 GIS 소프트웨어들이 QGIS와 PostGIS 및 인터넷 지도 서비스 등의 서버 연결 기능도 지원하고 있으나, 개별 자료들의 자료 형태, 축척, 데이텀, 투영법 차이로 인해 지속적인 지원은 제한되고 있다. 이를 극복하기 위한 대안으로 지리사상의 정확한 데이터베이스 형식을 규정하는 온톨로지(ontology)에 대한 연구가 활발하다. 이러한 작업들은 데이터 융합(data fusion)으로 규정되고 있으며, 신속, 정확, 자동적인 자료 통합을 목표로 하고 있다.

9.3.3 데이터 관리

GIS 소프트웨어의 최대 장점은 지도자료뿐 아니라 속성자료까지 관리할 수 있는 능력이다. 모든 소프트웨어는 속성자료를 선택적으로 추출하고 관리할 수 있는 데이터베이스 관리 시스템(Database Management System, DBMS) 기능을 가지고 있다. 데이터베이스 관리자는 자료들을 테이블 형식으로 구조화하고 단일 엔티티로 만든다. 또한 데이터베이스 관리자는 자료들을 파일과 메모리에 분산하여 저장하고, 다양한 자료 형식이나 모델로 구성한다.

데이터베이스 관리자는 많은 기능을 가지고 있다. DBMS는 데이터 입력, 편집, 저장하고, 테이블 혹은 필요한 경우 GIS와 독립적인 형식으로 관리할 수 있다. 자료 검색 기능은 속성값에 근거하여 특정 자료를 선택하는 것이다. 예를 들면 미국 데이터베이스에서 인구 100만 이상의 도시들을 선택하여 새로운 데이터베이스를 만들 수 있다. DBMS는 자료들을 정렬하여 이름이나 고유번호 등의 특성으로 자료를 선택할 수 있다. 지도를 클릭하거나 테이블에서 자료를 선택하거나 SQL로 선택식을 사용할 수 있다.

어드레스 매칭은 속성값에 주소정보를 추가하는 것이다. 어드레스 매칭은 미국 통계국의 TIGER를 이용한다. TIGER 파일은 집 주소로 분류된 도로 및 블록 네트워크를 포함하고 있는데, 도로 방향 및 블록 단위에서 정확한 집 주소를 찾아 줌으로써 어드레스 매칭 작업을 수행한다. 이와 같은 지오코딩 기법은 대부분의 소프트웨어에서 지원되는데, 각기 다른 알고리즘을 사용하기 때문에 정확도의 차이가 있다. 예를 들어 샌타바버라의 집 주소는 막다른 골목이 많아 99번까지 이르지 못한다. 지오코딩 알고리즘은 결과적으로 블록의 길이를 집 주소 숫자의 비율로 나누어 추정하는데, 막다른 골목과 같은 경우 주소가 블록의 길이와 불일치하는 경우가 생긴다. 2010년 인구 센서스 조사에서는 이와 같은 문제를 수정하여 실제 위치와 집 주소를 일치시킬 계획이지만 여전히 알고리즘의 문제가 남아 있다.

지도 제작의 관점에서 볼 때 다수의 자료 연산 과정이 매우 중요하다. 일례로, 상이한 자료원으로부터 수집된 다양한 지도를 통합해야 하는 경우가 많고, 경우에 따라서는 특정 정보를 GIS에서 삭제하기 위해 마스크(mask)가 필요한 경우도 있다. 자료를 제거하는 마스크의 사례로는 국립공원 안의 사유지, 수역, 군사기지 등이 있다. 카운티 주변의 토지, 위성 영상, 하천 유역 등도 흔히 제거되어야 하는 대상이다. 어떤 경우에는 지형도 도엽별로 자료를 결합한 다음 쿠키 커팅(cookie-cut) 방식을 이용하여 주나 도시 경계를 따라 일정 지역으로 추출해 내야 할 경우도 있다. 더 복잡한 사례로는 경위도, 하천, 행정구역과 같은 선 사상을 필요에 따라 분할하여 새로이 점 사상이 추가되는 경우도 있다. 이 같은 방식을 동적 세그멘테이션(dynamic segmentation)이라고 하며, GIS 환경에서 자동적

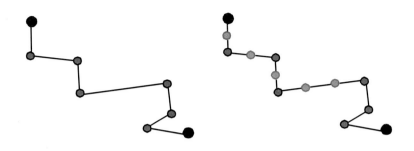

그림 9.11 동적 세그멘테이션. 선 자료들을 분석, 통합, 표현하기 위해 새 노드(마젠타 색으로 표시된 노드)를 추가하여 선을 분할한다. 새로운 세그먼트는 고유의 속성값을 가진다. 예를 들어 강의 길이를 측정하기 위한 마일 단위 점, 오염자료 등이 추가된다.

으로 수행된다(그림 9.11).

9.3.4 데이터 검색

데이터 검색(data retrieval)은 GIS 기능에서 주요한 이슈 중 하나이다. 제5장에서 본 것처럼, GIS 소프트웨어에서는 속성과 공간적 특성에 대한 검색 기능이 지원된다. 검색 기능이 없으면 GIS의 품질을 포장할 수 없다. 그러나 데이터 검색의 수준은 소프트웨어마다 상당한 차이가 있다.

대부분의 소프트웨어는 질의 식으로 지도에서 자료를 검색할 수 있다. 가장 기본적인 방법이긴 하지만, 검색을 위한 한 가지 방법은 마우스나 디지타이저 커서를 사용해서 특정 사상의 정보를 살펴보는 것이다(그림 9.12). 공간 검색은 GIS의 핵심적인 기능에 속하기 때문에 검색 기능이 없는 것은 GIS가 아니라 지도 제작 시스템에 불과하다. 검색의 또 다른 핵심은 속성별 검색을 하는 기능이다. 이는 데이터베이스 질의어로 원자료에서 자료 일부를 추출한다. 예를 들어 부동산 GIS에서 작년 매물들을 검색하거나, 1990년 이후 신축된 주택들만을 검색할 수 있다. 모든 GIS 소프트웨어 및 데이터베이스 관리자에서 검색 기능을 지원한다.

가장 기본적인 검색 기능은 특정 사상의 위치를 표현하는 것이다. 이를 통해 좌표를 검색하여 속성을 표시하거나 지도에 공간 사상을 표시한다. 같은 방식으로 선을 선택하여 거리정보를 검색하거나, 면을 검색하여 면적을 살펴볼 수 있다. 그림 9.12에서 단일 토지이용 폴리곤을 선택하여 폴리곤의 속성이나 면적을 볼 수 있다. 검색을 통해 이와 같은

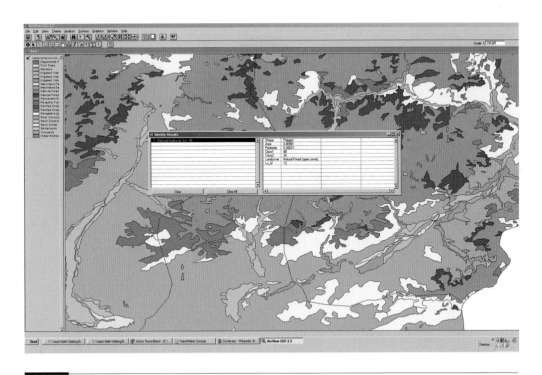

그림 9.12 마우스 클릭으로 아프가니스탄 토지 이용 정보 검색하기('I' 명령 사용). 토지 이용 형태, 반경, 면적 등을 살펴볼 수 있다. ArcView 3.2를 이용한 사례이다.

기본 특성들을 계산하고 새로운 속성으로 저장할 수 있다. 예를 들어 폴리곤을 선택하여 산림의 면적을 계산하고, 전체 지역과 비교하여 산림의 밀도를 계산할 수 있다. 또 다른 측정치로 자주 쓰이는 것은 빈도이다. 예를 들면 카운티의 소방서 숫자를 계산하여 산림 자료를 산불방지 감시 시설에 연결시킬 수 있다.

제5장에서 본 것처럼, GIS를 통해 단일 혹은 다수의 지리사상을 검색하여 이들 사상의 속성을 추출하는 일련의 연산을 수행할 수 있다. 비록 단순하기는 하지만, 이러한 연산 기능의 여부는 주어진 소프트웨어가 GIS인지를 판별할 수 있는 기준이 된다. 속성 선택 이외에도 점, 선, 면으로 사상들을 선택할 수 있다. 점 선택의 경우, 특정 반경 안의 사상들을 검색한다. 선이나 면의 경우에는 버퍼링(buffering)이란 용어가 사용된다. 버퍼링은 수소의 1마일 범위, 강의 1km 주변, 호수 주변 500m(그림 9.13) 등의 형식으로 자료를 검색한다. 단순 버퍼는 질의 식으로 계산할 수 있으며 버퍼 내부의 특정 지역을 검색할 수 있다(그림 9.14). 유사하게, 가중 버퍼는 주어진 버퍼 내에서 원거리보다 근거리에 있는 점

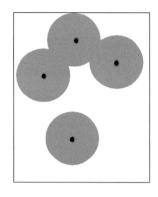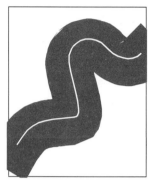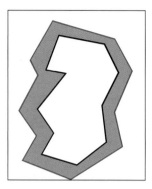

그림 9.13 버퍼 기능. 점(왼쪽), 선(가운데), 면(오른쪽) 버퍼. 버퍼는 1km 같은 단위 거리를 지정하거나 지도상의 각 점들로부터 사상으로의 거리를 지정할 수 있다.

을 우선적으로 선택하게 하는 비균일 가중치를 적용한다.

다른 데이터 검색 기능은 지도 중첩이다. 중첩은 불규칙적이고 중복되지 않는 지역들을 통합하여 공유되는 새로운 지역을 만드는 것이다. 이를 통해 새로운 속성으로 데이터베이스를 검색할 수 있다. 중첩 기능으로 지도 조합이나 제6장에서 논의된 레이어 가중치 같은 공간 분석을 할 수 있다. 벡터 시스템에서는 점을 추가하여 새로운 폴리곤으로 만들 수 있으며, 래스터 시스템에서는 셀 단위의 지도 대수(map algebra)로 자료를 분석할 수

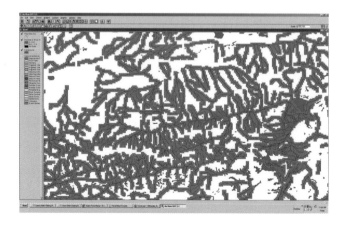

그림 9.14 AIMS 자료 중 아프가니스탄 일부 지역에 있는 강들 주변의 900m 폭의 버퍼. 보라색 지역은 하천에서 900m 이상 벗어난 농경지이다.

있다. 지도 중첩은 GIS의 핵심 기능으로, 구역 재설정(redistricting)으로 자료를 재구조화할 수 있다. 선거 구역의 재설정처럼 시행착오를 거쳐 구역을 재설정할 수 있다.

벡터 레이어를 중첩할 때는 다음의 두 가지 연산이 필요하다. 첫째는 도형의 교집합 연산(intersect)과 신규 사상 생성이다. 이는 점대면, 선대면, 면대면의 방식 등이 있다. 이 결과로 생성된 교차 영역에 대한 도형(교집합 도형)이 만들어진다. 둘째는 이렇게 생성된 도형의 속성 테이블을 작성하여 2개의 입력 레이어로부터의 속성을 포함시켜야 한다. 연산 과정이 완료되면 어떤 형태의 자료 변환 또는 검색이 가능해진다. 한 가지 예가 그림 9.15에 나타나 있다.

시설물 관리와 수문 시스템 관리부문에서 특히 중요한 기능은 네크워크 구축 및 검색 기능이다. 전형적인 네트워크에는 지하철 시스템, 파이프, 전력선, 하계망 등이 있다. 네트워크 검색에는 세그먼트 혹은 노드 검색, 노드 추가/삭제, 흐름 조절, 경로 선택 등의 세부 기능이 있다. 네트워크 기능은 모든 GIS 소프트웨어에 적용되지 않으며, 고속도로, 철도, 전력선 관리, 서비스 배달 등의 네트워크 관리 시스템에서 주로 구현된다. 예를 들어 하천 네트워크는 선으로 연결되어 오염 유출 모델을 만들 수 있으며, 도로 네트워크에서는 최단 경로를 계산할 수 있다. 네트워크 기능은 Google Maps나 MapQuest 같은 온라인 지도 서비스에서 내비게이션 방향정보를 보여 줄 때 사용된다.

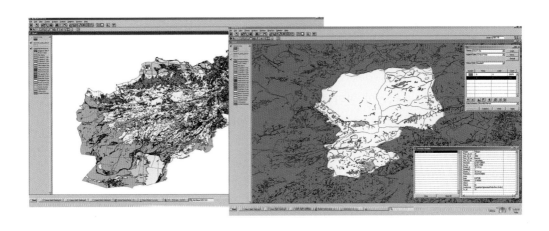

그림 9.15 지도 중첩. 왼쪽 : 행정 경계와 아프가니스탄 토지 이용. 오른쪽 : 중첩 결과(BamYan의 Yakawlang 지역 선택), 선택된 지역의 토지 이용 자료는 선택 지역 안에서 새로운 폴리곤과 속성을 형성한다. ArcView 3.2의 Geoprocessing 확장자를 사용하였다.

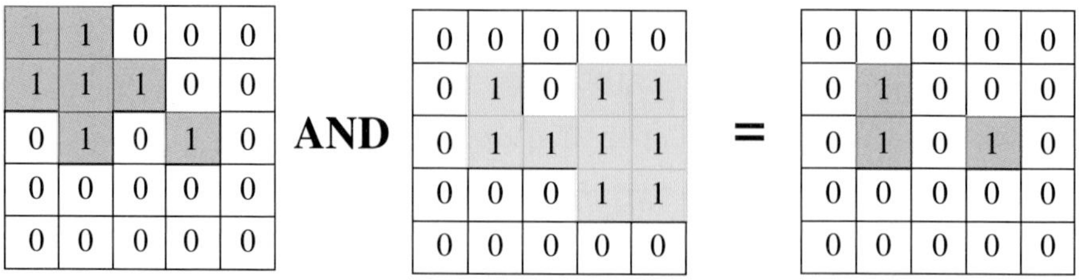

그림 9.16 지도 대수. 두 이진 이미지는 공통 지역으로 겹쳐져 덧셈, 곱셈, 나눗셈, 최대연산, 이산값 제거 등의 연산을 할 수 있다.

Dana Tomlin(1990)은 래스터 GIS의 지도 대수 개념으로 검색 기능들을 분류하였다. 지도 대수에서 연산은 불린(Boolean), 곱셈(multiply), 재분류(recode) 및 대수(algebra) 등이 있다. 불린 연산은 이진법 조합이다. 예를 들어 두 지도를 분류할 때 '좋음'과 '나쁨'의 두 가지 속성코드를 입력할 수 있으며 AND 연산으로 둘 다 '좋은' 속성값을 가지는 지역을 계산할 수 있다(그림 9.16). 곱하기는 두 레이어들의 속성값을 곱하는 연산으로, 두 가지 가중치가 서로 적용된다. 재분류 연산은 계산된 결과를 다른 속성값으로 변환한다. 예를 들어 퍼센트 값의 속성자료에서 70% 이상은 1로, 그 미만은 0으로 재분류할 수 있다. 결국 이진 연산 AND를 통해 그리드 단위로 자료의 지도 간 곱셈 연산이 이루어진다.

두 가지 진정한 공간 검색이라 할 수 있는 것은 군집(clump, aggregation)과 감별(sift) 연산이다. 군집연산은 늪 주변의 모든 토양을 습지로 분류하는 것처럼 보다 일반적이고 새로운 범주를 만드는 방법이다. 감별연산은 슬리버 같은 오류 셀들을 제거하는 연산이다. 마지막으로 몇몇 복합 검색은 사상의 형태를 계산하는 경우도 있다. 일반적으로 사용되는 형태값으로는 폴리곤의 변의 길이를 제곱한 값, 그 면적으로 나눈 값, 또는 선분의 길이를 두 끝점 사이의 직선 거리로 나눈 값 등이 있다.

9.3.5 데이터 분석

GIS의 분석 기능은 놀랄만큼 다양하다. 제7장에서 살펴본 것처럼, GIS 시스템의 분석 기능 중에는 사면의 향과 경사도 계산, 내삽을 통한 결측치 또는 중간값 추정, 가시권 계산, 표면의 골격선 추출, 네트워크 혹은 경관의 최적 경로 계산, 도로 건설에서의 충전채광법 등이 포함된다.

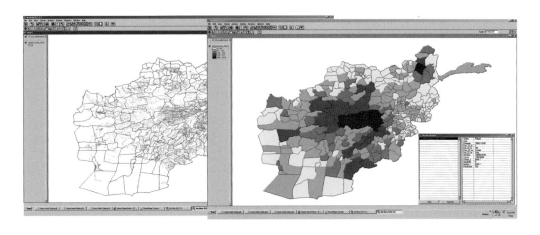

그림 9.17 점대면 분석. 왼쪽 : 아프가니스탄의 주택과 행정 경계. 오른쪽 : 점대면 연산으로 행정구역별 주택 수를 계산하여 새로운 속성값을 추가함. ArcView 3.2를 사용하였다.

다른 시스템과 달리 GIS 시스템에는 기하 검증이 있다. 기하 검증은 GIS를 구성하는 첫 단계로, 자료 차원, 점대면, 선대면, 점대선 거리로 계산한다. 점대면 계산은 참조된 지역에서 점 데이터베이스를 계산한다(그림 9.17). 토양 샘플을 점대면 연산으로 구획별로 나누어 각 지역 담당자들에게 보낼 수 있다. 더욱 복잡한 연산으로는 특정 지점에서 근접한 지역을 구획하여 보로노이 폴리곤(Voronoi polygon)을 생성하거나, 지표면을 자동적으로 하천 유역들로 나누는 기능을 예로 들 수 있다.

GIS에서 가장 중요한 연산은 때로는 가장 단순한 것이다. GIS는 스프레드시트와 데이터베이스 기능을 가져야 하며, 제6장에서 살펴본 것처럼 속성 계산, 통계적 진술로 요약된 보고서 작성, 평균, 분산, 유의성 검증, 잔차 검증 등의 통계 기능을 지원해야 한다.

9.3.6 데이터 표현

자료 표현은 제8장에서 살펴본 내용이다. GIS 시스템은 데스크톱 매핑이라고 불리는 주제도 작성 기능이 필요하다. GIS 소프트웨어는 단계구분도, 도형 표현도, 등치선도, 3차원 단면도 등의 다양한 주제도를 만들 수 있다.

모든 GIS 소프트웨어는 쌍방향 지도 수정 기능을 제공한다. 제목, 범례 등의 지도요소 수정과 Adobe Illustrator 혹은 CorelDraw 자료 형식 변환 등의 기능을 제공한다. 일부 GIS 시스템은 색조합(color schemes), 부적절한 지도 형식 알림과 같은 지도 제작 지원 기능을 제공한다. 이러한 지도학적 기능이 현재 시판되는 GIS 소프트웨어에 적용된다면, 지도 제작상의 오류나 효과적이지 못한 지도 디자인을 미연에 방지할 수 있을 것이다.

제8장에서 제시한 자료 표현 기능은 현재의 GIS 소프트웨어에서 제대로 적용되지 않고 있다. 특히 3차원 시각화 및 동영상 기능이 매우 미약하다. 이 기능들은 ESRI의 ArcScene과 ArcExplorer 같은 별도 소프트웨어들로 존재한다. 최근에는 많은 GIS 소프트웨어들이 쌍방향 시각화를 위해 Google Earth로 볼 수 있는 KML 변환기, 웹 표현을 위한 GeoVRML 변환기 및 동영상 프레임을 추출하기 위한 Adobe Flash 등 독립적인 외부 소프트웨어를 쓰는 경우가 늘고 있다.

9.4 GIS 소프트웨어 및 데이터 구조

위에서 논의한 것처럼, 이 장은 전형적인 GIS 기능에 대해 살펴보았다. GIS에서 관리되는 사상은 특정 데이터 구조로 구성되어 있다. 제4장에서 본 것처럼, 래스터/벡터, TIN, 쿼드트리, 객체지향 같은 GIS가 사용하는 데이터 구조에 따라 GIS가 할 수 있는 일의 범주, 연산 선택 및 오차 범위가 결정된다. GIS 데이터 구조의 선택은 단순히 선호 시스템을 결정하는 것뿐 아니라 사용 목적에 적절한 검색/분석 능력을 가진 모델을 선정하는 것이다.

토지 특성 분류의 경우 특정 목적에 따라 선호하는 자료 모델이 달라진다. 개략적인 산림자료로는 래스터가 적합하고, 선거구나 센서스 트랙 같은 비정형 폴리곤과 경계자료로는 벡터가 적합하다. 또한 모든 자료의 정확한 위치정보가 필요한 경우에는 벡터가 적합하고, 위성 혹은 지형자료를 사용할 때, 이미지 프로세싱이 필요할 때, 유역 분석의 경우에는 래스터가 적합하다. 많은 경우 GIS 이외의 전문적 변환 프로그램을 통해 래스터 자료의 벡터 전환이 이루어진다. 이를 통해 일반적인 오류를 줄이고 래스터 변환 문제를 해결할 수 있다. Google Earth나 World Wind처럼 전 지구 규모를 다룬 지오브라우저는 주어진 축척에 필요한 자료만을 화면에 출력하는 계층적인 데이터 구조에 기반하는 것이 필수적이다. 계층적 데이터 구조는 저장 방식으로 삼각형 모양으로 쿼드트리를 형성하는 계층 삼각망(hierarchical triangular network)을 사용하기도 한다.

물론 대부분의 GIS 소프트웨어는 사용자가 래스터 및 벡터자료를 선택적으로 입력할 수 있도록 지원한다. 하지만 상이한 구조를 가진 자료로부터의 데이터 검색이나 분석을 수행하기 위해서는 하나 또는 양쪽 레이어의 구조가 변환되어야 하며, 이 과정에서 불가피하게 자료의 형식, 정확도, 활용도를 저해할 수 있다.

9.5 최적의 GIS 소프트웨어 선택

최적의 소프트웨어는 사용 목적에 따라 주관적으로 결정된다. 모든 분야에 최적인 시스템을 구현할 수 없기 때문에, 사용 목적에 따라 여러 소프트웨어를 복합적으로 사용하는 것도 좋은 방법이다. 이 절에서는 목적별로 유용한 GIS 소프트웨어들에 대해 설명한다. 특정 소프트웨어에 대한 선호를 배제하고, 여러분을 위한 참고사항으로 목록을 제시하였다. 이 조사는 교육 및 전문적인 목적을 고려하였다. 최근 몇 년간의 흐름을 보면 지오브라우저의 기능이 늘어나고, 유용한 오픈소스 소프트웨어 및 프리웨어가 많아져 선택의 폭이 매우 넓어지고 있다.

9.5.1 오픈소스 GIS 소프트웨어

오픈소스 GIS 소프트웨어는 GIS 접근성의 새로운 차원을 제시하고 있다. 오픈소스 소프트웨어는 일반적으로 무료이며, WiKi 방식으로 지원 시스템을 가지고, 주기적으로 새로운 버전을 추가하고 있다. 대부분 오픈소스로서, 프리소프트웨어재단(Free Software Foundation)의 기준을 따르고 있다. 오픈소스 GIS 소프트웨어는 두 군데의 클리어링하우스에서 쉽게 찾을 수 있다. 첫째는 http://opensourcegis.org이다. 여기에는 250여 개의 GIS 및 관련 소프트웨어들이 있다. 둘째는 http://www.freegis.org(혹은 FreeGIS)로, 여기에는 자유로운 공유를 추구하는 GNU 정신에 의거한 무료 GIS 매쉬업 구성요소들이 있다.

오픈 소프트웨어의 가장 큰 장점은 무료라는 것이다. 또한 특정 기능이 부족한 경우 다양한 사용자 풀에 의해 개선책이 제시될 정도로 확장성과 보완성이 있다. 세 번째 장점은 공통 소프트웨어 설계 규칙에 의해 개발되기 때문에 모든 기능의 상호 호환성이 유지된다는 것이다. GRASS의 대부분 기능은 Quantum GIS이 기능으로 포함되었다.

표 9.1은 Steiniger와 Bocher(2008)가 만든 자료이며, 지속적으로 확장되고 있다. 이 시스템들은 단일 시스템이라기보다는 레고 블록 같은 소프트웨어 세트이다. 오픈소스로는 GeoTools(Open source GIS toolkit, OGC 스펙에 맞게 Java로 작성됨), GDAL/OGR, Proj.

표 9.1 오픈소스 GIS 소프트웨어

소프트웨어	내용	추가정보
gvSIG 1.0	스페인 건설교통부에서 Java로 만듦	http://www.gvsig.gva.es/
GRASS GIS 6.4	미군 공병단에서 제작	http://grass.itc.it/
SAGA GIS	System for Automated Geoscientific Analysis-하이브리드 GIS 소프트웨어. 독자적 API 제공, 교환 가능한 GIS 기능 모듈 라이브러리 제공	http://www.saga-gis.org/en/index.html
QGIS	Quantum GIS-QGIS는 Linux, Unix, Mac Os X, Windows에서 동작함	http://www.qgis.org/
MapWindow GIS	프로그래밍 컴포넌트 제공	http://www.mapwindow.org/
ILWIS	Intergrated Land and Water Information System. 벡터 및 주제도 작성 기능	http://www.itc.nl/ilwis/
uDig	Eclipse Rich Client 기술의 자료로 개발	http://udig.refractions.net/
Jump GIS/OpenJump-(Open)	Java Unified Mappling 플랫폼	http://www.jump-project.org/
Capaware rc1 0.1	3차원 뷰어, 카나리아 제도의 무료 소프트웨어	http://www.capaware.org/
Kalypso	Java, GML3의 오픈소스, 수자원 관리	http://www.ohloh.net/p/kalypso
TerraView	데스크톱 GIS, 벡터/래스터 자료 편집, 관계형/지오-관계형 DB 처리, TerraLib의 후속 작품	http://www.dpi.inpe.br/terraview/index.php
GeoServer	Java 기반의 공개 소프트웨어	http://geoserver.org/display/GEOS/Welcome
WebMap Server	인터넷 지도 서비스 프로토콜	http://terraserver-usa.com/ogcwms.aspx
MapGuide Open Source	웹기반 플랫폼	http://mapguide.osgeo.org/
MapServer	웹기반 지도 서버, 미네소타대학교에서 개발함	http://mapserver.org/
PostGIS	오픈소스 PostgreSQL 데이터베이스의 공간 확장자	http://postgis.refractions.net/
H2Spatial for	오픈소스인 DBMS H2_(DBMS)를 지원하는 공간 확장자	http://geosysin.iict.ch/irstv-trac/wiki/H2spatial/Download
SpatialLite for SQLite	SQLite의 공간적 확장자로 OpenGIS 요건에 따라 공간 데이터 지원	http://www.gaia-gis.it/spatialite-2.0/index.html
MySQL Spatial	OGC의 요건을 준수하는 MySQL의 공간 확장자	http://dev.mysql.com/doc/refman/5.0/en/spatial-extensions.html

4, OpenMap, MapFish, OpenLayers, Geomajas, GeoDjango, GeoNetwork opensource, FIST(Flexible Internet Spatial Template), Chameleon, MapPoint, OpenMap, Xastir,

Gisgraphy 등의 소프트웨어가 있다.

9.5.2 상업용 GIS 소프트웨어

최근 많은 상업용 GIS 소프트웨어가 개발되고 있다. 관련 산업이 활성화되면서, 항공산업이 발전함에 따라 대규모 기업이나 회사들이 합병하여 GIS 소프트웨어 사업에 관심을 돌리고 있다. 표 9.2는 Steiniger와 Bocher(2008)가 만든 자료이다.

최근 중국, 한국, 일본은 GIS 소프트웨어의 큰 시장으로 성장하고 있다. 그 밖의 해외 소프트웨어로는 Axpand(독일/스위스), Clarity by 1Spatial(영국), SavGIS(프랑스), VISION MapMaker(인도), Elshayal Smart(이집트) 등이 있다.

한편 보잉의 Spatial Query Server for Sybase ASE, Oracle의 Spatial for Oracle, ESRI의 ArcSDE, IBM의 DB/2, SDL의 Server 2008 등 DBMS에 GIS 소프트웨어를 추가한 경우도 많다.

9.5.3 소프트웨어의 선택 기준

GIS 소프트웨어를 선택할 때 성능뿐 아니라 다음의 여러 가지 항목을 고려해야 한다. 실제로 사용자 인터페이스와 데이터 구조 측면에서 데스크톱 GIS 소프트웨어들의 성능은 대동소이하다. 오히려 소프트웨어 선택, 설치, 운영 과정의 만족도가 중요한 이슈가 될 수 있다.

특히 비용은 가장 중요한 요소이다. 오픈소스 GIS의 등장으로 기본 소프트웨어 구매 비용이 0에 가깝게 떨어졌어도 여전히 숨은 비용의 문제를 고려해야 한다. GIS 소프트웨어를 사용할 때 초기 구입 비용뿐 아니라 유지관리 비용, 업그레이드 비용, 전화 지원 비용 등의 추가 비용이 소요된다. 특히 워크스테이션의 라이선스 유지관리 비용은 소프트웨어 구입 비용의 상당 부분을 차지할 수 있다. 또한 소프트웨어가 새로운 버전으로 업그레이드될 때 이전 버전의 지원을 중단하게 되어 이에 대한 비용이 추가로 소요된다. 대규모 프로젝트에서는 이와 같은 비용을 소프트웨어 예산으로 책정해야 한다. 한편 셰어웨어나 프리웨어는 지원 시스템이 미약하지만 구입 및 업그레이드 비용은 들지 않는다. 한편 다른 소프트웨어와 통합, 추가 기능 개발, 네트워크 지원, 변경 추적(track change) 등의 단계에서 추가 비용이 필요하다.

GIS 교육도 중요한 고려 사항이다. GIS 소프트웨어의 경우, 초보자들이 쉽게 사용할 수 있는 예는 거의 없기 때문에 시스템 전문가들의 지원으로 사용자 교육이 필요하다. 또한

표 9.2 상업용 GIS 소프트웨어

소프트웨어	내용	추가정보
Autodesk	Map 3D, Topobase, MapGuide 등 AutoCAD 패키지	usa.autodesk.com/
Bentley Systems	Bentley Map, Bentley PowerMap, MicroStation 소프트웨어 인터페이스	www.bentley.com/en-US/
Intergraph	GeoMedia, GeoMedia Professional, GeoMedia WebMap 등 사진 측량, 건설 부분 추가 소프트웨어	www.intergraph.com/
ERDAS	Leica Geosystems 제작, GIS, 사진 측량, 원격탐사. 메인 소프트웨어는 Imagine	www.erdas.com
ESRI	ArcView 3.x ArcGIS, ArcSDE, ArcIMS, ArcWeb services, ArcServer	www.esri.com
ENVI	ITT. 영상 분석, 다중밴드 분석	www.itt.com
MapInfo	Pitney Bowes 제작. MapInfo Professional, MapXtreme 포함. GIS 자료 서비스 통합	www.mapinfo.com
Manifold	GIS 소프트웨어 패키지	www.manifold.net
Smallworld	영국 케임브리지에서 시작되어 General Electric이 소유하고 있으며, 공공 시설물 관리에 사용함.	www.gepower.com/prod_serv/products/gis_software/en/smallworld4.htm
Cadcorp	CadCorp SIS(데스크톱), GeogmoSIS(web), mSIS(모바일), 개발자 도구	www.cadcorp.com
Caliper	Maptitude, TransCAD, TransModeler, 교통 분야	www.caliper.com
GeoConcept	GeoMap 3D, Topobase, GC Standard, GC enterprise, Sales & Marketing, routing, Geo optimization, Geo Server 등	www.geoconcept.com/en
IDRISI	Clark Lab가 개발한 Taiga GIS 제품	www.idrisi.com
Tatuk GIS	TatukGIS 개발자 도구(SDK), GIS 인터넷 서비스, 편집, 뷰어	www.tatukgis.com
SuperGeo	SuperGIS 데스크톱, SuperPad Suite, SuperWebGIS, SuperGIS Engine, SuperGIS, Mobile Engineg, SuperGIS Image Server, SuperGIS Server, 확장 데스크톱 버전	www.supergeotek.com

특정 설치 환경을 반영해야 하며, 정식 GIS 교육이 필요하다. 이 책은 GIS의 이해뿐 아니라 기술적인 정보를 충분히 제공하고 있다. 많은 사용자들은 GIS 판매상 혹은 다른 자료들을 통해 기술 교육을 받고 있다. 기술 교육은 1~2간의 워크숍 혹은 대학 한 학기 강좌 분량까지 다양하다. GIS 교육에 따라서는 상당히 비싼 수강료를 지불해야 하고 시간 소모

적인 일이 될 수도 있다. 잘 구축된 GIS 시스템이라 할지라도 제때에 올바른 기술적 전문성을 갖춘 한두 사람의 전문가가 결여되면 목적 달성을 하기가 힘들어진다.

기술 교육이 끝나면 본격적인 GIS 사용이 시작된다. 업무에서 소프트웨어를 사용할 때는 인쇄물 혹은 온라인 매뉴얼이 유일한 해결책이 된다. GIS 매뉴얼은 사용자가 읽고 이해를 돕는 정도나 내용의 분량 측면에서 많은 차이가 있다. 일부 소프트웨어의 매뉴얼은 제대로 되어 있지만, 그렇지 않은 경우도 있다. FAQ나 블로그에서 애매한 문제들을 해결할 수 있는 경우가 많다. 사용자들은 부실한 매뉴얼 읽기에 시간을 낭비하지 않도록 GIS 소프트웨어 구매 전에 문서들을 철저히 살펴보아야 한다. 검색 기능이 충실한 온라인 매뉴얼 제공도 좋은 방법이다. 온라인 매뉴얼은 하이퍼텍스트 링크로 소프트웨어를 실행하면서 별도의 창을 띄워 확인할 수 있으므로 좋은 참조자료로 활용할 수 있다. 많은 셰어웨어 GIS들은 온라인 매뉴얼 기능을 제공한다.

이와 같은 도움 기능에도 불구하고, GIS 사용자들은 전화, 이메일 등으로 고객센터로 연락하거나 소프트웨어 개발자들과 접촉해야 할 때가 있다. 전화 상담은 장시간에 걸쳐 복잡한 내용을 문의할 수 있으며, 통화가 안 되는 경우일지라도 전화번호를 남겨 둘 수 있다. 이메일은 업무시간에만 이용 가능한 전화의 시간적 제약을 극복할 수 있다. 한편 WiKi나 온라인 동호회가 도움을 줄 수도 있다. 도움이 필요할 때 정확한 문제 상황에 대해 간결하게 내용을 제시하는 것이 필요하다. 오류 상황을 캡처한 그림을 이메일로 보내는 것도 좋은 방법이다. 일반적으로 매뉴얼이나 사용자 가이드를 숙독하는 것이 유용하다.

소프트웨어 유지관리도 주요한 고려요소가 된다. 대부분의 GIS 소프트웨어는 업그레이드 버전의 재설치 혹은 패치파일을 제공한다. 네트워크 환경이나 대규모 시스템의 경우 유지관리가 매우 중요하다. 사용자들은 위급 상황에서 많은 파일과 자료들을 관리해야 한다. GIS 시스템은 정체된 것이 아니라 지속적으로 진화하고 발전한다. 소규모 실험적 작업을 위해 충분한 기능을 하던 GIS 시스템도 이어지는 후속 작업에는 적합하지 않을 수 있다. 점차 하드웨어가 좋아지고, 저장 공간이 늘어나고, 비용도 줄어들고 있지만, 여전히 설치, 유지, 사용 단계에서 전문적 기술 지원이 지속적으로 필요하다. GIS 기술자들은 통상 더 좋은 일자리를 얻을 수 있을 만큼 빠른 속도로 훈련되고 있다. 이와 같은 인력 측면의 일도 GIS 비용 계획에서 고려해야 한다.

GIS 소프트웨어를 선택하는 것은 복잡한 과정이다. 효율적인 접근 방식은 새롭게 차량을 구입하는 사람의 태도를 취하는 것이다. 먼저 GIS 사용자는 시스템의 요구사항, 기술

성능, 제한사항 등에 대해 세부적으로 자료를 수집해야 한다. 신차 구입자는 도어 숫자, 파워 스티어링, 트렁크 공간, 전륜구동 방식 등을 결정한다. 두 번째로 시스템에 적절한 지 판단해야 한다. 성능 간 비교 선택(trade off)이 필요하다. 다음으로 자동차 대리점을 방문하여 시험 운행을 한다. GIS 소프트웨어들도 인터넷상이나 컨퍼런스에서 데모나 셰 어웨어 버전을 받아 성능을 시험할 수 있다.

　마지막으로, '최종 선택은 사용자의 몫이다.' 자동차를 사용할수록 유지관리 및 수리가 필요하다. 차를 사기 위해서도 하루 온종일을 투자해야 하는 것처럼 GIS 소프트웨어를 선 택하는 것도 신중해야 한다. 결론적으로 GIS 소프트웨어를 선택하는 데는 최종 결정 전에 검색, 선택, 시험, 문의의 단계가 있다. 최종 선택은 사용자인 당신에게 달려 있다.

학습 가이드

이 장의 핵심 내용

○ GIS 사용자들은 시스템 선택 과정에서 다양한 GIS 소프트웨어를 알아야 한다. ○ 정보에 기반 한 선택이 가장 적절한 GIS 소프트웨어 선택 방법이다. ○ GIS 소프트웨어는 짧은 역사에도 불구 하고 비약적으로 발전하고 있다. ○ 초창기 GIS 소프트웨어는 기존의 컴퓨터 지도 시스템을 개선 하여 공간 기능을 위해 FORTRAN 프로그램으로 개발되었다. ○ 1980년대에 자료 처리를 위해 스프레드시트가 마이크로컴퓨터에 도입되었다. ○ 1980년대 초반에는 관계형 DBMS가 본격적으 로 사용되었다. ○ 독립적인 사용자 인터페이스가 개발되면서 본격적인 GIS가 개발되었다. ○ 2 세대 GIS 소프트웨어는 그래픽 사용자 인터페이스(GUI)를 사용하고, 데스크톱/WIMP 모델을 사용 하였다. ○ 유닉스 워크스테이션은 X-윈도우 그래픽을 지원하였다. ○ GUI가 활성화되면서 GIS 소프트웨어들로 독자적인 그래픽 환경에서 운영체제의 그래픽 환경을 지원하게 되었다. ○ 개인 용 컴퓨터가 윈도우즈 및 다른 운영체제로 사용되었다. ○ GIS 기능은 자료 획득, 저장, 관리, 검 색, 분석, 표현의 6개 범주로 분류할 수 있다. ○ 자료 획득은 디지타이징, 스캐닝, 모자이크, 편 집, 일반화, 위상 처리 기능이 있다. ○ 저장 기능은 압축, 메타데이터, 매크로/프로그래밍, 자료 포맷 지원 등이 있다. ○ 자료 관리는 물리적 메모리 관리, DBMS, 어드레스 매칭, 마스킹, 쿠키 커팅 등이 있다. ○ 데이터 검색은 위치 검색, 속성 선택, 버퍼링, 지도 중첩, 지도 대수 등이 있 다. ○ 자료 분석은 내삽, 최적 경로 선택, 기하 검증, 경사도 계산 등이 있다. ○ 자료 표현은 데 스크톱 지도 제작에서 지도요소 수정, 그래픽 파일 출력 등이 있다. ○ GIS 소프트웨어의 기능은

특정 데이터 구조에 영향을 받는다. ○ 래스터 시스템은 산림 자원, 사진 측량, 위성 영상, 경사 분석, 수문 관리 등에 유용하다. ○ 벡터 시스템은 토지 분석, 인구 센서스, 정확한 위치 및 네트워크 자료에 유용하다. ○ GIS 소프트웨어는 오픈소스와 상용 소프트웨어로 나눌 수 있다. ○ GIS 소프트웨어 선택에는 비용, 업그레이드, 네트워크 지원, 교육, 설치 및 유지관리, 매뉴얼, 고객 지원 등 다양한 고려사항이 있다. ○ 소프트웨어 선택은 복잡한 과정이다. ○ 지혜로운 소비자는 구매 전에 검색, 선택, 시험, 문의 과정을 거친다.

학습 문제와 활동

GIS 소프트웨어의 진화

1. 다음 사이트의 자료를 활용하여 1960년대부터 현재까지 GIS 소프트웨어들을 시기별로 정리하고 제1장과 제9장에서 논의된 내용을 비교해 보라 — http://www.casa.ucl.ac.uk/gistimeline, http://www.gisdevelopment.net/history/index.htm 등.

GIS 및 운영체제

2. 표 9.1과 표 9.2의 소프트웨어를 메인프레임, 워크스테이션, 마이크로컴퓨터 운영체제별로 정리해 보고 어떤 시스템이 많이 사용되는지 확인해 보라.

3. 기회가 되면 리눅스나 윈도우즈 등 다양한 운영체제를 설치하거나 기존에 설치된 시스템에서 다음 작업을 실행하라 — 50개의 숫자를 스프레드시트 파일로 저장하고 차트로 표현할 때 소요된 시간을 비교해 보라.

GIS의 기능 범위

4. GIS의 6개 기능의 리스트를 만들고 기능들에 대한 점수를 매겨 GIS 시스템을 비교해 보라.

5. 두 GIS 소프트웨어의 매뉴얼을 비교해 보라. 디지타이징 같은 동일 항목을 읽고 매뉴얼의 수준을 비교해 보라.

GIS 소프트웨어 및 데이터 구조

6. 데이터 구조를 다룬 제4장을 읽고 데이터 구조 및 변환의 기준에 따라 GIS 소프트웨어들을 분류해 보라.

최적의 GIS 소프트웨어 선택

7. 'GIS 사람들' 코너에서 특정 소프트웨어에 대한 언급과 이 장에서 언급한 특성들을 비교하라.

8. 서로 다른 GIS 소프트웨어 환경에서 AIMS 아프가니스탄 데이터를 다운로드해 중첩, 버퍼 등의 검색 작업을 해 보라. 이 과정을 단계별로 상세하게 기록하라. 문제 해결에서 상세한 매뉴얼이 얼마나 유용한지 살펴보라. 완성된 지도를 동일 축척과 크기로 출력해서 비교해 보라.

참고문헌

Albrecht, J. (1996) Universal GIS Operations for Environmental Modeling *Proceedings, Third International Conference/Workshop on Integrating GIS and Environmental Modeling.* http://www.ncgia.ucsb.edu/conf/SANTA_FE_CD-ROM/sf_papers/jochen_albrecht/jochen.santafe.html.

Buckley, A. and Hardy, P. (2006) "Cartographic Software Capabilities and Data Requirements: Current Status and a Look toward the Future,"*Cartography and Geographic Information Science*, vol. 34, no. 2, pp. 155–157.

Brassel, K. E. (1977) "A survey of cartographic display software," *International Yearbook of Cartography*, vol. 17, pp. 60–76.

Day, D. L. (1981) "Geographic information systems: all that glitters is not gold." *Proceedings, Autocarto IV*, vol. 1, pp. 541–545.

Marble, D. F. (ed.) (1980) *Computer Software for Spatial Data Handling.* Ottawa: International Geographical Union, Commission on Geographical Data Sensing and Processing.

Moreno-Sanchez, R. Anderson, G., Cruz, J., and Hayden, M. (2007) "The potential for the use of Open Source Software and Open Specifications in creating Web-based cross-border health spatial information systems." *International Journal of Geographical Information Science*, vol. 21, no. 10, pp. 1135–1163

Samet, H. (1990) *The Design and Analysis of Spatial Data Structures*. Addison-Wesley, Reading, MA.

Steiniger, S. and Bocher, E. "An Overview on Current Free and Open Source Desktop GIS Developments." http://www.spatialserver.net/osgis.

Steiniger, S. and Weibel, R. (2009) "GIS Software—A description in 1000 words" http://www.geo.unizh.ch/publications/sstein/gissoftware_steiniger2008.pdf.

Tomlin, D. (1990) *Geographic Information Systems and Cartographic Modelling*. Upper Saddle River, NJ: Prentice Hall.

Tomlinson, R. F. and Boyle, A. R. (1981) "The state of development of systems for handling natural resources inventory data," *Cartographica*, vol. 18, no. 4, pp. 65–95.

주요 용어 정의

개별 엔티티(entity by entity) 전체 레이어가 아니라 특정 사상을 표현하는 데이터 구조.

경계 매칭(edge matching) 분할된 종이지도의 축척, 데이텀, 타원체, 투영법 등을 통일하여 경계를 일치시키는 것.

고객지원 전화(help line) 전문가의 지원을 받을 수 있는 전화번호.

고유 포맷(proprietary format) 일반 공용 포맷이 아니라 특정 소프트웨어에서 사용되는 고유 자료 형식.

관계형 DBMS(relational DBMS) 관계형 데이터 모델에 근거한 DBMS.

군집화(clump) 공간적으로 통합하는 것. 유사한 속성값을 조인하여 단일 사상으로 합침.

그래픽 사용자 인터페이스(Graphical User Interface, GUI) 윈도우, 메뉴, 아이콘, 포인터 등을 사용하는 그래픽 사용자 환경.

기기 독립성(device independence) 특정 소프트웨어에 종속적이지 않은 사용자 환경.

기능(functional capability) GIS를 다른 시스템과 구분할 수 있는 GIS의 고유 기능.

기능 정의(functional definition) 기능에 대한 설명.

기하 검증(geometric test) 지리사상 간의 공간적 관계를 검증하는 것. 예를 들면 점 사상이 폴리곤에 포함되었는지 확인할 수 있음.

노드 스냅(node snap) 멀티 노드나 점을 단일 노드로 이동하는 것. 정확한 노드 이동으로 사상 간 경계가 일치됨.

데스크톱 메타포(desktop metaphor) 그래픽 환경에서 사용자에게 사용하는 물리적 유추 기능. 컴퓨터 GUI에서 데스크톱은 달력, 시계, 파일 캐비닛 등의 요소로 표현됨.

데스크톱 지도 제작(desktop mapping) 지도 형식, 심벌, 표현 등 지도학적 요소들을 직접 사용할 수 있는 기능.

데이터 교환 포맷(data exchange format) GIS 소프트웨어 간의 데이터 교환을 위한 자료 형식.

데이터 구조(data structure) 공간 및 속성 데이터의 논리적/물리적 구조.

데이터베이스 관리 시스템(database management System, DBMS) GIS의 일부로서 속성 데이터를 관리하는 도구.

동적 세그멘테이션(dynamic segmentation) 선 자료에 점을 추가하여 새로운 세그먼트를 만들어 속성을 추가하는 것.

러버 쉬팅(rubber sheeting) 두 레이어를 공간적으로 일치시키기 위한 통계적 왜곡.

마스킹(mask) 분석에 불필요한 부분을 삭제하기 위한 레이어.

매크로(macro) GIS 기능을 편집할 수 있는 공통 프로그래밍 인터페이스.

멀티태스크(multitask) 여러 작업 프로세스를 동시에 수행하는 것.

메타데이터(metadata) 데이터에 대한 데이터, 인덱스 형태로 자료에 대한 정보를 기록. 메타데이터에는 자료 생성일, 출처, 지도 투영법, 축척, 해상도, 정확도, 정보 신뢰도 등이 기록됨.

모자이크(mosaic) 여러 종이 지도를 경계에 따라 일치시키는 것. 통합된 지도 경계로 일치됨. 모자이크를 위해서는 투영법, 데이텀, 타원체, 축척 등이 동일해야 함. '경계 매칭' 참조.

버전(version) 소프트웨어의 갱신 이력. 완전히 갱신되면 버전 3과 같이 새로운 숫자를 쓰고 일부 갱신의 경우 버전 3.1과 같이 씀.

버퍼(buffer) 점, 선, 면 주변의 특정 지역.

벡터(vector) 점 혹은 노드, 세그먼트 등으로 지리사상을 구성하는 데이터 구조.

사용자 인터페이스(user interface) 운영체제에서 사용자의 사용환경, 기본적으로 명령 비력 혹은 프로그램 형태로 구성됨.

상위 호환성(upward compatibility) 자료, 스크립트, 기능 등의 하위버전의 상위버전 지원 가능성.

설치(installation) GIS 소프트웨어를 사용하기 위한 최초 단계. 파일 복사, 라이선스 등록 등의 작업이 있음.

스프레드시트(spreadsheet) 숫자를 입력하고, 테이블로 변환하고, 관리하는 컴퓨터 프로그램.

시프트(sift) 최소 사상 크기보다 작은 정보를 삭제하는 것.

실행 데이터(active data) 처리 과정에 있는 자료. 속성 데이터를 스프레드시트 형태로 기록하거나 질의 식으로 추출함.

압축(compression) 공간적, 물리적으로 파일 크기를 감소시키는 방법.

어드레스 매칭(address matching) 주소를 바탕으로 속성정보를 추가하는 것. 어드레스 매칭은 주소 목록 같은 항목을 공간적으로 표현할 수 있음.

어파인 변환(affine transformation) n차원 공간이 1차식으로 나타내지는 평면 변환으로 변환, 회전, 축척 변환 등에 사용됨. 상관 변환이라고도 함. 어파인 변환은 다른 축척의 자료를 일치시킬 때 사용함.

온라인 매뉴얼(online manual) 검색이 가능하도록 컴퓨터 도움말을 온라인 버전으로 변환한 것.

워핑(warping) 러버쉬팅 참조.

위상 처리(topologically clean) 벡터자료의 위상 관계를 정리하여 중복과 누락된 사상을 방지하고 노드 간 연결성을 유지하는 것.

유닉스(Unix) 워크스테이션 환경의 운영체제.

융합(dissolve) 지도 외곽선과 같이 자료 획득 후 불필요한 경계들을 삭제하는 것.

일괄처리(batch) 여러 명령을 세트로 해서 일관적으로 작업하는 것.

일반화(generalization) 축척의 변환에 따라 지도 내용을 단순화하는 것.

자료 가져오기(import) 외부파일에서 GIS 자료로 변환하는 기능.

재순서화(renumbering) DMBS에서 속성의 범주를 변환하는 것. 래스터 GIS에서 그리드 셀을 범주로 변환하는 것.

지도 대수(map algebra) Tomlin이 정의한 지도 연산 개념.

지도 중첩(map overlay) 동일 축척, 투영법에 근거해 정확한 위치로 복수의 지도를 일치시킴.

쿠키 커팅(cookie-cut) 관심 지역 이외의 지역을 삭제하는 공간 연산. 예를 들어 위성 영상에서 주 경계 부분을 추출하는 경우 사용됨.

통합 소프트웨어(integrated software) 개별적인 프로그램을 통합하여 공통 사용자 환경으로 변화시키는 소프트웨어.

패치(patch) 소프트웨어의 성능을 개선하기 위한 추가 파일.

퍼지 임계치(fuzzy tolerance) 스냅이 적용되는

1차원 범위.

6개 기능 범주(critical six) Deuker의 정의에 따라 압축, 메타데이터, 매크로/프로그래밍, 데이터 포맷 지원 등으로 분류한 것.

CALFORM 초창기 주제도 매핑 소프트웨어.

CAM(Computer-Assisted Mapping) 1960년대의 컴퓨터 매핑 소프트웨어로 투영법 변환, 외곽선 출력 프로그램.

CGIS(Canadian Geographic Information System) 캐나다에서 국가자원관리를 위해 개발된 초창기 GIS.

DXF AutoCAD의 자료 교환 포맷, 벡터 기반 그래픽 파일 교환 표준.

FORTRAN 수학 기반의 초창기 컴퓨터 프로그래밍 언어.

GNU(무료 프로그램) 프리 소프트웨어 재단(Free Software Foundation)에 근거한 무료 소프트웨어 배포 전략.

local area network(LAN) 구내 정보 통신망, 라이선스 파일 등 네트워크상에 설치할 때 사용.

SDTS(Spatial Data Transfer Standard) 미국의 GIS 자료 교환 표준.

SURFACE II 초창기 캔자스 지질조사국의 매핑 소프트웨어.

SYMAP 초창기 컴퓨터 매핑 소프트웨어.

VisiCalc 1세대 마이크로컴퓨터에서 사용된 스프레드시트.

WIMP 윈도우즈, 아이콘, 메뉴, 포인터 등 GUI의 구성 요소.

X-Windows MIT에서 개발한 유닉스 운영체제에서 구동되는 그래픽 GUI.

ZIP 모자이크 참조.

GIS 사람들

Jonathan Raper, 영국 런던시립대학교 GiCentre 정보과학 교수

KC 우리는 현재 런던의 구 궁궐에 있는 왕립지리학회에 있습니다. 당신이 지리학/지도학에서 관심을 갖고 있는 것은 무엇입니까?

JR 저는 영국 케임브리지대학교에서 지리학을 전공했습니다. 런던의 퀸메리대학교에서 박사를 하고 브릭벡대학으로 가면서 GIS 전문가가 되었습니다. 제가 관심을 가진 게 무엇이냐고요? 10대 시절 삼촌이 제게 장래에 무엇이 될 것인지 물었습니다. 나는 야외에서 일하고 싶다고 했더니 삼촌이 밖에서 일하고 싶으면 책상을 창문이 있는 쪽

으로 옮기라고 했습니다. 이를 계기로 지리
학자로서 연구에 관심을 갖고 실외에서 지
형 분석 연구를 하게 되었습니다.

KC 그런데 왜 지리학자인데 정보학과에 있습
니까?

JR 지리학은 광범위한 주제입니다. 인간 사회
에 대해 다양한 지리학적 관점이 존재합니
다. 정보과학 분야에서도 지리학적 관점이
필요합니다. 나는 런던시립대학교에서 지
리적 지식과 정보과학 간의 연결고리로서
사회정보학을 지리학적 차원에서 접근하
고 있습니다. 지리정보과학이 꼭 지리학과
에만 있어야 한다고 생각하지 않습니다.

KC 당신의 연구 프로젝트에 대해 말해 주세요

JR 우리는 기술과 길 찾기 및 주변 인식의 인
터페이스에 대해 연구하고 있습니다. 사람
들이 모바일 기기를 가지고 길 찾기에 활
용하는 형태를 조사합니다. 관광객이나 여
행자를 위해 우리는 WebPark 프로젝트에
서 GIS로 국립공원을 방문하는 경험을 할
수 있도록 하고 있습니다. 또한 유럽 국립
공원에 적용할 수 있도록 자회사로 설립하
였습니다. 우리는 모바일 환경에서 지리정
보의 접근성과 커뮤니티에 대해 연구하고

있습니다. 'Location Based Services for
all' 프로젝트는 노인, 시각장애인들의 보행
자 내비게이션을 연구하는 것입니다. 여기
왕립지리학회에서 실제 사용자들이 테스
트를 진행하고 있습니다.

KC 이 실험 시스템들이 미래 GIS에서 상용화
되어 판매될 수 있습니까?

JR GIS의 초창기에는 도시계획가, 시설물 관
리자, 산림 전문가 등의 전문가 영역에서
GIS가 주로 사용되었습니다. 이제는 일반
사람들이 지리정보 및 GIS를 사용하는 시
기를 맞고 있습니다. 사람들은 손목시계를
보고 간단히 시간을 알 수 있는 데 비해,
자신이 어디에 있는지, 어디로 가는 중인
지 공간정보에 대해서는 쉽게 설명하지 못

합니다. 아직 완전한 위치 파악과 경로 시스템이 없기 때문입니다. 저는 개인화된 GIS(Personal GIS)가 매우 중요해질 것으로 생각합니다. 개인화된 GIS는 사용하기 쉬워야 하며, 직관적인 방향 인식이 가능한 지리 개념에 기반해야 할 뿐만 아니라, 자기중심적인 지리정보로 이해되어야 합니다.

KC 감사합니다. 좋은 연구를 기대합니다.

제 10 장

GIS 활용

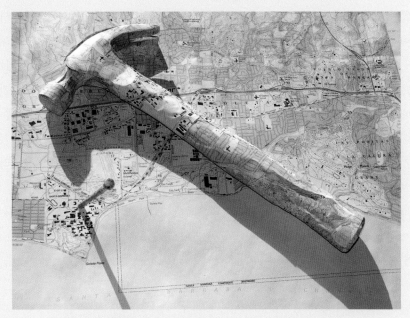

총알이 박힌 컴퓨터는 그저 종이를 눌러 주는 문진의 용도로 쓰일 뿐이다.
총알이 박혀 있을지라도 지도는 여전히 유용한 지도이다.
Keith Hauk 소령(아프가니스탄 주둔 미군 지휘관)

10.1 사례를 통한 GIS 학습

앞 장에서 우리는 GIS에 대한 기본 이해를 위한 이론과 원리를 살펴보았다. 그러나 실세계에서의 지리적 문제를 해결하기 위해 소프트웨어를 사용해 보지 않는다면 진정으로 GIS를 배우는 것은 불가능하다. GIS에 관한 많은 교훈 중 가장 중요한 것들은 강력하고 다재다능한 도구가 실제로 활용되는 것을 보면서 배울 수 있다. 이 장에서는 GIS 활용을 이해하기 위해서 사례연구 방법을 적용한다. 4개의 사례연구가 소개될 것이며, 각각의 사례연구들은 GIS 소식지에 소개된 바 있다. 사례연구의 출처는 GeoPlace의 GeoReport 파일이며, www.geoplace.com의 'archives' 메뉴에서 받아 볼 수 있다. 이 보고서들은 저작권자의 사용 허락을 받았다.

각각의 사례에서는 연구문제, 해결 방안, 사용한 GIS 소프트웨어를 요약한 GIS 활용 보고서를 함께 제시한다. 교육적 목적에 부합할 수 있도록 GIS를 배우기 시작하는 사람들에게 도움이 될 수 있는 결론과 교훈들을 사례연구에서 도출할 것이다. 4개의 사례연구는 허리케인, 산불과 같은 자연 재해와 기업식 농업, 전력과 같은 산업 분야를 포함하고 있다. 여러분이 앞으로 살펴보겠지만, 관심을 갖는 영역과 자료는 지역적이지만 전반적인 영향은 매우 광범위하다. 예를 들어 전 지구적 환경 변화는 허리케인과 산불의 발생 가능성을 높이고, 특정 지역에서 자랄 수 있는 농업 작물의 종류를 변화시키며, 도시를 식히고 데우기 위한 에너지의 양에 직접적으로 영향을 미친다. 우리는 이 장을 마무리하면서 이 같은 주제들을 다룰 것이다.

10.2 허리케인 대응과 복구에서의 GIS

GeoReport 발행일 : 2009년 3월, 게시일 : 2009년 4월 1일

저자 : Gregroy S. Fleming, Frank C. Veldhuis, Jason D. Drost(Fleming은 NorthStar Geomatics의 회장, Veldhuis는 부회장, Drost는 GIS 시스템 분석가이다.)

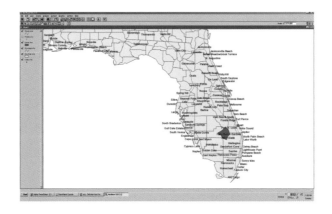

그림 10.1 플로리다 주 마틴 카운티 지도(ArcView 3.2).

그림 10.2 허리케인 Frances와 Jeanne이 지나간 후, 마틴 카운티 전역에서는 수많은 잔해 더미가 수거되어 여러 곳의 하치장으로 옮겨졌다.

그림 10.3 잔해 제거 작업이 끝나자 32,000건 이상의 적재물 정보가 기록되었다.

2004년 플로리다 주의 마틴(Martin) 카운티는 3주 동안이나 머물렀던 2개의 허리케인(Frances와 Jeanne)으로 역사상 가장 힘든 허리케인 시즌을 보냈다. NorthStar Geomatics는 플로리다에서 측량/매핑, GIS, 자산관리에 특화된 기업인데, 당시 허리케인과 함께 떠밀려온 잔해들에 대한 자료를 정리하여 도표화하는 데 중요한 역할을 하였다.

이 회사의 노력은 카운티가 잔해를 제거하면서 지출한 1,700만 달러 이상의 비용 변제를 받는 데 중요한 역할을 하였다. NorthStar의 보고서는 미국 연방재난관리청(FEMA)에서 345만 달러의 비용 변제를 거부하는 문제를 해결하는 데 중요한 공헌을 하기도 하였다. 사례에서 적용된 절차는 유사한 비상대응 상황에서 잔해를 제거하기 위한 기록과 지도화를 위한 기준(benchmark)으로 활용되었다.

폭풍

2004년 9월에 마틴 카운티를 덮친 허리케인 Frances와 Jeanne은 전례 없는 피해를 주면서 가옥, 산업시설, 공공기반시설을 파괴하였다. 폭풍 피해로 건축 잔해, 나무, 초목으로 이루어진 거대한 쓰레기 더미들이 생겨났다. 최종적으로 100만 입방야드 규모의 잔해들이 모였으며, 카운티의 기술직 직원에게는 물류적, 행정적 측면의 중요한 도전이었다.

마틴 카운티의 위기 대응 계획에는 잔해들을 처리하는 절차가 포함되어 있었고, 지역의 운송 도급업자들과 재난 복구 계약을 이미 체결해 놓은 상태였다. 하지만 중요한 것은 FEMA의 안내서에 따라 수집된 잔해 더미에 대해서 정확하게 기록하는 작업이었다. 카운티 공무원들은 자신들이 잔해 더미들에 대해서 정확한 정보들을 수집해 효과적이고 믿을 만한 방식으로 시의적절하게 FEMA에 보고해야 한다는 점을 알고 있었다. 이 과정에서 FEMA의 검사를 통과할 수 있도록 기록하는 것 못지않게 정확성도 중요하였다.

다행스럽게도, 마틴 카운티는 2001년부터 기반시설을 관리하기 위한 자산관리 프로그램을 도입하고 있었다. 그리고 NorthStar가 카운티의 GIS 코디네이터로서 데이터베이스를 관리하고 확장하는 데 도움을 주고 있었다. NorthStar는 카운티의 기술직 직원들과 자연스럽게 협력하면서 잔해 더미들을 제거하기 위한 기록 작업을 신속하게 진행할 지식을 갖추고 있었다. 따라서 성공적인 기록 작업을 진행하기 위해서는 NorthStar의 신속한 참여가 중요하였다. 카운티 공무원들은 폭풍이 지나가자마자 자료 수집과 추적을 위한 계약을 즉시 체결하였다.

작업 과정

허리케인이 지나간 후, 인부들은 잔해 더미들을 모아 세 곳의 하치장으로 운송하였다. 이 과정에서 계약자, 직원, 차량, 적재물 크기, 적재 장소, 적재 날짜, 시간, 하치 장소와 같은 적재물에 대한 정보는 적재표(load ticket)에 기록되었다. 하치장에서는 카운티, FEMA, 제3의 도급업체에서 나온 대표자들이 모여서 각각의 적재물에 대해서 검사하였다. 적재표는 하루 단위로 취합되었으며, 운송 도급업자들이 스프레드시트에 입력하였다. 이것은 간단한 작업이 아니었다. 수거 작업이 끝나고 나니 32,000건이 넘는 적재정보가 구축되었다.

기록 과정의 첫 단계는 적재표를 광범위하게 검사하는 것이었다. NorthStar는 정보의 정확성을 확인하기 위해서 모든 적재표가 도급업체에서 작성한 스프레드시트에 저장된 정보와 일치하는지를 수작업으로 검사하였다. 이는 도급업체에게 지불할 비용을 정확하

그림 10.4 NorthStar는 적재표에 담긴 정보를 도로 구간과 연결하기 위해서 마틴 카운티의 자산관리 시스템에 저장된 도로 중심선 정보를 활용하였다.

게 결정하고 오류가 있거나 누락된 적재표는 FEMA 검사에 보내지 않기 위해서 필요한 과정이었다.

진행 상황의 지도화

한 단계 더 나아가서, NorthStar는 각각의 잔해 더미들이 적재된 거리 위치를 확인할 수 있도록 위치정보를 저장하도록 권고하였다. 이러한 혁신적인 개념은 나중에 FEMA에서 도로 유형(지역, 주, 연방)에 따른 잔해 더미의 제거량과 위치 기록이 필요해지면서 매우 중요하게 되었다.

도로에는 유지관리 책임을 표시하기 위해서 색상을 입혔다. NorthStar는 ESRI ArcGIS를 이용해서 위치정보를 기록하였다. 수집된 점 자료를 지도화하기 위해서 스프레드시트로 저장된 적재표 정보를 데이터베이스 형식으로 변환하였다. 그리고 마틴 카운티의 자산관리 시스템에서 추출한 도로 중심선 자료를 이용하여 적재표의 정보와 도로 구간을 연결시켰다.

카운티의 GIS 자료들을 이용해서 도로 중심선을 따라 잔해 제거 과정을 도표화함으로써 NorthStar와 카운티에서는 도로를 따라 잔해 제거 과정을 분석하거나 지역당 수량, 트럭당 수량, 제거 비용 등을 분석할 수 있었다. 이러한 작업은 또한 연방 정부의 지원 대상이 아니었던 시나 주 도로로부터 제거된 잔해들에 대한 분석을 통해 FEMA의 보상 요청

그림 10.5 잔해 제거 과정은 지역 단위로 지도화되었고 마틴 카운티의 웹사이트에서 확인할 수 있었다.

대상에서 제외된 규모를 파악할 수도 있었다.

수집된 자료를 카운티의 자산관리 시스템 자료와 통합함으로써 혼란을 줄이고 기록 과정의 정확성을 높이면서 카운티 직원들이 다양한 정보에 접근할 수 있게 되었다.

NorthStar는 또한 ArcIMS 웹서비스를 이용하여 허리케인으로 인해 쓰러진 나무나 전선, 혹은 홍수 피해를 입은 지역 도로 상황에 대한 정보를 제공해 주었다. 도로는 개방, 폐쇄, 응급 통행으로 구분되었다. 신호등의 동작 상태 또한 도표로 표시되었다. 마지막으로 지역 단위로 잔해 제거의 진행 정도를 지도화하였다. 이 정보는 지속적으로 업데이트되고

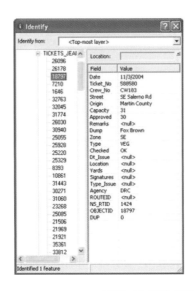

그림 10.6 적재표에는 운전자, 담당 직원, 적재 장소, 적재 시간, 날짜, 하치장에 관한 정보가 담겨 있었다.

카운티의 웹사이트를 통해서 실시간으로 제공되어 응급 구조 대원, 신문사, 일반인들이 해당 정보에 접근할 수 있었다.

논란과 해결

잔해 더미 자료를 축적하는 것은 FEMA에 제출할 기록 때문에 필요하였지만, 지도화는 마틴 카운티가 예상치 못한 장애에 부딪히면서 매우 중요하게 되었다. 잔해 제거 비용 중에서 345만 달러의 비용 변제가 거절된 것이었다. FEMA의 비용 변제 거절 문제에서, FEMA 입장에서는 마틴 카운티의 책임이 없다고 주장하는 개인들이나 커뮤니티가 모은 잔해 더미들이 문제시되었다. NorthStar 측에서 수집된 자료를 지도화한 결과 논란이 되었던 제거량 중에서 174,000 입방야드, 비용으로 계산하면 약 345만 달러 상당이 카운티를 대신해서 수집한 수량임을 확인할 수 있었다.

FEMA의 결정은 마틴 카운티가 잔해를 제거할 책임과 권한을 가지고 있는가 하는 법적인 문제에 초점을 맞추고 있었으나, 카운티는 권한문제가 제기되는 잔해의 위치가 어디 있는지를 기록하고 지도화한 GIS 자료에 의존하였다. 이러한 자세한 정보가 없었다면 비용 변제 문제를 해결하는 데 어려움이 있었을 것이다.

3년 동안 두 번의 항소 과정을 거치고 난 후, 카운티 관리들은 워싱턴 D.C.에서 FEMA 관리자인 R. David Paulison을 포함한 FEMA의 핵심 관리들과 함께 지원에 대해서 걱정하지 않도록 그들의 의회 대표자들을 안심시켰다. 2007년 9월 18일 모임 이후, Paulison은 문제를 다시 검토하고 345만 달러에 대한 비용 변제를 승인해 주었다.

교훈

2004년에 마틴 카운티가 겪은 전례 없는 사건들은 엔터프라이즈 GIS, ArcIMS 웹서비스, 자산관리 시스템의 구축과 유지가 매우 중요함을 일깨워 주었다. 재난 발생 동안이나 그 이후에 이 도구들을 통해 안전과 복구문제에 대해서 재난 방재 대원이나 일반 국민들에게 지속적으로 최신 정보를 제공할 수 있다.

재난 대응 계획에서 필요한 재난 극복 자료를 정확하게 모으고 조직하여 지도화하기 위한 방법론을 개발하는 것도 매우 중요하다. 이러한 사전계획이 장기적으로는 부가적인 수익을 가져다줄 수도 있다. NorthStar Geomatics가 제공한 GIS와 도로 자산 자료를 구축하기 위한 마틴 카운티의 투자가 카운티의 성공적인 잔해 제거 프로그램의 핵심요소였다.

요소	항목
장소	플로리다 주 마틴 카운티
담당자	NorthStar, 카운티 정부
문제	허리케인으로 생긴 잔해 제거
고객	카운티 주민들, FEMA
소프트웨어	ArcGIS, ArcIMS 웹서비스
자료	기 구축된 도로 중심선 자료, 지리참조된 새로운 적재표 정보
사용 지도	도로 구간에 따른 적재량, 도로 상태, 교통 신호등, 지역별 진행 상황, 웹으로 서비스되는 지도
논쟁거리	FEMA와 논란이 되었던 커뮤니티 제거 잔해들
교훈	종합적인 GIS와 트래킹 방법론을 위한 사전계획의 가치

이 기술의 효과적인 사용으로 카운티는 FEMA가 신뢰하고 만족할 수 있는 형식으로 중요한 잔해정보를 제공해 주었다.

10.3 곡물지도를 이용한 농산업의 성장

GeoReport 발행일 : 2009년 1월, 게시일 : 2009년 2월 1일
저자 : Jessica Wyland(ESRI 작가)

현장조사 자료와 위성 영상을 이용해서 제작되는 작물지도는 말 그대로 지형지세에 대한 정보를 농부와 곡물회사, 비료회사 등의 농업 기업에게 제공한다. 미국의 옥수수 지대나 미시시피 삼각주에서 자라는 옥수수, 콩, 쌀, 면화는 작물생산량 DB인 CDL(Cropland Data Layer)에 지도화되어 저장되어 있으며, 이 정보는 미국 농무부 국가농업통계청(U.S. Department of Agriculture, USDA/National Agricultural Statistics Service, NASS)에서 DVD로 받거나 다운로드해서 얻을 수 있다. ESRI GIS 소프트웨어를 이용해서 농업자료를 처리하고 관리하면서 농경지에 대한 지리 공간적인 스냅사진들을 구축하고 있다.

NASS의 GIS 전문가인 Rick Mueller는 "농업 관련 분야에는 CDL의 많은 활용 가능성이

그림 10.7 미국 농무부 국가농업통계청 연구개발부의 웹사이트(http://www.nass.usda.gov/research/Cropland/SARS1a.htm).

있습니다."라고 말하고 있다. "CDL은 다른 엔터프라이즈 GIS 레이어와 대비해서 공간 검색을 수행하는 데 많이 활용될 수 있습니다. 농업정보의 선택적 추출이 가능해짐으로써 공공이나 민간 분야에서 자신들의 관심사에 맞도록 정보 이용을 할 수 있게 되었습니다."

GIS와 농산업

토지피복 레이어를 이용해서 GIS의 기능을 향상시키는 것은 작물 재배자 협회, 곡물 보험 회사, 종자 회사, 비료 회사, 농업 화학 회사, 도서관, 대학교, 연방 정부, 주 정부, 정보 가공을 하는 위성 영상 회사나 GIS 회사에 도움이 된다는 것은 잘 알려진 사실이다. 기업농들은 소매공급시설이나 장비의 입지 결정, 곡물과 상품의 운송 경로 결정, 수확량과 판매량을 예측하는 데 이러한 자료를 참조하고 있다. 예를 들어 비료 회사는 특정 지역에서 필요로 하는 비료의 양을 예측하기 위해 CDL을 이용할 수 있을 것이다.

농약 회사 또한 해충의 이동 양상과 농약의 적용 분야를 연구하는 데 이 자료를 이용하고 있다. 이 자료는 농부나 보호론자들이 서식지, 곡물 스트레스, 병충해 지역의 위험성을 측정하는 데도 사용된다. 전문가들은 CDL의 수치나 이미지로 보여 주는 작물 밀도 분포를 기반으로 연구 지역을 설정하거나 생태계 모델을 개발하고 있다.

CDL은 옥수수 지대와 미시시피 삼각주 지역에 속하는 각 주에서 활용할 수 있도록 성확한 통계나 메타데이터가 함께 제공되는 래스터 자료를 제공하고 있다. CDL은 연차별로 최신 농업경관정보를 제공하는 유일한 자료이다. 전체 CDL 자료는 Geospatial Data

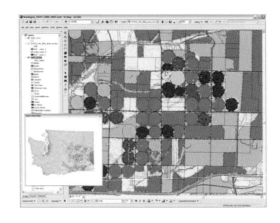

그림 10.8 NASS 2007 CDL 자료와 USDA/미국농업진흥청의 CLU 자료를 중첩한 워싱턴 지역.

Gateway에서 다운로드할 수 있다.

Mueller는 "우리는 ESRI의 ArcGIS 데스크톱을 이용해서 특정 주에서 재배되는 작물들의 공간적 범위나 면적을 나타내는 지도를 만들 수 있습니다."라고 말한다.

ESRI의 ArcMap은 농업 분야 사람들이 이용할 미국 작물 지대를 나타내는 자세하고 풍부한 정보를 담고 있는 지도와 같은 최종 산출물을 제작하는 데도 이용된다. GIS 전문가들은 NASS의 현장 사무소에 배포되는 지도를 ArcMap을 이용해서 제작한다. 이런 지도는 박람회에서 사용되거나 소비자에게 배포되기도 한다.

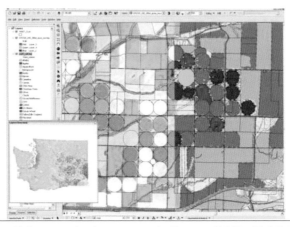

그림 10.9 2007년 7월 25일자 AWiFS 자료와 2007 CDL 자료를 swipe 함수를 이용해서 CLU 자료와 중첩한 워싱턴 지역. 사용한 밴드는 3, 4, 2번이다.

CDL 웹 아틀라스

ArcMap은 CDL 웹 아틀라스(Web Atlas)를 제작하는 데도 사용된다. CDL 웹 아틀라스는 한 주에 속하는 각 카운티에서의 옥수수, 귀리, 겨울밀, 완두콩과 같은 작물이 재배되는 면적과 위치가 표시되며 하나의 PDF 파일로 압축된다. CDL 프로그램은 농업 집약 지역을 대상으로 디지털화되며, 범주화하고, 위치 참조된 최종 결과물을 만들어 낸다. NASS는 미국 농무부 농업진흥청(USDA/Farm Service Agency)의 CLU(Common Land Unit)와 같은 행정경계 참조자료를 관리하고 편집하는 데 ArcGIS 데스크톱을 이용한다. CLU 자료는 작물이 재배되는 지역에 대한 현지 조사를 기반으로 제작된다. 이 자료를 위성 영상과 결합하여 주 내에서 각 지역에 대한 감독 분류를 수행한다. 위성 영상은 2003년에 인도 우주연구소(India Space Research Organization)에서 쏘아 올린 Resourcesat-1 AWiFS 센서로 획득된다.

CDL 프로그램은 1997년에 위성 영성과 경작자의 조사자료를 연계하기 위해 시작된 NASS 경작지 추정 프로그램(Acreage Estimation Program)의 분과 프로그램으로 탄생했다. 원격탐사 기술을 이용해서 주나 카운티 수준에서 실시간으로 경작지 면적을 추정하기 위한 연구개발은 1970년 중반부터 계속되어 왔다. 추정된 경작지 면적은 농업과 관련된 법률 제정이나 정부 프로그램에 활용되었다. CDL 프로그램은 2008 수확연도에 중서부 지역과 미시시피 강 삼각주에 걸쳐서 실시간으로 경작지 면적을 추정함으로써 GIS와 원격탐사 사용자들에게 특별한 공간자료를 제공하였다.

그림 10.10 2007년 7월 25일자 AWiFS 자료와 CLU 자료를 중첩한 워싱턴 지역. 사용한 밴드는 3, 4, 2번이다.

사례연구 요약

요소	항목
장소	미국 옥수수 지대와 미시시피 삼각주
담당자	미국 농무부(USDA), 국가농업통계청(NASS)
문제	시의적절한 농작물 정보 제공
고객	농기업, 농부
소프트웨어	ArcGIS 데스크톱, ArcMap
자료	CLU 농업 조사, 수확 예측, AWiFS-ResoruceSat-1 위성 영상, 통계와 메타데이터
사용 지도	작물 유형, 재배 지역 통계, CLU 조사자료
논쟁거리	다른 레이어 데이터와의 통합, 농기업과 농부들에게 자료 제공
교훈	GIS와 웹을 통해 배포되는 정보의 가치

주 : CDL에 대한 더 많은 정보를 얻거나 자료를 다운로드하기 위해서는 www.nass.usda. gow/research/Cropland/SARS1a.htm을 방문하라. 농업 분야에서의 GIS 활용에 대한 정보를 더 얻기 위해서는 www.esri.com/industries/agriculutre를 방문하라.

10.4 컴퓨터를 활용한 산불과의 사투

GeoReport 발행일 : 2008년 8월, 게시일 : 2008년 8월 22일

컴퓨터를 활용한 산불과의 사투

여러분이 바람에 의해 급속하게 번져 가는 위협적인 산불에 맞서 싸울 때, 사람들의 목숨이 위태로워지면 가장 강력한 첨단장비와 기술을 필요로 하게 된다. 서던 캘리포니아 6개 카운티 절반 이상에 걸쳐 수십만 에이커를 잿더미로 만든 일련의 산불로 2007년 여름 이 지역이 초토화되었을 때 지방, 주, 연방 정부의 긴급 재난 방재팀은 바로 그러한 장비와 기술을 갖고 있었다.

소방 및 재난 관료들은 요원, 장비, 물, 저지선을 신속하게 전략적인 장소에 배치시키고 지속적으로 산불의 상태를 모니터해야 한다는 사실을 알고 있었다. 산불에 대응하기 위한

그림 10.11 미국 연방산림청(USFS)에서 제작한 미국 서부 지역의 산불정보. 이 정보를 만들기 위해서 NASA 고다드 우주항공센터, 메릴랜드대학교, 국립소방센터, USFS 미줄라 소방과학연구소의 도움을 받았다.
출처 : U.S. Forest Service.

계획을 수립하기 위해서, 산불 응급 연락팀들은 GETAC 작업용 노트북과 ESRI의 GIS 소프트웨어를 갖춘 산불 전략팀에게 연락을 하였다.

군사용으로 사용되는 GETAC M230 노트북은 햇빛 아래에서도 화면이 잘 보이고 GPS와 무선 송수신 기능이 내장되어 있다. 지역, 주, 연방 재난 방재팀과 함께 방화선 뒤에서 작업한 ESRI의 산불 전문가들은 자사의 ArcGIS 소프트웨어를 활용하여 실시간으로 지리적 상황, 산불의 상태, 지형 조건에 대한 정보를 통합, 관리하고 분석하였다. 그리고 지속적으로 상세 지도나 도표와 같은 많은 정보들을 생산하고 배포하였다.

산불 진화 전략의 준비

ESRI의 산불 전문가인 Tom Patterson은 지형도를 트럭의 후드 위에 펼쳐 놓고 산불 진화 전략을 준비한 당시를 기억하고 있다. 지도는 마일러(Mylar)지로 되어 있었으며 그 위에는 산불 경계와 각종 정보들이 연필로 표시되어 있었다. 요즘에도 Patterson은 그의 GETAC M230 노트북에서 ESRI의 ArcGIS 소프트웨어를 사용하여 산불 진화 지휘관에게 도움이 될 수 있도록 산불의 범위나 진행 상태를 나타내는 2D나 3D 지도를 만들어 낸다.

그림 10.12   GETAC M230 작업용 충격보호 노트북은 샌버너디노 경찰서에서 샌버너디노 산의 조난자를 수색하는 데 사용된다. 깊이 쌓인 눈과 강추위로 수색이 어렵지만, GIS 기술과 수색 대원들의 노력으로 업무 수행이 가능하다.

그리고 식생이나 자연환경을 분석하고 자원이나 장비를 적재적소에 배치하며, 재산 피해나 지역의 피해를 측정하기도 한다. M230의 무선 송수신 기능을 이용해서 지도나 기타 정보들은 다른 지휘소로 전송되어 재난 대응 센터로 모인다.

Patterson은 "이러한 산불 대응 방식은 훨씬 신속히 이루어지기 때문에 여러분은 더 나은 결정을 할 수 있을 겁니다."라고 말한다. 그는 전직 국립공원관리청(National Park Service)의 산불관리 공무원이며 미국 토지관리국 캘리포니아 사막 지부의 부소장이었다.

샌타바버라 카운티의 지리정보 담당관인 Zacarias Hunt는 "우리는 카운티 역사상 처음으로 모든 대원이 동일한 관점으로 문제를 바라볼 수 있는 지도를 사용할 수 있었습니다."라고 말한다. 그는 거의 250,000에이커를 불태운 산불을 추적하기 위해서 약 두 달을 보낸 적이 있었다. 화재가 야생 지대에서 인구 밀집 지역으로 이동하면서 Hunt와 그의 동료들은 GETAC 노트북을 이용하여 대피 경로, 적십자 대피소, 유적지, 학교, 그리고 중요한 기반시설 등이 표시된 지도를 만들었다. 여기에는 대피하는 동안에 다른 사람의 도움이 필요한 거동이 불편한 사람들의 위치도 표시되어 있었다. 공무원들은 만약 전력선이 파괴되면 샌타바버라와 인근 주민은 대피가 더욱 힘들어질 것임을 알고 있었다.

Hunt는 "지도를 이용해서 우리는 대피경보를 내려야 할 지점을 결정할 수 있었고 이후로 전체 대피계획을 세울 수도 있었습니다. 이 모든 계획을 실천할 수 있도록 11×17인치 사이즈의 지도를 가지고 주민에게 알릴 준비도 되어 있었죠."라고 말한다.

그림 10.13 혹독한 조건에서도 안정성을 보장하는 GETAC M230과 함께 GIS 기술은 구조팀이 1월 초 샌버너디노 산악 지역에서 조난자가 보낸 911 요청에 따라 탐색 지역을 지도화하는 것을 도와주었다.

오래된 문제의 해결

험난한 환경에서 작업할 경우에는 자연환경 조건에 대응할 수 있는 다양한 수준의 보호 기능을 갖춘 컴퓨터가 매우 중요하다.

Patterson은 "나는 벨크로로 눈부심 방지 장치를 한 도시바 테크라(Toshiba Tecra)를 가지고 있었음에도 화면을 제대로 보기 위해서 손으로 가려야 했고, 열에 약한 일부 회로 때문에 두세 번은 화면을 교체해야 했습니다."라고 회상했다. "열에 대한 보호는 사막에서는 매우 중요합니다. 사막에서 문을 닫은 차 안은 60°까지 올라갑니다." Patterson은 파나소닉 CF29로 장비를 업그레이드했다. 이 장비는 충분하지는 않지만 그가 원했던 험난한 환경을 견뎌 낼 수 있는 특성을 갖추고 있었다. 예를 들어 그는 야외에서 작업을 하거나 차 안에서도 화면 내용을 충분히 읽을 수 있었다.

그가 밝은 햇빛 아래에서도 화면을 인식할 수 있고, 터치스크린을 갖춘 GETAC M230 작업용 노트북을 테스트했을 때 상황은 변했다. GETAC은 야외에서의 극단적인 컴퓨팅 작업을 염두에 두고 M230이나 다른 작업용 PC를 디자인하고 생산하였다. M230은 MIL-STD-810F 및 IP54와 호환된다. 이는 미 육군에서 극한 작업용 수행의 표준으로 정한 기준을 만족한다는 의미이다. GETAC은 극한 사용 환경에 맞춰서 테스트를 수행할 내부 시설을 갖춘 유일한 작업용 PC 제조사이다. 이 테스트는 하드 드라이브에 충격 주기, 떨어뜨리기, 딱딱한 물건, 진동, 물, 먼지로 인한 반복적인 자극 등이다.

그림 10.14   샌버너디노 경찰서의 많은 사람들이 탐색과 구조 임무를 수행하면서 샌버너디노 산악 지역을 본다. 자세한
지역정보는 GETAC M230에서 바로 프린터로 연결한 후 출력해서 볼 수 있다.

전원은 현장의 응급 서비스 요원들에게는 중요한 요소이다. Patterson은 "우리는 보통 3시간 30분이나 4시간 정도 배터리를 사용하는데, 이 시간은 GPS 사용 여부에 따라 달라집니다."라고 언급한다. "배터리의 잔량을 나타내 주는 전원 지시장치가 있어서 내가 정찰 비행을 하는 동안 헬리콥터에 여분의 배터리를 실어야 할지 말아야 할지를 알려 주어서 좋습니다."

다른 특징들은 사용자가 원하는 방식대로 작업할 수 있도록 설계되었다. 예를 들어 ESRI의 ArcGIS 소프트웨어를 구동하기 위해서는 센티널 키(sentinel key)가 필요한데 이것은 패럴렐 포트에 장착된다. 따라서 분실이나 파손의 위험이 높은 USB 포트를 사용할 필요가 없다. GETAC M230의 시리얼 포트에는 산불의 실시간 지도화나 헬리콥터의 뒷좌석에서 탐색 구조 활동을 할 때 필요한 디지털 송수신기(digital radio)를 장착할 수 있다. 그리고 GPS와 안테나가 화면의 중간에 내장되어 있기 때문에 추가적인 안테나나 GPS 수신기가 필요하지는 않다. 정부요원으로 일하는 사람에게는 보안도 중요한 관심사이다. GETAC M230에는 착탈식 하드 드라이브 연결장치가 포함되어 있다.

"우리는 어떤 지휘본부든 들어가서 내부망에 접속할 수 있으며, 필요한 작업을 수행한 다음 하드 드라이브를 바꿔 놓고 나옴으로써 정부의 보안 규정을 준수하면서도 우리 일을 마칠 수 있습니다. 이는 마치 우리가 2개의 분리된 컴퓨터를 가지고 있는 것과 같습니다."라고 말했다.

사례연구 요약

요소	항목
장소	서던 캘리포니아
담당자	연방, 주, 지역 응급 대응 요원, 산불 전문가
문제	요원, 장비, 물, 저지선 배치 계획, 산불 진화, 대피계획, 산불 지도화 지원
고객	산불 발생 인근 지역의 거주민
소프트웨어	GPS와 디지털 송수신기가 장착된 작업용 PC에서 구동하는 ArcGIS
자료	GPS를 이용해서 수집된 실시간 산불 경계, 지형 특징, 식생, 피해 추정, 응급 서비스와 대피 경로
사용 지도	적십자 대피소, 유적지, 학교, 기반시설, 접근성. 2차원 혹은 3차원의 화재 반경과 진행 상황
논쟁거리	열기와 험난한 조건을 견딜 수 있는 하드웨어 조건과 장시간의 배터리 수명, 백업 장치
교훈	GIS는 통일된 관점을 제공함

10.5 음악도시 전력회사의 GIS 도입

GeoReport 발행일 : 2008년 1월, 게시일 : 2008년 2월 1일

저자 : Matt Freeman(ESRI 작가)

미국의 음악도시로 알려진 내슈빌(Nashville)은 '영혼을 따뜻하게 하는' 노래를 부른 유명한 스타들의 고향이다. 이곳은 나쁜 날씨로 지역의 전력망이 손상을 입는 곳이기도 하다. NES(Nashville Electric Service)는 고객이 전력 손실로 '울상을 짓지 않도록' 꾸준히 노력해 오고 있다.

전기회사에서는 전력망 계획, 설계, 운영, 유지관리에 GIS를 이용하고 있다. GIS는 NES의 운영관리 능력을 향상시켜 왔으며, 폭풍에 의한 정전을 복구하는 시간을 줄이는 데도 중요하게 활용되어 왔다. 이 회사는 처음 ArcGIS 소프트웨어를 도입한 이후 12년 동안 꾸준히 업데이트를 해 왔으며, 현재는 NES의 거의 모든 업무에서 GIS 애플리케이션을 이용하고 있다. 회사에 있는 87,538개의 변전기와 253곳의 배전소, 5,619마일의 선력선, 약 200,000개의 전신주를 NES 내부망에서 볼 수 있으며, 이러한 정보에는 사내에서 접근 가능한 GIS 자료와 최신의 전력 시스템 정보와 기본도까지 포함되어 있다.

현재는 전사적으로 GIS 기반의 매핑 시스템에 의존하고 있다. 이 시스템은 배선도, 건

그림 10.15 테네시 주 내슈빌과 인근 지역(ArcView 3.2).

물, 전신주, 가로등, 사설 조명등, 매설망, 배선 프로파일, 통신시설 등과 같은 다양한 시설들을 관리하는 애플리케이션이다.

실시간 정전지도와 AVL

NES에서 일상업무나 긴급업무에서 활용도가 높은 GIS 하위 시스템은 AVL(automated vehicle-location) 시스템이다. AVL은 NES가 관장하는 테네시 중부에 있는 데이비슨 카운티 전체와 인근 6개 카운티의 일부가 포함된 700제곱마일에 달하는 서비스 지역에 있는 351,000명의 고객들에게 더 나은 서비스를 제공해 주기 위해서 직원들을 파견하는 데 활용된다.

AVL은 비상 차량 배치 담당자에게 작업자의 위치를 실시간으로 알려 준다. 이 회사의 경영 보고서에는 이 시스템이 비상 차량 배치 담당자가 작업을 보다 용이하게 해 주고 효율적으로 작업을 수행할 수 있도록 해 준다고 적혀 있다. NES가 AVL을 활용한 이래로 재난 대응 업무 절차는 간편해지고 보다 신속해졌다. 결과적으로 안정성과 신뢰성이 증가하였다.

NES가 실시간 지도를 활용하는 것이 비상 차량 배치 담당자에게만 한정된 것은 아니다. 고객들은 NES의 웹페이지(www.nespower.com)에서 제공하는 '정전 추정 고객(Estimated Customers without Power)' 지도로 NES 작업자의 활동과 위치를 확인할 수도 있다. 실시간 지도에서는 정전이 발생한 지역을 표시하고, 정전이 일어난 시간, 정전 피해를 보는 고객 수, 작업자 배치, 그리고 정전의 영향을 받는 지역의 거리지도를 함께 제공해 준다.

나무로 인해 발생하는 정전의 감소

NES의 식생관리 작업자들은 수목 가지 절단 작업의 우선순위를 정하는 데 GIS를 활용하고 있다. 2002년에 Environmental Consultants Inc.에서 전 세계 110개 전력망을 대상으로 수행한 연구에 의하면, 100마일 전력선당 수목에 의한 정전은 NES가 가장 많다고 되어 있다. NES의 정전은 가장 점수가 좋은 곳에 비교하면 10배에 이른다.

NES는 GIS 자료를 이용하여 수목 가지 절단 작업 주기를 관리하면서 전력공급 안전도를 향상시키기 시작하였다. 2005년 6월, NES는 최초 3년 동안의 가지 절단 작업 주기를 마쳤고, 약 19%의 정전을 감소시킬 수 있었다. NES는 가지 절단 작업에 대한 정보를 인터넷에 공개하였으며, 고객들은 '가지 절단 작업반 업무지도(Tree-Trimming Crew Activity Map)' 웹페이지에서 관련 정보를 얻을 수 있다.

정전관리 계획의 정확성

NES의 네크워크 자료와 정전관리 시스템(Outage Management Systems, OMS) 자료를 하나의 데이터베이스로 통합하여 전송분배 계획(transmission and distribution planning) 예측을 만들었는데, 이 예측에는 5년 단위로 해서 총 20년 동안의 예측이 포함되어 있다.

전에는 이러한 계획을 외주로 주었는데 비용이 약 100만 달러 정도 들었다. GIS를 이용하여 NES는 동일한 노력에 보다 적은 비용으로 T&D 계획을 자체적으로 수립할 수 있게 되었다. 이 결과를 이용해서 NES는 2020년까지의 토지 이용 계획과 신규 고객의 수를 추정할 수 있었다. 토지 이용 계획 보고서는 NES 팀이 향후 업무 계획을 세우거나 전신주 교체 주기에 대한 계획을 세우는 데 유용하게 활용된다.

NES는 약 200,000개의 전신주를 관리하고 있다. NES의 시설 지도를 이용하면 높이, 연수, 위치, 고객 수 등을 고려하여 각각의 전신주에 대한 평가를 수행할 수 있다. NES 작업자들은 1년에 약 600개의 전신주를 설치하거나 교체한다. GIS는 여러 변수를 활용하여 1년 동안에 교체해야 할 전신주에 대한 우선순위를 위험도에 따라 분석할 수 있도록 해 준다.

재난 사전 계획의 성공

NES에서 GIS를 구축하기 전에는 재난 대응 시간이 점차 늘어나고 있었다. 서비스 지역에서는 눈보라 폭풍 때문에 피해를 입은 기록을 가지고 있다. 이로 인해 서비스 지역 주민의 2/3 정도가 정전이 된 상태로 지낸 경험이 있다. NES 작업자들이 토네이도나 한파가 지나간 후 주야로 작업을 하더라도 고객들은 때때로 수일 혹은 수 주 동안 어둠 속에서 지내야만 했다. 1990년대 중반에 NES는 신고가 된 정전이나 고립이 예상되는 지역을 추적하여 어느 지역에 작업자를 먼저 보내야 하는지를 결정할 수 있는 GIS 기반의 솔루션을 구축하였다. NES는 GIS와 OMS를 통합하여 전선망 수준에서 신뢰할 만한 통계치들을 추적할 수 있게 되었다. 그리고 회사에서 CAD 도면을 ArcGIS로 변환하고 나자, 기술자들은 이 데이터베이스에 접속하여 자료관리나 저비용의 지도를 만드는 데 애플리케이션을 사용할 수 있게 되었다.

OMS에 GIS를 통합하여 구축하는 사업이 때마침 이루어졌다. 1998년에 토네이도가 내슈빌을 통과하면서 시내 동쪽을 강타하여 500개 이상의 전신주를 쓰러뜨렸다. 이로 인해 75,000명의 고객들이 전기가 끊긴 상태가 되었다. 그러나 NES가 제때에 GIS를 구축하였기 때문에 일주일 내(실제로는 거의 3일 정도)에 모든 전기를 복구하면서 이들의 대응 업무가 고객들과 언론으로부터 뛰어난 업적으로 평가되었다.

2006년에는 두 번째 테스트의 기회가 찾아왔다. 이때 토네이도가 가옥을 무너뜨리면서 약 16,000명의 고객의 전기가 끊겨 버렸다. 이 폭풍으로 지역 전기 시스템의 중요한 부분이 파괴되었다. GIS는 100개 이상 되는 전신주를 복구하기 위해서 작업자를 동원하였고, 70대의 트럭이 복구 작업에 사용되었다. 재난에 적극적으로 대비해 왔기 때문에 대부분의 NES 고객들은 48시간 내에 전기를 다시 공급받을 수 있었다.

현재 NES의 재난 대비계획은 홍수에 의한 정전 가능성도 포함하고 있다. 고객들은 컴벌랜드 수계(Cumberland River System)의 울프 하천 근처와 센터 힐 댐의 누수 기록에 대해 많은 우려를 해 왔다. 그들은 미국 공병대에서 댐을 보수하기 전에 NES의 재난 계획이 심각한 수준의 문제에 대비하고 있는지 알아보고자 하였다.

NES는 GIS에 대한 전문지식을 서비스 지역에 대한 침수지도를 구축하는 데 활용하였다. 이를 통해 NES는 위험한 상황에 놓일 수 있는 변전소가 있음을 확인할 수 있었다. GIS 침수지도와 3차원 지도 영상을 통합해서 좀 더 자세히 살펴보면 NES 변전소가 침수 지역에 있음을 확인할 수 있었다.

NES 부회장인 Paul Allen은 침수지도와 3차원 영상의 생성에 대해서 다음과 같이 말한다. "때때로 단지 문제가 있다고 누군가에게 말하는 것이 충분하지 않을 때도 있습니다.

그림 10.16 하천 침수 지역을 보여 주는 3차원 침수지도는 재난 계획을 세우는 데 유용한 시각적 모델을 제공한다.

여러분은 그것을 보여 주어야만 하며, 우리의 GIS는 그 사실을 보여 주는 데 유용한 도구입니다. GIS 분석을 기초로 하여 우리 직원들은 지능적인 홍수 재난 계획을 세우는 작업을 진행하고 있습니다."

10.6 사례연구 요약

이 장에서 살펴본 사례연구를 통해서 GIS는 항상 사용자 및 조직 환경과 관련 있음을 알

사례연구 요약

요소	항목
장소	테네시 주 내슈빌
담당자	NES와 내슈빌 주민들
문제	자연 재해에 대비하기 위한 계획과 정전 시간의 최소화
고객	내슈빌 전기 사용자
소프트웨어	ArcGIS
자료	변압기, 변전소, 전신주. 차량 위치, 기본도, 수목 전지 작업 배치. CAD 도면, 수요 예측
사용 지도	배선도, 자산, 전신주, 가로등, 지하시설물, 정전 고객
논쟁거리	토네이도와 홍수 동안의 조정 요구, 미래 수요 계획 요구
교훈	GIS는 재난 이후의 복구 시간을 획기적으로 줄였음

수 있었다. 이는 Chrisman이 제1장에서 GIS를 정의할 때 제시했던 특징이다. GIS 그룹이나 회사의 직원, 소프트웨어, 경험, 리더십과 같은 다양한 특징은 GIS가 어떻게 지리적 문제를 해결하는 데 사용되는지를 결정하는 것과 밀접한 관련이 있다. 문제 자체의 복잡성이나 가용자원, 작업 목적 등도 물론 중요하다. 지금 당장 해결해야 할 문제인지 아니면 장기적인 해결 방안이 필요한지에 따라서 실세계에서 문제를 해결하는 방식이 달라진다. GIS는 단기이익을 위해서 환경을 파괴하는 데 효과적인 것처럼 다음 세대를 위한 지속 가능한 환경을 유지하는 데도 효과적이다.

GIS는 다른 기술 솔루션들처럼 기업이나 조직 내에서 다양하게 활용된다. GIS 솔루션을 계획적 측면에서 보면, 중요한 단계들은 '작업 보고서(Statement of Work)'라고 불리는 문서에 적혀 있다. 이 문서는 작업별 업무 범위, 작업 위치, 담당자, 날짜, 인도할 상품, 준수해야 할 표준 목록, 인도할 상품을 결정할 기준, 특별 요구사항 등에 관한 내용을 담고 있다. 조직에서 필요한 작업이 무엇인지를 결정할 때는 요구 분석을 수행하는데, 이 과정에서 고객과 주주들을 고려하여 기록하고 우선순위를 결정하게 된다. 이 일은 문제를 정의하는 단계, 목적 설정, 작업 보고서 작성 단계를 따르게 된다. 마지막으로 위험 평가를 하게 되는데, 이때는 실패를 정의하고 의사결정 요소와 대안 계획을 세우는 작업을 수행한다. 종종 측정 가능한 산출물을 지정하는 것이 중요하기 때문에, 사후에 작업이 완료되었는지, 프로젝트 목적이 달성되었는지를 평가할 수도 있다.

대부분의 GIS는 환경과 사용 방법에 관한 문제에 봉착한다. GIS는 점차적으로 미래의 활동과 판단을 탐색할 수 있는 모델과 연결되어야 한다. GIS 연구 영역에서 의사결정 지원체계와 이론에 관한 내용이 넘쳐나고 있다. GIS는 인간의 영향으로 우리의 행성을 변화시키는 전 지구적 변화로서 세계 환경 시스템을 관리하는 데 점차 많은 역할을 수행할 것이다. 따라서 효율적인 GIS 관리자나 분석가는 미래에 중요한 역할을 수행할 것이다.

학습 가이드

학습 문제와 활동

1. GIS 이론이나 소프트웨어에서 배우지는 못했지만 사례연구를 통해서 알 수 있었던 내용은 무엇인가?
2. '업무 범위(Scope of Work)'의 의미를 조사하라. 이 장에서 나온 사례연구 중 하나를

골라서 업무 범위를 작성하라.

3. 사례연구에서 사용한 소프트웨어 목록을 작성하라. 어떻게 사용되었는가? 애플리케이션에서 동일한 소프트웨어를 사용한 이유는 무엇인가?

4. 이 장에서 사용된 GeoReport 웹사이트를 확인해 보라. 새로운 애플리케이션 사례를 하나 선택해서 사례 연구 요약에서 사용된 것과 같은 테이블을 작성하라.

5. 여러분이 사례연구 중 하나의 시스템을 개선하기 위해 고용된 컨설턴트라고 상상해 보라. 무엇을 권고할 것인가?

6. 사례연구 중에 하나를 선택해서 해당 작업을 수행하기 위해서 필요한 고용인력 목록을 작성하라. 그리고 GIS 작업을 각각의 명단에 할당하여 얼마나 많은 GIS 교육과 훈련이 필요한지를 제시하라.

7. 여러분의 카운티, 학교, 지역사회의 웹사이트를 방문해 보라. 사용 가능한 GIS 자료는 무엇인가? GIS에서 사용한 행정경계 단위는 무엇인가? 얼마나 많은 사람들을 고용하고 있는가? 여러분의 지역사회에의 GIS 사용을 평가하는 요약 보고서에 조사 결과를 추가해 보라.

참고문헌

Croswell, P. L. (2009) *The GIS Management Handbook*. URISA: Kessey Dewitt Publications.

Grimshaw, D. J. (1999) *Bringing Geographical Information Systems into Business*. New York: Wiley.

Huxhold, W. E. and Levinsohn, A G. (1995) *Managing Geographic Information System Projects*. New York: Oxford University Press.

Longley, P. and Clarke, G. (Eds) (1995) *GIS for Business and Service Planning*. Cambridge: Geoinformation International.

McGuire, D., Kouyoumijan, V. and Smith, R. (2008) *The Business Benefits of GIS: An ROI Approach*. Redlands, CA: ESRI Press.

Pick, J. B. (2008) *Geo-Business: GIS in the Digital Organization*. New York: Wiley.

Pinto, J. K. and Obermeyer, N. J. (2007) *Managing Geographic Information Systems*. 2ed. New York: Guilford Press.

주요 용어 정의

감독 분류(supervised classification) 영상 밴드를 토지 이용이나 계급에 따라 분류하는 방법. 보통 분석가가 정의한 패치를 이용함.

건설턴트(consultant) 전문적인 자문을 해 주기 위해서 고용된 사람.

결손 자료(missing data) 빠져 있는 속성 기록이나 데이터베이스 기록들.

결정점(decision point) 계획한 행동을 해야 할 시간.

기반시설(infrastructure) 조직이나 시스템의 기반이나 기능 수행을 위해 꼭 필요한 요소.

기본도 자료(basemap data) 일반적인 목적을 위해 제작한 참조자료(예 : 해안선, 지명, 도로, 하천).

기준(benchmark) 측정이나 판단을 위한 표준적인 기준.

농산업(agribusiness) 작물 생산, 영농, 계약 농업, 종자 공급, 농화학, 농기계, 도매, 유통, 가공, 마케팅, 소매와 같은 다양한 농업 관련 산업.

도로 구간(roadway segment) 디지털 도로망 지도에서 블록 단위의 도로면이나 한 부분.

마스크 아웃(mask out) GIS에서 매핑이나 프로세싱 과정에서 지역(zone)을 제외하는 작업.

모범 사례(best-practice) 최적의 결과를 산출하는 것으로 알려진 명확한 절차나 방법.

방법론(methodology) 연구에 참여하는 사람들이 사용하는 관례, 절차, 규칙 총체.

부정확 데이터(incorrect data) 데이터베이스에 부정확하게 저장된 데이터.

빛 가림 스크린(daylight-viewable screen) 햇빛 아래에서도 내용을 인식할 수 있는 성능을 가진 화면. 화면을 매우 밝게 하거나 빛이 반사되는 것을 방지함으로써 이러한 기능의 구현이 가능함.

사례연구(case study) 단일 집단이나 사건, 활동, 지역사회 등을 집중적으로 연구하는 연구 방법 중 하나.

센티널 키(sentinel key) 특정 컴퓨터에서 GIS 소프트웨어 사용을 모니터링하고 컨트롤하기 위한 하드웨어 장치.

실시간 지도(real-time map) 특정 사건이 발생하자마자 자료가 갱신되고 재표현되는 지도.

엔터프라이즈 GIS(enterprise GIS) 조직 전반에 걸쳐서 통합된 상태의 GIS. 여러 사용자들이 자료 제작, 수정, 시각화, 분석, 유통 등 자신들의 다양한 요구에 맞춰서 지리 공간 자료를 공유하고 사용할 수 있음.

요구 분석(needs assessment) 현재와 예상된 조건 사이의 차이를 판단하고 기술하는 과정. 교육/훈련이나 조직이나 지역사회에서 수행하는 프로젝트 향상을 위해 적용.

위험 평가(risk assessment) 상황이나 충격, 재난 등과 관련된 위험도의 정량적, 정성적 가치를 평가하는 과정이 포함되어 있는데, 정량적 평가는 잠재 손실과 손실이 발생할 확률 등을 계산함.

응급 구조 대원(emergency response crew) 위험한 상황을 대처할 수 있는 능력을 갖춘 사람들로 구성된 훈련된 집단.

인트라넷(intranet) 인터넷 기술을 이용하여 안전하게 조직의 정보나 운영 시스템을 공유하기 위한 시설 컴퓨터 네트워크.

자산관리(asset-management) 조직의 자원이나 차량, 측정 기구와 같은 보유장비를 효율적으로 사용할 수 있도록 하는 관리 시스템.

작물지도(crop-specific map) 콩과 같은 단일 농작물의 지리적 분포를 나타내는 지도.

작업관리(operations management) 상품이나 서비스 생산과 고객의 요구 측면에서 효율적이고 효과적으로 운영되고 있는지에 대한 책임을 다루는 산업 부문.

적재표(load ticket) 마틴 카운티의 사례에서 트럭 배송정보가 담겨 있는 양식. 데이터는 스프레드시트에 입력되고 오류를 검정하고 마지막으로 GIS에 입력됨.

전력망(power grid) 전기 공급을 위해 상호 연결된 네트워크.

중심선 자료(centerline data) 실제 도로의 중심을 따라 나타나는 거리를 표현한 벡터 데이터로 구축되어 있는 디지털 도로 지도.

피해 측정(damage assessment) 자연이나 인간에 발생한 파괴의 유형, 비용, 범위의 추정. 일반적으로 개별 자료의 총합으로 산출함.

ArcIMS 웹 서비스(ArcIMS web service) 인터넷에서 매핑 서비스가 가능한 ESRI 소프트웨어 패키지.

CAD 도면(CAD drawing) CAD 시스템을 사용해서 만들어 낸 디지털 형태의 도면, 형상, 개념도, 건축 계획.

CLU(Common Land Unit) 미국 농무부에서 사용하는 가장 작은 단위의 지리적 구역. 영구적이고 연속적인 경계를 이루고 동일한 토지 피복과 토지 관리체계로 구성되어 있으며, 동일한 소유자나 생산자 협회로 구성.

GeoReport 지리 공간 산업에 관한 주간 전자 소식지. Geoplace.com의 웹사이트에서 서비스함.

GIO(Geographic Information Officer) 조직 내 정보기술에 관해 총괄하는 역할을 하는 CIO (Computer Information Officer)와 같은 역할을 지리정보에 관해서 수행하는 사람.

PDF file Adobe Systems가 1993년에 독립적이고 크로스 플랫폼 환경에 맞는 문서 교환을 목적으로 제안한 파일.

USB key USB 인터페이스가 장착된 소규모 메모리 칩. 특정 컴퓨터에서 사용하는 GIS 소프트웨어 사용허가를 관리하는 데 사용함.

GIS 사람들

Brenda G. Faber, 콜로라도 러브랜드 Fore Site Consulting 사장

KC GIS는 어떻게 시작하게 되었습니까?

BF 학부 전공이 전기공학과 이미지 프로세싱이었습니다. 졸업 후 IBM에서 로보틱 비전(Robotic Vision) 기술을 개발하는 일을 하였습니다. 후에, IBM 내의 직종 전환에 따라 선구적인 GIS 연구를 수행하는 그룹에 소속되었습니다. 이미지 프로세싱에 관한 제 경험이 GIS의 과학적 활용 분야와 래스터 GIS에 자연스럽게 들어맞았죠.

KC GIS 업계에서 역할은 무엇입니까?

BF 지역이나 연방 정부의 토지관리 업무를 지원하기 위한 계획 지원 시스템을 개발하는 소규모 컨설팅 회사를 운영하고 있습니다. 계획 지원 시스템은 비교적 새로운 개념의 계획 도구인데요, 영향, 시뮬레이션, 시각화 기능을 위해서 전통적인 GIS 기능을 확장해서 사용합니다. 이런 종류의 시스템들은 주로 토지 이용의 영향을 탐색하는 데 사용됩니다.

KC CommunityViz는 무엇입니까?

BF CommunityViz는 계획 지원 시스템입니다. 다양한 GIS 확장 기능을 통합하여 3차원 탐색까지 지원하는 토지 이용 제안의 평가, 영향 평가, 예측 모델링을 지원합니다. CommunityViz는 세 가지 계획적 관점을 하나의 다차원 환경에 통합했다는 점에서 다른 계획 지원 시스템과는 구별되는 특징을 가지고 있습니다. CommunityViz는 Orton Family Foundation의 지원을 받아 계획가, 공무원, 시민들의 협업과 참여를 높일 수 있었습니다. 저는 그 재단에서 여러 해 동안 컨설턴트로서 일했고, 현재는 CommunityViz의 핵심 개발자입니다.

KC CommunityViz 소프트웨어에 ArcView 시각화를 어떻게 통합하였습니까?

BF CommunityViz 3차원 시각화를 통해서 여러분은 3차원 영상을 스크롤하면서 제안된 토지 이용 시나리오를 미리 경험할 수 있습니다. 지형자료(DEM, TIN), 정사영상, 빌딩, 캐노피, 도로, 하천, 담벼락과 같은

GIS 사상들을 3차원으로 표현한 정보들을 활용해서 신속하게 실감나는 영상이 만들어집니다. 여러분은 가상 화면을 조작하면서 현재의 경관을 탐색하거나 제안된 토지 이용의 영향을 시각적으로 확인할 수 있습니다.

KC 카운티의 계획가들과 GIS를 이용해서 어떤 작업을 했습니까?

BF 제 작업은 기술 개발과 계획가와의 직접 작업 사이에서 적절한 조화를 이루고 있습니다. 저의 장점 중 하나가 컴퓨터 모델링과 같은 기술 분야와 자신들 지역의 미래를 위해서 정보를 기반으로 의사결정을 하려는 사람들 사이를 연결할 수 있는 능력을 갖추고 있다는 점입니다. 오늘날의 중요한 결정은 '직감적'으로 이루어집니다. 시민들과 정책 입안자들이 GIS와 분석 기능을 많이 이용하게 되면 우리는 예상치 못한 실패를 피할 수 있을 것입니다.

KC 당신과 같은 일을 하고자 하는 사람들에게 해 주고 싶은 말은 무엇입니까?

BF 기술 분야의 지식을 경험하고 실세계 프로젝트에 많이 참여해 보는 것이 중요합니다. 혁신적인 개념은 '새로운' 것이 아니라, 대부분 다양한 학문 분야나 경험에서 나온 개념들을 조합하면서 나오게 됩니다. GIS에 대한 지식을 가지고 프로그래밍, 화술, 공학, 생물학, 심리학 등을 잘할 수 있다면, 여러분은 GIS 분야에서 다양한 경력을 쌓을 수 있을 겁니다.

KC 감사합니다.

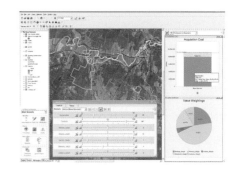

제 **11** 장

미래의 GIS

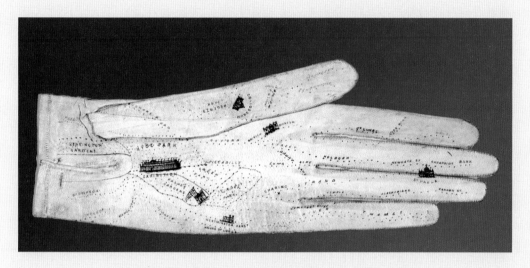

오랫동안 급격한 성장을 하더니 전산 분야는 이제 유아기에 접어드는 듯하다.

John Pierce

11.1 미래의 충격

이 책의 주제는 공간적 분포의 이해를 위한 도구로서, 그리고 실제 세계에서 이러한 분포가 어떻게 발생하는지를 예측하는 도구로서 GIS의 가치를 이해하는 것이다. 현재 GIS는 많은 정보를 효과적으로 다룰 수 있는 훌륭한 메커니즘으로서 그 영향력이 나날이 증대되고 있다. 일련의 단순한 아이디어이자 다소 비효율적인 소프트웨어의 기능을 수행했던 초기 GIS는 매우 짧은 기간 동안 아주 수준 높은 수십억 달러 규모의 산업으로 성장하였다. GIS의 두 가지 기능—(1) 지리정보 관리 기술과 (2) 자원 사용을 위한 효율적인 도구—은 초기의 구현 가능성이 의문시되었던 단계를 지나서 많은 기능들이 현실화되고 있다. 따라서 많은 사람들은 GIS를 '성숙한 산업'으로 이해하고 있다.

그렇다면 GIS가 과연 미래에는 어떤 모습일지에 대해서 논의를 해야 할 것이다. Alvin Toffler가 그의 저서 『미래의 충격』에서 언급하였듯이 우리가 예상하는 미래의 모습은 현재의 우리가 생각하는 것보다 항상 빠르게 앞질러 왔다. 예를 들어 불과 몇 년 사이에 GIS와 GPS 기술은 큰 문제 없이 매우 자연스럽게 통합되었다. 이러한 현상들은 미래 기술이 충분히 실현 가능할 경우, 우리가 예측하는 미래가 구체적으로 현실화될 것이라는 믿음을 갖게 한다.

이러한 믿음을 갖는 데는 세 가지 큰 이유가 있다. 첫째, GIS 사용은 하드웨어와 소프트웨어를 구매하고 다루는 방법을 익혀야 이루어진다. 그런데 만약 사용자들이 빠르게 변모하는 시장 트렌드에 관심을 기울이지 않는다면, 구입 비용을 쓸데없는 구식 기술이나 하드웨어에 낭비하게 될 것이다. 둘째, GIS는 학문과 연구의 영역으로 구축된 지리정보과학을 창조하였다. 과연 미래의 GIS 시스템은 어떠한 모습이어야 하는지가 항상 논의되어야 한다. Jonathan Raper가 제9장의 인터뷰에서 언급한 바와 같이 차세대 GIS는 사용자들에게 보다 친숙한 형태여야 한다. GIS를 전혀 다루지 못하는 초보 사용자라도 GIS에 대한 관심과 연구를 등한시한다면, GIS 분야가 이룩한 많은 장점을 놓치게 될 것이다. 마지막으로, GIS는 새로운 분야와 새로운 응용 분야로 확장하고 있으며 새로운 문제들을 해결하고 있다.

GIS는 유사한 연구 분야(해양학, 질병학, 시설물 관리, 재난 방재, 환경관리, 고고학, 산림학, 지질학, 부동산학 등)에 신선한 아이디어를 제공하고 있으며 더 많은 연구 분야가 GIS 기술을 응용하고 있다. 새로운 응용 프로그램들이 GIS 개념과 기술을 사용하고 있으며, 여러 분야의 전문 지식은 역으로 GIS에 영향을 주고 있다. 많은 차세대 GIS 사용자들 대부분은 전문가나 과학자가 아닌 일반인들이 될 것이다. GIS는 지역사회의 유지 발전에, 기본적인 서비스를 계획하는 데, 교육하는 데, 선거에 이기기 위해, 대규모 행사 계획에, 교통체증을 피하는 데 쓰일 것이다. 그리고 응용 가능한 분야는 계속 늘어나는 중이다. 저렴하지만 강력한 기능을 보유한 마이크로컴퓨터는 교육받은 시민들에게 첨단기술의 기본적인 도구로 자리를 잡았다. 이는 소수의 전문가들만이 슈퍼컴퓨터를 다룰 수 있었던 과거와는 매우 다른 상황인 것이다.

미래에 대한 예측이 실제로 가능하다면, 우리는 두 가지 형태의 예측을 고려해 봐야 한다. 첫째, 연구의 최첨단에 있는 아이디어들은 가까운 미래에 현실화될 것이다. 일부 전문가들의 아이디어들이 시장에 나온다면, 이는 미래 예측이 현실화된 좋은 예가 될 것이다. 둘째 유형은 아이디어가 아직 정형화되지 않은 상태이다. 많은 아이디어가 사장될 수도 있으나, 일부는 현실화될 것이다. 이 장에서 우리는 GIS 데이터의 미래와 컴퓨터 사용의 미래에 대해 이야기할 것이다. 이 책은 GIS가 이루어 낸 것과 우리가 미래에 붙들고 씨름해야 할 더 넓은 쟁점과 문제점을 지적할 것이다. 만일 여러분이 미래에 GIS를 사용한다면 이 장에서 다루는 일부 쟁점들을 경험하게 될 가능성이 높다. 그러나 여러분은 이 책을 통해 그 내용을 미리 읽게 된다는 점을 기억하기 바란다.

11.2 미래의 데이터

11.2.1 데이터는 더 이상 문제가 아니다

GIS에 있어 디지털 지도자료는 소프트웨어라는 혈관과 하드웨어라는 몸체를 흐르는 혈액과도 같다. 미래의 자료 형태는 지금보다 규모가 훨씬 크고 더 복잡하며 고해상도 수준으로 발전하여 시의적절하게 제공될 전망이다. GIS 발전의 주요 장애요소였던 데이터는 이제 GIS의 성장에 기여하는 요소로 변모하였다. GIS 데이터의 종류와 출처는 이 책의 앞에서 이미 자세히 언급되었다. 미래에는 데이터의 종류가 더 많아질 것이고, 현재 데이터에 대한 대규모의 개선이 이루어질 것이다. 아래에서 기술할 미래의 데이터에 대한 개요는 미래에 실제로 일어날 상황의 극히 일부분에 지나지 않는다.

첫째, GIS 자료 전달 메커니즘은 World Wide Web의 구조에 의해 설계된 검색 도구들과 인터넷에 의해 혁명적으로 변화하고 있다. 대부분의 공공 도메인 데이터, 셰어웨어와 프리웨어, 상업 목적으로 만들어진 GIS 자료들은 더 이상 컴퓨터 테이프, 디스켓, 우편 등이 아닌 인터넷을 매체로 전달되고 있다. 이런 경향은 GIS 분야에 매우 큰 영향력을 미쳐왔고 앞으로도 그럴 것이다. 과거의 GIS 프로젝트는 프로젝트를 시작하기 위해서 바탕 도면을 스캔하거나 디지털화해야 하는 수고를 거쳤으나, 현재의 GIS 프로젝트에서는 이러한 일들을 거쳐야 하는 경우가 드물다. 대신에 GIS 작업의 대부분은 공공 도메인 자료의 기본 레이어를 시스템에 가져와서 사용하거나, 특정 GIS 문제와 관련이 있는 새로운 레이어를 캡처함으로써 질을 높이는 과정과 관련이 있다.

 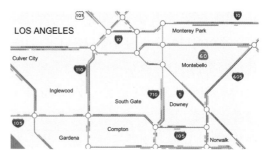

그림 11.1 왼쪽 : 교통 흐름 데이터를 인터넷으로 전송하기 위해 도로 바닥에 설치된 교통 센서. 오른쪽 : 웹기반 교통 흐름 지도의 실험적 디자인.

출처 : Goldsberry, 2007.

최근 몇 년간 센서 네트워크 기술의 발달은 새로운 자료의 출현을 가져왔다. 센서 네트워크는 물리적 환경을 세밀히 감지하는 센서기술을 사용하는 독립장치로 공간상에 분포되어 있는 무선 네트워크이다. 미국 고속도로 전역에 깊숙이 뿌리박힌 관성 코일(inertial coil) 형태의 교통 센서 네트워크가 일례가 될 수 있다. 이들은 인터넷을 통하여 서버에 교통 흐름 정보를 보내 주고, 이 서버들은 그 정보를 재분배하여 5분마다 자동적으로 업데이트를 하여 Google Maps나 SigAlert에서 주요 도시의 실시간 교통정보를 제공하도록 한다(Goldsberry, 2007: 그림 11.1). 무선 센서 네트워크는 외부감시와 같은 군사적 용도로 사용하기 위하여 처음 만들어졌다. 오늘날 무선 센서 네트워크는 산업 공정 모니터링과 제어, 기계장치 상태 모니터링, 환경과 자연 서식처 모니터링, 의료기기, 해양학, 교통 제어 등 산업 및 일반 용도로 많이 사용되고 있다. 이 경우에도 GIS는 예외 없이 정보를 모아서 분석하고 시각화하는 데 사용된다.

미래에는 이러한 센서들이 어느 곳에나 존재할 수 있다. 휴대전화는 GPS를 내장함으로써 다른 활동에 연결될 수 있는 기본적인 공간 센서로 진화하고 있다. 슈퍼마켓 계산대와 신용카드 스캐너는 다양한 자료를 기록하고, 많은 기기와 자동차 역시 센서기술을 사용하고 있다. 웹카메라는 온라인 지도 서비스 시스템을 통해서 점점 접하기 쉬워지고 있다. 많은 정보가 센서를 통해서 지리정보에 등록됨(georegistered)에 따라, GIS는 정보 통합자로서의 역할을 수행하고 있다.

GIS의 또 다른 경향은 막대한 양의 지리정보를 보유하고 있는 웹 포털의 출현이다. 이러한 미래상은 '디지털 지구(digital earth)'라 불리는 것으로(Grossner et al., 2008), 세계

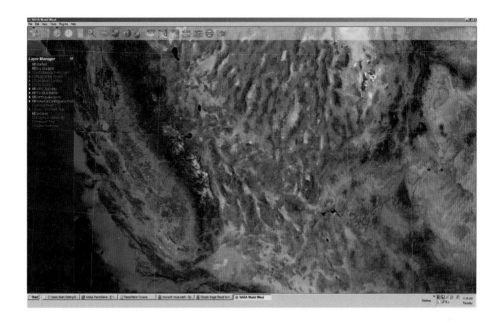

그림 11.2   NASA의 Worldwind 지오브라우저. NASA의 공간 데이터 대부분과 세계의 공공 분야 공간 데이터를 검색할 수 있다. worldwind.arc.nasa.gov에서 다운로드할 수 있다.

의 모든 지리정보를 보유한 디지털 데이터베이스에 모든 데이터 소스를 연결시키는 것이다. International Society for Digital Earth는 디지털 지구를 다음과 같이 정의한다. "디지털 지구는 일종의 이상적 개념으로 Al Gore에 의해 대중화되었으며, 지구를 이해하고 설명하기 위해 과학, 자연, 문화의 막대한 정보들이 디지털 지식 형태로 상호 연결되고 공간적으로 좌표화된 가상적인 3차원 형태의 지구이다." 1999년 이후 많은 국제 회의와 국제 학술지는 이러한 비전을 공유하고 있고 현실화하기 위해 노력하고 있다. 전 세계의 정보를 하나로 통합시킨 GIS 정보는 아직 출현하진 않았다. 인터넷 기반 데이터를 연계할 수 있는 온라인 공간 브라우저는 각종 지리 데이터와 가상 지구의 시각화 툴을 제공한다. NASA의 Worldwind, Google의 Google Earth, Microsoft의 Bing Maps 3D가 그 예이다. 이들 간 협력은 디지털 지구의 출현을 보다 용이하게 할 것이다.

11.2.2 GIS와 GPS 데이터

자료 제공에 있어서 또 다른 중요한 단계는 지도에 전적으로 의존하기보다는 현장에서

GPS를 사용하여 자료를 수집하는 것이다. 또한 GPS는 지도 제작 기술을 상당히 개선해 왔는데, 그것은 지도 제작 프로젝트에서만 사용되어 왔던 측지좌표의 결정이 이제는 GPS 수신기의 버튼을 눌러 위치 보정(differential correction)을 통해 미터 단위 이하의 정확도를 확보할 수 있을 만큼 용이한 일이 되었다. 따라서 이제는 자료 수집을 위한 새로운 사항으로 정밀도가 고려되어야 하며, 기존의 도시, 공원 및 기타 지역의 GIS 지도들은 현장 확인을 통해 재검토되어야 할 것이다. 지도를 주어진 지도의 기하학적 구조(지도 투영법, 지구 타원체, 데이텀)에 빠르게 등록할 수 있다는 것은 지도 중첩과 비교 분석을 위해 GIS 레이어들을 빠르고 효율적으로 등록(정치)할 수 있음을 의미한다. GIS는 이러한 점에 있어서 많은 장점을 가지고 있다. GIS와 GPS의 연계로 인해 이제는 GPS 수신기와 데이터 기록장치들이 GIS 포맷으로 직접 자료를 작성하거나, 현장에서 바로 위성 영상, 항공사진, 일반사진 등을 처리할 수 있게 되었다.

관성 항법과 저장된 수치 도로 지도를 이용하는 차량용 내비게이션 시스템은 공용차량 및 일반차량에서의 표준장비가 되고 있다. 이러한 시스템을 통해 운전자는 더 이상 목적지로 가는 길을 묻기 위해 멈추지 않는다. 이제 차량용 GPS 혹은 내비게이션 시스템은 차량 구매를 위한 인기 옵션으로 등장하였으며, 이런 시스템들의 구입비용은 주행 시간의 절약으로 인해 충분한 보상을 받게 되었다(그림 11.3). 차세대 차량용 시스템들은 실시간 교통량 업데이트와 관광지 및 관심 지역에 대한 정보와 관련된 업체정보를 제공해 주고 있다. 이러한 시스템의 증가로 인해 위치 정확도가 높은 도로, 고속도로, 도심지도 데이터의 제작과 보급은 GIS 분야에 많은 이점을 안겨 주고 있다.

비록 현재까지 데이터가 민간 업체들에 의해 독점적으로 제작되어 왔지만, 최근 몇 년 동안 데이터에 대한 가격 경쟁이 이루어져 가격이 현저하게 떨어져 왔다. 많은 시스템들이 광대역 오차 보정 시스템(Wide Area Augmentation System, WAAS)을 통해 보정 신호를 직접 공급하고 있어 보급용 수신기도 미터 수준의 정확도를 유지할 수 있다. WAAS는 GPS의 정확성, 안전성, 편의성을 향상시키기 위해 미국 연방항공청에 의해 개발된 항공기 내비게이션용 지원 시스템이다. 지도가 내장된 휴대용 수신기는 이제 100달러가 안 되는 가격에 구입할 수 있고, 사냥, 하이킹, 여행, 목표점 찾아가기와 같은 스포츠 분야에서 사용될 수 있다(그림 11.4). 대부분의 경우에 수집된 자료는 이러한 장치들로부터 다운로드되어 GIS에서 사용된다. GPS는 트럭과 같은 산업용 수송차량과 물류 배송에 이용되고 있다. 이 모든 경우에 공통적으로 필요한 요건은 도로 네트워크상에서의 효율적인 이동이

그림 11.3 자동차에 장착된 GPS 기반 내비게이션 시스템(TomTom One).

그림 11.4 야외 레저용 저렴한 GPS 수신기.

그림 11.5   뉴질랜드 Rakon에서 제조한 세계에서 가장 작은 RF-Front-End GPS 수신기 칩(www.rakon.com).

가능한지의 여부다.

　　GPS는 위성항법시스템(global navigation satellite system, GNSS)의 한 예이다. GPS는 차세대 시스템으로 업그레이드되는 과정에 있지만, 다른 시스템들이 경쟁자로 등장하고 있고 위치 결정에 있어 중복적인 방법을 허용하고 있다. 소련의 붕괴 이후 쇠퇴했던 러시아의 GLONASS 시스템은 현재 개선 중에 있다. 유럽 우주항공국의 Galileo 시스템은 2010년에 위성을 발사할 예정에 있고, 중국은 COMPASS 내비게이션 시스템을 구축하고 있다. 또한 다른 국가들도 GNSS의 개발을 계획 중에 있다. 10년 이내에 범용 수신기가 등장하여 놀라운 수준의 위치 정확도를 제공하고 더 많은 공간적 범위에서 신호를 수신할 수 있다는 것은 더 이상 불가능한 일이 아니다. 또한 실내에서 초소형 수신기에 의해 GPS 신호를 읽을 수 있도록 하는 실험들이 현재 진행 중에 있다(그림 11.5). 마지막으로, 대부분의 GIS는 GPS 데이터를 쉽게 사용할 수 있도록 GPS 수신기로부터 자료를 직접 입력 받을 수 있도록 만들어지고 있다.

11.2.3 GIS와 영상 데이터

지오브라우저가 대중화되고 지리 공간정보의 유용한 자원인 측방 항공사진과 정사영상의 사용이 보편화되면서 표준적인 기호 형태의 지도는 이제 사람들이 세계를 이해하는 여러 방법 중 하나에 불과하게 되었다. 수치정사영상지도(digital orthophotoquad, DOQ)의 도입으로 또 하나의 중요한 자료원이 탄생하였다. DOQ는 기하학적으로 보정된 항공사진에 지도 주석들을 추가한 것이다. 이 DOQ는 미국 농무부의 정보원으로 사용되어 왔다. 하지만 최근에 이러한 DOQ는 USGS에 의해 1:24,000 축척 7.5분 지형도 도곽의 1/4 크기(DOQQ)로 제작되어 보급되고 있는데, 이것은 1:12,000 정도의 축척과 1m의 지상 공간 해상도를 갖는다. 이런 영상지도들은 미국 주요 도시들을 더욱 상세하게 표현하는 데 사용되고 있고, 미국 주 정부나 다른 기관들이 제공하는 DOQ 자료에 의해 보강되고 있다.

이와 같이 놀라울 만큼 정확해진 자료들은 새로운 국가 기본도(national base layer)가 되고 있으며, 기존의 벡터 방식 데이터인 디지털 선형 그래프(digital line graph)는 점차 퇴조하고 있다. 벡터 데이터와는 달리 래스터 데이터는 그 자체의 특징과 일부분이 흑백이라는 점 때문에 GIS에서 위치정보를 표현할 때 배경 영상으로 사용되고 있다. 정사사진(orthophoto)의 주요 기능은 위에서 언급한 GPS의 경우와 같이 지형정보를 레이어별로 위치를 등록하는 것이다. 그 적용 범위는 미국 전역을 포함할 정도로 확대되었으며, 정기적으로 지도를 업데이트하도록 하고 있다. 이 영상은 국가지도뷰어를 이용하여 구할 수 있다. 디지털 래스터 그래픽(digital raster graphic, DRG)은 USGS에서 발간한 지형도를 스캔한 것으로, 스캔한 지도에는 난외주기까지 모든 정보가 포함되어 있다. 지도에서 도곽선 내부의 영상에는 지표면의 위치정보가 참조되어 있다. USGS는 1:24,000, 1:24,000/1:25,000, 1:63,360(알래스카), 1:100,000, 1:250,000 축척의 지도들을 이용하여 DRG를 만들었다. 이들 지도는 GIS 프로젝트를 시작할 때 매우 유용하며, 등고선이나 건물 윤곽과 같이 추출하여 활용할 수 있는 많은 지리적 사상들을 담고 있다. 이 지도들을 GeoPDF 파일로 배포하여, 파일을 보는 것만으로도 기본적인 GIS 기능을 할 수 있도록 하였다. 이러한 프로젝트가 완성됨에 따라 USGS의 주도하에 미국의 주요 지도 제작 기관들은 국가 지도 제작을 지원하고 있는데, 이에 따라 미국의 모든 영역을 연속적으로 연결하는 자료와 영상 모두를 제공할 수 있게 되었다. 국가지도뷰어는 이미 앞의 장에서 언급한 바 있으며, 더 높은 해상도의 영상과 새로운 영상자료가 추가되고 있다. 이윤 목적의 자료를 보여 주는 상업적인 지오브라우저와 달리 국가 지도 정보는 무료로 다운로드하여 GIS로 직접 불러들일 수 있다. 그림 11.6은 MapWindow GIS에서 DOQ를 직접 GeoTIFF 파일로 가져온 예를 보여 주고 있다.

11.2.4. GIS와 원격탐사

GIS는 점차 대륙적 차원과 세계적 규모에서 분석하고 표현하는 도구가 되었다. 지도 데이

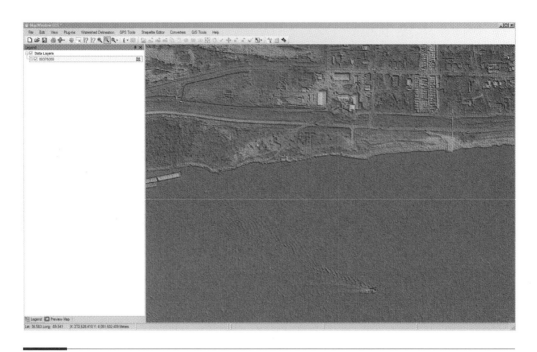

그림 11.6 USGS의 DOQ 영상의 일부분. MapWindow GIS를 이용하여 미주리 주의 미시시피 강에 있는 뉴 마드리드를 보여 주고 있다.

터는 주로 항공기와 인공위성으로부터 촬영한 원격탐사 데이터의 형태로 제공된다. 차세대 위성 센서를 장착한 새로운 우주선 프로그램으로 인해 앞으로 더욱 많은 양의 데이터를 기존의 데이터 형태와 새로운 형태로 제공하게 될 것이다. 새로운 프로그램 중 하나인 NASA의 지구 관측 시스템(Earth Observation System, EOS)은 지도 제작과 관련된 다양한 관측기구들로 구성되어 있는데, 이를 이용하여 NOAA의 극궤도 프로그램과 Landsat 데이터를 지속적으로 관리할 수 있다. 1999년 발사된 NASA의 *Terra* 위성은 ASTER와 MODIS(그림 11.7)를 포함하고 있는 있는데, 이 위성은 이미 지구과학 엔터프라이즈(Earth Science Enterprise) 데이터를 NASA의 데이터베이스에 전송하는 흐름망을 구축하였다. ASTER 기반의 전 세계 수치고도 모델은 이러한 데이터의 한 예일 뿐이며, 실제로 영상의 양은 엄청나다. *IKONOS*나 그 밖에 DigitalGlobe의 *Quickbird* 같은 상업 위성의 영상은 1m 혹은 그 이하의 공간 해상도를 가진 고해상도의 데이터를 제공한다. 차세대 프랑스 SPOT 영상과 같은 많은 상업용 위성들이 등장함에 따라 앞으로 위성 관측 시스템

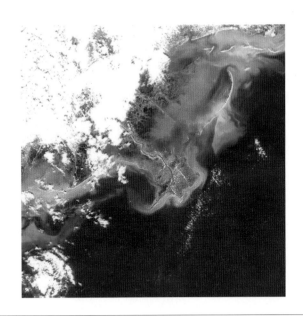

그림 11.7 *EOS-Terra* 위성의 MODIS 센서로 2000년 2월 24일 촬영한 미시시피 삼각주 영상.
출처 : MODIS Instrument Team, NASA Goddard Space Flight Center.

의 다양성도 크게 증대될 전망이다.

　한편, 캐나다의 RADARSAT-2와 유럽 우주항공국의 Envisat과 같은 우주왕복선 영상 레이더(Shuttle Imaging Radar, SIR)는 우주왕복선에 탑재된 레이더를 이용하여 지도를 제작하는 기능을 갖추고 있어, 밤 시간이나 날씨에 상관없이 지형도를 제작할 수 있다. 2000년 봄부터 추진된 SRTM(Shuttle Radar Topographic Mapping)은 전 세계에 대한 상세한 지형 정보와 레이더 영상을 제공하고 있다. 이것이 앞의 장에서 언급했던 SRTM 데이터이다.

　마지막으로, 1960년대와 1970년대에 걸쳐 촬영되었던 CORONA, LANYARD, ARGON과 같은 정부의 일급비밀의 첩보 위성 영상이 공개됨에 따라 미국 대부분을 촬영한 막대한 양의 역사적 고해상도 영상을 활용할 수 있게 되었으며, 새로운 지도 제작에 활용될 수 있게 되었다(그림 11.8). '감춰졌던' 보안정보를 공개했다는 점만으로도 이 프로그램과 그 후속 프로그램들이 미국의 지도 제작 프로그램에 크게 기여했다고 할 수 있으며, 어쩌면 예상했던 것보다 더욱 높은 수준의 질적 충실도를 제공할지도 모른다. 역사적인 기록으로서 이 자료들은 현재의 '변화된' 정보를 이해하기 위해 필요한 '이전의' 영상을 보여줄 수도 있다. 이러한 과거 영상의 활용이 활발해지면서 영상 촬영 당시의 목적에 더 이

그림 11.8 과거의 영상을 보여 주는 GIS. 1970년에 CORONA 첩보 위성의 KH-4B 카메라로 촬영한 모스크바 영상.
출처 : National Reconnaissance Office.

상 부합하지 않더라도 최근 10년간 서로 다른 시기의 토지 이용 변화 모습을 스냅사진으로 볼 수 있게 되었다.

　주지하다시피, 원격탐사 자료는 래스터 자료 형태로 구성되어 있다. 많은 자료가 이러한 형태를 가짐에 따라서 화소 단위의 영상으로부터 밝기의 차이와 경계를 수정하기 위한 지능형 소프트웨어에 대한 수요가 증가할 것이다. 이 소프트웨어의 기능이 강력해지고 가격이 저렴해지면, 위성으로부터의 자료 전송 과정에서 직접 처리되도록 하는 방안도 생각해 볼 만하다. 최근 몇 년간 위성으로부터 자료를 생성하고 제공하는 민간 기업에서는 자동으로 원격탐사 자료를 지리 보정(georectify), 수정, 모자이크하는 후처리 과정이 증가하고 있다. 그 결과 촬영이 이루어지는 단위가 아닌 국가와 같은 지리적 단위로 GIS 자료를 취득할 수 있게 되었다. 이는 자료의 활용 면에서 괄목할 만한 진일보가 아닐 수 없다.

11.2.5 GIS와 위치기반 서비스

위치기반 서비스(location-based service, LBS)는 사용자가 지리적 공간에서 어디에 있는
지를 탐색하는 컴퓨터 기반 서비스이다. LBS는 GPS뿐만 아니라 E911의 장점을 이용한 서
비스로, E911은 비상시에 발신자의 전화번호 위치를 찾아내기 위하여 무선 전화망을 이
용하는 연방통신위원회(Federal Communications Commission)의 규약이다. 이 기법은 삼
각 측량을 이용하여 가장 가까운 기지국으로부터 전화 발신자의 위치를 찾아낸다. E911
은 미국에서 가장 흔히 사용되는 LBS 기법이지만 최근에는 GPS 칩을 내장한 휴대전화가
많이 생산되고 있다. E911 서비스는 미국에서 가장 흔히 사용되는 LBS 서비스지만 이제
휴대전화 생산자들은 그보다 더 위치 정확도가 높은 GPS 칩을 휴대전화에 내장하고 있
다. LBS는 이미 세계적으로 수십억 달러의 이익을 내면서 지속적으로 성장하고 있다. LBS
의 영향력은 인터넷을 소위 위치정보에 기반을 둔 기술로 탈바꿈시키고 있다는 데서 찾
을 수 있다. 예를 들어 Google Maps나 MapQuest 같은 인터넷 검색 엔진들이 이제는 사
용자의 현재 위치에서 대상이 어느 정도 거리에 있는지까지도 고려해 정보를 생산하여
사용자에게 제공한다. 휴대전화에 탑재된 Google Maps나 아이폰은 이미 우리 일상에 파
고들고 있는 대표적 서비스이다(그림 11.9).

　　LBS 사용자들은 GPS와 컴퓨터를 차내에 부착하여 지리정보를 검색하거나 모바일 기기
를 사용한다. 모바일 사용자는 주로 인터넷이 연결 가능한 휴대전화와 GPS 카드를 포함
한 PDA(개인 휴대 단말기)를 사용하거나 인터넷이 가능한 휴대전화를 사용한다. 이 시스
템은 초기에 차량 안내, 비상시와 충돌시 알림, 도난차량 추적, 내비게이션 도우미, 교통
경보, 자동차 진단 등에 사용되었다. 예를 들어 On-Star LBS는 많은 차종에서 이용 가능
하고 TeleAid 시스템은 미국에서 팔리는 벤츠 자동차의 기본 사양이다. 그 외에도 어린이
나 자택 감금 죄수 추적장치, 애완견 추적장치 등에 사용되고 있다.

　　기본적으로 LBS 서비스는 GIS의 기능 중 일부 선택된 부분을 활용하면서 사용자의 요
구에 따라 정보를 전달한다. 머지않아 곧 출현할 애플리케이션은 내비게이션, 길 찾기, 장
애물 탐색 등일 것이다. 예를 들어 댈러스에 있는 사용자에게 가까운 프랑스 음식점을 아
주 쉽게 인내할 것이디(그림 11.10). LBS와 관련하여 아직 풀지 못한 이슈 가운데 하나는
얼마나 지리적 정보를 '공개'해야 하는지다. 가령 어떤 상품의 위치와 상태가 생산자와
판매자에게 보고되도록 만들어진다고 하자. 이런 방식은 긍정적인 면도 있지만 사생활 침
해 문제를 불러올 수도 있다. 특정 가게나 음식점에 가까이 가는 휴대전화 주인에게 세일

그림 11.9 애플의 아이폰(iPhone)을 활용한 Google Maps 서비스.
출처 : Matt Clarke-Lauer 촬영.

즈 콜은 유익하지만 휴대전화 주인을 지나치게 간섭할 수 있다. 이제 휴대전화를 이용해 시간과 장소를 불문하고 그 사용자의 위치를 알아낼 수 있다. 이것은 범죄나 테러에 대응하기 적절하지만 여러 사람이 이용한다면 남용될 수도 있다. 그럼에도 불구하고 수많은 기업에서 주요 사업에 LBS의 활용을 고려하고 있으며 그 결과 가까운 미래에 지금보다 훨씬 일상화된 서비스로 다가설 것이다.

11.3 미래의 컴퓨팅

11.3.1 지오컴퓨팅

지오컴퓨팅(Geocomputation)은 컴퓨터를 이용하여 복잡한 공간적 문제를 해결하는 과학기

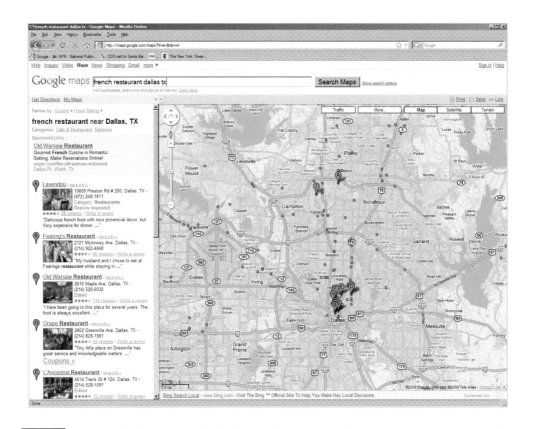

그림 11.10 공간정보(위치)를 활용한 검색 사례 — 텍사스 주 댈러스에 있는 프랑스 식당 찾기.
출처 : ⓒ 2009 Google, Map Data ⓒ 2009 Tele Atlas.

술이라 할 수 있다. 초기의 GIS는 컴퓨터 기능의 한계에 의해 많은 제약을 받았다. 하지만
다음과 같은 기술 개발을 통해 이러한 제약은 사라졌다. 첫째, PC와 워크스테이션이 매우
저렴해졌다. 또한 디스크 저장 비용도 저렴해지고 처리 속도는 빨라졌다. 둘째, 소프트웨어
는 공동 이용이 가능하고 개방형 시스템은 값비싼 GIS 소프트웨어를 구입할 능력이 없는
사람들에게도 GIS 이용을 가능하게 했다. 셋째, 이전에는 슈퍼컴퓨터에서 가능했던 고성능
의 기능들이 데스크톱 컴퓨터를 상호 연동시켜 몇 개의 CPU를 동시에 활용하여 처리 가능
한 기술이 개발되었다. 이러한 변화는 이전의 한정된 공간 분석 기능, 표본 크기의 제한, 해
상도의 저하 등과 같은 많은 제약들을 극복하게 하였다. 이제는 전수 표본을 활용하면서 고
해상도로, 그리고 정밀한 지역 단위의 세밀한 정보 등을 편하게 이용하게 되었다.

또한 고급 프로그래밍, 병렬 처리, 정보 이론적 접근, 형식 이론과 같은 컴퓨터 과학 진전이 GIS 영역에 바로 접목되고 있다. 예를 들어 미국컴퓨터협회(Association for Computing Machinery, ACM)는 매년 GIS에 관한 컨퍼런스를 주최하고 있고 이제 GIS 전문 그룹이 ACM에서도 활동하고 있다(www.sigspatial.org). 고도화된 컴퓨터 기술, 고성능 컴퓨터, 대규모 시뮬레이션과 모델링, 과학적 시각화, 시각적 분석, 데이터 마이닝, 이미지 처리, 머신 비전, 분산 컴퓨팅, 사이버인프라스트럭쳐, 형식 이론과 같은 컴퓨터 기술 영역은 GIS에 많은 기술적인 기여를 할 것이다.

보다 강력한 GIS 시스템의 출현을 위해 지오컴퓨팅 분야는 새로운 지적인 도전을 기다리고 있으며 그 일부는 방법론적인 분야이다. Gahegan(2000)은 지오컴퓨팅이 해결해야 할 이슈를 아래와 같이 예시하였다.

1. 성능과 신뢰성을 개선하기 위해 지리학적 '특정 지식체계'를 기능에 융합
2. 데이터 마이닝과 지식 발견을 위한 적절한 지리 공간 연산자 설계
3. 시공간적 축척을 넘나들며 작동할 수 있는 강력한 군집 알고리즘 개발
4. 현재의 하드웨어와 소프트웨어에 복잡한 공간 분석이 가능하게 할 것
5. 지리적 현상에 대한 탐색, 이해, 의사소통에 대한 시각적 접근을 도와주는 시각화와 가상현실 패러다임

최근 컴퓨터 기술 개발은 한마디로 가상의 컴퓨팅 하부 구조를 가속화시키고 있다. 예를 들면 진보된 자료 습득, 자료 관리, 자료 통합, 자료 찾기, 자료 시각화 등이 이제 인터넷을 통해 작동되고 있다. 사이버 하부 구조는 이른바 '그리드 컴퓨팅(grid computing)'이라고도 불리는데, 이 환경에서 사용자는 네트워크 접속을 통해 자료, 프로그램, 정보를 담고 있는 특정한 시스템에 접근할 수 있으며 다른 연구자와도 통신한다. 또 다른 용어는 네트워크를 통해 모든 컴퓨팅 구성요소를 조달하는 '클라우드 컴퓨팅(cloud computing)'이다. 여기서 핵심은 개방형 소프트웨어로의 전환과 상호 운영성이다. 예를 들어 상호 원만한 의사소통이나 조회를 위해 표준적인 XML이나 SML을 활용하고, 공간적 데이터를 포털로 이동하여 누구에게나 접근 가능하도록 하는 것이다. 또한 소프트웨어 솔루션은 이제 '서비스'를 지향해야 한다. 즉 데스크톱 컴퓨터에 GIS 소프트웨어를 설치하는 대신에 GIS의 모든 기능이 네트워크를 통해 접근 가능하고 그 기능 역시 매우 직관적으로 개발되어 누

구나 쉽게 조작할 수 있어야 한다. 이와 같은 시나리오는 현재 관련 연구가 한창 진행 중이기 때문에 제6장에서 제시한 사례와 다소 차이가 있을 수 있다. 하지만 클라우드 컴퓨팅은 이미 실현 단계에 있다. 예를 들어 엑셀과 같은 스프레드시트 서비스는 이미 여러 온라인 소프트웨어 애플리케이션을 통해 이용 가능하다. 이와 같은 발전을 통해 궁극적으로 공간자료의 투영법이나 데이텀 혹은 버퍼 등과 같은 사소한 이슈보다는 우리가 진정 해결하고자 하는 공간적 문제에 좀 더 집중할 수 있는 환경이 조성된다. 그리고 어느 사용자에 의해 제공된 자료와 연구 결과가 네트워크의 서버에 무한정 저장됨으로써 이른바 디지털 지구의 출현도 기대할 수 있다.

11.3.2 지리정보 시각화

미래 GIS의 중요한 이슈 중 하나는 GIS가 컴퓨터 그래픽스의 새 분야들과 GIS 응용에 가장 적합한 지도 제작 기법과 어느 정도 수준에서 통합을 이루어 낼 것인가 하는 점이다. 과학적 시각화(scientific visualization)의 전 분야가 하나의 예이다. 과학적 시각화는 복잡한 컴퓨터 그래픽스 시스템의 이미지 획득 및 표현능력과 더불어 인간의 인지적 처리능력을 적용하고, 자료에 나타나는 경험적인 패턴과 상관성을 찾아냄으로써 표준적이고 기술적인 통계 방법을 통한 탐지 기능을 넘어서고자 한다.

　시각화의 핵심은 매우 크고 복잡한 데이터 셋을 모델화하는 능력이며, 시각적 처리 또는 표준적, 선험적 모델링 방법을 통해 내재한 상호관계를 찾아내는 것이다. GIS 자료 역시 그러한 특징을 가지고 있다. GIS 자료는 복잡다단하여 지도의 사용 그 자체로서 이미 시각적인 처리 메커니즘이 이루어진다. GIS는 앞으로 과학적 시각화 도구와 기술들을 통합하는 방향으로 발전해 가야 한다. 이를 통해 GIS 및 GIS 도구들과 본질적으로 양립하는 시각화 기법과 더불어 GIS 분석과 모델링 기능이 보다 강화될 것이다.

　많은 GIS 데이터는 대기, 해양의 물질 농도, 고도, 또는 인구와 범죄율과 같은 추상적인 통계분포처럼 근본적으로 3차원 데이터이다. 새로 개발되는 소프트웨어 프로그램은 GIS 사용자들로 하여금 3차원적 분포를 지도화하고 분석하는 것뿐만 아니라, 새로운 방법으로 자료들을 모델링하고 표현하게 한다. 현재 GIS와 지도 자동화 시스템 사용자들에게 친근한 지도학적 기법 중에는 음영 기복 시뮬레이션, 채색 등고선, 가상 3차원 표현법, 단계적 통계면 등이 있다. 온라인 지오브라우저를 통해 누구든지 3차원 공간 정보자료를 탐색할 수 있다.

　일기도와 같이 간단한 지도도 이제는 음영 기복 패턴과 함께 정교한 측고(hypsometric) 채색 기법을 사용하고 있다. 또한 새로운 유형의 3차원 입력기, 트랙볼, 3차원 디지타이저 와 함께 스테레오 스크린, 헤드 마운트(head-mounted) 화면과 같은 새로운 종류의 디스 플레이 장비로 인해 GIS 사용자들을 위한 상호작용 수단을 현저하게 확장하였다. 많은 사 람들이 이미지 등록과 디지타이징 작업에 종사하고 있으며, 이들은 컴퓨터 스크린 사진을 사용하여 측량 업무를 하고 있다. 애니메이션은 또 하나의 차원을 화면에 추가하면서 상 용화되고 있다. 한때 혁신적이었던 것들이 지금은 저녁시간 일기예보 뉴스에서 보편적으 로 볼 수 있는 것들로 변모하게 되었다. 통상, GOES와 같은 기상위성 자료들이 애니메이 션화되고 정적인 3차원 화면도 플라이바이(flyby), 즉 비행 시뮬레이션으로 전환된다. 이 러한 자료들은 Google Earth와 같은 지오브라우저를 통해 볼 수 있다(그림 11.11).

　호텔, 공항, 슈퍼마켓에서 볼 수 있는 상호작용 방식의 키오스크 디스플레이와 같은 애 니메이션형 및 상호작용형 지도 제작 방식이 상당한 가능성을 가지고 있다. 이는 앞으로

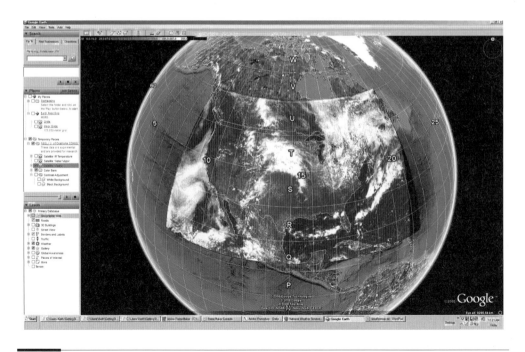

그림 11.11　NOAA 기상위성 이미지(2009년 7월 3일 오후 7시). www.srh.noaa.gov/gis/kml로부터 Google Earth 로 다운로드된 자료이다.

출처 : ⓒ 2009 Google, Map Data ⓒ 2009 Tele Atlas.

애니메이션에 필요한 전산 처리능력과 도구들이 일반화되어 비용이 저렴해짐에 따라 GIS의 미래에 큰 영향을 미치게 될 것이다. 애니메이션은 GIS 응용에 있어 시간 시퀀스를 보여 준다는 측면에서 특별한 역할을 한다. 한 운동경기에서 영상이나 필름을 통한 슬로 모션 없이 특정 플레이 중에 일어난 일을 정확히 보기 힘들 듯이, GIS 사용자들은 긴 시간 시퀀스를 압축하거나 짧은 시간 시퀀스를 살펴봄으로써 다른 방법으로는 볼 수 없었던 지리적인 패턴을 찾아낸다.

11.3.3 객체지향 컴퓨팅

소프트웨어 시장에서의 또 다른 주요 발전은 프로그래밍 언어였으며, 최근의 것으로는 '객체(object)'를 지원하는 데이터베이스로서 객체지향 시스템으로 불린다. 지리적 객체은 객체로서 지도에 표현된다. 객체지향 프로그래밍 시스템(object-oriented programming system, OOPS)은 한 객체의 모든 특징을 갖는 기본 '클래스'를 정의한다. 단순한 예로, 한 객체 클래스는 한 지점의 위도와 경도를 나타내는 점, 'Radar Beacon'과 같은 그 점의 코드, 그리고 그 객체를 기술하기 위해 요구되는 문자가 될 수 있다. 만약 또 다른 점 사상을 생성하고자 한다면, 간단히 원래 클래스의 모든 정보를 복제해 내기만 하면된다. 이 과정을 상속(inheritance)이라 부른다. 이로부터 GIS 용어인 feature class와 geodatabase 등이 생겨났다.

또한 점은 보통 자료 변환 또는 분석 제약 조건을 갖게끔 수치화될 수 있다. 예를 들어 점들의 집합에서 중심점은 그 자체로 점 좌표이며, 한 점의 속성들을 물려받을 수 있다. 이 접근법으로 인해 모든 GIS 패키지의 발전을 도모할 수 있었으며, 이 방법은 보다 진화한 미래 GIS를 구축하는 방법으로 간주된다. OOPS가 모든 GIS 운영 또는 시스템을 위한 도구는 아니지만, 자료를 모델링하는 매우 효과적 방법이기 때문에 앞으로 GIS 소프트웨어의 미래에 중요한 영향을 미치게 될 것이다. 전적으로 사상 모델에 기반한 최초의 GIS는 Smallworld GIS였는데, 이는 현재 GE의 한 브랜드이다.

아마도 객체지향 GIS의 가장 중요한 특징은 객체들이 일단 디자인된 다음에는 독립적인 구성요소 또는 더 큰 시스템을 이루는 빌딩 블록으로 사용될 수 있다는 점일 것이다. 최근에 개발된 개방형 오픈소스 GIS 소프트웨어와 많은 웹기반 서버 시스템의 성공은 Java와 C++프로그래밍 언어에 내재한 OOP의 특성에 기인한다고 볼 수 있다.

11.3.4 사용자 중심 컴퓨팅

컴퓨터와 GIS 사용자 인터페이스의 기본적인 성격은 빠르게 변화하고 있다. 초기 시스템 환경에서 사용자 인터페이스는 스크린과 키보드를 주로 이용하는 것이었지만 이제는 마우스, 트랙볼, light pen과 같은 포인팅 기기, 스크린상의 다중 화면창, 음향, 동영상 등 여러 장치들이 추가적으로 사용되고 있다.

특히 주목되는 점은 WIMP(윈도우, 아이콘, 메뉴, 포인터) 인터페이스의 성장이라 할 수 있다. 윈도우즈는 한 화면에서 사용자의 조정 방법에 따라 다양한 역할을 하는 여러 개의 스크린을 보여 줄 수 있다. 비활성화 된 창들은 닫혀서 아이콘의 형태로 보이고, 아이콘을 클릭하면 작업이 활성화된다. 메뉴는 다양한 형식을 취할 수 있다. 많은 사용자 인터페이스는 스크린 상단의 바(bar) 위에 일련의 메뉴를 위치시킨다. 더 구체적인 하위 메뉴는 왼쪽에서 오른쪽으로 가며, 단계적으로 추가적인 선택사항으로 구성된다. 메뉴는 통상 내포형(nested) 구조를 하고 있는데, 이는 하나의 메뉴 선택에 따라 다수의 차위 메뉴 구성이 이루어지고, 그 다음 단계에서도 같은 방식으로 메뉴 선택이 이어진다. 메뉴는 빈 공간 또는 창으로부터 팝업되어 나오기도 하고, 다른 메뉴나 메시지로부터 연쇄적으로 제시되기도 한다. 포인터는 스크린과 윈도우즈상의 동작 지점을 찾아가기 위한 장치로서 통상 마우스나 트랙볼이 사용된다.

최근 그래픽 사용자 인터페이스(GUI)의 중요한 개념은 암시 기법을 사용하는 것이다. 가장 흔하게 쓰인 비유의 예는 데스크톱이라 할 수 있다. 예를 들어 컴퓨터 스크린을 우리가 실제 사용하는 책상 위와 비슷하게 디자인시키고, 아이콘과 다른 구성요소들을 그 위에 배치시켜서 사용자가 이용하게끔 한다. 일부 운영 시스템은 이런 일련의 상호작용이 갖는 한계를 넘어 지금은 다수의 운영체제가 음성, 터치스크린을 통해 데이터 입력을 가능하게 하며, GPS 수신기와 디지털 카메라, 비디오 카메라 같은 녹화장비를 통해 직접적인 입력이 이루어지고 있다.

지도는 그 자체로도 유용한 비유 기법인데, 미래 GIS는 지도와 축척, 범례와 같은 지도의 구성요소를 통해 연관자료를 관리하고 가공하는 시스템으로 자연스럽게 인식될 수도 있다. 이는 현재 GIS가 이미 구현하고 있지만, 사용자와 상호 소통하는 요소가 새로이 추가될 소지가 크다. 몇 가지 시스템은 자료 처리 과정 또는 변환 모델의 요소로 이미 아이콘을 사용하고 있는데, ESRI의 ArcGIS Model Builder가 한 예이다. 하나의 흐름은 화상자료의 선택, 기하 보정 루틴의 처리, 자료 분류, 카테고리 선정, 지도 중첩, 결과의 인쇄 등의 일련의 절차로 구성될 수 있다. 이 모든 연산 절차들은 작업 흐름도를 하나의 그래픽으로 취급함으로써 복사, 서브셋(subset), 기타 다른 방식으로 가공될 수 있는데, 이 작업 흐름도는 데이터 셋, GIS 연산, 그리고 연산 과정이 가상 및 실제적으로 표현되는 지도학적 변환을 보여 준다. 이러한 모델들은 서로 공유될 수 있지만, 고급 자료 처리 단계까지는 아직 연계되지 못하고 있다. 예를 들면 병렬 처리에 적절한 래스터 루틴을 사용하여 다중 CPU 여부를 확인하고, 시간 절약을 위해 자동적으로 스스로를 재설정할 수 있다.

단순한 GIS 연산이라도 GPS 수신기, 휴대전화, 휴대용 컴퓨터와 같은 모바일 장치에 설치되면 데스크톱에 대한 비유 대부분은 적용되지 못한다. 이것은 GIS 과학연구의 새로운 장을 여는 계기가 되었으며, 이를 '인지공학(cognitive engineering)'이라 부른다. 이 분야는 인간의 참여 실험과 야외보행자 내비게이션 또는 차량 경로 탐색실험과 같은 현실적인 조건에서 작동하는 시스템을 이용한 GIS 디자인과 평가를 다룬다. 이러한 연구의 성공적 결과는 앞으로 GIS를 모바일 환경에 적합한 직관적인 인간-컴퓨터 간의 인터페이스 쪽으로 인도해 가는 데 많은 공헌을 하게 될 것이다. 실험 대상자가 시스템을 사용하는 동안 이들에 대한 연구가 이루어지는 인간 행동 시험은 앞으로 GIS 사용자 인터페이스 디자인의 미래에 점차 많은 역할을 하게 될 것으로 보인다.

11.3.5 오픈소스 컴퓨팅

오픈소스 컴퓨팅(open source computing)은 자유 소프트웨어 재단과 유닉스 사용자 포럼에 그 근간을 두고 있다. 오픈소스는 누구도 소프트웨어를 '소유'하지 않는다는 것을 의미한다. 그 대신 사용자는 다운받아 사용하는 프로그램의 소스코드의 개선을 위해 자신이 가진 전문지식을 이용하여 공헌하고 또 다른 이용자로부터 이런 공헌을 받게 된다. GIS에서 오픈소스가 가장 먼저 사용된 것은 GRASS GIS로, 1978년경부터 오픈소스를 이용해서 제작되었다(Neteler & Mitasova, 2008). 미군 공병대가 대단히 많은 모듈이나 컴포넌트를 통해 기본적인 프로그램 제작에 공헌하였고 각종 애플리케이션 제작에도 영향을 주었다. 이때 어떤 문제가 발생할 경우 전체 커뮤니티가 공유하여 해결책을 제시하였다. 컴퓨팅 분야에서 오픈소스라는 대안의 장점으로 인해(예 : 리눅스, OpenOffice.org) 어쩌면 GIS가 모두 오픈 시스템으로 대체될 것이라는 것이 당연시되었다. 이런 추세에 큰 영향을 미친 것은 Open Geospatial Consortium(www.opengeospatial.org)인데, 이 기구는 오픈소스 GIS에서 사용되는 표준이나 기본 도구상자(toolbox)에 대한 의견의 일치를 이끌어 내고 제작하는 데 선구적인 역할을 하였다.

많은 오픈소스 GIS 프로그램이 제9장에 열거되어 있다. 어떤 오픈소스 GIS 프로그램은 Java나 또는 이와 유사한 환경에서 제작되어서 보통 데스크톱 GIS와 거의 유사하다(예 : Quantum GIS, MapWindow GIS). 또한 일부 프로그램은 표준적인 도구들의 집합으로 구성되어 있기 때문에 추가적인 GIS 도구를 개발하는 것이 용이하다. 예를 들어 ESRI의 Shape 파일을 읽는 기능은 ShapeLib(shapelib.maptools.org)라 불리는 C언어 프로그래밍 라이브러리로 가능하다. 사실 이것은 도형을 그리거나, 파일을 읽거나, 웹으로 접근이 가능한 데이터베이스 제작 등 많은 것을 지원하는 MapTools(www.maptools.org)라 불리는 프로그래밍 라이브러리의 일부에 해당한다. 또한 일부 오픈소스를 이용하면 GIS 웹서버를 구축하고 이용할 수 있는데, 이 경우 데이터를 인터넷을 통해서 데스크톱용 GIS에서만 접근하는 것이 아니라 사용자의 결과나 지도를 서버에서도 출력할 수 있다. 이런 기능은 ArcGIS 서버와 같은 상용 제품과 동일한 것으로, 이를 구현하기 위해서는 통상 시스템 수준의 프로그래머가 필요하다. 예를 들면 미네소타대학교에서 개발한 MapServer (mapserver.org)나 Postgres database system에서 개발한 PostGIS(postgis.refractions. net)가 그런 사례들이다. 이런 GIS 시스템은 대부분 작동되는 장치에 독립적이다. 다시 말해 운영체제와 컴퓨터에 상관없이 작동된다. 하드웨어 독립적이라는 것은 오픈소스 철학의 매우 중요한 부분이다.

오픈소스 컴퓨팅에서 중요한 다른 요소는 오픈소스 지리 데이터이다. 미국에서 연방정부 자료는 일반 대중에게 공개되는데 이는 오픈소스를 의미한다. 이런 추세는 대부분의 주에서도 마찬가지이며, 카운티나 소지역 등에서도 이런 추세가 늘어나고 있다. 이렇게 개방된 자료의 포털 역할을 하려는 시도 중 하나가 바로 국가지도뷰어와 연속자료서버이다. 하지만 아직도 많은 데이터는 자료의 소유권이 존재한다. Google Maps나 Google Earth에서 획득한 이미지를 사용할 때 사용약관이 표시되는데, 이것은 공간자료에 자료의 소유주가 표시되어 사용을 제약하는 사례이다. 다른 접근법으로, 위키피디아에서 볼 수 있는 '대중소스(crowd sourcing)'가 점차 중요해지고 있다(Sui, 2008). 이것은 자발적 지리정보(Volunteered Geographic Information, VGI) 또는 사용자 참여에 의한 지리정보로도 불린다(Goodchild, 2007). 이와 관련한 좋은 예가 오픈소스의 세계 도로 지도이다 (openstreetmap.org). 각 개인들은 각자의 GPS 트랙정보를 공동의 지도 제작에 이용할 수 있도록 하였으며, 공동의 지도는 이런 상세한 정보를 하나로 융합하여 제작되었다. 이것

그림 11.12   사용자에 의해 제작된 Wikimapia의 Pictoramia 사진.

은 사용자들이 자신의 사진을 제공하는 Pictoramia, Flicker(지리적인 태깅이 되어 있음)나 자신의 비디오를 제공하는 YouTube와 유사하다.

사용자가 직접 제공하는 지리정보는 매우 상세하고, 정확하고, 실수요와 관련된 것일 수 있다. 하지만 이런 시스템에서는 오용의 문제, 그리고 통제의 문제가 존재한다. 사용자가 직접 제공하는 지리정보는 다양한 주제 분야에서 취득되며, 사용자는 여러 매체를 통해 자료를 광범위하게 취득하는 데 공헌하고 있다. 조류학 분야의 예를 들자면, 자발적 참여자에 의해 운영되는 동계조류통계(Christmas bird count)에서 참여자들에 의해 시기적으로도 적합하고 유용한 자료가 취득된다. 이런 추세는 앞으로도 계속될 것이 확실한데, 예를 들면 Pictoramia(www.wikimapia.org, 그림 11.12)의 1,040만 장의 사진처럼 새로운 시도 레이어로 확상될 것이나.

11.3.6 가상 조직으로서 GIS

GIS 사용자는 두 방향으로 확대되었다. 한 방향은 거대한 데이터베이스와 특정 목적을 가진 큰 조직 차원 방향이고, 다른 한 방향은 한 사람이 모든 일을 처리하는 소규모 차원이다. GIS를 이런 두 부류의 사용자들이 모두 이용하고 있지만, 하드웨어와 소프트웨어, 그리고 컴퓨팅 환경의 세부 내용에 있어 차이가 있기 때문에 각기 다른 GIS가 필요하다.

조직 차원에서 살펴보면 인력은 여러 가지로 나뉠 수 있다. 한 사람이 데이터 관리와 소프트웨어 갱신을, 다른 사람은 교육, 또 다른 사람은 자료 분석을 담당할 수 있다. 한 사람이 운영하는 업체에서는 한 사람이 이 모든 일을 담당할 것이다. 초기 GIS 개발자들이 마치 이와 같았는데, 이들은 컴퓨터 전문가이자 시스템 관리자이자 하드웨어 엔지니어이고, 커피 서비스까지 모든 일을 담당했다. 소수의 사람만이 있다면 GPS로 현장 자료를 취득하는 예외적인 경우가 있기는 하지만 새로운 자료를 많이 취득하는 것은 불가능하다. 이런 경우 GIS 사용자는 공공부문에 공개된 자료에 의존해야 하는데, 그 자료조차도 낮은 해상도에 최신 자료로 업데이트되어 있지 않을 가능성이 높다.

이런 수준에서 GIS의 사용은 해당 공공 부문과 가장 유사한 전문성 단계에 머물게 된다. 가능한 작업현장에 가깝게 GIS를 적용할 수 있는지의 여부가 시스템의 성패를 결정짓는다. 업무 담당자는 GIS를 신속히 사용하여 일상적인 자원 활용에 대해 일반적이면서도 상황에 적합한 판단을 내리게 된다. 이 수준에서 GIS를 사용한다는 것은 복잡한 분석이 아니라 결과를 그래픽으로 표현하거나 주제도를 제작할 수 있는 정도면 충분하다. 이런 유형의 GIS는 통상 공공참여 GIS라고 불리는 커뮤니티 지원 조직 GIS이다.

반면 거대한 시스템에서는 정보의 업데이트나 세부적인 정보까지 잘 관리할 수 있다. 여기에서는 GIS로 목록 관리, 분석, 의사결정, 관리 등을 수행하는 것이 가능하다. 또한 이 상황에서 더 좋은 정보의 확보는 자원의 관리를 더 효율적으로 할 수 있게 됨을 의미한다. 실제 GIS 산업의 발전 방향은 소규모와 대규모 두 차원으로 이루어지고 있다. 이런 추세는 한 발 더 나아가 거대한 시스템을 아주 작게 만드는 것이나 선행 연구자의 연구 결과를 일반인이 알 수 있도록 변환하는 것처럼 두 시스템을 하나로 융합하는 방향으로 발전해 가고 있다.

마지막으로, GIS 사용자들은 스스로 서로를 돕는 방향으로 발전하고 있다. 대부분의 소프트웨어 패키지나 GIS를 사용하는 조직은 사용자 그룹을 운영하고 컨퍼런스, 워크숍, 인터넷 토론 그룹 등을 운영하고 있다. 최근 이런 포럼은 블로그나 뉴스피드(newsfeed) 방식을 새롭게 도입하고 있다. 이런 사례는 GIS가 성장하는 좋은 요건을 형성한다. GIS 패키지는 더욱 복잡해지고 있지만 반면에 사용자에게 더 편리하게 변하고 있기 때문에 이런 사용자 그룹은 GIS 사용에 있어서 중요한 위치를 점하게 될 것이다. 이런 공감대가 모든 GIS 사용자들 사이에 형성되는 것이 바람직하다. 이렇게 함으로써 한 소프트웨어의 좋은 아이디어는 다른 소프트웨어에도 영향을 주어 좋은 방향으로 재생산된다.

11.3.7 미래의 GIS

향후에 추측이 가능한 미래란 무엇인가? 컴퓨터 과학이나 공학 분야의 추세 중에는 GIS 응용과 관련된 부분이 존재한다. 이 중 한 분야가 입체시를 생성하기 위해 착용하는 디스플레이 장치이다. 또 다른 분야로는 병렬컴퓨터, 자기치료와 고장 방지(컴퓨터 부품이 고장 나도 프로그램이나 시스템이 제대로 작동하는) 컴퓨터, 대용량 저장 장치, 현재보다 연산 속도와 처리량이 뛰어난 컴퓨터 등의 분야이다. 미래의 GIS 시스템은 GIS, GPS, 영상 처리가 동시에 가능하면서도 주머니에 휴대가 가능하며 입체시가 가능한 선글라스를 디스플레이 장치로 사용하는 체계로 발전할 것이다. 이런 사례가 모바일 증강현실(Any-where Augmentation) 비전이다(Wither et al., 2006). 자료 취득을 위해서는 단지 정보를 얻고자 하는 대상물에 접근하여 그것을 보면서 그것의 이름이나 속성을 말하기만 하면 전문가 시스템 기반의 인식기가 영상으로부터 대상물의 특성을 추출하고, 데이터를 구조화하여 컴퓨터가 인식할 수 있도록 인코딩하고, 중앙저장소에 그 결과들을 즉시 저장할 것이다(그림 11.13). 즉 자료를 취득하기 위해서 사람 또는 무인 이동체나 비행기가 단순히 돌아다니기만 하면, 이 자료에 관심 있는 사람이 실시간으로 가정이나 사무실에서 정보를 보거나 추출할 수 있다는 것을 의미한다. 아마 모바일로 자료를 수집하는 사람을 정부기관에서 파견하면 작업과 동시에 자동화 시스템을 통해 수치 지도를 갱신하거나 현장에서 어떤 사항을 체크하는 것이 가능하게 될 것인데, 이는 전력공급에서 구급차 배치 등의 문제에까지 적용될 것이다. 소설에 등장하는 정보의 독점으로 사회를 통제하는 관리 권력 체계인 '빅브라더(big brother)'보다는 정보에 대한 접근이 수월한 체계 속에서 공익이 보장될 것이다. 이런 사례로는 산불 감시를 지원하는 사용자의 참여에 의해 만들어지는 지도를 그 예로 들 수 있다(Pultar et al., 2009).

한편 미래의 자료 분석가(data analyst)는 기존의 단순한 통계 분석을 사용하는 것이 아니라 3차원 시각화를 통해 패턴과 구조를 파악하는 자료 탐색자(data explorer)로 변모할

그림 11.13 증강현실 지도 — 컬러 파노라마(위)와 반자동 거리정보 지도(아래). 거리정보 지도의 어두운 부분이 사용자에게 더 가깝다. 거리 지도는 사용자가 증강현실용 안경을 착용하고 레이저 거리 측정장비의 데이터를 단순히 보는 것만으로 만들어진 것이다.

출처 : Wither et al., 2008.

것이다. 사람의 인지 기능은 실로 놀랄 만한 자료 동시 처리 능력을 가지고 있어서, 컴퓨터나 과학자들도 놓치기 쉬운 구조를 쉽게 간파해 낸다. 마찬가지로, 동일한 시스템이 다른 시스템들을 병렬적으로 지원함과 동시에 관리함으로써, 미래에 대한 시나리오 예측과 통합 모델링을 가능하게 할 것이다.

11.4 미래의 이슈와 문제점

이 장에서는 GIS의 미래에 직면하게 될 이슈들을 살펴볼 것이다. 우리가 사용자 커뮤니티로서 이러한 이슈에 대해 어떻게 대처하는지가 미래의 GIS에서 중요한 역할을 하게 될 것이다. 현실적 수준에서 앞으로 소개될 내용들을 다루어야 할 사람은 다름 아닌 여러분이다.

11.4.1 지오프라이버시

GIS 데이터베이스가 방대해지면서 개인의 사생활 보호 문제가 중요해지고 있다. 우리는 프라이버시 보장의 권리가 있음에도 불구하고 전화, 신용카드, 홈쇼핑 등을 통해 개인 신상정보를 노출하고 있다. 가장 중요한 프라이버시인 개인 소득, 가족정보, 건강 기록, 이력 등이 데이터베이스로 구축되고 있다. GIS는 지리적인 개념으로 개인정보들을 통합하게 된다. 비록 환경보호, 보건 등의 공익을 위한 시스템일지라도 지역성과 개인성이 강화될수록 사생활 침해의 문제는 심각해진다. 심지어 수많은 개인정보를 수집한 인구 센서스도 특정인의 신상정보를 파악할 수 있는 정보 사용에 엄격한 제한을 걸고 있으며, 70년 이상 공개하지 못하고 보관하도록 규정되어 있다.

잡지 구독이나 인터넷 쇼핑 같은 경제적 활동은 우편번호, 센서스 트랙, 주소 같은 개인정보들의 연계에 의존하고 있다. 주문 및 배송의 부산물로 신용카드 사용 내역은 개인 신상을 파악할 수 있는 정보로서 거래가 이루어지기도 한다. 이전에는 개인에 대한 모든 정보를 수집하는 것이 매우 어려운 일이었지만, 지금은 그리 어렵지 않은 일이 되었다. 비즈니스 GIS로 관리되는 정보는 인구지리조사(Geodemographics) 시스템이라고 할 수 있다. 소단위 지역의 인구 센서스 및 기타 마케팅 자료를 통해 지역 주민들의 특성을 분석하여 아기용품과 같은 특정 상품과 서비스의 수요를 파악할 수 있다.

GIS는 사람을 관찰할 수 있는 성공적인 기술이다(Monmonier, 2002). 최근 GIS는 법률과 밀접한 관계를 갖게 되었다. 법률 소송, 로비, 투표 구역 선정, 권리 분할 등의 법률 문제에서 법률가들이 GIS를 유용한 도구로 활용하고 있다. 또한 Google Street View 같은 것들이 활성화되면서 개인의 사생활 침해 문제가 심각해지고 있다. 영국에서는 지역의 사생활 보호를 위해 구글 카메라의 촬영을 막은 경우도 있다. 반면 사람들은 페이스북이나 마이스페이스 같은 소셜 네트워킹 사이트에서 상세한 개인정보를 자발적으로 제공하기도 한다.

이러한 경향으로 인해 GIS 분석가들은 보다 명료한 분석 방법과 신뢰성 있는 운영 방식을 견지해야 한다. 예를 들어 GIS 소프트웨어는 GIS에 사용된 기능, 명령어, 메뉴 선택 등을 모두 자료 이력 기록(data lineage log)으로 관리함으로써 GIS 분석 결과의 신뢰도를 높여야 한다. 일상적으로 사용되는 통계치들이 다양한 관점을 반영하는 데 사용될 뿐만 아니라, 지도를 통해서도 상이한 시각들이 표출된다(Monmoier, 1996). GIS에서도 지도 제작과 분석 과정에 있어 책임이 부여되므로, 이 점은 앞으로 GIS가 법정공방에 휘말리지 않기 위해서라도 강조되어야 한다.

11.4.2 데이터 소유권

자료 소유권에 대하여 두 가지 상반된 입장이 있다. 하나는 연방 정부가 공통 포맷으로 지리정보를 저렴한 가격으로 공급해야 한다는 것이다. 이는 자료 수집에 대한 비용을 자료 가격에 포함하지 않아야 한다는 견해이다. 정부는 시민들이 내는 공공 예산으로 운영되기 때문에 시민의 정보 사용에 중복적 비용을 부담시킬 수 없다는 것이다. 인터넷 지도 서비스의 자료 공급이 무료이기 때문에, 자료 공급과 사용은 무상 혹은 최소한의 비용으로 이루어져야 한다.

다른 입장은 GIS 자료를 상품으로 보는 것이다. 이는 GIS 자료는 특허권과 저작권이 있기 때문에 유상으로 판매되어야 한다는 견해이다. 상품으로서 GIS 자료 판매의 이익 추구는 자료 생산의 역동성을 가져올 수 있으며 비용 감소의 결과를 유도하기 때문이다. 몇몇 경우에 그러한 상황이 발생했지만, 이윤을 통해 완성된 체계적이고 표준화된 형태로 정기적으로 관리되는 자료를 생산하는 경우는 드물다. 여러 번 판매할 수 있는 자료를 생산하는 데는 충분한 동기가 부여되지만, 수요가 적고 전자지도가 별로 없는 모퉁이 지역을 지도화하는 데는 별로 동기가 발생하지 않는다. 국제적인 관점에서 보자면, 아프리카와 남아메리카 같은 가장 가난하고 궁핍한 국가에 대해서는 GIS로 지도를 제작할 만한 동인이 마련되지 않을 것이다.

대부분의 국가들은 이러한 두 가지 접근 방법이 복합적으로 존재한다. 미국은 TIGER 파일 같은 연방 정부의 자료를 기초 자료로 사용하지만, 더 구체적이고 새로운 지도들을 입력하거나 민간 부분으로부터 데이터를 구매하여 최신의 정보를 추가한다. 회사들은 그들의 자료를 신속성, 정확성, 완성도 등을 바탕으로 판매하지만 원래 그 자료들은 대부분은 정부에서 무상으로 배포한 자료로부터 만들어진 것이다.

정부와 민간사업 사이의 이러한 상호관계는 GIS에 일반적으로 잘 적용되어 왔는데, 언급되어야 할 것은 정부의 무상자료가 없었다면 이러한 관계 구조는 이미 붕괴되었을 것이라는 점이다. 민간 부분에서 자체적으로 소규모 설계 사무소나 프로젝트에서 사용할 수 있는 자료들을 생산하는 경우는 매우 드물며, 더욱이 이러한 소규모 설계 사무소에서 그러한 자료를 생산하는 데 드는 막대한 비용을 충당하기는 쉽지 않다. 늘 그렇듯이 사람들은 '최소 비용 해결방안'으로 일을 수행할 것이다. GIS에 있어서 이는 소형 컴퓨터, 저렴하거나 이미 개방된 소프트웨어, 그리고 정부 무상자료를 사용하는 것을 의미한다.

11.4.3 시공간적 역동성과 GIS

GIS 학자들은 상이한 시기에 수집된 지리적 자료와 속성자료를 처리하는 데 있어서 GIS의 영향력에 대해 관심을 가져 왔다. 당연히 GIS 수치지도에는 제작될 당시의 '시간 표기(time-stamped)'가 되어 있기 마련이다. 그렇지만 실세계에서 자료는 노후화되어 업데이트되거나 새로운 자료로 대체된다.

몇몇 자료(예 : 일기예보나 물품 배달 확인 등)는 매우 짧은 주기를 가지며, 신속한 수정과 업데이트가 GIS 유지관리의 주된 부분이 된다. 대부분의 경우 GIS 자료는 단순히 자료 생산 날짜가 부가적인 속성으로 주어지는데, 자료의 제작일자와 자료가 GIS로 입력된 날짜가 다른 경우가 흔히 있다. 자동 업데이트 등의 기능을 GIS 설계에 포함하거나 모든 사상에 대한 최신 버전을 자동으로 선택하는 방법들이 오늘날의 GIS 기능들에 포함되고 있다.

하지만 현제의 GIS 시스템들은 다양한 시기의 자료를 처리하는 데 효과적이지는 않다. 시간을 처리하는 한 가지 방법은 사상의 속성에 시간 표기를 추가하는 것이다. 예를 들어 토지 이용 데이터베이스는 개별 토지 이용 폴리곤에 대해 토지 이용의 변화가 발생한 시간을 표시한다. 다른 방법으로, GIS는 다수의 시간에 대해 각각의 '스냅샷(snapshot)' 자료를 사용한다. 예를 들어 2008, 2001, 1990, 1975, 1940년에 대해 토지 이용도가 존재할 수 있다. 주지할 것은 이러한 스냅샷들을 변화 분석을 위해 사용할 때 문제가 있을 수 있다는 것인데, 이는 자료가 일정한 시간 간격으로 생성된 것이 아니기 때문이다. 이렇듯 GIS에 시간을 추가하는 것은 해결되어야 할 데이터 구조상의 문제이기 때문에 많은 모델들이 이러한 문제를 해결하기 위해 제안되어 왔다.

하지만 자료에 초점을 두다 보면 공간적 역동성에 대한 중요한 사실을 간과하게 된다. 제6장에서 사례로 든 토네이도 문제로 돌아가 보자. 정적인 관점에서 보자면 하나의 토네이도는 단지 시간과 장소만 다를 뿐 다른 토네이도와 거의 유사하다. 하지만 토네이도는 광범위한 지역의 날씨 및 기후 상태와 관련이 있다. 날씨가 변하는 정보를 통해 토네이도가 시작될 것인지 예측할 수 있고, 많은 토네이도가 하나의 기상체계에 연계되어 있음을 예측할 수 있다. 이러한 관점에서 GIS는 토네이도 현상을 보는 데 있어서 단순히 공간상에 발생한 것으로 보는 정적인 관점보다는, 개별 토네이도를 시작, 중간, 끝의 역동성을 갖는 기상체계 변화에 따라 경관상에 나타나는 하나의 공간 패턴으로 바라보게 한다. 이러한 패턴의 공간적 발달 과정 전체를 파악하고 시간을 바탕으로 전체 기상체계를 맞추어 가는 능력은 날씨 분석, 예보, 경보 시스템에 매우 중요하다. 예를 들어 현재 발달 중인 날씨 상태를 기존의 유사한 기상체계에서 발달했던 패턴들과 비교해 보는 것이 바람직하다. 아직 GIS 연구에서 이러한 접근법을 찾아보기는 쉽지 않다(예 : Macintosh & Yuan, 2005).

11.4.4 GIS에 대한 역할 변화

GIS는 계속 변화하고 있으며 이러한 변화를 바탕으로 GIS는 이제 학문인 동시에 기술이다. 오늘날 학문에 있어서 국내외적으로 새로이 강조되는 부문에서의 문제나 주제들을 향한 다양한 움직임들이 있다. 다행스럽게도 GIS가 이러한 경향에 대해 일정 정도의 역할을 하고 있는 증거들이 있다. 또한 시대적으로 중요한 사항들—전쟁, 불황, 해고, 식량 가격, 대체 에너지, 지구 온난화, 세계 보건, 전염병 발생, 테러—모두 그 진행에 따른 공간 분석을 위한 수단과 방법을 필요로 한다.

과학은 점점 더 세계적인 문제들에 대해 초점을 맞추고 있다. 지구를 하나의 전체 시스템으로 보는 것이 이제는 지구 온난화나 오존층 파괴 등의 세계적인 기후 변화 문제, 지구의 해양과 대기의 패턴과 흐름 등의 지구적인 순환, 인류가 지구 전체 환경에 주는 영향 등에 접근하는 올바른 방법이다. 세계 경제에 대한 새로운 거시적인 기조, 세계은행 (World Bank)이나 UN과 같은 국제기구를 통해 세계 문제들을 해결하려는 노력들의 증가, 자료를 통해 이러한 문제들에 접근할 수 있는 방법과 수단들의 출현 등이 새로운 지구 규모의 과학을 주도하고 있다.

GIS는 이러한 지구 규모의 과학에 많은 기여를 할 수 있다. 전 지구적 규모의 분포 표현을 위해서는 지도화가 필요하고, 전 지구의 지도화는 지도 투영법을 필요로 하며, 흐름과 순환을 이해하기 위해서는 공간적 과정에 대한 이해가 요구된다. GIS에서 사용될 다양한 전 지구적 자료를 수집하고자 하는 노력들이 진행되고 있으며, 다양한 기관들에서 작물 생산량 추정과 기근 예측 등의 지구적 문제들을 해결하기 위해 GIS를 사용하고 있다.

또한 GIS는 그동안 과학에 대한 새로운 접근의 최선두에 서 있었다. 일반과학과 사회과학 분야들 간의 전통적인 경계는 이미 사라져 버렸다. 물론 많은 사람들이 이러한 변화를 아직 인식하지 못하기도 하고, 일부는 이러한 변화에 저항하기도 한다. 하지만 오늘날 대부분의 주요 연구들은 어떤 문제에 대해 관련되는 각기 다른 학문 분야가 공동으로 참여하여 팀으로 연구를 수행하고 있다. GIS를 이용하여 지리학, 분포의 지도화 및 시각화를 바탕으로 다양한 내용과 출처의 자료를 통합하고 그들의 상호 관련성을 찾을 수 있기 때문에 GIS는 다양한 학문 분야가 공동으로 수행하는 작업에 있어서 가장 기본적인 수단이 된다. 모든 과학자들이 미적분, 선형 대수, 통계 없이는 글을 쓰기 어려운 것처럼, GIS의 방법과 원리들은 이제 과학자의 필수적인 수단이 되고 있으며, 적어도 교육 과정에서 중요한 부분으로 자리매김하고 있고, 이러한 기조는 미래에도 지속될 것이다. 이러한 새로운 이해 방법을 공간 지각력이라 부른다. 공간적 분석에 바탕을 둔 추론, 즉 공간적 사고는 모든 사람을 위한 기초 교육의 일부가 될 것이다. 이 책을 통해 여러분은 GIS를 시작했고, 지금까지 여러분이 과제, 질문, 업무 수행 등을 꾸준히 진행해 왔다면 여러분은 이미 이러한 새로운 과학적 접근 방법에 동참해 가고 있는 것이다.

11.5 결론

GIS를 처음 접했을 때 제일 먼저 경험하게 된 것은 아마도 배운 대로 메뉴 버튼을 따라 누르는 '푸시 버튼(push-button)' 수준의 일이었을 것이다. 여러분은 아마도 이 책의 실습 매뉴얼을 따라 교수자가 제시한 방법으로 분석 프로그램 또는 분석 과정을 수행해 보았을 것이다. 이 책을 통해 여러분이 수행하고자 한 것에 대해 더욱 깊은 이해를 돕는 실질적 지식을 얻는 데 도움이 되었기를 바란다. 처음으로 GIS의 경험을 하는 두 번째 부류는 적은 경험을 배경으로 고용된 GIS 전문가로서, 새로운 프로젝트에 깊이 관련되어 있지만 단지 사용자 설명서나 온라인 도움말에 의지하는 사람들이다. 이런 경우 프로젝트의 전체적인 형태를 보기는 매우 어려우며, 특히 마감이 임박했을 때는 더욱 그러하다. 이러한 분들에 대해서도 설명서와 매뉴얼의 간략한 설명에 대해 부가적인 설명을 제공함으로써 이 책이 도움이 될 것이다. 앞서 설명한 두 가지 경우 중 어디에 해당하더라도 여러분은 이 책을 통해 지리정보학의 기초를 닦을 수 있으며 이러한 기초들은 GIS 전문가를 양성하는 데 필수적인 것이다. 그럼에도 불구하고 학습 초기에는 아마 많은 시간 동안 좌절감을 맛보았을 것이다. 그럴 때마다 주저 없이 이 교제의 해당 부분을 찾아 도움을 받기를 권한다. 최소한 해결이 불가능해 보이는 GIS의 문제들에 봉착해 있는 사람이 이 세상에 당신 혼자는 아니므로 너무 걱정할 필요는 없다.

　수업을 통해서든 독학이든 여러분이 지금 이 부분까지 읽어 왔고 GIS의 개념들을 습득했다면 앞으로 여러분에게 두 가지 선택의 길이 있다. 우선, 제10장에서도 강조했듯이 이 책에서 이야기했던 문제나 이슈들을 처리하는 데 대안을 찾을 필요는 없다. 많은 GIS 패키지들은 값이 저렴하거나 공유할 수 있는 것이며, 심지어 공공도서관이나 학교에서도 사용할 수 있다. 많은 기업들이 GIS 인턴들을 찾고 있고, GIS 기술을 가진 자원봉사자들은 항상 환영받고 있다. 우선 업무에 뛰어들어 이 책을 통해 습득한 지식을 활용하여 기술을 연마하기 바란다. 책에 수록된 과제들을 잘 따라 했거나 실습 매뉴얼 함께 활용했다면 이미 여러분은 GIS 전문가 수준에 거의 도달한 것이다.

이제 여러분은 다음 과정을 위한 준비를 마쳤다. 사실 이 책의 제목은 신중을 기해 선택된 면이 있다. 이 책은 여러분에게 GIS에 필요한 기본 지식을 제공하여 큰 실수를 하지 않도록 하는 GIS 입문서이다. 쉬우면서도 많은 것을 담았다. 다음 단계에서 해야 할 거의 모든 것은 제1장에서 다루었다. 지금부터는 여러분 스스로가 지식을 한 수준 높여야 할 것이다. 이를 준비하기 위해 http://www.urisa.org/about/ethics에 나와 있는 도시 및 지역 정보 시스템 학회(Urban and Regional Information Systems Association, URISA)에서 제공하는 GIS 전문가를 위한 윤리서를 참조하기를 권한다. 공간정보 전문가로서 여러분은 이 기술의 사용이 가져올 긍정적 또는 부정적인 측면에 직면하게 될 것이며, 그에 대한 결정은 여러분 스스로 내려야 한다. 현명한 선택을 하기 바란다.

GIS를 공부할 때, 또는 순간적인 문제해결을 위해 이 책을 사용할 때라도 GIS가 미칠 영향에 대해 항상 고려하길 당부한다. GIS 기술이 도울 수 있는 일들은 많은 경우 사회와 현실이 직면한 문제이자 병폐들이다. 무엇보다도 GIS는 우리가 자원을 효율적으로 사용하게끔 도와주고 있으므로 보다 나은 미래를 위한 지속 가능한 도구라 할 것이다. GIS는 더 많은 자원을 소비하며 나은 삶을 살기보다는 우리가 현재 가진 자원으로 우리의 삶을 증진하는 데 도움을 준다.

마지막으로 GIS는 낭비를 줄이도록 하고, 삶의 표준을 향상시키며, 질병을 퇴치하고, 어려움이나 재앙에 대처할 수 있게 하며, 국제 변화를 이해하게 하고, 심지어는 민주주의를 발전시키기도 한다. 새로운 정보화 시대에 이러한 기술과 도구들을 생산적으로 사용하는 것도, 그리고 쉽게 이 많은 수단들을 허비하는 것도 명석한 GIS 사용자이자 분석가인 여러분이다. 명탐정 코난의 말을 빌리면, 여러분은 이미 내 방법을 알고 있다. 자, 이제 이것을 가지고 가서 사용해 보라!

학습 가이드

이 장의 핵심 내용

○ GIS는 엄청난 규모의 시장을 가진 산업으로 자리매김하였다. ○ GIS의 방법론들은 여러 학문 분야에서 사용되고 있다. ○ 이제는 자료 획득 문제 때문에 GIS 프로젝트가 한계에 부딪히는 일은 없다. ○ 센서 웹을 통해 방대한 양의 지리 공간정보를 실시간으로 제공할 수 있게 되었으며, 이는 앞으로 더욱 보편화될 것이다. ○ 웹 포털은 민간 및 공공 부문 지리 공간정보의 접근 통로가 된다. ○ 디지털 지구는 지구에 대한 인간의 모든 지식을 모아 놓은 미래 자료 저장소로서의 비전을 가진다. ○ 지오브라우저는 공간정보에 접근하는 시각적인 도구를 제공한다. ○ GIS는 GPS로부터 현장자료를 취득하며, GPS 내비게이션 시스템은 GIS로부터 지도 데이터를 제공받는다. ○ GPS는 현재 진행 중인 GNSS의 일종이다. ○ 스캐닝한 지도와 항공사진은 GIS 기본도를 구축하기 위한 자료원으로서 그 중요성이 높아지고 있다. ○ 위성 원격탐사 시스템은 글로벌 GIS를 위한 전 지구 규모의 데이터를 제공할 수 있다. ○ 위치 기반 서비스는 모바일 애플리케이션에 GIS와 GPS를 이용하는 새로운 산업 분야이다. ○ 지오브라우저에서는 공간적 범위를 고려한 웹 검색이 가능하다. ○ 지오컴퓨팅은 GIS 분야에서 더욱 널리 활용되고 있다. ○ 차세대 컴퓨팅 환경은 그리드 컴퓨팅과 클라우드 컴퓨팅을 이용하게 될 것이다. ○ 지리적 시각화는 공간자료의 탐색과 분석을 원활하게 하는 잠재력을 갖는다. ○ 객체지향 컴퓨팅의 패러다임은 특히 오픈소스 GIS에서 중요시되어 왔다. ○ 사용자 중심의 컴퓨팅과 인지공학은 인간과 컴퓨터의 상호작용을 개선하고 있으며, 모바일 장치에서의 GIS 사용을 더욱 용이하게 하였다. ○ 전통적인 데스크톱 방식의 상호작용은 소형 이동컴퓨터 장치에 적합하지 않다. ○ 오픈소스 GIS는 GIS 소프트웨어의 근간이 되어 가고 있으며, 상호 운용성을 증대시키고 웹 서비스를 용이하게 한다. ○ 사용자 참여에 기초한 지리정보는 웹 서비스 발전에 기여하였으며, 지리 공간자료의 새로운 자료원으로서 갈수록 그 중요성이 부각될 것이다. ○ GIS 사용자 커뮤니티는 가상 조직이지만, 웹 기반의 새로운 지원 메커니즘을 가지고 있다. ○ 미래의 GIS 자료들은 지능형 차량 또는 센서장비를 착용한 인간으로부터 수집될 수 있다. ○ GIS는 공간을 매개로 개인에 관한 자료를 통합할 수 있기 때문에 개인의 사생활을 침해할 수도 있다. ○ 자료는 독점될 수도 있고 공공재가 될 수도 있는데, 시 이저접한 효용 최대화를 위해 두 가지가 병행되기도 한다. ○ GIS는 태풍과 같이 시공간상에서 유동적인 현상을 지도화 및 모형화하고 예측하기에는 아직 부족하다. ○ GIS는 전 지구 규모의 현상과 변화를 연구하는 능력이 점점 더 향상되고 있다. ○ GIS를 이용하면 거의 모든 사회 및 경제문제에 접근할 수 있다. ○ GIS는 21세기 과학의 학제 간 연계에 적합하다. ○ 공간적 지식과

사고력은 교육과 사회에서의 중요성이 보다 커질 것이다. ○ GIS 전문가들은 URISA 윤리규약을 참고해야 한다. ○ 여러분은 이제 나아가 GIS를 사용할 준비가 되었다. 주의를 기울여 신중히 사용하기 바란다.

학습 문제와 활동

미래의 데이터

1. 1980년대부터의 연구에 의하면, 자료를 디지털화하고 조합하는 비용이 어디에서건 GIS를 구성하는 모든 비용의 60~80% 정도를 차지한다고 한다. 미래에는 왜 이런 것들이 변화하게 되는가? 그 당시에는 입수 불가능했으나 지금은 취득 가능한 새로운 자료원으로는 어떤 것들이 있는가? 지금은 어떤 자료 배포 시스템이 자료 조합에 사용되고 있는가?

2. GPS 자료는 GIS 내에서 어떻게 길 찾기를 가능하게 하는가? 방대한 양의 보정된 GPS 점들은 어떻게 GIS의 프로젝트에서 사용되는 것인가?

3. 기하 보정된 항공사진은 환경보전에 관한 GIS 프로젝트의 발전에 어떤 역할을 할 수 있는가? 위성 원격탐사 자료는 어떤 상황에서 항공사진보다 더 선호되는가?

4. GIS 소프트웨어의 재배포에 대해 사용 허가 동의서는 어떻게 규정하고 있는지, 그리고 그 소프트웨어를 사용해서 여러분이 생성한 GIS 자료에 대해 여러분은 어떠한 권리를 가지는지 살펴보라.

5. 인터넷으로부터 어떤 지역의 위성 영상이나 항공사진, 그리고 벡터지도를 다운로드하라. 이 래스터와 벡터 레이어를 중첩하여 각 자료원에 있는 사상의 불일치를 살펴보라. 어떠한 오류에 의해 그러한 차이가 발생하는가? 중첩 분석에 함께 사용되기 위해서는 이 레이어들이 어떻게 수정되어야 하는가?

미래의 컴퓨팅

6. 여러분이 많이 사용해 본 GIS 패키지를 새로 배우려고 하는 사람들을 위해 개괄적인 다이어그램을 그려서, 그 패키지의 사용자 인터페이스 특징에 대해 설명해 보라. 그 소프트웨어의 사용자 인터페이스가 향상되도록 하는 방법을 세 가지 제안해 보라. 그 사용자 인터페이스가 얼마나 효과적인지를 객관적으로 테스트해 보려면 어떻게 해야 하는가?

7. GIS의 상호 운용성은 GIS 전문가들의 일상 작업에 어떠한 도움이 되는가?

8. MODIS 센서의 해상도로 지구 전체의 데이터를 관리하기 위해서는 어느 정도 규모의 GIS가 필요하겠는가? 고등학교에서 효과적인 GIS 학습 도구의 역할을 하려면 '글로벌 인식' GIS에는 어떤 레이어가 필요한가? 이 프로젝트 적당한 해상도는 무엇인가?

미래의 이슈와 문제점

9. GIS는 프라이버시에 대한 개인의 권리를 어떤 식으로 침해하는가? 어떤 GIS의 애플리 케이션이 이러한 오늘날의 시나리오에 가장 근접하는가?

10. 어떠한 저작권 메커니즘이 GIS 패키지에 적용 가능하며, 이는 어떻게 GIS 사용을 어렵게 만드는가?

11. URISA의 GIS 윤리규약을 살펴보고, 옳은 행동과 그른 행동을 보여 주는 예를 이야기로 만들어 보라.

참고문헌

Dykes, J., MacEachren, A. M., and Kraak, M-J. (2005) *Exploring Geovisualization.* International Cartographic Association: Elsevier.

Gahegan, M. (2000) What is GeoComputation? A history and outline. http://www.geocomputation.org/what.html.

Goldsberry, K. (2007) *Real-Time Traffic Maps for the Internet.* Ph.D. Dissertation, Department of Geography, University of California, Santa Barbara.

Goodchild, M. (2007) "Citizens as Sensors: the World of Volunteered Geography." *Geo-Journal,* vol. 69, pp. 211–221

Grossner, K. E., Goodchild, M. F., and Clarke, K. C. (2008) Defining a digital earth system. *Transactions in GIS.* vol. 12, no. 1, pp. 145–160.

McIntosh, J. and Yuan, M. (2005) Assessing similarity of geographic processes and events. *Transactions in GIS.* vol. 9, no. 2, pp. 223–245.

Monmonier, M. (1996) *How to Lie with Maps* (2ed.) Chicago: University of Chicago Press.

Monmonier, M. (2002) *Spying with Maps: Surveillance Technologies and the Future of Privacy.* Chicago: University of Chicago Press.

Neteler, M. and Mitasova, H. (2008) *Open Source GIS: A GRASS GIS Approach.* 3 ed. International Series in Engineering and Computer Science: Volume 773. New York: Springer.

Pultar, E., Raubal, M. Cova, T., and Goodchild, M. (2009) Dynamic GIS Case Studies: Wildfire Evacuation and Volunteered Geographic Information. *Transactions in GIS.* vol. 13, supp. 1, 85–104.

Sui, D. Z. (2008) "The wikification of GIS and its consequences: Or Angelina Jolie's new tattoo and the future of GIS." *Computers, Environment, and Urban Systems,* vol. 32, no. 1, pp 1–5.

Wither, J., DiVerdi, S. and Höllerer, T. (2006) "Using Aerial Photographs for Improved Mobile AR Annotation", *Proceedings, International Symposium on Mixed and Augmented Reality.* Santa Barbara, CA, Oct. 22–25.

Wither, J., Coffin, C., Ventura, J., and Höllerer, T (2008) "Fast Annotation and Modeling with a Single-Point Laser Range Finder", *Proceedings, ACM/IEEE Symposium on Mixed and Augmented Reality,* Sept. 15–18.

주요 용어 정의

가상 조직(virtual organization) 과학자 협업 집단이나 사회적 네트워크 집단과 같은 조직체지만 특정 위치에서 존재하는 것이 아니라 오로지 네트워크에서만 존재함.

갈릴레오(Galileo) 유럽연합과 유럽우주국에서 개발 중인 범지구 측위위성으로서, 2012년 이후 가동될 예정이며 현대화된 GPS와 호환될 것으로 기대됨.

객체지향 시스템(object-oriented system) 애플리케이션이나 컴퓨터 소프트웨어를 디자인하기 위해서 필드와 메소드로 구성된 데이터 구조를 사용하는 프로그래밍 패러다임.

공간 제약 검색(spatially-constrained search) 지리 공간에서 알려진 한 지점 주위를 검색하고 해당 지점으로부터의 거리에 따라 정렬하는 웹 검색.

공간적 사고(spatial thinking) 사물이나 공간관계와 연관된 분석, 문제 해결, 그리고 패턴 예측.

공간정보 활용능력(spatial literacy) 문제를 소통하거나, 추론하고, 해결하기 위해서 공간적 사고를 할 수 있는 능력.

공공 영역(public domain) 특정인에게 소유되거나 조작되지 않는 지적 자산으로서 누구나 목적에 따라 사용 가능함.

광역오차전송 시스템(wide area augmentation system) 정확도, 완전성, 편의성을 향상시킬 목적으로 GPS를 증폭하기 위해 연방항공청에서 개발한 항공 내비게이션 보조장치.

국가 지도 연속자료 서버(National Map seamless server) 사용자의 요구 조건에 맞게 공공 지도 자료를 추출하거나 다운로드할 수 있는 USGS 소프트웨어 툴.

국가지도뷰어(National Map viewer) 미국의 공공 지리정보에 접근할 수 있는 웹 포털과 지오브라우저. USGS에서 운영함.

그리드 컴퓨팅(grid computing) 여러 대의 컴퓨터가 동시 병렬적으로 하나의 문제를 분할하여 해결하는 애플리케이션.

뉴스피드(newsfeed) 한곳에서 뉴스 헤드라인, 블로그, 팟캐스트를 취합하여 접근이 용이하도록 하는 웹 애플리케이션.

데스크톱 메타포(desktop metaphor) 컴퓨터의 모니터를 마치 폴더와 파일을 가진 데스크톱처럼 조작할 수 있도록 인간 대 컴퓨터 상호작용을 위한 일련의 통일성 있는 개념들로 구성한 인터페이스 디자인.

디지털 지구(digital earth) 지구와 그 위에서 살고 있는 거주자들에 대한 정보를 제공하는 시스템으로서, 그 정보는 현재 및 역사 속의 임의의 시간대를 포함하며, 가상 지구와 같은 탐색도구를 통해 사용자의 질의에 대한 응답으로서 정보가 전달됨.

미래 충격(future shock) 1970년에 사회학자 Alvin Toffler가 쓴 책으로서, '매우 짧은 기간 동안의 매우 큰 변화'의 상태를 뜻함.

블로그(blog) 웹로그(web-log)의 약어. 보통 개인에 의해 관리되며, 일상에서 있었던 일을 기록하거나, 댓글을 달거나, 사진, 동영상 등을 웹에 게시함. 보통 시간의 역순으로 나열되어 최근의 글이 먼저 올라옴.

비집계 데이터(disaggregated data) 집계 단위로 묶이지 않은 데이터로서, 센서스 구역, 카운티 등을 예로 들 수 있으며 개별적인 개체의 레코드로 관리됨.

사용자 배포 지리정보(user-contributed geographic information) 일반적 목적을 가지고 자발적으로 지리참조된 태그(tag)를 붙여서 배포하는 웹 콘텐츠.

사이버인프라스트럭처(cyberinfrastructure) 데이터 획득, 데이터 저장, 데이터 관리, 데이터 통합, 데이터 마이닝, 데이터 시각화, 인터넷을 통한 컴퓨팅 및 정보처리 서비스 등의 보다 진보된 토대를 제공하는 연구 환경.

상호운용(interoperable) GIS 소프트웨어 및 데이터 시스템의 호환 능력.

센서망(sensor network) 공간적으로 흩어져 있는 위치에서 물리적이거나 환경적인 조건을 고려해서 수집한 정보를 결합할 수 있는 자족적 기능을 갖춘 센싱 디바이스로 구성된 무선 네트워크.

셰어웨어(shareware) 시범적으로 사용할 목적으로는 가격을 지불할 필요가 없는 상용 소프트웨어. 기능, 용량, 편의 기능 등에 제약이 있음.

소스코드(source code) 프로그래머와 컴퓨터의 의사소통을 위해서 사람이 독해할 수 있는 컴퓨터 프로그래밍 언어로 작성된 구문이나 선언문.

소프트카피(soft-copy) 이미지를 컴퓨터 디스플레이에 순간적으로 보여 주는 개념. 종이나 필름 출력의 반대 개념임.

연속자료(seamless) 원본이 달라서 발생할 수 있는 영향을 제거하고 모퉁이와 경계를 일치시켜서 동일한 특징을 제공할 수 있도록 가공한 지리 공간자료.

원격탐사(remote sensing) 직접적인 물리적 접촉 없이 사물이나 현상에 대한 정보를 얻는 것(예 : 항공기, 우주선, 위성, 부이, 선박을 이용).

웹 포털(Web portal) 여러 인터넷 자원에 흩어져 있는 정보를 단일 웹 인터페이스를 통해서 제공하는 통로.

위치기반 서비스(location-based service, LBS) 무선이나 여타 네트워크상에서 모바일 기기를 통해 접근 가능한 정보 서비스이며, 사용자의 위치정보를 활용함.

위키피디아(Wikipedia) 비영리 위키피디아 재단에서 무료로 운용하는 웹 기반의 다언어 백과사전.

인지공학(cognitive engineering) 인간의 효율성을 지원하는 컴퓨터 시스템을 설계하는 데 지침이 되는 원칙, 방법론, 도구 및 기법을 개발하기 위한 학제 간 연계에 기초한 연구 분야.

장치 독립적(device-independent) 어떤 소프트웨어 프로그램이 서로 다른 입력, 출력, 저장 장치와 일반적으로 호환되는 능력.

전지구항법위성시스템(global navigation satellite system, GNSS) 전 지구 범위에서 자체적으로 지리공간상의 위치를 파악하는 위성항법 시스템을 일컫는 일반적 용어.

지리적 시각화(geovisualization) 인터렉티브한 시각화와 지도화를 통해 지리정보 분석을 지원하는 일련의 도구와 기술.

지리적 인구통계(geodemographics) 주거지에 기초하여 사람들을 프로파일링하는 연구 분야.

지오브라우저(geobrowser) 주로 지도상에서 시각적으로 콘텐츠를 탐색하면서 인터넷상의 정보에 접근하기 위한 소프트웨어.

지오컴퓨테이션(geocomputaion) 컴퓨터를 이용해 복잡한 공간적 문제를 해결하는 과학기술.

지오프라이버시(geoprivacy) 컴퓨터 및 센서 네트워크를 통해 지리적 위치나 사람들의 활동이 얼마나 공개 혹은 보호되는지의 정도.

차량기반 항법 시스템(in-vehicle navigation system) GIS 데이터와 알고리즘을 적용하여 항법을 지원하기 위한 차량기반의 시스템으로서, 흔히 GNSS 수신기와 디스플레이를 포함.

크라우드 소싱(crowd sourcing) 공개 요청을 통해 사람들이나 커뮤니티를 대상으로 아웃소싱하는 것.

클라우드 컴퓨팅(cloud computing) 웹 서비스 형태로 가상 자원이 제공되기도 하는 등 확장성에 기초한 컴퓨팅 환경.

프리 소프트웨어 재단(Free Software Foundation) 무료 소프트웨어 운동을 지원하기 위해 1985년에 설립된 비영리 재단으로서, 제약 없는 컴퓨터 소프트웨어의 배포와 수정을 장려함.

프리웨어(freeware) 사용료가 없거나 선택적인 요금으로 사용 가능한 컴퓨터 소프트웨어.

항공 측량(photogrammetry) 지도 제작을 위해 사진에서 정확한 측정을 하는 것.

헤드 마운트 디스플레이(head-mounted display) 머리에 쓰거나 헬멧에 부착하는 디스플레이 장치로서, 한쪽 또는 양쪽 눈앞에 소형 렌즈를 배치함.

ARGON 1961년 2월부터 1964년 8월까지 일련의 정찰위성에 의해 수행된 코드명 KH-5 카메라로서 참조좌표의 지도화에 사용되었음.

ASTER(Advanced Spaceborne Thermal Emission and Reflection Radiometer) 2000년 2월부터 원격탐사 데이터를 수집하고 있는 *Terra* 위성에 탑재된 센서 5기 중 하나.

COMPASS 전 지구를 완전히 커버하는 35기의 위성으로 구성된 중국의 GNSS로 현재 계획 중에 있음. Beidou-2라고도 불림.

CORONA 미국 중앙정보국에서 운용하고 미 공군에서 보조하는 정찰위성 시스템으로 1960년 8월부터 1972년 5월까지 구소련, 중국 및 기타 지역의 사진 정찰에 사용되었음.

DOQ(digital orthophotoquad) 항공사진 이미지로서, 사진의 이미지 특성과 지도 참조 정밀도를 결합함으로써 지형기복과 카메라 틸트(카메라 조준 방향과 지표의 수직선이 이루는 각도)에 의해 발생하는 이미지 변위가 제거된 데이터.

E911 North American Telecommunication 사

의 시스템에 기초하여 강화된 9-1-1 서비스로서, 물리적 주소를 전화번호로 자동 연결시켜 가장 적합한 공공안전 대응 포인트(Public Safety Answering Point)로 그 전화를 보냄. 전화를 건 사람의 주소와 정보는 대응요원이 전화를 받는 즉시 디스플레이됨.

Envisat(Environmental Satellite) 유럽 우주항공국이 2002년 발사한 지구관측위성으로서 원격탐사를 위한 센서를 9기 보유하고 있음.

GLONASS 구소련에 의해 개발되어 현재 러시아 정부와 우주국에 의해 운용되는 전파 기반의 GNSS.

Google Earth 구형으로 표현된 가상의 디지털 지구로서, 지도 및 지리정보 프로그램은 원래 Keyhole 사에 의해 제작되었으며, 2004년에 Google이 인수함. 위성영상, 항공사진 및 GIS로부터 획득한 영상을 합성하여 사용함.

Google Maps 구글이 제공하는 웹 지도 서비스 기술 및 애플리케이션으로서, 공개 API를 통해 수많은 웹사이트의 지도 서비스를 지원함.

GPS 미국 국방성이 개발하여 미 공군 50th Space Wing이 관리하는 GNSS로서, 현재로서는 유일하게 완전 가동되고 있는 항법용 GNSS.

Ikonos 상업적인 지구관측위성으로서, 1m와 4m 해상도의 위성영상을 최초로 제공함.

LANYARD 1963년 3월부터 7월까지 미국에서 생산되어 단명한 정찰위성 시리즈로서, Samos 프로그램을 위해 개발된 KH-6 카메라를 탑재함.

MapTools 오픈소스 매핑 커뮤니티에서 사용자와 개발자용 자원으로 사용되는 소프트웨어 도구 모음.

MODIS(Moderate-resolution Imaging Spectroradiometer) NASA에서 1999년 Terra 위성과 2002년 Aqua 위성에 탑재해 발사한 원격탐사 장비.

Open Geospatial Consortium 지리정보와 위치 기반 서비스의 표준 개발을 위한 비영리적, 국제적, 자발적 표준 기구.

PDA(Personal Digital Assistant) 손에 쥘 수 있는 컴퓨터. 팜탑컴퓨터로도 알려져 있음.

Quickbird DigitalGlobe 소유의 고해상도 상업용 위성으로서 2001년에 발사됨.

RADARSAT-2 캐나다 우주국에서 2007년에 발사한 지구관측위성.

SigAlert 30분 이상 교통 통제가 발생하는 예측하지 못한 사건. 미국 서부 도시에서는 웹사이트에서 정보를 제공함(www.sigalert.com).

SIR(Shuttle Imaging Radar) 우주선에서 지형도 제작을 위해서 사용하는 C-밴드 레이더 장비.

SML(Simple Markup Language) XML 장비에서 해석을 용이하게 하기 위해 XML을 단순화하는 접근법.

SPOT(Satellite Pour l'Observation de la Terre) 우주에서 운용되는 고해상도의 광학 지구관측 위성.

Terra 미국, 캐나다, 일본, 그 밖의 몇몇 원격탐사기관들로 구성된 다국적, 다학제적 위성 프로그램.

VGI(Volunteered geographic information) 개인들이 자발적으로 제공하는 지리정보를 만들고, 조합하고, 배포하기 위한 도구들을 이용하는 것.

Web 2.0 차세대 웹 개발과 디자인 개념. 커뮤니케이션 용이성, 정보 공유, 상호 운용성, 사용자 중심 디자인, 사회적 협업 등의 특징을 가지고 있음.

WIMP 윈도우즈, 아이콘, 메뉴, 포인터를 사용한 인간-컴퓨터 상호작용 스타일을 가리키는 약어.

WorldWind NASA에서 개발한 무료 오픈소스 가상 지구. 개인 PC에서 사용하는 오픈소스 사용자 커뮤니티임.

XML(Extensible Markup Language) 사용자가 마크업 요소를 정의할 수 있는 마크업 언어를 만들기 위한 규정.

GIS 사람들

Daniel Z. Sui, 도시 및 지역분석 센터 책임자, 오하이오주립대학교 지리학과 교수 및 사회행동과학대학 교수

KC 교육경력에 대해서 간략히 말씀해 주십시오.

DS 베이징대학교에서 지리학 학사와 지리정보과학 및 원격탐사 석사 학위를 받았습니다. 그리고 조지아대학교 지리학과에서 박사 학위를 받았습니다.

KC 지리학 및 지리정보과학을 선택한 이유가 있습니까?

DS 저는 처음에는 수학과 컴퓨터 과학을 선택했습니다. 그러나 1980년대에 베이징대학교에서 컴퓨터 과학 프로그램은 경쟁이 매우 치열했습니다.

KC 그럼 지리학은 차선이었네요?

DS 예. 그러나 곧 GIS, 원격탐사, 계량지리를 접하면서 흥미를 가지기 시작하였고 지금까지 GIS를 하게 되었습니다.

KC GIS 분야에서 학생들이 수학과 컴퓨터 과학을 배우는 것이 얼마나 중요하다고 생각하십니까?

DS 매우 중요하다고 생각합니다. 두 분야를 배우지 않으면 새로운 개념을 개발하거나 새로운 프로그램 도구를 가지고 구현해 보지도 못하는 평범한 GIS 사용자로만 머물 것입니다. 컴퓨터 과학과 수학에 대해 깊이 이해하는 것은 매우 중요합니다.

KC 최근에 신간 서적을 발간하는 데 지원을

받으셨죠?

DS 예, 구겐하임 재단(Guggenheim Foundation)의 지원을 받았습니다. 저는 지리정보기술의 사회적 영향에 대해서 다루는 서적을 발간할 예정입니다. 특히 시민들의 일상생활을 위한 지오프라이버시(geoprivacy)의 필요성에 대해서 다룰 예정입니다.

KC 지오프라이버시가 뭐죠?

DS 프라이버시는 원래 각자가 개인적 삶을 누리는 것을 보장하도록 법적으로 정의한 것입니다. 지리정보기술을 기반으로 도처에 널려 있는 응용 프로그램들로 인해 오늘날에는 사람들의 행방을 언제든지 파악할 수 있습니다. 사람들은 그들의 사생활이 침해되거나 '공간적 노예(geoslavery)'가 될 가능성에 대해서 항의해 오고 있습니다. 저의 책에서는 이 문제에 대해서 양쪽 모두를 살펴볼 예정입니다. 사람들은 프라이버시에 대해서는 보수적인 입장을 취합니다. 하지만 Web 2.0 기술을 이용하거나 리얼리티 TV에서는 자발적으로 자신의 삶을 아주 자세하게 노출시키고 있습니다. 저의 책에서 이러한 복잡한 상황을 다룰 예정입니다.

KC 자발적 지리정보는 무엇입니까?

DS 원래 이 개념은 Michael Goodchild 교수로부터 나왔습니다. 이것은 자발적으로 전파되는 지리정보를 의미하는데요. 주로 경위도 형태의 좌표정보를 담고 있습니다. 넓은 의미로 봤을 때, 시민들이나 공동체를 통해서 파악되는 모든 종류의 색다른 정보라고 할 수 있습니다. 이 정보는 자발적인 형태를 띠면서 사람들, 동물, 공동체의 위치를 알려 줍니다.

KC GIS가 사람들의 프라이버시를 침해한다고 생각하십니까?

DS 어느 정도는 그렇습니다. 개인적인 사례를 하나 들어 볼까요? 지난 학기에 저는 새로운 학생들을 위해서 파티를 열었습니다. 제가 집 주소를 학생들에게 알려 준 후 5분 뒤에 이메일을 받았습니다. 이메일에는 "Sui 박사님, 진입로를 전문가처럼 수리하셨네요."라고 적혀 있었습니다. Google Street View를 통해 그들은 우리집 진입로가 수리된 사실을 알 수 있습니다. 하지만 제가 수리를 잘 한 것은 아닙니다. 이 사례에서 그들이 얼마나 저에 대해서 자세히 볼 수 있는지를 알 수 있습니다.

KC 중국에서의 GIS 개발과 미국을 비교하면 어떻습니까?

DS 미국은 GIS 분야에서 기술적으로나 개념이나 이론적으로도 가장 앞선 나라입니다. 제가 중국 컨퍼런스에 참석하면 그들이 사용하는 기술이나 소프트웨어 툴을 보고 놀랍니다. 하지만 GIS 연구자와 얘기를 나누다 보면 그들이 기술 분야만큼이나 지리정보과학에 대한 이론적 기초에 관심을 가지고 있지 않다는 사실을 확인할 수 있습니다.

KC 20년 후 GIS 분야에서 지금과 가장 큰 차이점은 무엇이겠습니까?

DS GIS가 보다 사용자 친화적으로 될 것이며, 더 많은 일반 대중들이 GIS를 사용하게 될 것입니다. 이런 변화는 지금도 일어나고 있지요. 또한 사람들의 생활에 보다 깊숙이 파고들 것이며, 사업경영과 더욱 밀착될 전망입니다. 지리 공간은 정보화 사회의 한 부분으로서 우리 사회에 내재될 것이며 지리공간기술을 다룰 수 있는 학생들의 수요가 더욱 증가할 것입니다. GIS는 오늘날 워드프로세서를 사용하는 방법을 알아야 하는 것처럼 기본적인 기술이 될 것입니다.

KC 고맙습니다. 책 잘 쓰시고요. 최근에 옮기신 오하이오주립대학교에서도 행운을 기원합니다.

찾아보기

역자 소개

구자용

상명대학교 지리학과 교수

koostar@smu.ac.kr

김대영

인하공업전문대학 지형공간정보과 교수

kdy@inhatc.ac.kr

박선엽

부산대학교 지리교육과 교수

spark@pusan.ac.kr

박수홍

인하대학교 사회기반시스템공학부 지리정보공학전공 교수

shpark@inha.ac.kr

안재성

경일대학교 위성정보공학과 교수

jsahn@kiu.ac.kr

오충원
남서울대학교 GIS공학과 교수
ohrora@nsu.ac.kr

이양원
부경대학교 공간정보시스템공학과 교수
modconfi@pknu.ac.kr

정재준
성신여자대학교 지리학과 교수
jeongjj@sungshin.ac.kr

최진무
상명대학교 지리학과 교수
jmchoi@smu.ac.kr

황철수
경희대학교 지리학과 교수
hcs@khu.ac.kr